21 世纪移动通信技术丛书

TD－LTE 无线网[illegible]用

郭　宝　张　阳　李冶文　编著

机 械 工 业 出 版 社

本书从无线网络优化工程师的角度介绍了TD-LTE系统理论知识、网络结构以及TD-LTE系统中的关键技术；介绍了TD-LTE物理层，上下行物理信道及信号，详细阐述了TD-LTE系统各类信令流程、各类无线参数及厂家私有参数，并介绍了TD-LTE系统中功率控制、无线资源管理的过程；最后运用优化方法论对实际网络优化工作进行了深入研究，列举出日常优化阶段的多个专题优化思路，每个专题优化都配备相关的案例分析，并根据目前中国移动面临的2G/3G/4G互操作问题进行了深入细致的分析，对当前iPhone终端必须用到的语音回落技术进行了重点阐述。本书对TD-LTE系统演进起到知识过渡的作用。系统地学习本书内容必然会更快地熟悉TD-LTE系统。

本书面对希望系统学习TD-LTE理论知识的学生、工程师，从事TD-LTE无线网络监控、维护、优化的工程师，以及开拓基于TD-LTE市场营销的客户经理，也可供高等院校通信、计算机、电子和信息类专业的本科生及研究生参考阅读。

图书在版编目（CIP）数据

TD-LTE无线网络优化与应用/郭宝，张阳，李冶文编著．—北京：机械工业出版社，2014.8（2023.9重印）
（21世纪移动通信技术丛书）
ISBN 978-7-111-48040-2

Ⅰ.①T…　Ⅱ.①郭…　②张…　③李…　Ⅲ.①码分多址移动通信-通信技术　Ⅳ.①TN929.533

中国版本图书馆CIP数据核字（2014）第219120号

机械工业出版社（北京市百万庄大街22号　邮政编码100037）
责任编辑：李馨馨　崔利平　　责任校对：张艳霞
责任印制：常天培

北京机工印刷厂有限公司印刷

2023年9月第1版·第7次印刷
184mm×260mm·16.25印张·402千字
标准书号：ISBN 978-7-111-48040-2
定价：69.00元

电话服务
客服电话：010-88361066
010-88379833
010-68326294

网络服务
机　工　官　网：www.cmpbook.com
机　工　官　博：weibo.com/cmp1952
金　　书　　网：www.golden-book.com
机工教育服务网：www.cmpedu.com

前　　言

本书专注于 TD－LTE 网络的优化与应用，在介绍 TD－LTE 无线网络原理的基础上，对网络规划、优化工作中遇到的问题，以及解决的方法进行了详细阐述，对规划、优化、信令、参数、2G/3G/4G 互操作同样进行了详实的阐述，并对涉及的专题分析都给出来自现场网络的实际优化案例，以便读者加深理解。书中特有的指标及信令分析详细阐述了通信过程所涉及的信令，并在优化专题部分详细分析了如何使用性能指标来支撑优化分析。

与已面市的同类书籍明显不同的是，本书从无线优化工程师的角度，以实际应用为主，对涉及的理论知识及推导过程介绍较少。在整体架构上突出了优化方法论在实际网络优化过程中的应用，本书章节安排体现了优化工作的关联，如信令、参数与专题优化的关联，甚至多网之间的协同优化。

本书第 1 章介绍了 TD－LTE 系统理论知识和 TD－LTE 的发展历程与关键技术。第 2～8 章介绍了 TD－LTE 网络物理层、信令流程、无线参数、移动性管理、功率控制与无线资源管理，重点介绍了 TD－LTE 网络优化过程中所用到的信令流程与无线参数等，使用优化方法论对现网优化工作进行了深入分析。第 9 章为 TD－LTE 系统专题优化，对覆盖、干扰、切换、语音保持等专题分别进行了细致的分析，每个专题优化都配备实际的优化案例分析。在 TD－LTE 无线参数优化章节，详细介绍了定时器和计数器、基本无线参数、小区覆盖功率类参数、小区接入类参数、小区选择/重选参数、寻呼类参数、小区切换参数、功率控制参数等，最后的 2G/3G/4G 互操作部分对中国移动当前使用的 2G/3G/4G 网络进行了整体分析，既考虑了 2G 网络的覆盖优势，又兼顾了 4G 网络的速率优势，对 iPhone 终端必须使用的语音回落技术 CSFB 也进行了详细的阐述，并根据实地优化经验，总结了 CSFB 优化中遇到的典型问题及解决办法。

在本书的编撰过程中，郭宝负责编写第 1～3 章及第 9、10 章，张阳负责编写第 5～7 章，李治文负责编写第 8 章并把控全书的整体架构。

参加本书编校工作的还有中国移动集团网络部的阮征，研究院的徐晓东，设计院的王西点、王磊、程楠、徐晶、沈骜、董江波、孙浩、王砚、姜涛、谢礼鑫、孙述鹏、王天石、王涛、刘锐、周鹏、王康、刘娜、韩云波，广东公司的刘少聪、刘大洋、冯绍濠、毛燕军，浙江公司的王国治、陆清清，上海公司的顾安、谢玉铭，福建公司的赵飞龙、黄冰、王希，江苏公司的郑康、郑英、仇勇，张建奎，山东公司的王治国、刘毅，陕西公司的王晓琦等。此外，中兴通讯的陈波、弥岳峰和华为公司的赵智琳对本书的出版也给予了大力支持。

由于 TD－LTE 系统建设优化时间并不长，优化经验相对不足，书中难免存在不妥之处，请读者原谅，并提出宝贵意见。意见及建议请发送至：sunailk@139. com。

编　者

目　　录

第1章 TD－LTE系统概述

本章先介绍TD－LTE系统技术特点，然后概括了TD－LTE与FDD－LTE系统的区别，最后介绍了TD－LTE网络结构、主要接口协议栈，以及两项主要的关键技术：正交频分多址接入与多天线技术。

1.1 TD－LTE系统技术特点

1.1.1 TD－LTE系统主要技术特点

经过多次修订，3G各个版本基本成熟，UMTS的R7协议版本的HSPA＋支持的传输速率已远远超过最初设计的最大传输速率2 Mbit/s，但是3G标准仍存在诸多不足，如利用率不高，仍采用电路交换；多种标准难以实现全球漫游等。正是由于3G的局限性推动了对4G的研究，第四代移动通信系统可称为宽带接入和分布式网络，是一个采用全IP的网络结构。4G网络采用许多关键技术来支撑，包括：正交频分复用（Orthogonal Frequency Division Multiplexing，OFDM）技术、多载波调制技术、自适应调制和编码（Adaptive Modulation and Coding，AMC）技术、多输入多输出（Multiple Input Multiple Output，MIMO）技术等。

第四代移动通信系统具有如下特征。

1）传输速率更快：对于大范围高速移动用户（250 km/h）数据速率为2 Mbit/s；对于中速移动用户（60 km/h）数据速率为20 Mbit/s；对于低速移动用户（室内或步行者），数据速率为100 Mbit/s。

2）频谱利用效率更高：下行可达到5 bit/s/Hz，上行达到2.5 bit/s/Hz。

3）网络频谱更宽：每个4G信道将会占用100 MHz或是更高的带宽，而3G网络的带宽则在5～20 MHz之间。

4）容量更大：4G将采用新的网络技术（如空分多址技术等）来极大地提高系统容量，以满足未来大信息量的需求。

5）灵活性更强：4G系统采用智能技术，可自适应地进行资源分配，采用智能信号处理技术对信道条件不同的各种复杂环境进行信号的正常收发。另外，用户将使用各式各样的设备接入4G系统。

TD－LTE（TDD－Long Term Evolution）是一种专门为移动高宽带应用而设计的无线通信标准，沿用了TD－SCDMA的帧结构。TD－LTE的技术优势体现在速率、时延和频谱利用率等多个领域，使得运营商能够在有限的频谱带宽资源上具备更强大的业务提供能力。在TD－LTE的建设发展过程中，可参考建设TD－SCDMA系统时面临的干扰规避、干扰协调等问题。

1.1.2 TD－LTE与FDD－LTE系统的区别

LTE系统定义了频分双工（FDD）和时分双工（TDD）两种双工方式，FDD是指在对称的频率信道上接收和发送数据，通过保护频段来分离发送和接收信道。TDD 是指通过时间来分离发送和接收信道，发送和接收使用同一载波频率的不同时隙。时间资源在两个方向上进行分配，因此基站和移动台必须协同一致进行工作。

2008 年发布 3GPP R8 版本中，明确规定采用 Type 1 作为 FDD 的物理层帧结构，Type 2 作为 TDD 物理层帧结构。FDD－LTE 和 TD－LTE 网络架构相同，其物理层帧结构不同，MAC 层调度有区别。两种双工方式在支持带宽、多址接入、调制编码方式、功率控制等方面使用相同的关键技术，见表 1-1。

表 1-1　FDD－LTE 与 TD－LTE 相同的技术

	TD－LTE	FDD－LTE
支持带宽/MHz	1.4，3，5，10，15，20	相同
多址接入	UL：SC－FDMA，15 kHz sub－carrier spacing DL：OFDMA，7.5/15 kHz sub－carrier spacing	相同
编码方式	卷积编码，Turbo 编码	相同
调制方式	QPSK，16QAM，64QAM	相同
循环前缀长度	4.7 μs、5.2 μs（Normal CP） 16.7 μs（Extended CP） 33.3 μs（Extended CP 7.5 kHz）	相同
时隙/每子帧符号/每子帧时隙	每子帧 2×0.5 ms 时隙 每时隙 7 个符号（Normal CP） 每时隙 6 个符号（Extended CP）	相同
功率控制	开环功控，闭环功控	相同
链路自适应	上下行都支持链路自适应	相同
拥塞控制	上下行都支持拥塞控制	相同

在物理帧结构、上下行子帧配置、同步信道位置与 HARQ 进程方面，FDD－LTE 和 TD－LTE 采用不同的技术，见表 1-2。

表 1-2　FDD－LTE 与 TD－LTE 不同的技术

	TD－LTE	FDD－LTE
双工方式	TDD	FDD
物理帧结构	Type 2	Type 1
上下行子帧配置	支持上下行子帧灵活配置	不支持上下行子帧灵活配置
同步	PSS 和 SSS 位置与 FDD－LTE 不同	PSS 和 SSS 位置与 TD－LTE 不同
HARQ	HARQ 进程数取决于上下行子帧配置	HARQ 进程数固定
调度周期	取决于上下行子帧配比，最小周期为 1ms	1 ms
多天线 beam forming	可以利用接收信号相关特性预估下行信道质量，对下行信道做相应改善	不支持
随机接入 preamble	Preamble 格式 0～4	Preamble 格式 0～3
小区搜索	P－SCH 和 S－SCH 符号位置与 FDD 不同	P－SCH 和 S－SCH 符号位置与 TDD 不同

（续）

	TD－LTE	FDD－LTE
参考信号	DL：支持 UE 相关和小区相关的 RS	DL：仅支持小区相关 RS
	UL：支持 DMRS 和 SRS，SRS 承载在 UpPTS	UL：支持 DMRS 和 SRS，SRS 承载在数据子帧
MIMO 模式	支持 mode 1～7	支持 mode 1～7，mode 7 更适用于 TD－LTE

TDD 方式和 FDD 方式相比有一些独特的技术特点：能灵活配置频率，利用 FDD 系统不易使用的零散频段；TDD 方式不需要对称使用频率，频谱利用率高；具有上下行信道互惠性，能够更好地采用传输预处理技术，如预 RAKE 技术、联合传输（JT）技术、智能天线技术等，能有效降低移动终端的处理复杂性。

TDD 方式相较于 FDD，也存在明显的不足：TDD 方式的时间资源在上行和下行两个方向进行分配，因此基站和移动台必须协同一致进行工作，对于同步要求高，系统较 FDD 复杂；另外，TDD 系统上行受限，因此 TDD 基站的覆盖范围明显小于 FDD 基站；TDD 系统收发信道同频，无法进行干扰隔离，对高速移动的物体的支持性不足。

1.2　TD－LTE 网络结构

TD－LTE 系统采用扁平化的网络结构，取消了 RNC 节点，接入网侧仅包含 eNodeB（简称 eNB），减少了信令流程交互需经过的网元，缩短了控制面的信令时延，相应地对 3G 的信令流程也有一定的简化。

整个 TD－LTE 系统由演进型分组核心网（Evolved Packet Core，EPC）、演进型网络基站（eNodeB）和用户设备（UE）三部分组成，如图 1-1 所示。其中，EPC 负责核心网部分，EPC 控制处理部分称为 MME，数据承载部分称为 SAE Gateway（S－GW）；eNodeB 负责接入网部分，也称 E－UTRAN。

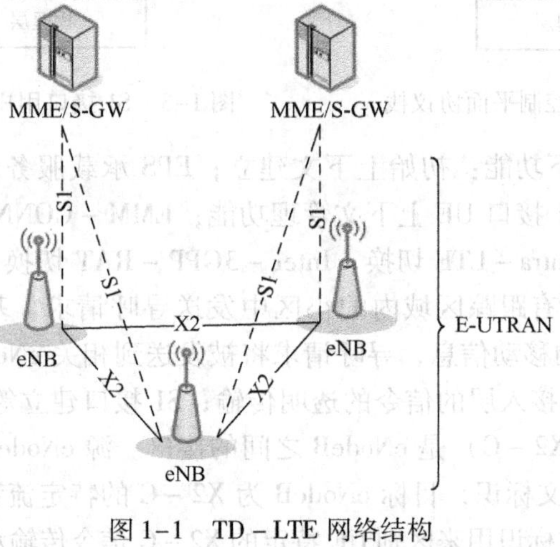

图 1-1　TD－LTE 网络结构

eNodeB 与 EPC 通过 S1 接口连接；eNodeB 之间通过 X2 接口连接；eNodeB 与 UE 之间通过 Uu 接口连接。与 UMTS 相比，由于 NodeB 和 RNC 融合为网元 eNodeB，所以 TD－LTE 少

了 Iub 接口。X2 接口类似于 Iur 接口，S1 接口类似于 Iu 接口。

MME 的功能主要包括：寻呼消息发送、安全控制、Idle 状态的移动性管理、SAE 承载管理以及 NAS 信令的加密与完整性保护等。S – GW 的功能主要包括：数据的路由和传输，以及用户面数据的加密。P – GW 的主要功能包括分组数据过滤、UE 的 IP 地址分配、上下行计费及限速。

TD – LTE 系统接口主要包括 S1 接口、X2 接口、空中接口，下面分别介绍每种接口控制平面与用户平面的协议栈结构。

1.2.1　S1、X2 接口协议栈

S1 控制平面接口（S1 – MME）是指 eNodeB 和 MME 之间的接口，S1 接口控制平面协议栈如图 1–2 所示。传输网络层建立在 IP 传输基础上，IP 层之上采用 SCTP 层来实现信令消息的可靠传输。应用层协议栈使用 S1 应用协议，每个 S1 – MME 接口都关联一个单独的 SCTP。

S1 用户平面接口（S1 – U）是指连接在 eNodeB 和 S – GW 之间的接口，提供 eNodeB 和 S – GW 之间用户平面协议数据单元（Protocol Data Unite，PDU）的非保障传输。S1 接口用户平面协议栈如图 1–3 所示，S1 – U 的传输网络层建立在 IP 层之上，UDP/IP 之上采用 GPRS 用户平面隧道协议（GPRS Tunneling Protocol for User Plane，GTP – U）来传输用户平面 PDU。

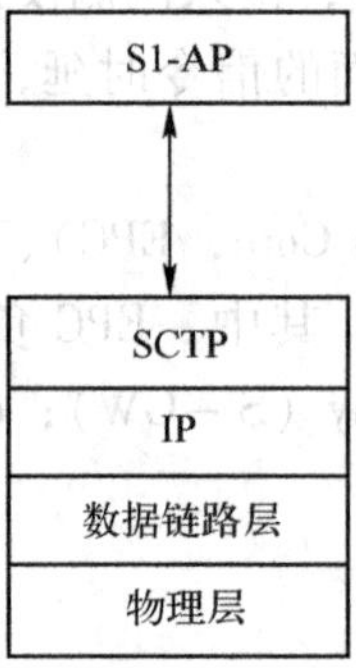

图 1–2　S1 接口控制平面协议栈

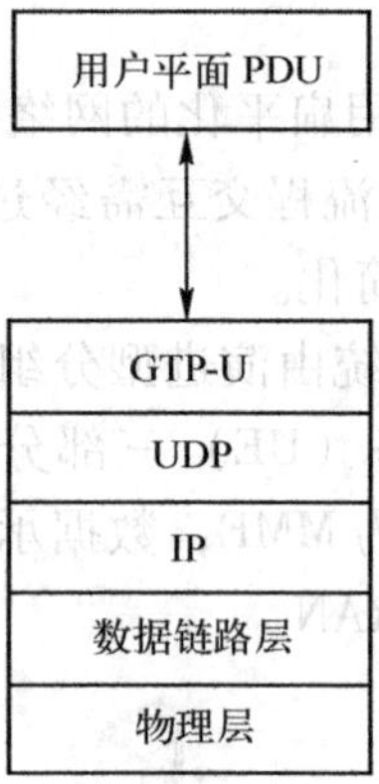

图 1–3　S1 接口用户平面协议栈

S1 接口主要具备以下功能：初始上下文建立；EPS 承载服务管理功能，包括 EPS 承载的建立、修改和释放；S1 接口 UE 上下文管理功能；EMM – CONNECTED 状态下针对 UE 的移动性管理功能，包括 Intra – LTE 切换、Inter – 3GPP – RAT 切换；S1 接口寻呼功能，寻呼功能支持向 UE 注册的所有跟踪区域内的小区中发送寻呼请求，基于服务 MME 中 UE 的移动性管理内容中所包含的移动信息，寻呼请求将被发送到相关 eNodeB；NAS 信令传输功能，提供 UE 与核心网之间非接入层的信令的透明传输；S1 接口建立等。

X2 接口控制平面（X2 – C）是 eNodeB 之间的接口。源 eNodeB 为 X2 – C 的特定流程分配源 eNodeB 通信的上下文标识，目标 eNodeB 为 X2 – C 的特定流程分配目标 eNodeB 通信的上下文标识。这些上下文标识用来区别 UE 特定的 X2 – C 信令传输承载。通信上下文标识通过各自的 X2 – AP 消息传输。X2 控制平面接口（X2 – CP）定义为连接 eNodeB 之间接口的控制面。X2 接口控制平面的协议栈类似 S1 接口，SCTP 层之上的应用层信令协议为 X2 – AP 协议。

X2 接口用户平面提供 eNodeB 之间的用户数据传输功能。X2 接口的用户平面协议栈与 S1 – UP 协议栈类似，X2 – UP 的传输网络层基于 IP 传输，采用 GTP – U 协议来传输 eNodeB 之间的用户平面 PDU。

X2 应用协议支持 UE 在 EMM – CONNECTED 状态时的 LTE 接入系统内的移动性管理功能。如在切换过程中由源 eNodeB 到目标 eNodeB 的上下文传输、源 eNodeB 与目标 eNodeB 之间用户平面隧道的控制以及切换取消等。

1.2.2 空中接口协议栈

空中接口协议主要是用来建立、重配置和释放各种无线承载业务。空中接口协议栈根据用途分为控制平面协议栈和用户平面协议栈。控制平面负责用户无线资源的管理、无线连接的建立、业务的 QoS 保证和最终的资源释放，如图 1–4 所示。

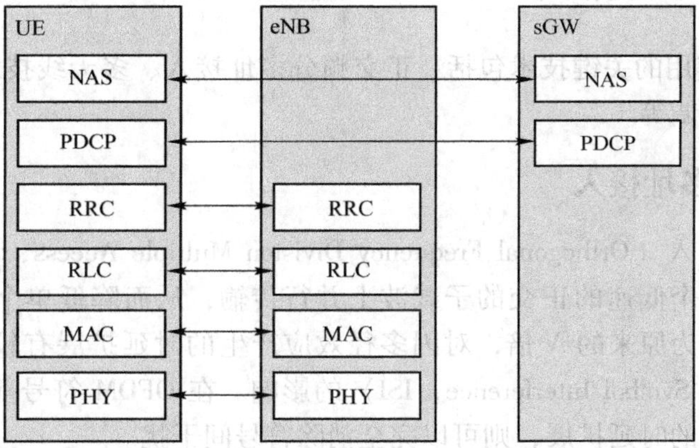

图 1–4 空中接口控制平面协议栈

控制平面协议栈主要包括非接入层（Non – Access Stratum，NAS），NAS 层之下为接入层，包括：分组数据汇聚子层（Packet Data Convergence Protocol，PDCP）、无线资源控制子层（Radio Resource Control，RRC）、无线链路控制子层（Radio Link Control，RLC）及媒体接入控制子层（Media Access Control，MAC）。

控制平面的主要功能由 NAS 层与 RRC 层实现，NAS 控制协议实体位于终端 UE 和移动管理实体 MME 内，主要负责非接入层的管理和控制。实现的功能包括：EPC 承载管理、鉴权、产生 LTE – IDLE 状态下的寻呼消息、移动性管理以及安全控制等。RRC 协议实体位于 UE 和 eNodeB 网络实体内，主要负责接入层的管理和控制，实现的功能包括：系统消息广播，寻呼建立、管理、释放，RRC 连接管理，无线承载（Radio Bearer，RB）管理，移动性功能，终端的测量和测量上报控制。

用户平面用于执行无线接入承载业务，主要负责用户发送和接收的所有信息的处理，如图 1–5 所示。

用户平面协议栈 PDCP 主要任务是头压缩和用户平面数据加密。MAC 子层主要用于实现与数据处理相关的功能，包括信道管理与映射、数据包的封装与解封装、HARQ 功能、数据调度及逻辑信道的优先级管理等。RLC 实现的功能包括数据包的封装和解封装、ARQ 过程、数据的重排序和重复检测、协议错误检测和恢复等。

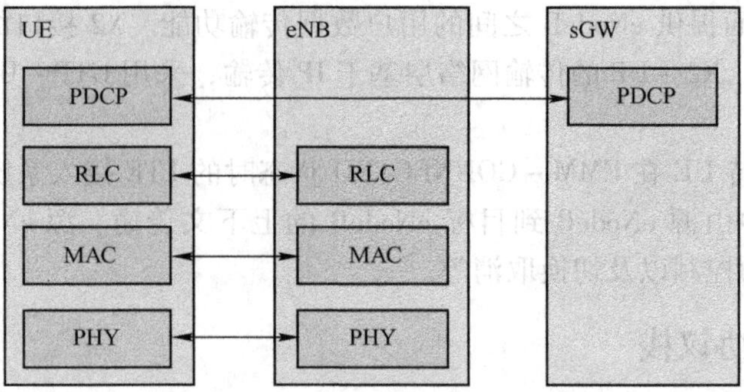

图 1-5　空中接口用户平面协议栈

1.3　TD－LTE 关键技术

TD－LTE 系统使用的关键技术包括：正交频分多址接入、多天线技术、混合自动重传、链路自适应、干扰协调等。

1.3.1　正交频分多址接入

正交频分多址接入（Orthogonal Frequency Division Multiple Access，OFDMA）技术是把高速数据流分散到多个低速的正交的子载波上并行传输，从而降低单个子载波上的符号速率，将符号周期扩大为原来的 N 倍，对因多径效应产生的时延扩展有较强的抵抗力，减少了符号间干扰（Inter Symbol Interference，ISI）的影响。在 OFDM 符号前加入保护间隔，只要保护间隔大于信道的时延扩展，则可以完全消除符号间干扰。

在传统 FDMA 系统中，为了避免各子载波间的干扰，相邻载波之间需要较大的保护频带，频谱效率较低。OFDM 系统允许各子载波之间紧密相临，甚至部分重合，通过正交复用方式避免频率间干扰，降低了保护间隔的要求，从而实现很高的频率效率。两种复用方式的频谱使用对比如图 1-6 所示。

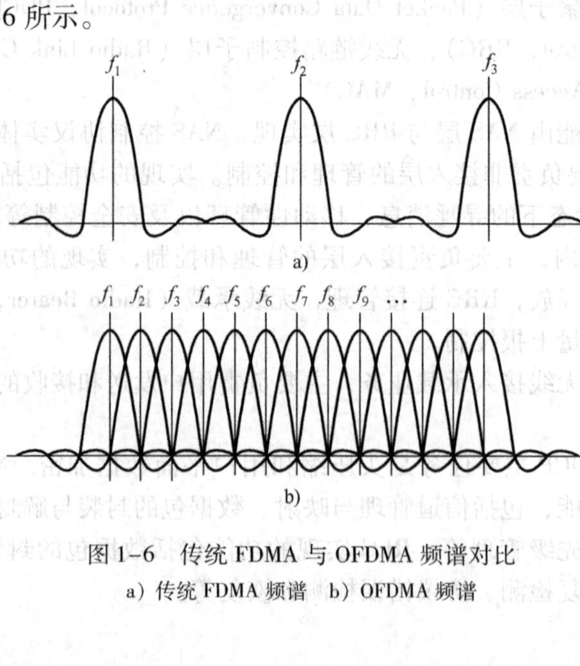

图 1-6　传统 FDMA 与 OFDMA 频谱对比

a）传统 FDMA 频谱　b）OFDMA 频谱

在 TD-LTE 系统中，下行采用了 OFDMA 方式，而上行方向，采用了具有单载波峰均比特征的 DFT-S-OFDMA 多址方式。

TD-LTE 下行 OFDMA 方式如图 1-7 所示，发端信号先进行信道编码与交织，然后进行 QAM 调制，将调制后的频域信号进行串→并变换，以及子载波映射，并对所有子载波上的符号进行逆傅里叶变换（IFFT）后生成时域信号，然后在每个 OFDM 符号前插入一个循环前缀（Cyclic Prefix，CP），以在多径衰落环境下保持子载波之间的正交性。插入 CP 就是将 OFDM 符号尾部的一段复制到 OFDMA 符号之前，CP 长度必须长于主要多径分量的时延扩展，才能保证接收端信号的正确解调。

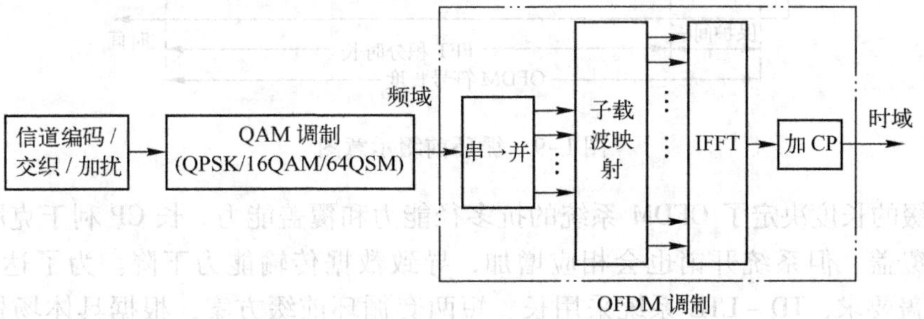

图 1-7　TD-LTE 下行 OFDMA 示意图

选择 DFT-S-OFDM，即 SC-FDMA（单载波）作为上行多址方式，是因为 DFT-S-OFDM 具有单载波的特性，其发送信号峰均比较低，在上行功放要求相同的情况下，可以提高上行的功率效率，降低系统对终端的功耗要求。LTE 上行多址方式的示意图如图 1-8 所示。下行 OFDMA 子载波分配方式有集中式和分布式，上行为了获得较低的峰均比以降低 UE 的负担，选择集中式的分配方式。

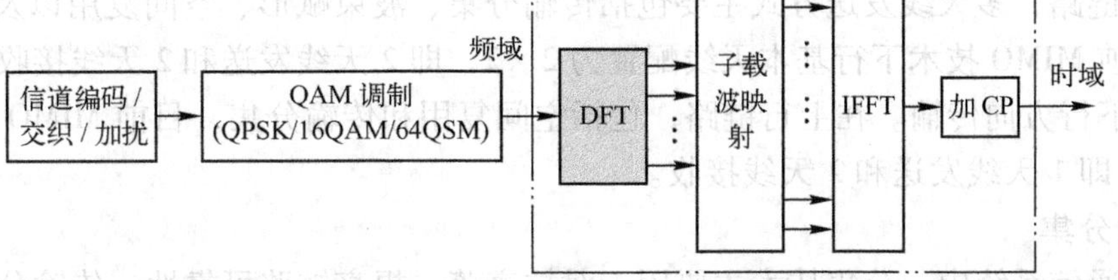

图 1-8　TD-LTE 上行 DFT-S-OFDMA 示意图

OFDMA 技术的优势包括：抗多径衰落、频谱利用率高、计算方法简单高效，但是也存在不足，如受频率偏差的影响较大、存在较高的峰均比。由于 OFDM 子信道频谱相互重叠，因此对正交性要求严格。然而无线信道存在时变性，在传输过程中会有无线信号的频率偏移，会破坏 OFDM 子载波之间的正交性，引起子信道间的信号干扰。此外，由于 OFDM 信号是多个子信道信号的总和，这些子信道信号可能同相，在幅度上叠加在一起会产生很大的瞬时峰值幅度。峰均比过大会降低射频功率放大器的效率。

循环前缀是前一个符号最后一段样本值的重复，加入循环前缀的目的是不破坏子载波间的正交性，循环前缀示意图如图 1-9 所示。加入循环前缀后，保护间隔内的时间资源不可使用，降低了各个子载波的符号速率和信道容量，带来的益处是抗多径效应能力增强。

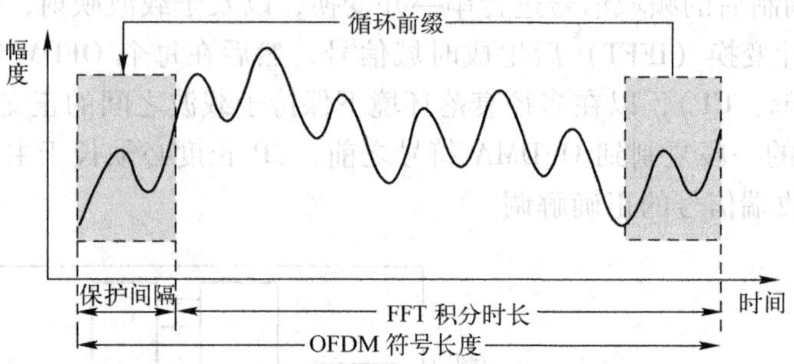

图 1-9　循环前缀示意图

循环前缀的长度决定了 OFDM 系统的抗多径能力和覆盖能力。长 CP 利于克服多径干扰，支持大范围覆盖，但系统开销也会相应增加，导致数据传输能力下降。为了达到小区半径 100 km 的覆盖要求，TD－LTE 系统采用长、短两套循环前缀方案，根据具体场景进行选择：短 CP 方案为基本选项，长 CP 方案用于支持 TD－LTE 大范围小区覆盖和多小区广播业务。

1.3.2　多天线技术

多天线（Multiple Input Multiple Output，MIMO）技术是指将用户数据分解为多个并行的数据流，在指定的宽带内由多个发射天线上同时刻发射，经过无线传播后，由多个接收天线接收，并根据各个并行数据流的空间特性，解调出原数据流。采用多天线技术，在低信噪比区域，应用传输分集技术和波束赋形技术可有效提高接收信号的信噪比，从而提高传输速率或覆盖范围；在高信噪比区域，可应用空间复用技术来提高传输速率。

在下行链路，多天线发送方式主要包括传输分集、波束赋形、空间复用以及多用户 MIMO 等。目前 MIMO 技术下行基本天线配置为 2×2，即 2 天线发送和 2 天线接收，最大支持 4 天线进行下行方向传输。在上行链路，包括空间复用和传输分集，目前 MIMO 上行天线配置为 1×2，即 1 天线发送和 2 天线接收。

1. 传输分集

在无线通信系统中，分集技术主要用于对抗衰落、提高链路可靠性。传输分集的主要原理是，利用空间信道的弱相关性，结合时间/频率上的选择性，为信号的传递提供更多的副本，提高信号传输的可靠性，从而改善接收信号的信噪比。空间发射分集利用了分集增益的原理，在基站发射端，对发射的信号进行预处理，采用多根天线进行发射，在接收端通过一定的检测算法获得分集信号。

TD－LTE 中发射分集技术的实现方式有：空时发射分集、空频发射分集、延时发射分集、循环延时发射分集、切换发射分集等。

(1) 空时发射分集

通过对不同的天线发射的信号进行空时编码达到时间和空间分集的目的，在发射端对数据流进行联合编码以减小由于信道衰落和噪声导致的符号错误概率。空时编码通过发射端的联合编码增加信号的冗余度，从而使信号在接收端获得时间和空间分集增益。

STBC 适用于窄带慢衰落无线信道，对于实际的宽带无线信道，直接应用 STBC 并不合适。将空时分组码与 OFDM 结合，便构成了空频块码（Space Frequency Block Code，SFBC）。SFBC 系统中，发射端的信息比特经过调制得到信息符号，经 SFBC 编码，然后分流并进行 OFDM 调制，在各个天线中发送出去。接收端先对各天线收到的信号进行 OFDM 解调，然后利用解调后的频域数据进行信道估计，并将由此得到的频域信道信息连同频域接收数据一起送往 SFBC 译码器进行译码，再经解调恢复得到原始信息比特。

（2）延时发射分集

延时发射分集是一种最基本的发射分集方式，最初应用于单载波系统。在这个方案中，发射端使用多个天线传输信号，相同信号的副本引入不同的时间延迟在不同的天线上发送，各个路径的信号在统计意义上相互独立。该方案将空间分集转化为频率分集，利用频率分集增益，降低系统的差错概率。

在接收端，系统的接收机结构与单天线接收机完全一致。但是为了避免延时发射分集造成的码间干扰，接收端需要利用均衡技术消除干扰，如采用最大似然序列估计（MLSE）/最小均方误差（MMSE）算法，或用维特比译码法均可获得分集增益。延时发射分集适用于改善平坦衰落信道或时延扩展较小的信道的信道质量。

（3）循环延时发射分集

在不同的发射天线上发送具有不同延时的同一个信号，人为地制造时间弥散，来获得分集增益。延时发射分集获得了分集增益，但是引入了码间干扰，接收机需要采用均衡器来消除干扰，这增加了接收机的复杂度。为解决这个问题，提出了循环延时发射分集（Cyclic Delay Diversity，CDD）。在循环延时发射分集系统中，各个天线支路的信号并没有在时间上滞后，而是在信号内部进行了循环移位，既不会产生码间干扰也不用增加循环前缀的长度，此方案可以在不增加接收机的复杂度的前提下获得分集增益。在插入循环前缀之前，将同一个 OFDM 符号分别循环移位 D_m 个样点，其中 m（$m=1,\cdots,M$）表示天线序号，然后每个天线根据各自对应的循环移位之后的版本，分别加入各自的 CP 并将信号发射出去。

2. 波束赋形

波束赋形（Beam Forming）是一种基于天线阵列的信号与预处理技术，其工作原理是利用空间信道的强相干性及波的干涉原理产生强方向性的辐射方向图，使辐射方向图的主瓣自适应地指向用户来波方向，从而提高信噪比，获得明显的阵列增益，波束赋形技术在扩大覆盖范围、改善边缘吞吐量以及干扰抑制等方面都有很大的优势。波束赋形的权值仅仅需要匹配信道的慢变化，比如来波方向（Direction Of Arrival，DOA）和平均路损。因此，在进行波束赋形时，可以不利用终端反馈所需信息，而在基站侧通过测量上行接收信号获得来波方向和路损信息。

为了获得波束赋形增益，需要使用较多的天线单元，而目前 LTE 仅仅考虑最多使用 4 个公共导频，无法支持在超过 4 根天线单元的天线阵列上使用波束赋形，因此波束赋形需要使用专用导频。波束赋形技术已经在 TD－SCDMA 系统中得到了成功的应用，在 TD－LTE R8 中采用了单流波束赋形技术。TD－LTE R9 中则将波束赋形技术扩展到了双流波束赋形。

（1）单流波束赋形

LTE R8 中仅支持基于专用导频的单流波束赋形技术。传输过程中，UE 需要通过对专用导频的测量来估计波束赋形后的等效信道，并进行相干检测。为了能够估计波束赋形后传输所经历的信道，基站必须发送一个与数据同时传输的波束赋形参考信号，这个参考信号是用户专用的，对应于用户专用参考信号的传输称为使用天线端口 5 的传输。

单流波束赋形可根据赋形向量的获得分为长期波束赋形和短期波束赋形两种。短期的波束赋形最常见的是基于奇异值分解（Singular Value Decomposition，SVD）波束赋形，长期的波束赋形通常称为基于来波方向的波束赋形。DOA 波束赋形是一种长期波束赋形技术，即赋形加权向量是基于远大于信道相干时间的一段时间内对信道的测量。

（2）双流波束赋形

LTE R9 中将波束赋形扩展到了双流传输，实现了波束赋形与空间复用技术的结合。双流波束赋形技术应用于信号散射体比较充分的条件下，结合了智能天线技术和 MIMO 空间复用技术，利用 TDD 信道的对称性，同时传输多个数据流实现空分复用，并且能够保持传统单流波束赋形技术覆盖广、小区容量大和干扰小的特性，既可以提高边缘用户的可靠性，同时可有效提升小区中心用户的吞吐量。

在双流赋形中，UE 基于对专用导频的测量估计波束赋形后的等效信道。对于 TDD 系统，更适合利用信道的互易性并采用非反馈预编码矩阵的码本号（Pre - coding Matrix Index，PMI）的方式实现双流波束赋形。eNodeB 通过对 SRS 的测量获得信道状态信息（Channel State Information，CSI）并计算每个流的波束赋形向量。

3. 空间复用

LTE 既支持开环方式的空间复用，也支持闭环方式的空间复用。开环方式的空间复用系统中，接收端不能获得任何信道状态信息，各个并行的数据流均等地分配功率与传输速率，并采用全向天线进行发射。在这种开环的方式中，接收机需要通过均衡算法匹配信道进行信号接收，而发送信号并未与信道相匹配。闭环方式的空间复用（即预编码技术）系统中，接收端将信道状态信息反馈给发送端，发送端对发射信号的空间特性进行优化，使发送信号的空间分布特性和信道条件相匹配，因而可以有效降低接收机均衡算法的复杂度获得更好的性能。

预编码技术可以分为线性或非线性方法，目前考虑到非线性方法的复杂度，无线通信系统中一般只考虑线性预编码。线性预编码的作用就是将天线域的处理转换为波束域的处理，在发射端利用已知的空间信道信息进行预处理操作，进一步提高用户和系统的吞吐量。

线性预编码按预编码矩阵的获得位置分为两大类：非码本的预编码（Non - codebook based pre - coding）和基于码本的预编码（Codebook based pre - coding）。所谓码本，是指有限个预编码矩阵所构成的集合。基于码本的预编码方式中，可用的预编码矩阵只能从特定的码本中选取。而非码本方式的预编码中，并不对可选用的预编码的个数进行限制，预编码矩阵可以是任何符号设计规则与应用条件限制的矩阵。

（1）非码本的预编码方式

在非码本的预编码方式中，预编码矩阵在发射端获得。发射端利用预测的 CSI 进行预编码矩阵的计算。在 TD - LTE 系统中，CSI 可以利用信道对称性获得。常见的预编码矩阵的计算方法有奇异值分解、均匀信道分解（Uniform Channel Decomposition，UCD）等。

为了使 UE 能够进行相干解调，非码本的预编码方式要求使用专用导频，即数据符号和导频符号一起进行预编码操作。这样接收端只需通过信道估计就可以获得预编码后的等效信道。

（2）基于码本的预编码

实际通信系统中，反馈信息会占用很多的资源，尤其在快衰落信道中，对反馈信息的效率和准确度要求较高，这时采用基于码本的预编码。由于只需要反馈预编码矩阵的码本号（Pre－coding Matrix Index，PMI），能够节省反馈信道资源并快速跟踪信道的变化。基于码本的预编码方式中，预编码矩阵在接收端获得。UE 根据公共导频（CRS）测量下行信道，利用预测的信道状态信息，在预定的预编码矩阵码本中进行预编码矩阵的选择，并将选定的预编码矩阵的序号反馈给发射端。

eNodeB 在下行传输过程中，将以 UE 上报的预编码矩阵的码本号（PMI）为参考对数据进行预编码。考虑到 eNodeB 在下行使用的预编码矩阵可能与 UE 上报的 PMI 不一致，为了保证 UE 能获知预编码后的等效信道并对下行数据进行相干解调，eNodeB 需要在下行控制信令中明确指示其所用的预编码矩阵。基于码本的 CQI 计算过程能够反映 UE 的处理算法，因而相对比较准确。但是，基于码本的预编码方法存在量化精度损失的问题，因此预编码矩阵不能与信道精确地匹配。

第 2 章　TD - LTE 无线网络物理层

本章主要介绍 TD - LTE 无线网络物理层无线帧结构、上下行时隙及特殊子帧，LTE 资源块在频域和时域的标识，还有 LTE 系统各种逻辑信道、传输信道、物理信道与参考信号。在此基础上介绍了 LTE 物理层的小区搜索。

2.1　TD - LTE 物理层

2.1.1　TD - LTE 无线帧结构

LTE 支持两种基本的工作模式，频分双工（FDD）和时分双工（TDD）；支持 Type1 和 Type2 两种不同的无线帧结构，帧长均为 10 ms，Type1 用于 FDD 工作模式，Type2 用于 TDD 工作模式。Type1 帧结构 10 ms 的无线帧分为 10 个长度为 1 ms 的子帧（Subframe），每个子帧由两个长度为 0.5 ms 的时隙（Slot）组成，其编号为 0 ~ 19。一个子帧定义为两个相邻的时隙，其中第 i 个子帧由第 $2i$ 个和第 $2i+1$ 个时隙构成。Type1 的帧结构如图 2-1 所示。

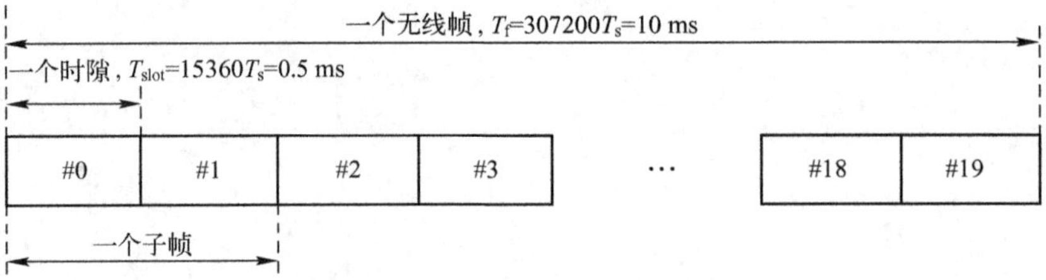

图 2-1　LTE Type1 帧结构格式

TDD 模式下，每个 10 ms 无线帧包括 2 个长度为 5 ms 的半帧（Half frame），每个半帧由 5 个长度为 1 ms 的子帧组成，其中有 4 个普通子帧和 1 个特殊子帧，如图 2-2 所示。特殊子帧包括 3 个特殊时隙（DwPTS、GP 和 UpPTS），总长度为 1 ms。

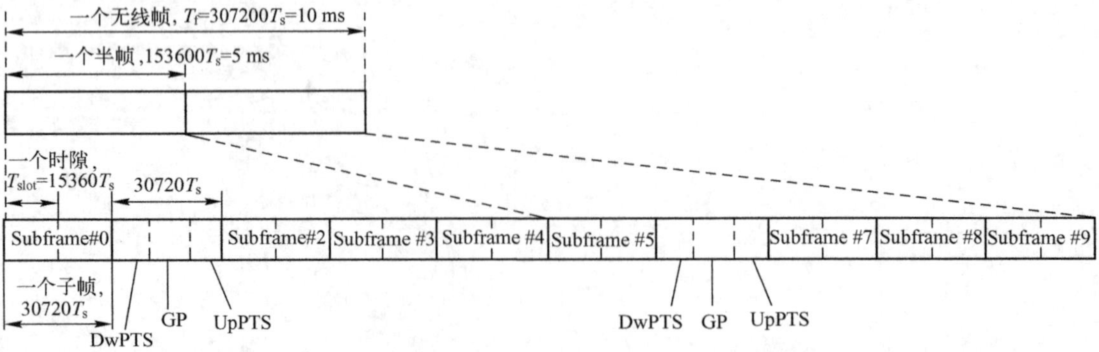

图 2-2　LTE Type2 帧结构格式

下行导频时隙保护间隔 DwPTS 用于下行传输，同步符号，UpPTS 也用于传输上行同步符号，不用于传输上行数据，而 GP 为保护间隔，防止上下行间的干扰。上行导频时隙 DwPTS 和 UpPTS 的长度可配置，DwPTS 的长度为 3 ~ 12 个 OFDM 符号，UpPTS 的长度为 1 ~ 2 个 OFDM 符号，相应的 GP 长度为 1 ~ 10 个 OFDM 符号，其各自的长度可以根据网络的实际需要进行配置，协议中有多种配置方案。UpPTS 中，最后一个符号用于发送上行 Sounding 导频。DwPTS 用于正常的下行数据发送，其中主同步信道位于第三个符号。

2.1.2 TD - LTE 无线帧及特殊子帧

Type2 TDD 帧结构与 Type1 FDD 帧结构主要区别在于同步信号的设计，如图 2-3 所示。LTE 同步信号的周期是 5 ms，分为主同步信号（Primary Synchronous Signal，PSS）和辅同步信号（Secondary Synchronous Signal，SSS）。LTE TDD 和 FDD 帧结构中，同步信号的位置/相对位置不同。在 Type2 TDD 中，PSS 位于 DwPTS 的第三个符号，SSS 位于 5 ms 第一个子帧的最后一个符号。

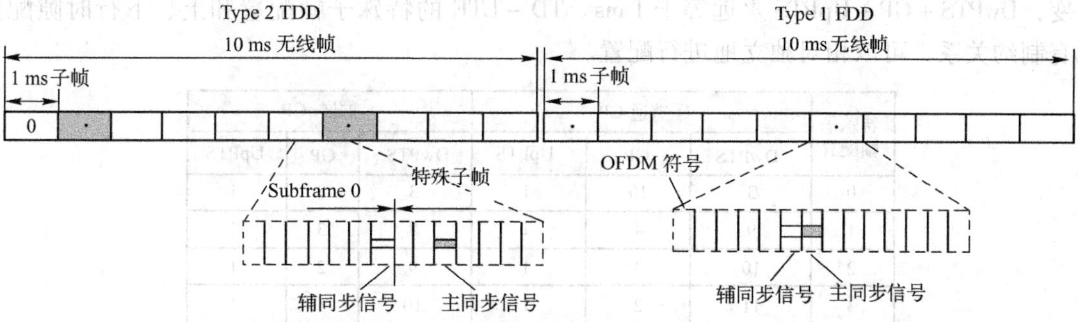

图 2-3　LTE 帧结构同步信号格式

在 Type1 FDD 中，主同步信号和辅同步信号位于 5 ms 第一个子帧内前一个时隙的最后两个符号。正是利用主、辅同步信号相对位置的不同，终端可以在小区搜索的初始阶段识别系统是 TDD 还是 FDD。

FDD 依靠频率区分上下行，其单方向的资源在时间上是连续的；TDD 依靠时间来区分上下行，所以其单方向的资源在时间上是不连续的，时间资源在两个方向上进行了分配，如图 2-4 所示。

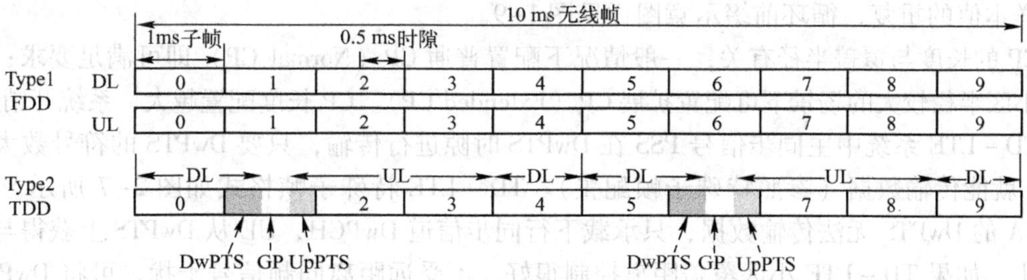

图 2-4　LTE FDD/TDD 帧结构及上、下行资源对比

LTE TDD 中支持 5 ms 和 10 ms 的上、下行子帧切换周期，7 种不同的上、下行时间配比，从将大部分资源分配给下行的“9∶1”到上行占用资源较多的“2∶3”，具体配置如图 2-5 所示，在实际使用时，网络可以根据业务量的特性灵活地选择配置。

DL-UL配置	切换周期 (Switch-point periodicity)	子帧号									
		0	1	2	3	4	5	6	7	8	9
0	5 ms	D	S	U	U	U	D	S	U	U	U
1	5 ms	D	S	U	U	D	D	S	U	U	D
2	5 ms	D	S	U	D	D	D	S	U	D	D
3	10 ms	D	S	U	U	U	D	D	D	D	D
4	10 ms	D	S	U	U	D	D	D	D	D	D
5	10 ms	D	S	U	D	D	D	D	D	D	D
6	5 ms	D	S	U	U	U	D	S	U	U	D

图 2-5　TD - LTE 上、下行时间配比

TD - LTE 无线帧与 TD - SCDMA 相同，都是 10 ms，但时隙长度不同。TD - LTE 的特殊子帧可以有多种配置，用以改变 DwPTS、GP 和 UpPTS 的长度，如图 2-6 所示，但无论如何改变，DwPTS + GP + UpPTS 永远等于 1 ms。TD - LTE 的特殊子帧配置和上、下行时隙配置没有制约关系，可以相对独立地进行配置。

特殊子帧配置	普通 CP			扩展 CP		
	DwPTS	GP	UpPTS	DwPTS	GP	UpPTS
0	3	10	1	3	8	1
1	9	4	1	8	3	1
2	10	3	1	9	2	1
3	11	2	1	10	1	1
4	12	1	1	3	7	2
5	3	9	2	8	2	2
6	9	3	2	9	1	2
7	10	2	2	–	–	–
8	11	1	2	–	–	–

图 2-6　TD - LTE 特殊子帧配置

为了保证子载波间的正交性，LTE 引入了循环前缀（CP），循环前缀是前一个符号最后一段样本值的重复，循环前缀示意图详见图 1-9。

CP 的长度与覆盖半径有关，一般情况下配置普通 CP（Normal CP）即可满足要求；广覆盖等小区半径较大的场景下可配置扩展 CP（Extended CP）。CP 长度配置越大，系统开销越大。

TD - LTE 系统中主同步信号 PSS 在 DwPTS 时隙进行传输，只要 DwPTS 的符号数大于等于 9，就能传输数据（参照特殊子帧配置）。TD - LTE 特殊子帧格式如图 2-7 所示。TD - SCDMA 的 DwPTS 无法传输数据，只承载下行同步信道 DwPCH，UE 从 DwPTS 上获得与小区的同步。如果 TD - LTE 小区覆盖距离控制很好，不受远距离同频信号干扰，可将 DwPTS 配置为能够传输数据。现有 TD - LTE 试验网使用 D、E 频段时，普遍采用第 7 种配置方式，即 DwPTS 配置为 10 个符号。

UpPTS 可以发送短 RACH（做随机接入用）和 Sounding 参考信号（Sounding RS，SRS）。根据系统配置，是否发送短 RACH 或者 SRS 都可以用独立的开关控制，因为资源有限（最

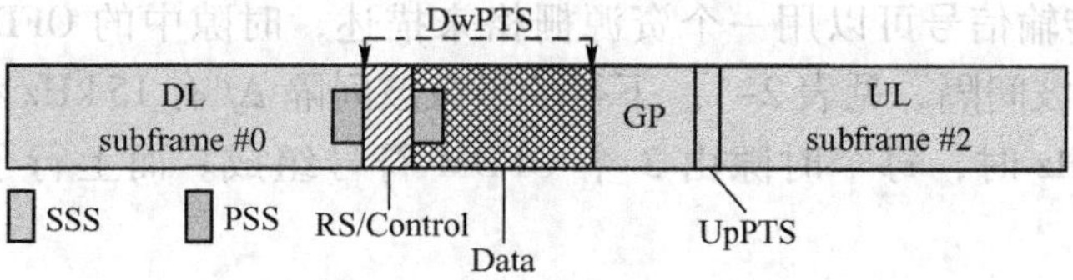

图 2-7　TD-LTE 特殊子帧格式

多仅占两个 OFDM 符号），UpPTS 不能传输上行信令或数据。TD-SCDMA 的 UpPTS 承载上行同步信道 UpPCH，用来进行随机接入。

2.1.3　TD-LTE 资源块

1. 资源栅格

传输使用的最小资源单位叫做资源粒子（Resource Element，RE），时域上为 1 个 OFDM 符号，频域上为 1 个子载波，即 15 kHz。在 RE 的基础上，还定义了资源块（Resource Block，RB），RB 为业务信道的资源单位，一个 RB 包含若干个 RE，在时域上为 1 个时隙，在频域上为 12 个子载波，即 180 kHz。子载波数与带宽有关，带宽越大，包含的子载波越多。下行资源栅格如图 2-8 所示，上行资源栅格时域上为 SC-FDMA 符号。

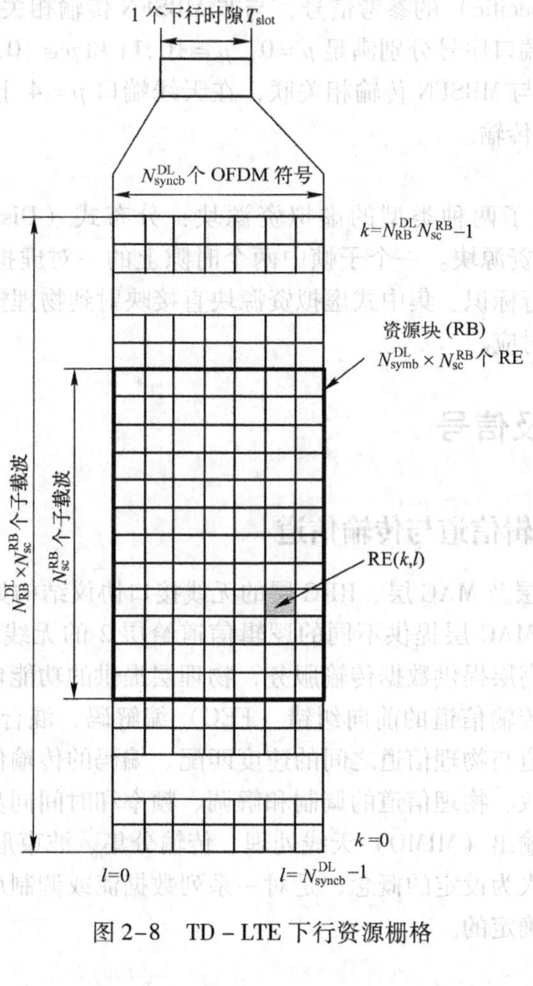

图 2-8　TD-LTE 下行资源栅格

一个时隙中的传输信号可以用一个资源栅格来描述，时隙中的 OFDM 符号取决于循环前缀 CP 长度及子载波间隔，见表 2-1。下行的子载波间隔 Δf 有 15 kHz 和 7.5 kHz 两种，当子载波间隔为 7.5 kHz 时，每个时隙由 3 个 OFDM 符号组成。而上行子载波间隔 Δf 只有 15 kHz 一种。

表 2-1　物理资源块参数

	子载波间隔	每 RB 子载波数量	每时隙 OFDM 符号数
常规 CP	15 kHz	12	7
扩展 CP	15 kHz	12	6
	7.5 kHz	24	3

2. 资源粒子

资源粒子是天线端口 p 上的资源栅格中的最小单元，通过索引对（k，l）来进行唯一标识，其中 k、l 分别为标识在频域和时域的序号。

在多天线传输的情况下，每一个天线端口对应一个资源栅格，而每个天线端口由与其相关的参考信号来定义。需注意这里的天线端口与物理天线不是直接对应的，与具体采用的 MIMO 技术有关。一个小区中支持的天线端口集合取决于参考信号的配置。

小区专用（Cell - specific）的参考信号，与非 MBSFN 传输相关联，支持 1 个、2 个和 4 个天线端口配置，天线端口序号分别满足 $p=0$、$p\in\{0,1\}$ 和 $p\in\{0,1,2,3\}$。

MBSFN 参考信号，与 MBSFN 传输相关联，在天线端口 $p=4$ 上传输。终端专用参考信号，在天线端口 $p=5$ 上传输。

3. 虚拟资源块

TD - LTE 系统定义了两种类型的虚拟资源块：分布式（Distributed）传输和集中式（Localized）传输的虚拟资源块。一个子帧中两个时隙上的一对虚拟资源块共同用一个独立虚拟资源块号 nVRB 进行标识。集中式虚拟资源块直接映射到物理资源块上，使得虚拟资源块 nVRB 与物理资源块对应。

2.2　物理层信道及信号

2.2.1　TD - LTE 逻辑信道与传输信道

TD - LTE 系统物理层及 MAC 层、RRC 层的无线接口协议结构如图 2-9 所示，物理层向 MAC 层提供传输信道。MAC 层提供不同的逻辑信道给层 2 的无线链路控制（RLC）子层。物理层通过传输信道给高层提供数据传输服务，物理层提供的功能包括：传输信道的错误检测并向高层提供指示、传输信道的前向纠错（FEC）编解码、混合自动重传请求（HARQ）软合并、编码的传输信道与物理信道之间的速度匹配、编码的传输信道与物理信道之间的映射、物理信道的功率加权、物理信道的调制和解调、频率和时间同步、射频特性测量并向高层提供指示、多输入多输出（MIMO）天线处理、传输分集、波束形成、射频处理。

信道是便于理解的人为设定的概念，是对一系列数据流或调制后的信号的分类名称，其名称是以信号的作用来确定的。

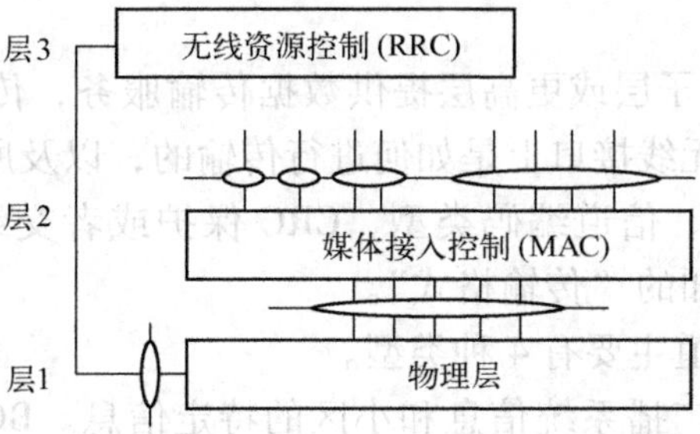

图 2-9　物理层及 MAC 层、RRC 层的无线接口协议结构

逻辑信道用于指示“传输什么内容”，定义传送信息的类型，这些信息可能是独立成块的数据流，也可能是夹杂在一起但是有确定起始位的数据流，这些数据流是包括所有用户的数据。

传输信道用于指示“怎样传”，是在对逻辑信道信息进行特定处理后再加上传输格式等指示信息后的数据流，这些数据流仍然包括所有用户的数据。

物理信道是指“信号在空中传输的承载”，是将属于不同用户、不同功用的传输信道数据流分别按照相应的规则确定其载频、扰码、扩频码、开始结束时间等进行相关的操作，并在最终调制为模拟射频信号发射出去；不同物理信道上的数据流分别属于不同的用户或者不同的功用。

1. 逻辑信道

逻辑信道定义了传输的内容。MAC 子层使用逻辑信道与高层进行通信。逻辑信道通常分为两类，即用来传输控制平面信息的控制信道和用来传输用户平面信息的业务信道。而根据传输信息的类型又可划分为多种逻辑信道类型，并根据不同的数据类型，提供不同的传输服务。

TD－LTE 定义的控制信道主要有如下 5 种类型：

1）广播控制信道（BCCH）：该信道属于下行信道，用于传输广播系统控制信息。

2）寻呼控制信道（PCCH）：该信道属于下行信道，用于传输寻呼信息和改变通知消息的系统信息。当网络侧没有用户终端所在小区信息的时候，使用该信道寻呼终端。

3）公共控制信道（CCCH）：该信道包括上行和下行，当终端和网络间没有 RRC 连接时，终端级别控制信息的传输使用该信道。

4）多播控制信道（MCCH）：该信道为点到多点的下行信道，从网络到 UE 的 MBMS 调度和控制信息传输使用点到多点业务。

5）专用控制信道（DCCH）：该信道为点到点的双向信道，用于传输终端侧和网络侧存在 RRC 连接时的专用控制信息。

TD－LTE 定义的业务信道主要有如下 2 种类型：

1）专用业务信道（DTCH）：专用业务信道是为传输用户信息的，专用于一个 UE 的点对点信道，该信道在上行链路和下行链路都存在。

2）多播业务信道（MTCH）：该信道为点到多点的下行信道。用户只会使用该信道来接收 MBMS 业务。

2. 传输信道

物理层通过传输信道向 MAC 子层或更高层提供数据传输服务，传输信道特性由传输格式定义。传输信道描述了数据在无线接口上是如何进行传输的，以及所传输的数据特征。如数据如何被保护以防止传输错误、信道编码类型、CRC 保护或者交织、数据包的大小等。所有的这些信息集就是我们所熟知的“传输格式”。

TD-LTE 定义的下行传输信道主要有 4 种类型。

1）广播信道（BCH）：用于广播系统信息和小区的特定信息。BCH 使用固定的预定义格式，能够在整个小区覆盖区域内广播。

2）下行共享信道（DL-SCH）：用于传输下行用户控制信息或业务数据。DL-SCH 能够使用 HARQ；能够通过各种调制模式、编码、发送功率来实现链路适应；能够在整个小区内发送；能够使用波束赋形；支持动态或半持续资源分配；支持终端非连续接收以达到节电目的；支持 MBMS 业务传输。

3）寻呼信道（PCH）：当网络不知道 UE 所处小区位置时，用于发送给 UE 的控制信息。PCH 能够支持终端非连续接收以达到节电目的；能在整个小区覆盖区域内发送；能够映射到用于业务或其他动态控制信道使用的物理资源上。

4）多播信道（MCH）：用于 MBMS 用户控制信息的传输。MCH 能够在整个小区覆盖区域内发送；对于单频点网络支持多小区的 MBMS 传输的合并；使用半持续资源分配。

TD-LTE 定义的上行传输信道主要有 2 种类型。

1）上行共享信道（UL-SCH）：用于传输下行用户控制信息或业务数据。UL-SCH 能够使用波束赋形；有通过调整发射功率、编码和潜在的调制模式适应链路条件变化的能力；能够使用 HARQ；动态或半持续资源分配。

2）随机接入信道（RACH）：能够承载有限的控制信息，例如在早期连接建立的时候或者 RRC 状态改变的时候。

2.2.2 TD-LTE 上行物理信道及参考信号

TD-LTE 上行传输基于 SC-FDMA，定义了 3 个上行物理信道。

1. 物理上行共享信道

物理上行共享信道（Physical Uplink Shared Channel，PUSCH）主要传输 UE 的数据和控制信息的物理信道。既可传输数据也可复用传输控制信息，包括 CQI、PMI、HARQ-ACK 及 RI（Rank Indication）秩信息。

PUSCH 的处理流程大致分为两大部分。

第一是信道编码，包括加循环校验冗余 CRC、码块分段、加 CRC 校验、Turbo 编码、速率匹配、码块级联、复用、信道交织过程。

上行共享信道从上层接收到的传输块（Transport Block，TB），每个子帧最多传输一个 TB，编码的步骤为：TB 添加 CRC 校验、码块分段及码块 CRC 校验添加、数据和控制信息的信道编码、速度匹配、码块级联、数据和控制信息复用、信道交织。

信道编码使用的是 Turbo 码，速率匹配进行的是针对 Turbo 编码进行的速度匹配，码块级联将 C 个码块顺序拼接起来，构成长度为 G 的一个码字。其中若与控制信息复用，G 不包括控制信息。

当控制信息与数据传输复用在一起时，控制信息的编码速率由 UL - SCH 传输所使用的调制方式和编码速率决定。控制信息的不同编码速率通过向其传输分配不同数目的编码符号来获得。

第二是基带 SC - FDMA 处理，包括加扰、调制映射、传输与编码（DFT）、RE 映射、SC - FDMA 信号产生。具体操作步骤如下：

1）加扰。为了使传输的比特随机化，提高传输性能，需要对传输的数据进行比特级的加扰。具体的方法是采用一个伪随机序列与需要传输的比特序列进行模 2 加，从而达到使传输的比特随机化的目的。对于 ACK/NACK 和 RI 这种比特数较少的信源来说，加扰的目的是为了保证调制时具有最大的欧式距离，以获得更好的解调性能。

2）调制。加扰后的比特块将被调制成复值符号块，PUSCH 可用的调制方式包括 QPSK、16QAM、64QAM。

3）变换预编码。为了获得单载波特性，将复值符号块进行分组，每组对应一个 SC - FDMA 符号。预编码后形成复值调制符号块，就是在 OFDM 调制之前在每个组内进行一个离散傅里叶变换（DFT），以达到上行单载波的目的。

4）生成 SC - FDMA 信号。为每个天线端口生成复值时域的 SC - FDMA 符号。

2. 物理上行控制信道

物理上行控制信道（Physical Uplink Control Channel，PUCCH），UE 用于发送 ACK/NAK、CQI、SR、RI 信息，同一 UE 端不能同时在 PUSCH 和 PUCCH 上传输。用户在没有 PUSCH 传输的上行子帧中，利用 PUCCH 传输与该用户下行数据相关的上行控制，此外 PUCCH 不能在 UpPTS 时隙中传输。不同的 PUCCH 格式对应不同的传输结构，以支持不同的信息传输。不同格式的 PUCCH 所采用的调制方式也不同，见表 2-2，格式 2a、2b 只支持常规循环前缀。

表 2-2　PUCCH 格式及调制方式

PUCCH 格式	用　　途	调 制 方 式	每子帧比特数
1	SR	N/A	N/A
1a	ACK/NACK	BPSK	1
1b	ACK/NACK	QPSK	2
2	CQI	QPSK	20
2a	CQI + ACK/NACK	QPSK + BPSK	21
2b	CQI + ACK/NACK	QPSK + QPSK	22
3	CQI + ACK/NACK	QPSK	48

用户采用 PUCCH 格式 1/1a/1b 复用：通过正交码 CAZAC 序列的循环移位来区分不同的用户，Cyclic shift 间隔为 2，在 1 个 RB 上可支持 18 个用户。

用户采用 PUCCH 格式 2/2a/2b 复用：通过 CAZAC 序列的循环移位来区分不同的用户，1 个 RB 上可支持 12 个用户。

不同用户间 PUCCH 格式 1/1a/1b 和 PUCCH 格式 2/2a/2b 的复用：把 Cyclic shift 分成两个区域。例如：

从 Cyclic shift = 0 到 Cyclic shift = 3 用于 PUCCH 格式 1/1a/1b；

从 Cyclic shift = 5 到 Cyclic shift = 10 用于 PUCCH 格式 2/2a/2b；

Cyclic shift = 4 和 Cyclic shift = 11 用于两个区域之间的保护间隔。

3. 物理随机接入信道

物理随机接入信道（Physical Random Access Channel，PRACH）是指获取小区接入的必要信息进行时间同步和小区搜索等。

随机接入是在 UE 获得下行同步的基础上，请求与网络通信之前的接入过程，随机接入可以分为两种类型：同步随机接入和非同步随机接入。

同步随机接入：UE 已经和系统取得上行同步，UE 申请上行数据传输的资源。

非同步随机接入：UE 尚未和系统取得或丢失了上行同步。

4. 上行参考信号

LTE 系统上行支持以下两种类型的参考信号（Reference Signal，RS），解调用参考信号和探测用参考信号使用相同的基序列集合。

1）解调用参考信号（Demodulation Reference Signal，DERS），与 PUSCH 或者 PUCCH 传输有关。上行解调参考信号包括 PUSCH 解调参考信号和 PUCCH 解调参考信号两种，分别用于 PUSCH 和 PUCCH 的相关解调，根据不同物理信道特征，两种解调参考信号在序列设计和资源映射上存在一定差异。

2）探测用参考信号（Sounding Reference Signal，SRS），与 PUSCH 或者 PUCCH 传输有关。上行探测用参考信号用于上行信道质量的测量，用于支持频率选择性调度、功率控制和定时提前等功能。在 TD－LTE 系统中，根据 TDD 上、下行信道对称性，上行探测参考信号也可以用于下行信道信息的获取。

2.2.3 TD－LTE 下行物理信道及参考信号

TD－LTE 下行传输基于 OFDMA，定义了 6 个下行物理信道。

1. 物理下行共享信道

物理下行共享信道（Physical Downlink Shared Channel，PDSCH）用于承载下行数据传输和寻呼信息，传递 SIB 信息。PDSCH 具有最全的功能，支持多层 SU－MIMO 传输、MAC 调度和 HARQ 等各种功能。系统可以根据反馈的信道状态信息（CSI）等，通过 MAC 层调度，动态配置 eNodeB 发射信号的调制编码方式、资源映射、天线映射方式。

基于 UE 反馈的 ACK/NACK 信息，eNodeB 可以进行 HARQ 重传。同时，HARQ 操作也通过冗余版本（RV）控制信道编码的冗余比特的传输。在这个模型中，上层协议可以对信源编码与速率匹配、调制方式、资源映射和天线映射进行灵活的配置，从而获得 PDSCH 的最大容量。

2. 物理广播信道

物理广播信道（Physical Broadcast Channel，PBCH）用于传递 UE 接入系统所必需的系统信息，如带宽、天线数目、小区 ID 等。

PBCH 主要传输小区系统信息，PBCH 的结构与小区搜索过程有紧密联系，其中携带的信息用于在小区搜索过程中向 UE 广播基本的系统信息，包含：下行系统带宽（约 4 bit）、发送天线个数（1 bit 或 2 bit）、参考信号发射功率（0～6 bit）、系统帧号（SFN，10 bit）、标签指示、被最频繁重复发送的调度单元的调度信息等。

PBCH 时域映射结果如图 2-10 所示。

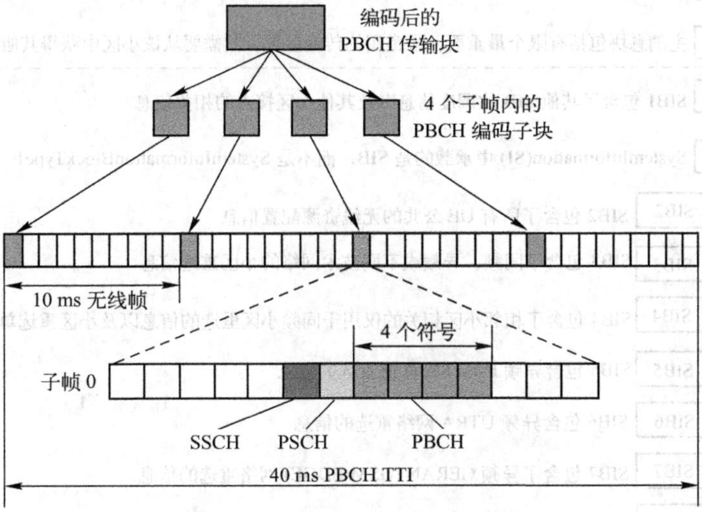

图 2-10　PBCH 时域映射结果

PBCH 频域映射结果如图 2-11 所示。

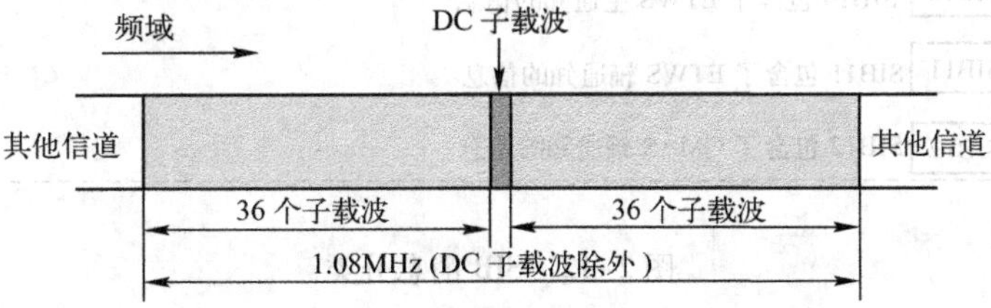

图 2-11　PBCH 频域映射结果

BCH 信息在 PBCH 和 DBCH 上广播的信息分别称为主信息块（Master Information Block，MIB）和系统信息块（System Information Block，SIB）。BCH 上传输的 MIB 信息，是系统中需要频繁传输的系统信息，包括下行系统带宽、PHICH 配置信息、系统帧号。PBCH 占用频域中间的 6 个 RB（72sc），在第 2 个时隙的前 4 个符号上传递（Slot 1，Symbol 0 ~ 3）MIB 消息的重复周期为 40 ms，起始位置为 Subfram#0 of SFN mod 4 = 0。每 10 ms 传递一次 MIB，传递内容一致，40 ms 组成一个 MIB 消息。可实现时间分集，提高 UE 接收 MIB 消息时的增益，改善接收质量。

SIB 主要包括：一个或多个 PLMN 标识、跟踪区域编号、小区标识号、为所有共享 PLMN 使用一个公共的比特用于小区预留的扩展、调度信息（即除了 SU - 1 以外其他调度单元的周期等信息）、SIB 映射信息（即指示出 SIB 在哪个 SU 中传输）。SIB 消息分类如图 2-12 所示。

除 MIB 以外的系统消息，SIB 消息包括 SIB1 ~ SIB12，概括如下：

1）除 SIB1 以外，SIB2 ~ SIB12 均由 SI（System Information）承载。

2）SIB1 是除 MIB 外最重要的系统消息，固定以 20 ms 为周期重传 4 次，即 SIB1 在每两个无线帧（20 ms）的子帧#5 中重传（SFN mod 2 = 0，SFN mod 8 ≠ 0）一次，如果满足 SFN mod 8 = 0 时，SIB1 的内容可能改变，新传一次。

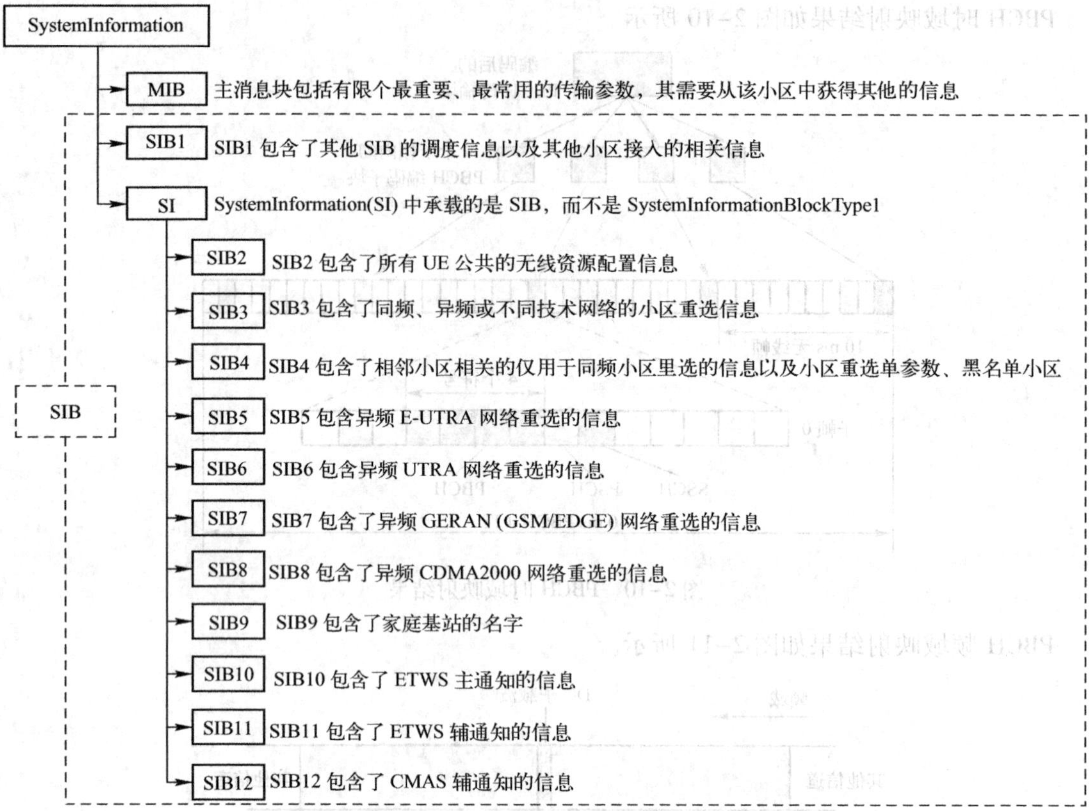

图 2-12　SIB 消息分类

3）SIB1 和所有 SI 消息均传输在 BCCH→DL－SCH→PDSCH 上。

4）SIB1 的传输通过携带 SI－RNTI（SI－RNTI 每个小区都是相同的）的 PDCCH 调度完成。

5）SIB1 中的 SchedulingInfoList 携带所有 SI 的调度信息，接收 SIB1 以后，即可接收其他 SI 消息。

SIB 消息中 SIB1 非常重要，接收到 SIB1 以后，就能解调其他的 SIB 消息。UE 一旦正确接收 MIB 消息（因为 PBCH 信号是存在于每个 slot#1 中，而且是以 10 ms 为周期，也就是无线帧的帧头找到了），接着可以根据 PBCH 的内容得到系统帧号和带宽信息，以及 PHICH 的配置。

UE 读取 PBCH 后，接收机预先保留了整个子帧的数据，UE 同时可读取获得固定位置的 PHICH 及 PCFICH 信息。根据 PCFICH 信息，就知道控制信道 OFDM 的符号数，由此可以进行 PDCCH 的读取。用 SI－RNTI 解扰 PDCCH，就可以知道 SIB 所在的 PDSCH，从而获得 SIB1 消息。

3. 物理多播信道

物理多播信道（Physical Multicast Channel，PMCH）用于承载多媒体/多播信息（现网中未使用，暂不作介绍）。

4. 物理控制格式指示信道

物理控制格式指示信道（Physical Control Format Indicator Channel，PCFICH）表示一个子

帧中用于 PDCCH 的 OFDM 符号数目，放置在第 1 个 OFDM 符号中。PCFICH 的大小仅为 2 bit，通过 4 个长 16 个 QPSK 符号的序列承载，用来传输最基本的 PDCCH 格式信息。

PCFICH 承载的信息非常重要，划分了每个子帧控制信令区域和数据区域的边界，所以必须采用可以有效抑制干扰的传输方式。因此，一个 PCFICH 序列的 16 个符号被分散到整个系统带宽，不同小区放置在不同的子载波组上。另外，PCFICH 也进行小区特定加扰（Cell - specific scrambling）。PCFICH 采用和 PDCCH 相同的发射分集技术。为了获得尽可能大的频率分集增益，PCFICH 的 16 个 QPSK 符号分布在 4 个离散的 REG 中，相邻 PCFICH REG 之间相隔 4 个 REG，以尽可能均匀地分布在 6 个 PRB（LTE 最小系统带宽支持的 PRB 数量）所在的带宽内，如图 2-13 所示。

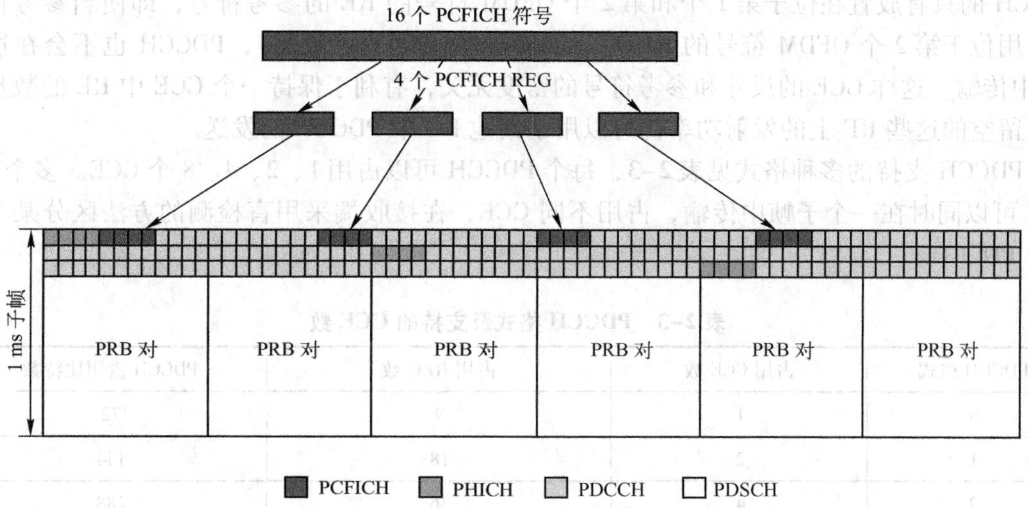

图 2-13 PCFICH 的资源映射（CFI = 3）

PCFICH 显示 PDCCH 的时域长度，即 PDCCH 占用一个子帧的前几个 OFDM 符号。PDCCH 最多可包含 3 个 OFDM 符号，因此 $n = 1, 2, 3$，一个 OFDM 符号或者用做 PDCCH，或者用做数据信道，不支持混合的 OFDM 符号，即和数据时分复用。PDCCH 包含 4 个符号的情况暂时被保留，目前最多使用 3 个符号。

5. 物理下行控制信道

物理下行控制信道（Physical Downlink Control Channel，PDCCH）用于指示和 PUSCH、PDSCH 相关的格式，资源分配，HARQ 信息，位于子帧的前 n 个 OFDM 符号，$n <= 3$。

（1）PDCCH 承载的控制信息

PDCCH 承载的下行控制信息（Downlink Control Information，DCI）主要包括：下行数据传输的调度信息、上行数据传输的调度赋予和功率控制命令以及上行发送数据的 ACK/NACK。PDCCH 承载 DCI 的基本单元是控制信元（Control Channel Element，CCE），LTE 定义了两个专用的控制信道资源单位：RE 组（Resource Element Group，REG）和 CCE。1 个 REG 由 4 个频域上并排的 RE 组成，即 4 个子载波 ×1 个 OFDM 符号。一个 CCE 由 9 个 REG 构成，一个 PDCCH 又由若干个 CCE 构成。定义 REG 如此小的资源单位，主要是为了有效地支持 PCFICH、PHICH（物理 HARQ 指示信道）等数据率很小的控制信道的资源分配；而定义相对较大的 CCE，是为了用于数据量相对较大的 PDCCH 的资源分配。

每个 CCE 包含 36 个 RE 的一个连续资源块。那么在系统带宽和用于 PDCCH 的 Symbol 数量确定后基本可以计算出总的 CCE 数量（从总的 RE 数量中去掉 PCFICH、PHICH 以及参考信号所占的 RE，再除以 36）。

CCE 的设计因素是小区间干扰的随机化，采用小区特定的交织（Cell - specific interleaving）技术来实现小区间干扰随机化，即将一个 CCE 中的所有 QPSK 符号分成若干组，每组包含多个符号，然后对这些 QPSK 符号组进行交织。不同小区采用统一的交织器，但采用不同的位移，位移量为 k 的整数倍，最后将 CCE 映射到 RE 上，先从频域映射，然后再在时域上映射。需要注意的是，可能放置参考符号的 RE，不用于传送 PDCCH。当然，可能影响到 PDCCH 的只有放置在位于第 1 个和第 2 个 OFDM 符号的 RE 的参考符号，即使当参考符号不占用位于第 2 个 OFDM 符号的 RE 时（如对于单天线发送情况），PDCCH 也不会在这些 RE 中传输。这样 CCE 的尺寸和参考符号的密度无关，有利于保持一个 CCE 中 RE 的数量稳定。留空的这些 RE 上的发射功率仍可以用于其他 RE 中 PDCCH 的发送。

PDCCH 支持的多种格式见表 2-3，每个 PDCCH 可以占用 1、2、4、8 个 CCE。多个 PDCCH 可以同时在一个子帧中传输，占用不同 CCE，在接收端采用盲检测的方法区分某个用户的 PDCCH。

表 2-3　PDCCH 格式及支持的 CCE 数

PDCCH 格式	占用 CCE 数	占用 REG 数	PDCCH 占用比特数
0	1	9	72
1	2	18	144
2	4	36	288
3	8	72	576

PDCCH 和数据信道的复用选用 TDM 方式，在频域上占用整个 RB，时域上只占用部分 OFDM 符号，放置在一个子帧的前 n 个（$n \leqslant 3$）OFDM 符号，每个 CCE 应占满这个子帧内 PDCCH 区域的所有 OFDM 符号，以获得尽可能长的时域长度。也就是说，一个子帧内各个 CCE 之间是 FDM 复用的，不同的 PDCCH 占用不同的 CEE 资源。

（2）PDCCH 时频结构

在 1 ~ 3 个 OFDM 符号的 RE 资源内还包含 PHICH 和 PCFICH 的 RE，以及参考信号的 RE 资源，其时频结构的示意图如图 2-14 所示。

（3）PDCCH 的 DCI 格式

一个 DCI 传输下行数据传输的调度信息、上行数据传输的调度赋予和功率控制命令以及上行发送数据的 ACK/NACK。根据传输需要可分为 10 种格式，具体如下：

Format 0，DCI 格式 0 用于 PUSCH 的上行调度信息；

Format 1，DCI 格式 1 用于一个 PDSCH 码字的调度信息；

Format 1A，DCI 格式 1A 用于一个 PDSCH 码字的紧凑调度（Compact scheduling）信息和由 PDCCH 命令初始化的随机接入过程；

Format 1B，DCI 格式 1B 用于一个具有预编码信息的 PDSCH 码字的紧凑调度信息；

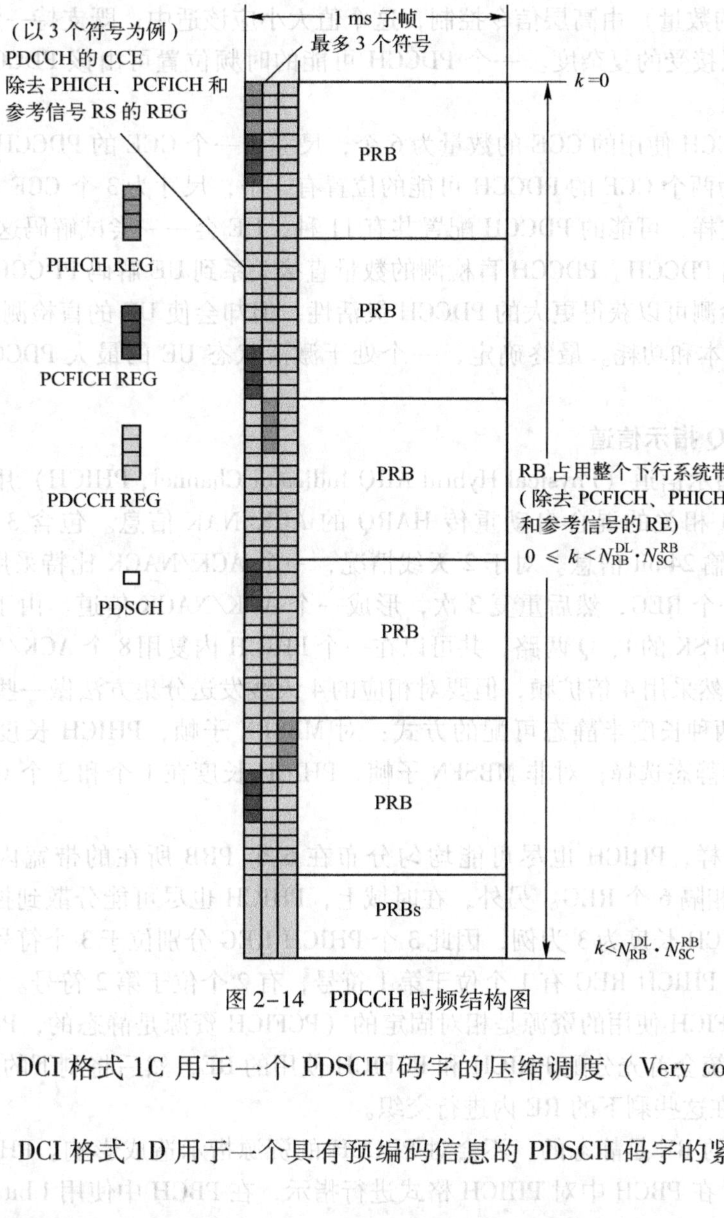

图 2-14　PDCCH 时频结构图

Format 1C，DCI 格式 1C 用于一个 PDSCH 码字的压缩调度（Very compact scheduling）信息；

Format 1D，DCI 格式 1D 用于一个具有预编码信息的 PDSCH 码字的紧凑调度信息和功率补偿信息；

Format 2，DCI 格式 2 传输的信息是 MIMO 有关的下行调度信息；

Format 2A，DCI 格式 2 传输的信息是 MIMO 有关的下行调度信息；

Format 3，DCI 格式 3 使用 2 bit 信息调整 PUSCH 和 PUCCH 的 TPC 传输功率控制；

Format 3A，DCI 格式 3 使用 1 bit 信息调整 PUSCH 和 PUCCH 的 TPC 传输功率控制。

（4）PDCCH 盲检测

PDCCH 盲检测就是在搜索空间（控制信道内，除去导频、同步信道、PCFICH、PHICH 以外的空间）根据可能的 DCI 长度（根据每个 Format 的比特数，下行带宽等参数计算），把所有可能情况（有一定的限制）计算一遍，找出 CRC 正确的 DCI。

盲检测方法即对有限的若干种 PDCCH 配置一一尝试，每个 UE 可以同时监测一定数量的候选（Candidate）PDCCH，最终解调出其中的内容。UE 监测的候选 PDCCH 集的大小

（即候选 PDCCH 的数量）由高层信令控制，这个值大小应该适中，既支持一定的 PDCCH 灵活性，又具有可以接受的复杂度。一个 PDCCH 可能的时频位置可由该 PDCCH 包含的 CCE 的数量隐性地指示。

假设可供 PDCCH 使用的 CCE 的数量为 6 个，尺寸为一个 CCE 的 PDCCH 可能位于任何一个 CCE，尺寸为两个 CCE 的 PDCCH 可能的位置有 3 个，尺寸为 3 个 CCE 的 PDCCH 可能的位置有两个。这样，可能的 PDCCH 配置共有 11 种，UE 会一一尝试解码这 11 个候选 PDCCH，最终解调出 PDCCH。PDCCH 盲检测的数量直接关系到 UE 解码 PDCCH 的复杂度，虽然采用更多的盲检测可以获得更大的 PDCCH 灵活性，但却会使 UE 的盲检测过程过于复杂，从而增加 UE 的成本和功耗。最终确定，一个处于激活状态 UE 的最大 PDCCH 盲检测数量为 44 个。

6. 物理 HARQ 指示信道

物理 HARQ 指示信道（Physical Hybrid ARQ Indicator Channel，PHICH）用于承载 eNB 向 UE 反馈和 PUSCH 相关的混合自动重传 HARQ 的 ACK/NAK 信息。包含 3 个 REG，采用 QPSK 调制，可传输 24 bit 信息。对于 2 天线情况，一个 ACK/NACK 比特采用 Walsh 序列经过 4 倍扩频形成一个 REG，然后重复 3 次，形成一个 ACK/NACK 信道。由于采用 4 倍正交码扩频，再加上 QPSK 的 I、Q 两路，共可以在一个 PHICH 内复用 8 个 ACK/NACK 信道。在 4 天线情况下，仍然采用 4 倍扩频，但要对相应的 4 天线发送分集方法做一些调整。

PHICH 采用两种长度半静态可配的方式：对 MBSFN 子帧，PHICH 长度在 1 个和 2 个 OFDM 符号之间半静态选择；对非 MBSFN 子帧，PHICH 长度在 1 个和 3 个 OFDM 符号之间半静态选择。

和 PCFICH 一样，PHICH 也尽可能均匀分布在 6 个 PRB 所在的带宽内，两个相邻的 PHICH REG 之间相隔 6 个 REG。另外，在时域上，PHICH 也尽可能分散到控制区域所在的所有符号，以 PHICH 长度为 3 为例，因此 3 个 PHICH REG 分别位于 3 个符号。如果 PHICH 长度为 2，则 3 个 PHICH REG 有 1 个位于第 1 符号，有 2 个位于第 2 符号。

PHICH 和 PCFICH 使用的资源是相对固定的（PCFICH 资源是静态的，PHICH 资源是半静态的），因此系统会首先分配 PHICH 和 PCFICH 使用的 RE，然后将剩下的 RE 分配给 PDCCH，PDCCH 将在这些剩下的 RE 内进行交织。

PCFICH 占用的 RE 是静态的，不会对 PDCCH 的资源指示造成影响。PHICH 占用的 RE 是半静态变化的，在 PBCH 中对 PHICH 格式进行指示，在 PBCH 中使用 1 bit 指示 PHICH 的长度，2 bit 指示 PHICH 使用的频域资源，即 PHICH 组的数量（每个 PHICH 组包含 8 个 PHICH）。在频域上，PHICH 采用等间距放置，即每隔固定数量的子载波放置一个 PHICH 的 REG。为了抑制不同小区 PHICH 之间的干扰，还采用循环位移的方法使相邻小区在错开的频域资源上发送 PHICH。某个小区的 PHICH 位移可以和它的小区 ID 对应，因此不需要额外的信令传输。

7. 参考信号

LTE 系统下行定义了三种下行参考信号：小区专用的参考信号、MBSFN 参考信号、终端专用参考信号。

（1）小区专用参考信号

小区专用参考信号在所有非 MBSFN 的下行子帧上发送。对于 MBSFN 子帧，只在前 2 个

OFDM 符号上发送小区专用参考信号。小区专用参考信号在天线 0 ~ 3 上发送，并且只支持 $f = 15$ kHz。

常规 CP 下的下行参考信号映射如图 2-15 所示，其中 *Rp* 表示天线端口 *p* 上用于传输参考符号的资源粒子。

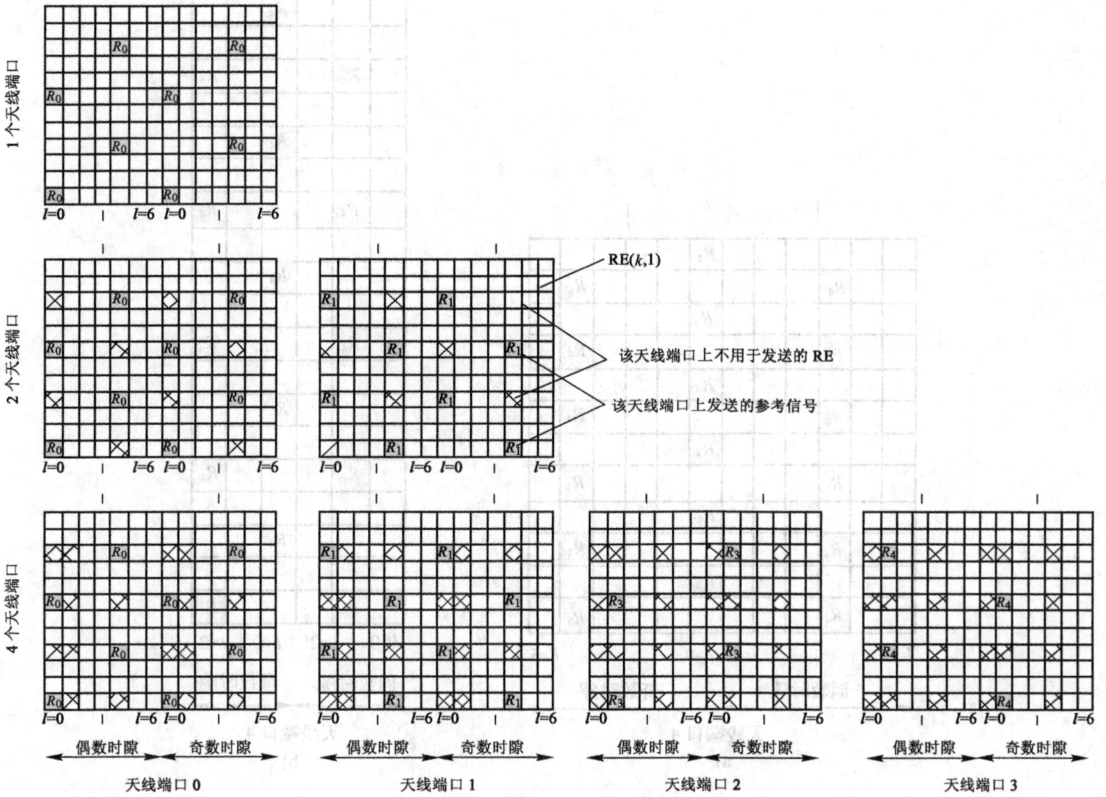

图 2-15　常规 CP 下的下行参考信号映射

（2）MBSFN 参考信号

MBSFN 参考信号只在 MBSFN 子帧发送，并在天线端口 4 上发送。MBSFN 只支持扩展 CP 配置。在子载波 $f = 15$ kHz、$f = 7.5$ kHz 的情况下，用于传输 MBSFN 参考信号的资源粒子示意图如图 2-16 所示。

（3）UE 专用参考信号

UE 专用参考信号用于支持单天线端口的 PDSCH 传输。终端专用参考信号在天线端口 5 上传输。高层将通知终端是否存在终端专用参考信号，以及是否是一个有效的相位参考。如果高层信令通知终端存在 UE 专用参考信号，并且是有效的 PDSCH 解调相位参考，UE 可以忽略任何在天线端口 2 和 3 上的传输。终端专用参考信号仅仅在 PDSCH 对应的资源块中传输。

UE 专用参考信号映射按照 PRB 递增的顺序进行，*N* 表示 PDSCH 传输所占用的带宽（以 PRB 为单位）。常规 CP 和扩展 CP 的专用参考信号映射如图 2-17 所示。

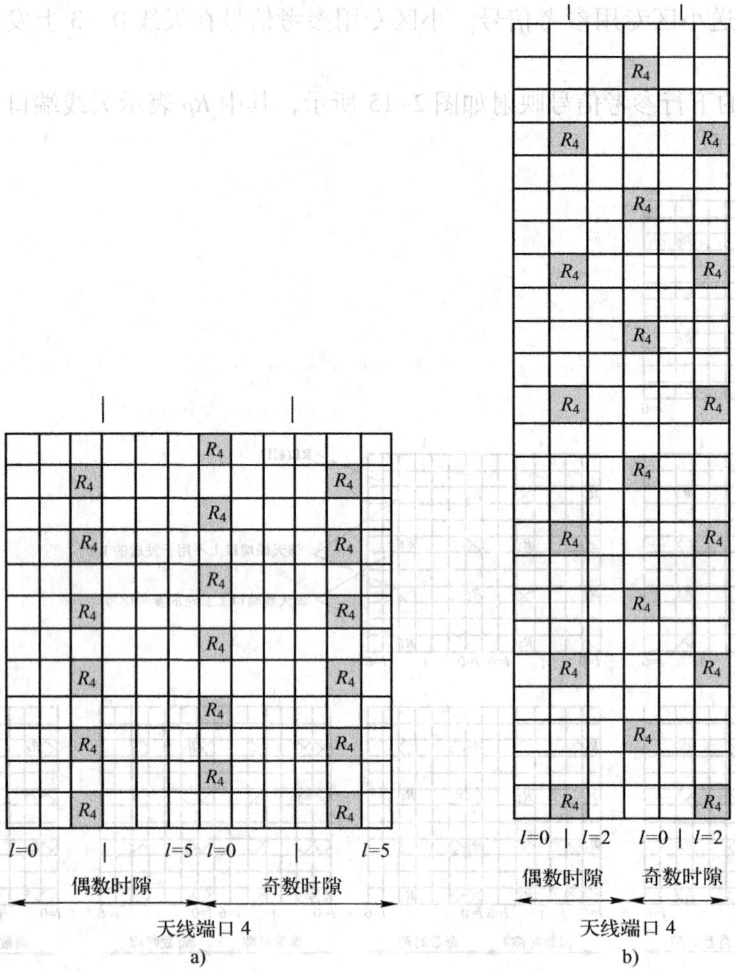

图 2-16　MBSFN 参考信号映射

a）MBSFN 参考信号映射（$f=15$ kHz）　b）MBSFN 参考信号映射（$f=7.5$ kHz）

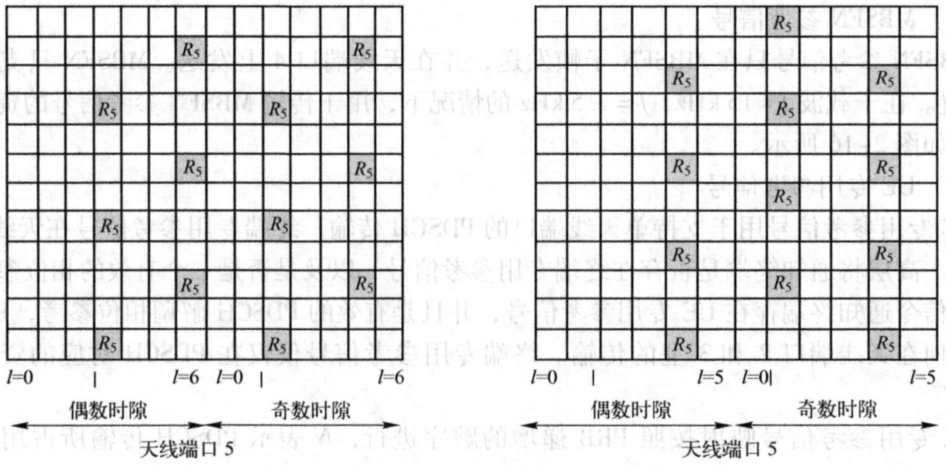

图 2-17　常规 CP 和扩展 CP 下 UE 专用参考信号映射图

8. 主同步信号

主同步信号（Primary Synchronization Signal，PSS）频域上占系统带宽中间的6个RB，即72sc，在第2个subframe的第3个symbol中进行传递（subframe 1或6，symbol 2），指示一个物理小区组内的id（Physical - layer id）：0，1，2（3个）。

9. 辅同步信号

辅同步信号（Secondary Synchronization Signal，SSS）频域上占系统带宽中间的6个RB，即72sc。在第1个subframe的最后1个symbol中进行传递（subframe 0或5，symbol 6），在subframe 0和5中的SSS结构相同，但是在频域上错开，以区别前5ms或后5ms的半帧。指示物理小区组号（Physical - layer cell - id group）：0~167（168个），所有小区id（Total cell IDs）：168×3=504（0~503）。

2.2.4 物理信道与传输信道之间的映射关系

上行信道中，UL - SCH映射到PUSCH上，RACH映射到PRACH上，如图2-18所示。上行控制信息（UCI）映射到物理信道的PUCCH与PUSCH上。

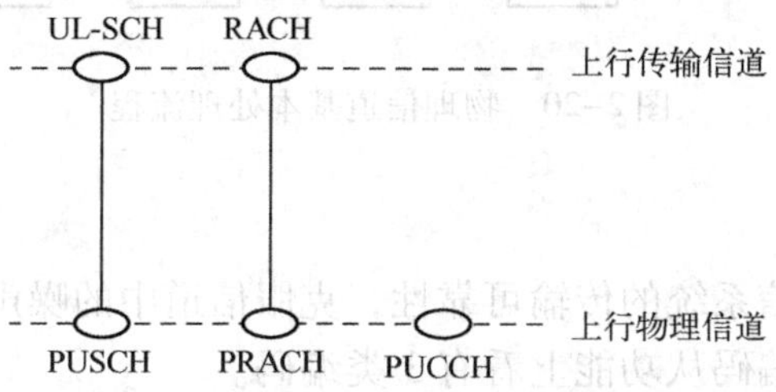

图2-18 上行传输信道到物理信道的映射关系

下行信道中，BCH和MCH分别映射到PBCH和PMCH，PCH和DL - SCH都映射到PDSCH上，如图2-19所示。

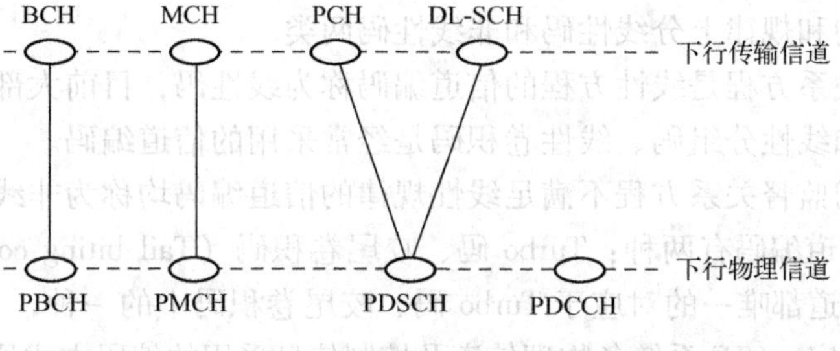

图2-19 下行传输信道到物理信道的映射关系

下行、上行控制信息向物理信道的映射关系见表2-4。

表2-4 下行、上行控制信息向物理信道的映射关系

控制信息	物理信道
控制格式指示CFI	物理控制格式指示信道
HARQ指示HI	物理HARQ指示信道
下行控制信息DCI	物理下行控制信道
上行控制信息UCI	PUCCH、PUSCH

2.3　物理信道处理流程

TD－LTE 系统物理信道处理流程如图 2-20 所示。

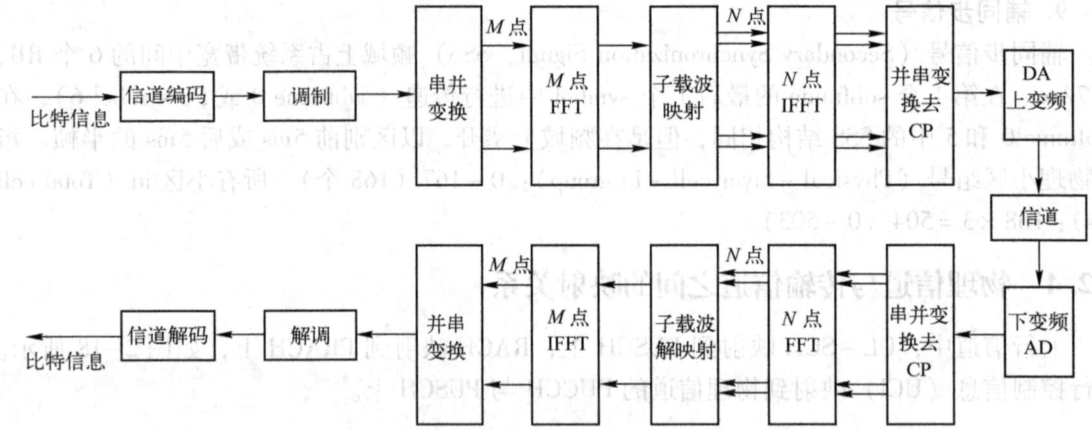

图 2-20　物理信道基本处理流程

2.3.1　信道编码

信道编码是为保证通信系统的传输可靠性，克服信道中的噪声和干扰而专门设计的一类抗干扰技术和方法。信道编码从功能上看有 3 类编码。

1）仅具有差错功能的检错码，如循环冗余校验 CRC 码、自动请求重传 ARQ 等。

2）具有自动纠正差错功能的纠错码，如循环码中的 BCH、RS 码及卷积码、级联码、Turbo 码等。

3）具有既能检错又能纠错功能的信道编码，最典型的是混合 ARQ，又称为 HARQ。

信道编码从结构和规律上分线性码和非线性码两类。

线性码：监督关系方程是线性方程的信道编码称为线性码，目前大部分实用化的信道编码均属于线性码，如线性分组码、线性卷积码是经常采用的信道编码。

非线性码：一切监督关系方程不满足线性规律的信道编码均称为非线性码。

LTE 中采用的信道编码有两种：Turbo 码、咬尾卷积码（Tail biting convolutional coding）。LTE 中不同的物理信道都唯一的对应于 Turbo 码、咬尾卷积码中的一种，只要物理信道确定，则其编码方式唯一确定。LTE 系统各物理信道及控制信息采用的编码方式见表 2-5。

表 2-5　物理信道及控制信息采用的编码方式

	信道类型	编码方式	编码码率
UL－SCH	物理信道	Turbo 码	1/3
DL－SCH			
PCH			
MCH			
BCH		咬尾卷积码	1/3

（续）

	信 道 类 型	编 码 方 式	编 码 码 率
DCI	控制信息	咬尾卷积码	1/3
CFI		块编码（Block code）	1/16
HI		重复编码（Repetition code）	1/3
UCI		块编码	Variable
		咬尾卷积码	1/3

物理信道从上层接收到传输块后，每个子帧最多传输一个 TB。LTE 信道编码的一般流程为：TB 添加 CRC 校验、码块分段及码块 CRC 校验添加、数据和控制信息的信道编码、速度匹配、码块级联、数据和控制信息复用、信道交织。

信道编码完成后，信息流在经过编码处理后，可能会出现连续的“0”或连续的“1”，这样破坏了“0”码和“1”码的平衡，将影响位同步的建立和保持。而加扰则是通过一个伪随机序列对输入的传送码流进行扰乱处理，二进制数字信息做“随机化”处理，变为伪随机序列，避免这种情况出现。

LTE 规定了伪随机序列是基于 31 位长度的 Gold 码序列而产生的。Gold 码序列是 R. Gold 于 1967 年提出了一种基于 m 序列优选对的码序列，称为 Gold 序列。它是 m 序列的组合码，由优选对的两个 m 序列逐位模 2 加得到，当改变其中一个 m 序列的相位（向后移位）时，可得到一新的 Gold 序列。Gold 序列虽然是由 m 序列模 2 加得到的，但它已不是 m 序列，不过它具有与 m 序列优选对类似的自相关和互相关特性，而且构造简单，产生的序列数多，因而获得广泛的应用。

2.3.2 层映射与预编码过程

层映射与预编码过程都与 MIMO 有关，MIMO 技术是 LTE 中采用的关键技术之一，在 LTE 系统中，MIMO 传输方案大致可分为两大类：发送分集和空间复用。在 LTE 中将天线映射分成层映射和预编码两个部分，有利于定义和描述不同的天线传输方案。

1. 层映射

层映射将复值调制符号映射到一个或者多个传输层。层映射过程是将经过调制后的一或两串（由码字 q 个数决定）复值调制信号经过的 3 种方案映射到一或多个（v 个）不同层上。$v \geqslant q$，层映射是为预编码做好准备，与预编码过程一道形成空时编码过程，将调制后的数据映射对应到各个天线上。

层映射的 3 种方案为：单天线、空间复用、传输分集，空间复用可以大大提高信道容量，空间分集则可以提高信道的可靠性，降低信道误码率。

1）天线口的层映射。对于在单天线口上的传输，层数目为 1。

2）空间复用的层映射。层数目小于或者等于物理信道传输所使用的天线端口数目 p。一个码字映射到 2 层仅用于天线端口数为 4 的情况。

3）传输分集的层映射，传输分集仅传输一个码字，而层数目等于物理信道传输所使用的天线端口数目 p。

2. 预编码

预编码是对将要在各个天线端口上发送的每个传输层上的复值调制符号进行预编码，是为了解决无线多用户 MIMO 广播信道中多用户干扰的问题。预编码的作用有以下几点：

1）对于单端口传输而言，预编码的作用仅仅是一个简单的一对一映射。

2）对于传输分集而言，预编码模块实现了 SFBC（2CRS 端口的情况）或 FSTD/SFBC（4CRS 的情况）传输分集。

3）对于开环空间复用，预编码实现了层之间的数据混合、CDD 传输以及盲预编码功能。

4）对于闭环空间复用（包括 Rank1 的情况）与 MU－MIMO，规范中定义的预编码模块实现了基于码本的预编码。

5）对于基于专用导频的传输，预编码只完成层到专用导频端口的一对一映射，而实际的波束赋形功能通过天线端口到物理天线的映射模块实现。

预编码三个主要的优势：第一是通过发射端的预编码处理，可以有效地消除广播信道的多用户干扰，从而大大提高系统容量；第二是可以大大简化接收机的算法，解决移动台的功耗和体积问题；第三是由于发射端能准确知道各用户的数据，所以在发射端采用反馈干扰抵消的方法不存在误码扩散问题，性能更优。

预编码的几种形式如下：

1）天线端口的预编码。这是指对于在单天线端口上进行的编码。

2）空间复用的预编码。空间复用的预编码仅仅可以与空间复用的层映射集合起来使用。空间复用支持 2 或者 4 天线端口，即可用的天线端口集合为 $p\in\{0,1\}$ 或 $p\in\{0,1,2,3\}$。开环空间复用主要适用于 eNodeB 不能准确跟踪下行信道变化的情况，此时需要通过循环延时发射分集（CDD）增加等效信道的频率选择性，并利用信道编码获得频率选择性分集增益，以此来提高多流数据传输的可靠性。闭环空间复用与 MU－MIMO 传输中，一般可以假设 eNodeB 能够准确及时地获得用户的反馈信息。这种情况下，TD－LTE 采用了基于码本的预编码方式支持闭环 SU－MIMO 与 MU－MIMO 传输。

3）传输分集的预编码。传输分集的预编码只支持 2 个或者 4 个天线端口。注意传输分集传输中使用的层数等于天线端口数。

2.3.3 资源映射与调度

LTE 系统多址方式为 OFDMA/SC－FDMA，资源映射和调度与基于 CDMA 的 3G 系统有本质的不同。OFDMA/SC－FDMA 可以进行时域、频域和码域的灵活资源分配和调度，这在 CDMA 系统中是无法实现的（CDMA 系统只能进行时域和码域的资源分配调度）。动态调度带来的一个最重要的变化是 LTE 系统不再使用 3G 系统中使用的“专用信道”传送数据，而代之以“共享信道”，即不再为特定用户长时间保留固定的资源，而是将用户的数据都分割成小的“资源块”，然后依赖高效的调度机制将来自多个用户的“数据块”复用在一个共享的大的数据信道中。

1. 下行资源映射

经过信道编码、交织、调制之后的下行数据将被映射到 OFDMA 的时频符号上，这个过程称为下行资源映射。如果逐子载波地进行资源映射，固然能获得最大的灵活性，但相应的信令开销量是无法承受的，因此任何 OFDMA 系统都会基于某种预定义的“子载波组”来映射资源，这个“子载波组”就是资源块，这样只要通过信令指定 RB，就可以完成资源映射。需要确定的问题是 RB 的类型（即 RB 内子载波的分布）、大小和映射方法。

资源块分为物理资源块（PRB）和虚拟资源块（VRB）两种。物理资源块用来描述实际物理资源的分配情况；虚拟资源块用来描述 LTE 下行传输支持的两种资源映射方式：集中式分配和分布式分配。

物理资源块，其大小和下行数据的最小载荷相匹配。一个 PRB 的时域大小为一个时隙，即 0.5 ms。一个时隙在常规 CP 情况下包含 7 个 OFDM 符号，在扩展 CP 情况下包含 6 个 OFDM 符号。PRB 的频域大小修改为 12 个子载波，即 180 kHz。

虚拟资源块中，Localized 分配方式将若干连续子载波分配给一个用户，这种方式下系统可以通过频域调度选择较优的子载波组进行传输，从而获得频域上的调度增益和时域上的多用户分集增益。另外，集中方式也可以降低信道估计的难度。但这种方式获得的频率分集增益较小，用户平均性能略差。Distributed 分配方式将分配给一个用户的子载波分散到整个系统带宽，从而获得频率分集增益。但这种方式信道估计较复杂，也无法采用频域调度。

VRB 又分为两类：集中式 VRB（Localized VRB，LVRB）和分布式 VRB（Distributed VRB，DVRB），如图 2-21 所示，LVRB 以 Localized 方式映射到 PRB 上，DVRB 以 Distributed 方式映射到 PRB 上。一个时隙内可以同时进行 LVRB 和 DVRB 的传输。eNodeB 可以分配多个 VRB 给一个 UE，并通过下行资源分配信令指示给该 UE。

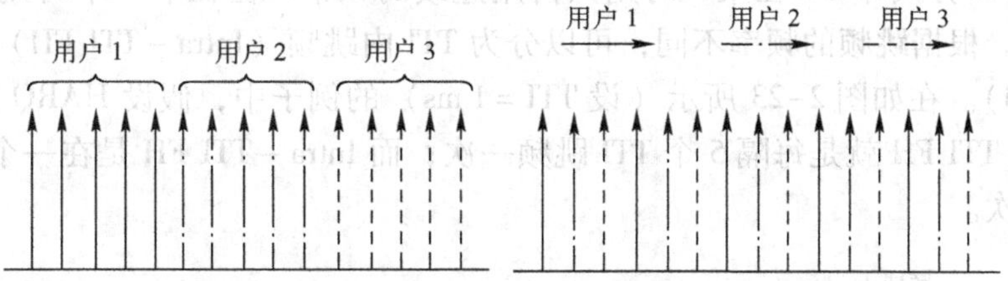

图 2-21　虚拟资源 VRB 的两种分配方式

2. 上行资源映射

经过信道编码、交织、调制之后的上行数据将被映射到 SC－FDMA 的时频符号上，这个过程称为上行资源映射。

上行资源分配采用了和下行相似的 RB 概念，一个 RB 在时域上包含 M 个连续的 SC－FDMA 块。从理论上说，上行 RB 也可以分为 Localized RB 和 Distributed RB 两种，如图 2-22 所示。LRB 包含 N 个连续的等效子载波，占据一段连续的频谱，UE 数据率越高，占用的频带越宽；DRB 包含 N 个分散的等间距的等效子载波，占据扩展到整个系统带宽的频谱，UE 数据率越高，频谱的“梳子”越密。LRB 和 DRB 分别用于 Localized 分配方式和 Distributed 分配方式。考虑手机功耗等因素，LTE 系统上行只采用了 Localized 资源分配方式。

eNodeB 可以分配多个 RB 给一个 UE，并通过上行资源赋予（Uplink resource grant）信令指示给该 UE。RB 的大小应该和上行数据的最小载荷相匹配。一个 RB 的时域大小为一个时隙，即 0.5 ms。一个时隙在常规 CP 情况下包含 7 个 SC－FDMA 块，在扩展 CP 情况下包含 6 个 SC－FDMA 块。RB 的频域大小为 12 个虚拟子载波，即 180 kHz。

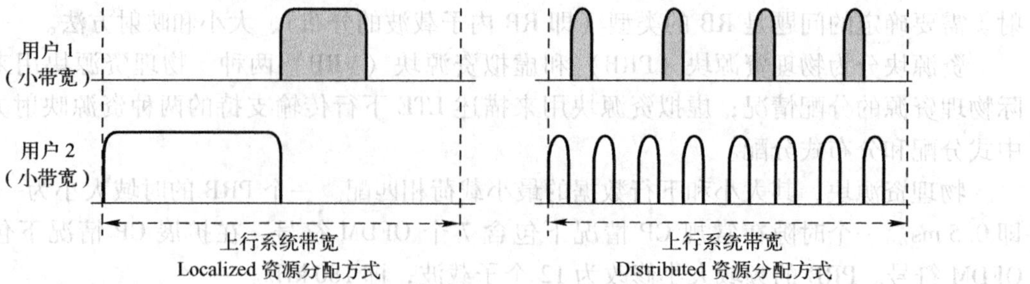

图 2-22　上行资源分配的两种方式

3. 上行跳频

基于上行 Localized 跳频的提出，是因为上行和下行相似，Distributed 分配方式相对 Localized 分配方式可以获得更大的频率分集增益和更好的干扰随机化性能，但另一方面，Distributed 分配方式有对频率同步误差和多普勒频移敏感、无法支持频域调度、信道估计性能较差和 Localized 用户的复用较复杂等缺点。因此在上行中只采用 Localized 分配方式，同时为了弥补 Localized 方式在频率选择性分集方面缺陷，提出了基于 Localized 的跳频（Frequency Hopping，FH）方式。

（1）上行跳频方式的分类

Localized FH 方式即 UE 在某一时刻只占用连续的频带，但在下一个时刻跳转到另一个频带继续发送。根据跳频的频率不同，可以分为 TTI 内跳频（Intra - TTI FH）和 TTI 间跳频（Inter - TTI FH）。在如图 2-23 所示（设 TTI = 1 ms）的例子中，假设 HARQ 的 RTT 为 5 个 TTI，则 Inter - TTI FH 就是每隔 5 个 TTI 跳频一次；而 Intra - TTI FH 是在一个 TTI 的两个时隙之间跳频一次。

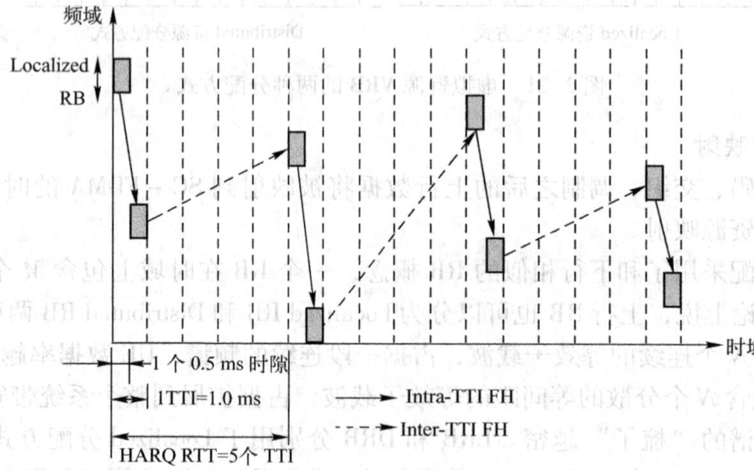

图 2-23　TTI 内跳频和 TTI 间跳频

（2）上行两种跳频方式的作用

这两种跳频可以有效改善 Localized 分配的频率分集和干扰随机化性能，而又不会使抗频偏和频率误差能力下降。Intra - TTI FH 可以改善一次 HARQ 重传内部的频率分集和干扰抑制；Inter - TTI FH 可以改善相邻两次 HARQ 传输之间的频率分集和干扰抑制。但是 Intra - TTI FH 也可能给信道估计带来一些新的问题，由于 UE 在一个 TTI 内的两个时隙中不同的频带传输，因此在信道估计时是无法进行相邻时隙之间的内插的，这可能对信道估计的性能有一定影响，需要仔细研究。

可以只采用 Inter - TTI FH，也可以同时采用 Intra - TTI FH 和 Inter - TTI FH。在 FH 图案的配置方面，可以采用三种方式：按照 eNodeB 发出的上行资源赋予信息进行跳频；按照 eNodeB 发出的持续调度的初始化分配（Initial persistent allocation）信息进行跳频；按照小区特有的跳频图案（Cell - specific hopping pattern）跳频。

如果上行资源赋予信息中预定义了 FH 配置，则 UE 按照此 FH 配置进行跳频；如果上行资源赋予信息中没有定义 FH 配置，则 UE 按照持续调度的初始化分配信息中定义的 FH 配置跳频，或者按照小区特有的跳频图案跳频。

2.3.4 自适应调制编码

自适应技术是通过自身与外界环境的接触来改善自身对信号处理的性能。自适应系统可以分为开环自适应系统和闭环自适应系统两种类型。开环自适应系统的工作主要为：对输入信号或信号环境进行测量，并用测量所得到的信息形成公式或算法，用以调整自适应系统自身。闭环自适应系统还利用系统调整所得结果去优化系统的某种性能，就是我们所说的性能反馈。

在 LTE 系统中，自适应技术主要是应用在调制编码中，这就是我们所说的自适应调制编码。自适应技术在信息交互过程中主要体现在以下几方面：CQI/PMI/RI 的测量、上行反馈 CQI/PMI/RI、调制编码信息的获取。由于 CQI/PMI/RI 信息的获取来自于对环境的测量，因此，LTE 系统中自适应调制编码是闭环自适应。

如果只是根据最坏信道质量所选择调制编码方式，那么完全不能充分利用信道容量。而采用自适应调制编码技术，根据信道质量的变化，动态选择调制编码方式，以满足在一定误码率下的最高频谱利用率。自适应调制和编码就是根据信道条件的变化，动态地选择适当的调制和编码方式（Modulation and Coding Scheme，MCS），变化的周期为一个 TTI。简单地说就是在信道质量好时，选择高阶的调制方式，高速的传输速度；在信道质量差时，选择低阶的调制方式，低速的传输速率。上下行信道质量的反馈是自适应调制编码的核心。

自适应调制和编码（AMC）有两种：频率特定（Frequency - specific）的 AMC 和频率统一（Frequency - common）的 AMC。

频率特定的 AMC 即对分配给一个用户的不同的频率资源采用不同的 AMC。优点是可更好地适应频率选择性信道，理论上可实现最大的系统容量；不足是需对每个 RB 测量并反馈 CQI，带来较大的开销，增加系统的复杂度。

频率统一的 AMC 即对分配给一个用户的所有频率资源采用相同的 AMC。优点是只需测量并反馈所有频带的平均 CQI，减小了信令开销，降低了系统的复杂度；不足是损失了一定的自适应灵活性。

通过仿真研究，LTE 系统最终确定采用频率统一的 AMC 技术。

1. CQI 的测量

CQI 即信道质量指示，反映了在不同信道质量下，建议使用的最佳调制方式和码率。下行信道的 CQI 通过 UE 端测量，并反馈给基站；上行信道的 CQI 由基站获取。

CQI 的测量：上行通过测量 DMRS 的 SINR，通过算法获得对应的 CQI index，基站经过查表获得 CQI 的测量信息；下行通过测量 Cell specific reference signal 在非 MBSFN 子帧和 MBSFN 参考信号在 MBSFN 子帧的 SINR，再通过算法获得对应的 CQI index，反馈给基站 CQI index，基站经过查表获得信道信息。

2. PMI 的测量

PMI 即预编码矩阵指示。在 LTE 中使用的是基于码书的预编码，PMI 就是将根据信道状态信息得到的最优预编码矩阵的索引值反馈给发射端，发射端根据索引值选出对应的预编码矩阵，更好地实现分集和空间增益。

PMI 测量：

首先，确定预编码本子集。上层配置的比特映射的参数 CodebookSubsetRestriction 限定了上报的 PMI 和 RI 的码本的子集范围，体现在映射序列 a_{A_c-1}，…，a_3，a_2，a_1，a_0，每一位的值都对应于一个或一组预编码矩阵。

其次，根据选择准则和算法选择最优的预编码矩阵，预编码矩阵的选择主要有两种准则：

根据性能指标来选择，如总吞吐量、SINR 和误帧率等，可以根据信道状态信息，分别计算码本中的每一个矩阵的性能指标，以决定使用的预编码矩阵。

基于量化的选择，可以通过对于信道矩阵进行奇异值分解，其中的右奇矩阵 $\boldsymbol{V}$ 量化来获得预编码矩阵，在码本中选择与 $\boldsymbol{V}$ 均方误差最小的矩阵作为选择的预编码矩阵。

3. RI 的测量

RI 表示当时的信道下，UE 可以支持的空间层数。基站通过 RI 值和 PMI 值，确定预编码矩阵。

RI 的测量：首先确定预编码本子集，方法同 PMI 测量，根据量化的预编码矩阵，选择预编码矩阵的秩就是 RI。

4. CQI/PMI/RI 的上报

对于频率选择性的调度模式，周期性上报较少的信息时使用 PUCCH，较多信息时，用 PUSCH 非周期地上报；而非频率选择调度，本身反馈的信息很少，只用 PUCCH 进行周期上报。相同子帧中周期和非周期上报同时发生时，UE 仅仅在那个子帧中传输非周期上报。

2.4 同步过程

LTE 系统通过 OFDM 正交频分复用来实现子载波间的干扰规避，前提是必须做到同步。LTE 系统中的不同步现象包括时间与频率的不同步。

时间的不同步指接收端的抽样时刻和发射端的数据时刻没对齐，以及抽样端得不稳定，会导致时间的不同步。

频率的不同步指接收的信号出现整体的频移，原因在于晶体振荡器的不稳定度（收发两端上下变频的过程中，使用的振荡器的稳定性有限）和多普勒频移（通信双方的相对移动导致接收信号的整体频移）。

同步过程就是要把上述偏移量估算出来，做相应的补偿。LTE 系统通过以下方法实现同步：

1）时间和小数部分的频移的粗同步，在时域内用基于 CP 的自相关处理。

2）小区搜索和整数部分的频移，在频域内用主同步序列和辅同步序列估计。

3）为了提高小区探测的可靠性，被估算出的小区 ID 要被小区专用参考信号验证。

2.4.1 小区搜索

小区搜索过程是指 UE 获得与所在 eNodeB 的下行同步（包括时间同步和频率同步），检测到该小区物理层小区 ID。E－UTRA 小区搜索支持可扩展的所有传输带宽，对应于 6 个资源块以及更多。UE 基于上述信息，接收并读取该小区的广播信息，从而获取小区的系统信息以决定后续的 UE 操作，如小区重选、驻留、发起随机接入等操作。

当 UE 完成与基站的下行同步后，需要不断检测服务小区的下行链路质量，确保 UE 能够正确接收下行广播和控制信息。同时，为了保证基站能够正确接收 UE 发送的数据，UE 必须取得并保持与基站的上行同步。

为了实现小区搜索，在下行方向传输如下信号：主同步信号和辅同步信号。实际上，小区搜索通过若干下行信道实现，包括同步信道（SCH）、广播信道（BCH）和下行参考信号（RS）。随着功能的进一步划分，可将 SCH 分为主同步信道（PSCH）、辅同步信道（SSCH），将 BCH 分为主广播信道（PBCH）和动态广播信道（DBCH）。

SCH 与 BCH 的时域结构为：在一个 10 ms 中发送两次 PSCH 和 SSCH。对于帧结构 1，PSCH 和 SSCH 在第 0 号 0.5 ms 和第 10 号时隙发送，对于帧结构 2，PSCH 在每个 5 ms 半帧的 DwPTS 时隙发送，SSCH 在每个 5 ms 半帧的时隙 1 中发送，10 ms 也是发送两次。在时隙内，SCH 符号位于 0.5 ms 时隙的最后一个 OFDM 符号，SCH 在时隙内发送定时是固定的，只要 UE 完成 SCH 检测后，就得到了时隙同步。

SCH 与 BCH 的频域结构为

1）SCH 在下行系统带宽内的频域位置：无论系统带宽多大，SCH 总是占用系统带宽中央的 1.25 MHz 带宽。

2）BCH 总是在小区带宽的中心位置发送。先用一个 1.25 MHz 的主广播信道发送一部分系统信息，然后再用一个更大带宽的动态广播信道发送余下系统信息。无论 NodeB 的传输带宽多大，UE 都只依赖系统带宽的中央部分检测小区 ID，然后 UE 根据 PBCH 中广播系统信息转移到特定的频道开始数据传输。

2.4.2 同步信号

TD－LTE 系统支持 504 个小区 ID，并将所有的小区 ID 划分为 168 个小区组，每个小区组内有 504/168 = 3 个小区 ID。小区 ID 号由主同步序列编号（N ID_1）和辅同步序列编号（N ID_2）共同决定，具体关系为 N ID_cell = 3N ID_2 + N ID_1。

小区搜索的第一步是检测出 PSS，在根据二者间的位置偏移检测 SSS，进而利用上述关系式计算出小区 ID。采用 PSS 和 SSS 两种同步信号能够加快小区搜索的速度。下面对两种同步信号作简单介绍。

1. 主同步信号

PSS 序列必须具备良好的相关性、频域平坦性、低复杂度等性能，TD－LTE 的 PSS 序列采用长度为63的频域Zadoff-Chu（ZC）序列。ZC序列广泛应用于LTE中，除了PSS，还包括随机接入前导和上行链路参考信号。

设置ZC序列的根指数是为了具有良好的周期自相关性和互相性。从UE的角度来看，选择的PSS根指数组合可以满足时域的根对称性，可以通过单相关器检测，使得复杂度降低。UE侧对PSS序列采用非相干检测。PSS采用长度为63的频域ZC序列，PSS序列到子载波的映射关系如图2-24所示。

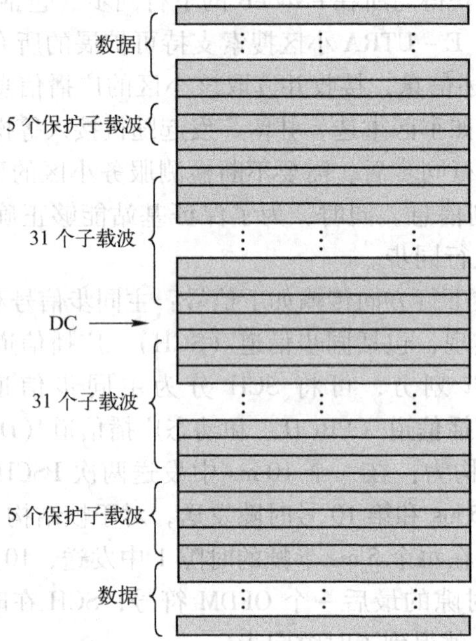

图2-24　PSS序列映射

LTE系统中，针对不同的系统带宽，同步信号均占据中央的1.25 MHz（6个PRB）的位置。长度为63的ZC序列截去中间一个处于直流子载波上的符号后得到长度为62的序列，在频域上映射到带宽中心的62个子载波上。PSS两侧分别预留5个子载波提供干扰保护。

2. 辅同步信号

辅助同步码（Secondary Synchronization Code，SSC）由两个长度为31的m序列交叉映射得到。具体来说，首先由一个长度为31的m序列循环移位后得到一组m序列，从中选取两个m序列（称为SSC短码），将这两个SSC短码交错映射在整个SSCH上，得到一个长度为62的SSC序列。为了确定10 ms定时获得无线帧同步，在一个无线帧内，前半帧两个SSC短码交叉映射方式与后半帧的交叉映射方式相反。同时，为了确保SSS检测的准确性，对两个SSC短码进行二次加扰。

SSS序列映射过程如图2-25所示，每个SSS序列由频域上两个长度为31的BPSK调制辅助同步码交错构成，即SSC1和SSC2。

SSS序列具有良好的频域特性，在PSS存在的情况下，SSS检测允许频偏至少为75 kHz。时域上由于扰码的影响，SSS序列的任何循环移位的互相性没有传统m序列好。

从UE的角度看，SSS检测是在PSS检测之后完成的，因此假设信道已经检测出PSS序

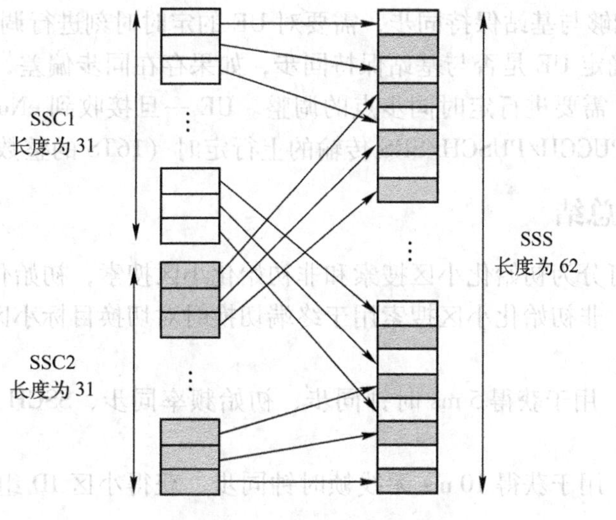

图 2-25　SSS 序列映射过程

列。对于 SSS 序列检测，UE 侧可以采用相干和非相干两种检测方法。

3. PSS 和 SSS 的位置和映射

频域上，PSCH 和 SSCH 均占据整个带宽中央的 1.05 MHz，即 6 个 PRB。62 个子载波均匀分布在 DC 两侧，剩余 10 个子载波作为 SCH 与其他数据/信令传输的保护间隔。

时域上，主同步信号与辅同步信号周期性传输，且二者位置偏移固定。如图 2-26 所示，主同步信号在每个无线帧的 GwPTS 的第三个符号上传输，辅同步信号在每个无线帧的第一个子帧的最后一个符号上传输。

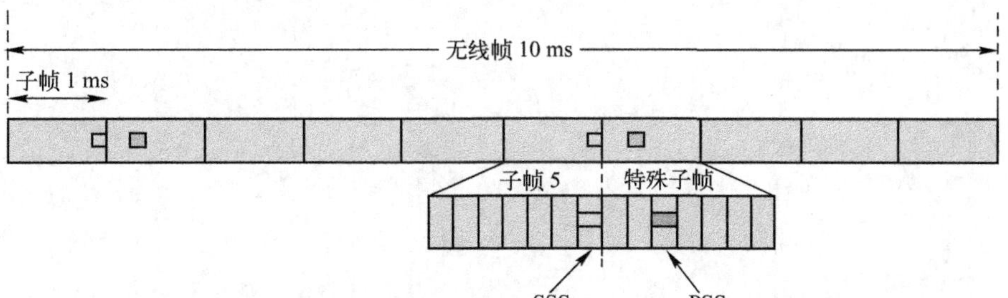

图 2-26　PSS 和 SSS 的位置和映射

4. 同步保持过程

为了保证下行信令和数据的正确传输，在小区搜索完成后，UE 侧需要对下行链路质量进行测量，确保正确接收下行信令和数据；同时，UE 通过随机接入过程来实现与基站的上行同步，之后，基站不断对 UE 发送定时调整指令来维持上行同步。UE 与服务小区同步后，会不断检测下行链路质量，并上报至高层以指示其处于同步/异步状态。

在非 DRX 模式下，UE 物理层在每个无线帧都对无线链路质量进行检测，并综合之前的信道质量与判决门限（Qout 和 Qin），确定当前的信道状态。

在 DRX 模式下，一个 DRX 周期内，UE 物理层至少进行一次无线链路质量测量，并综合之前的信道质量与判决门限（Qout 和 Qin），确定当前的信道状态。

为了保证 UE 能够与基站保持同步，需要对 UE 的定时时刻进行调整。基站通过检测 UE 上发的参考信号，确定 UE 是否与基站保持同步，如果存在同步偏差，则基站将下发一个定时调整指令指示 UE 需要进行定时同步点的调整。UE 一旦接收到 eNodeB 的定时提前命令，将会调整自身用于 PUCCH/PUSCH/SRS 传输的上行定时（16TS 的整数倍）。

2.4.3 小区搜索总结

小区搜索类型可分为初始化小区搜索和非初始化小区搜索，初始化小区搜索用于终端开机时对系统的搜索，非初始化小区搜索用于终端切换时对切换目标小区的搜索。

小区搜索流程：

1）检测 PSCH，用于获得 5 ms 时钟同步、初始频率同步、SSCH 估计，并获得小区 ID 组内的具体小区 ID。

2）检测 SSCH，用于获得 10 ms 无线帧时钟同步、获得小区 ID 组，读取 Cell ID，做更精细的频率同步。

3）检测下行参考信号，验证 Cell ID 信息，获得 BCH 天线配置，是否采用位移导频。

4）读取 BCH，用于获得其他小区信息。

除了在 UE 开机时进行的初始化小区搜索外，UE 还要周期性地对相邻小区进行搜索，以为小区重选和切换做准备，这种搜索叫非初始化小区搜索。

为了降低 UE 的复杂度，采用和初始化小区搜索相同的方法进行非初始化小区搜索。如果某些低端 UE 的最小接收带宽小于系统带宽的一半，会对相邻小区搜索造成困难，为此，把 UE 接收带宽的能力确定为 20 MHz。

第3章　TD-LTE信令流程

本章介绍TD-LTE系统的主要信令流程，包括开机附着、小区搜索、广播消息、随机接入、寻呼、RRC建立、业务请求、专用承载建立等。通过本章的介绍，工程师可通过TD-LTE信令分析，逐步展开客户投诉处理、业务疑难故障排查、指标异常分析、用户体验评估、网络指标优化等工作。

3.1　开机附着流程

3.1.1　开机附着

UE刚开机时，先进行物理下行同步，搜索测量进行小区选择，选择到一个合适或者可接纳的小区后，驻留并进行附着过程。

附着过程即Attach，去附着过程指Detach，Attach过程完成UE在网络的注册，完成演进型分组核心网（EPC）对该UE默认承载的建立；Detach过程完成UE在网络侧的注销和所有EPS承载的删除。

Attach过程指出LTE系统中，Attach伴随着核心网处默认承载的建立。在EPS中，可以看作将UMTS中的附着和PDP上下文激活过程合并，并在UE附着过程中建立基础IP连接，这个基础IP连接就被称为UE的默认承载。默认承载在一定程度上与UMTS中的主PDP上下文含义类似。此后，如果UE需要发起到同一个PDN连接的业务，则如果QoS可以匹配，就可直接使用已经建立好的默认承载，而不需要另外建立承载，“节省”了PDP上下文激活过程。

Detach过程说明：UE/MME/SGSN/HSS均可发起Detach过程。若网络侧长时间没有获得UE的信息，则会发起隐式的Detach过程，即核心网将该UE的所有承载释放而不通知UE。

附着流程如图3-1所示，RRC连接，S1连接建立完成后，标志着NAS signalling connection建立完成。MME向eNB（eNodeB的简称）发起的初始上下文建立请求，请求eNB建立承载资源，同时带安全上下文，可能带用户无线能力、切换限制列表等参数。UE的安全能力参数是通过attach request消息带给核心网的，核心网再通过该消息送给eNB。UE的网络能力（安全能力）信息改变的话，需要发起TAU。

如果步骤9带了UE Radio Capability IE，则eNB不会发送UE Capability Enquiry消息给UE，即没有10~12过程，否则会发送。UE上报无线能力信息后，eNB再发UE Capability Info Indication，给核心网上报UE的无线能力信息。

为了减少空口开销，在IDLE模式下MME会保存UE Radio Capability信息，INITIAL CONTEXT SETUP REQUEST消息会带给eNB，除非UE在执行Attach或者“first TAU following GERAN/UTRAN Attach”或者“UE radio capability update”TAU过程（也就是这些过程MME不会带UE Radio Capability信息给eNB，并会把本地保存的UE Radio Capability信息删除，eNB会问UE要能力信息，并报给MME）。在CONNECTED下，eNB会一直保存UE Radio Capability

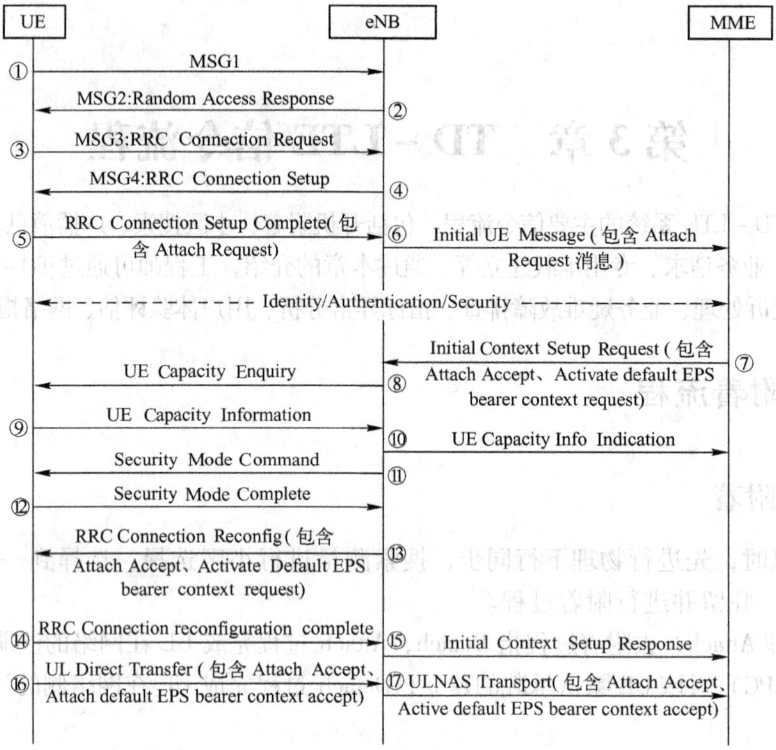

图 3-1　UE 开机附着流程

信息。UE 的 E_UTRAN 无线能力信息如果发生改变，需要先 Detach，再 Attach。

TD－LTE 系统中的 Attach 过程与 3G 相比，最大的区别在 LTE 信令流程中包含默认承载的建立，而 3G 中没有，下面将 Attach 过程进行详细说明。

1）处在 RRC_IDLE 态的 UE 进行 Attach 过程，首先发起随机接入过程，UE 发送随机接入前导码，即 MSG1 消息。

2）eNB 检测到 MSG1 消息后，向 UE 发送随机接入响应消息，即 MSG2 消息。

3）UE 收到随机接入响应后，根据 MSG2 的 TA 调整上行发送时机，向 eNB 发送 RRC Connection Request 消息。

4）eNB 向 UE 发送 RRC Connection Setup 消息，包含建立 SRB1 承载信息和无线资源配置信息。

5）UE 完成 SRB1 承载和无线资源配置，向 eNB 发送 RRC Connection Setup Complete 消息，包含 NAS 层 Attach Request 信息。

6）eNB 选择 MME，向 MME 发送 Initial UE Message 消息，包含 NAS 层 Attach Request 消息。

7）MME 向 eNB 发送 Initial Context Setup Request 消息，请求建立默认承载，包含 NAS 层 Attach Accept、Activate default EPS bearer context request 消息。

8）eNB 接收到 Initial Context Setup Request 消息，如果不包含 UE 能力信息，则 eNB 向 UE 发送 UE Capability Enquiry 消息，查询 UE 能力。

9）UE 向 eNB 发送 UE Capability Information 消息，报告 UE 能力信息。

10）eNB 向 MME 发送 UE Capability Info Indication 消息，更新 MME 的 UE 能力信息。

11）eNB 根据 Initial Context Setup Request 消息中 UE 支持的安全信息，向 UE 发送 Security Mode Command 消息，进行安全激活。

12）UE 向 eNB 发送 Security Mode Complete 消息，表示安全激活完成。

13）eNB 根据 Inital Context Setup Request 消息中的 ERAB 建立信息，向 UE 发送 RRC Connection Reconfiguration 消息进行 UE 资源重配，包括重配 SRB1 和无线资源配置，建立 SRB2、DRB（包括默认承载）等。

14）UE 向 eNB 发送 RRC Connection Reconfiguration Complete 消息，表示资源配置完成。

15）eNB 向 MME 发送 Initial Context Setup Response 消息，表明 UE 上下文建立完成。

16. UE 向 eNB 发送 UL Direct Transfer 消息，包含 NAS 层 Attach Complete、Activate default EPS bearer context accept 消息。

17）eNB 向 MME 发送 Uplink Nas Transport 消息，包含 NAS 层 Attach Accept、Activate default EPS bearer context accept 消息。

3.1.2 附着流程中的异常

1. RRC 连接建立失败

当无线质量较差或定时器参数设置不合理时，会出现 RRC 连接建立失败，流程如图 3-2 所示。

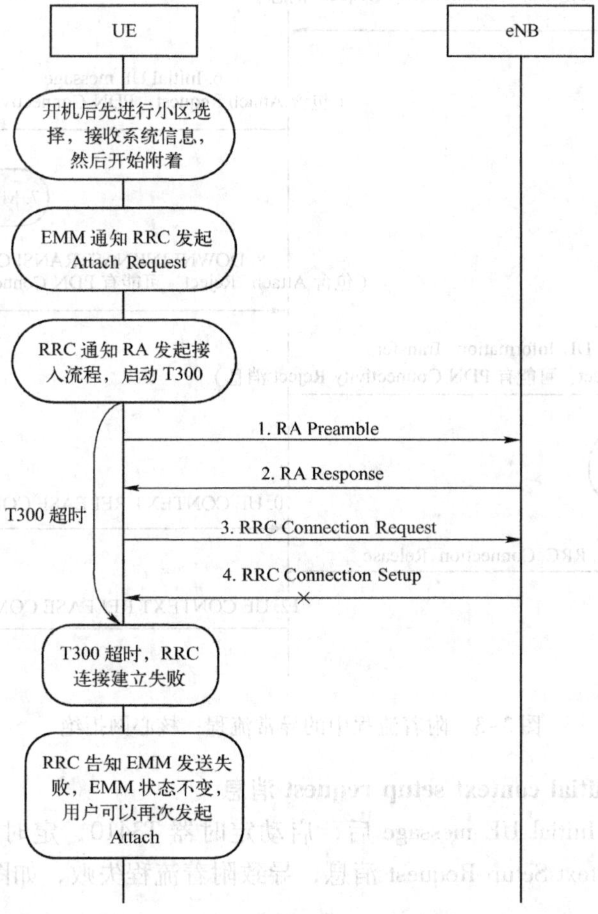

图 3-2　附着流程中的异常流程：RRC 连接建立失败

2. 核心网拒绝

当 UE 上报 UE 能力格式错误、IMSI 中的 MNC 与核心网配置的不一致时，核心网会触发 Attach 拒绝流程，流程如图 3-3 所示。如果是 ESM 过程导致的拒绝（比如默认承载建立失败），才会带 PDN Connectivity Reject 消息；EMM 层拒绝，只有 Attach Reject 消息。

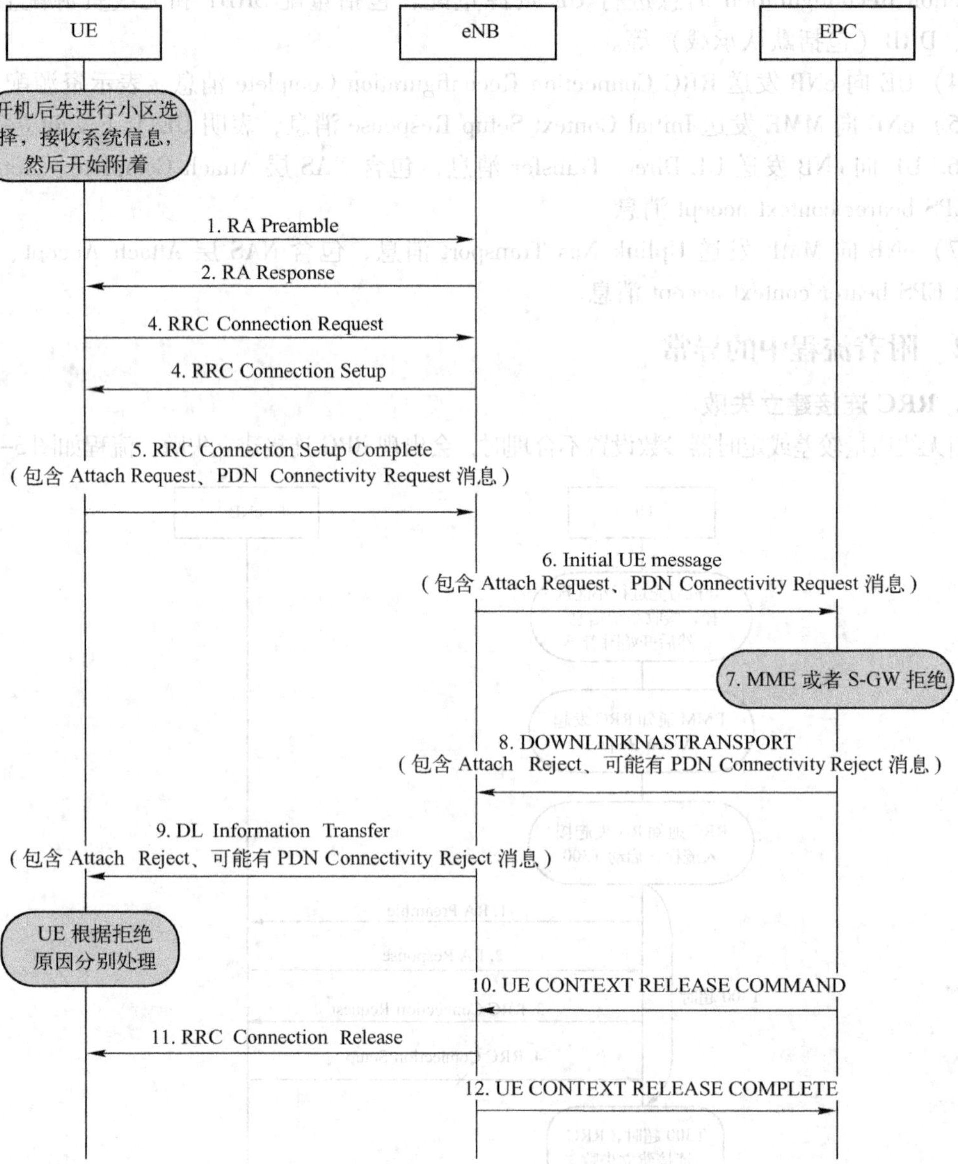

图 3-3　附着流程中的异常流程：核心网拒绝

3. eNB 未等到 Initial context setup request 消息

eNB 向 EPC 发送 Initial UE message 后，启动定时器 T3410，定时器超时后，仍未收到 EPC 下发的 Initial Context Setup Request 消息，导致附着流程失败，如图 3-4 所示。

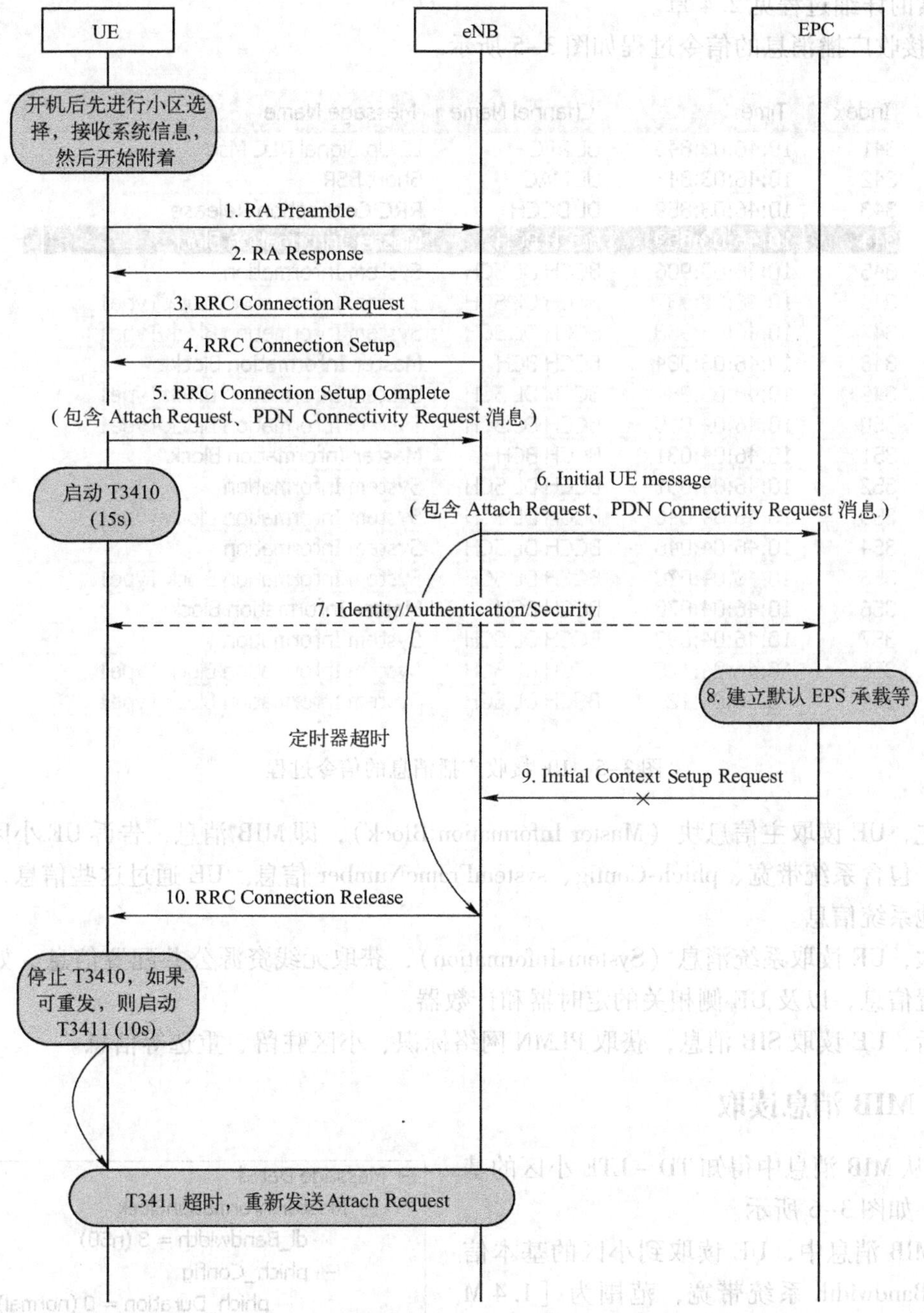

图 3-4　附着流程中的异常流程：eNB 未收到 Initial Context Setup Request

3.2　小区搜索及读取广播消息

小区搜索过程是 UE 和小区取得时间和频率同步，并检测小区 ID 的过程。E－UTRA 系统的小区搜索过程与 UTRA 系统的主要区别是它能够支持不同的系统带宽（1.4～20 MHz）。

小区搜索的详细过程见 2.4 章。

UE 接收广播消息的信令过程如图 3-5 所示。

Index	Time	Channel Name	Message Name
341	10:46:03:843	UL RLC	L2 Up Signal RLC Msg
342	10:46:03:843	UL MAC	Short BSR
343	10:46:03:859	DL DCCH	RRC Connection Release
344	10:46:03:859	BCCH BCH	Master Information Block
345	10:46:03:906	BCCH DL SCH	System Information
346	10:46:03:937	BCCH DL SCH	System Information Block Type1
347	10:46:03:968	BCCH DL SCH	System Information Block Type1
348	10:46:03:984	BCCH BCH	Master Information Block
349	10:46:03:984	BCCH DL SCH	System Information Block Type1
350	10:46:04:015	BCCH DL SCH	System Information Block Type1
351	10:46:04:031	BCCH BCH	Master Information Block
352	10:46:04:031	BCCH DL SCH	System Information
353	10:46:04:046	BCCH DL SCH	System Information Block Type1
354	10:46:04:046	BCCH DL SCH	System Information
355	10:46:04:078	BCCH DL SCH	System Information Block Type1
356	10:46:04:078	BCCH BCH	Master Information Block
357	10:46:04:093	BCCH DL SCH	System Information
358	10:46:04:125	BCCH DL SCH	System Information Block Type1
359	10:46:04:125	BCCH DL SCH	System Information Block Type1

图 3-5　UE 接收广播消息的信令过程

首先，UE 读取主信息块（Master Information Block），即 MIB 消息，告诉 UE 小区最基本的信息，包含系统带宽、phich-Config、systemFrameNumber 信息。UE 通过这些信息，进一步获取其他系统信息。

其次，UE 读取系统消息（System Information），获取无线资源公共配置信息，如各个信道的配置信息，以及 UE 侧相关的定时器和计数器。

最后，UE 读取 SIB 消息，获取 PLMN 网络标识、小区驻留、重选等信息。

3.2.1　MIB 消息读取

UE 从 MIB 消息中得知 TD－LTE 小区的基本信息，如图 3-6 所示。

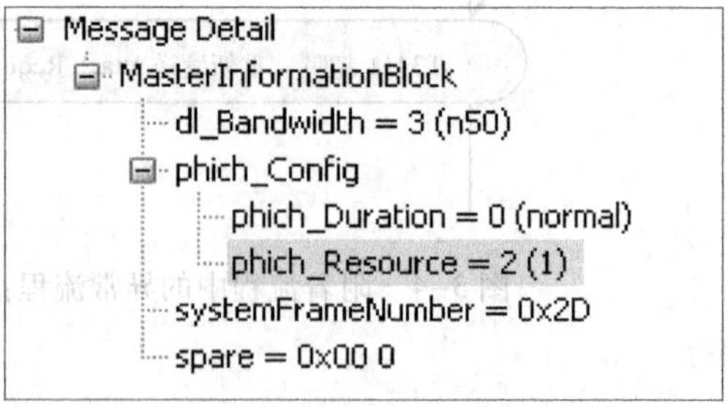

图 3-6　Master Information Block 解析

从 MIB 消息中，UE 读取到小区的基本信息：dl_Bandwidth 系统带宽，范围为［1.4 M（6RB），3 M（15RB），5 M（25RB），10 M（50RB），15 M（75RB），20 M（100RB）］，对应配置值为 0～5，图 3-6 中显示为 3，对应的系统带宽为 10M（50RB）。

phich_Duration 告诉 UE 系统 PHICH 符号长度，其中 Normal 方式占用一个子帧中的第一个 OFDM Symb；Extend 方式对于子帧 1 和子帧 6 占用前 2 个 OFDM Symb，其他子帧占用前 3 个 OFDM Symb。可选常规和扩展（normal

和 extented)，对应的配置选项为 0 和 1。

系统帧号（System Frame Number)，用于 UE 和网络侧同步。

3.2.2 SI 解析

System Information 里，包含了小区选择和接入相关的禁止接入参数、无线资源相关的公共参数、各个物理信道、上行功率控制、UE 侧定时器和计数器的相关配置信息，如图 3-7 所示。

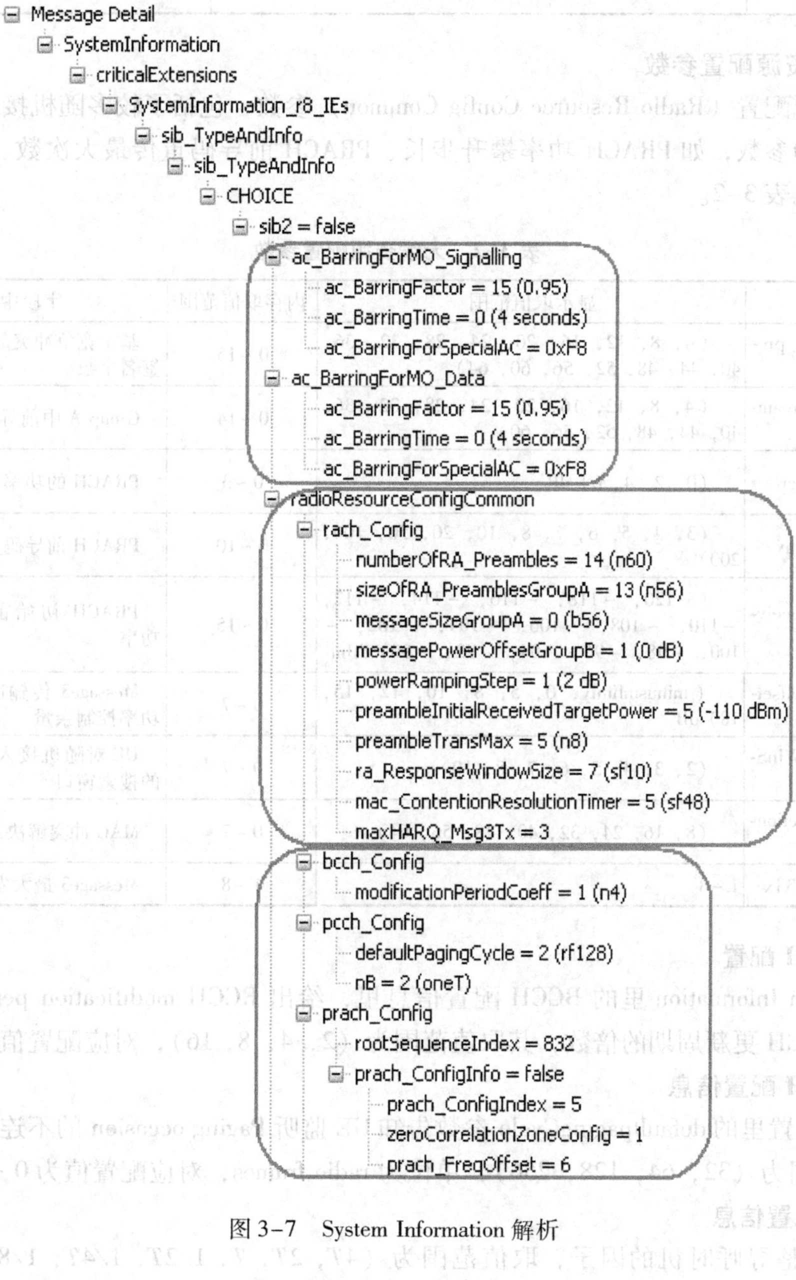

图 3-7　System Information 解析

1. 小区选择和接入相关的 Barring 参数

小区选择和接入相关的 Barring 参数见表 3-1。

表 3-1 小区选择和接入相关的参数

字段名称	显示取值范围	内存取值范围	字段中文含义
Ac_BarringFactor	(0, 0.05, 0.1, 0.15, 0.2, 0.25, 0.3, 0.4, 0.5, 0.6, 0.7, 0.75, 0.8, 0.85, 0.9, 0.95)	0 ~ 15	信令接入概率因子
Ac_BarringTime	(4, 8, 16, 32, 64, 128, 256, 512) s	0 ~ 7	信令禁止接入时间

2. 无线资源配置参数

无线资源配置（Radio Resource Config Common）参数，包括了较多随机接入优化工作需要重点关注的参数，如 PRACH 功率攀升步长、PRACH 前导码重传最大次数、Msg3 最大发送次数等，见表 3-2。

表 3-2 无线资源配置参数

字段名称	显示取值范围	内存取值范围	字段中文含义
NumberOfRA _ preambles	(4, 8, 12, 16, 20, 24, 28, 32, 36, 40, 44, 48, 52, 56, 60, 64)	0 ~ 15	基于竞争冲突的随机接入前导的签名个数
SizeOfRA _ preamblesGroupA	(4, 8, 12, 16, 20, 24, 28, 32, 36, 40, 44, 48, 52, 56, 60)	0 ~ 14	Group A 中前导签名个数
powerRampingstep	(0, 2, 4, 6) dB	0 ~ 3	PRACH 的功率攀升步长
preambleTransMax	(3, 4, 5, 6, 7, 8, 10, 20, 50, 100, 200)	0 ~ 10	PRACH 前导码重传的最大次数
preambleInitialreceivedTargetPower	(-120, -118, -116, -114, -112, -110, -108, -106, -104, -102, -100, -98, -96, -94, -92, -90) dBm	0 ~ 15	PRACH 初始前导码目标接收功率
MessagePowerOffsetGroupB	(minusinfinity, 0, 5, 8, 10, 12, 15, 18) dB	0 ~ 7	Message3 传输时 eNodeB 配置的功率控制余量
RA _ ResponseWinSize	(2, 3, 4, 5, 6, 7, 8, 10) ms	0 ~ 7	UE 对随机接入前导码响应接收的搜索窗口
MAC _ ConnectionResolutionTimer	(8, 16, 24, 32, 40, 48, 56, 64) sf	0 ~ 7	MAC 冲突解决定时器
MaxHARQ_Msg3Tx	1 - 8	1 ~ 8	Message3 最大发送次数

3. BCCH 配置

在 System Information 里的 BCCH 配置信息里，给出 BCCH modification periodCoef 参数，用于确定 BCCH 更新周期的倍数，其取值范围为（2, 4, 8, 16），对应配置值为 0 ~ 3。

4. PCCH 配置信息

PCCH 配置里的 defaultpagingCycle 参数告知 UE 监听 Paging occasion 的不连续接收循环周期。取值范围为（32, 64, 128, 256），单位为 radio frames，对应配置值为 0 ~ 3。

5. nB 配置信息

nB 为调整寻呼时机的因子，取值范围为（$4T$, $2T$, T, $1/2T$, $1/4T$, $1/8T$, $1/16T$, $1/32T$），对应配置为 0 ~ 7。

6. PRACH 配置信息

PRACH 配置信息，主要给 UE 提供 PRACH 产生 64 个前导码序列的逻辑根序列的起始索引号，随机接入前导码的发送配置索引，确定随机接入前导码的起始 RB 号等信息。

接续图 3-7，System Information 中的 PDSCH 配置信息、PUSCH 配置信息、PUCCH 信道配置、上行功率控制配置信息、UE 侧相关定时器和计数器信息的解析，如图 3-8 所示。

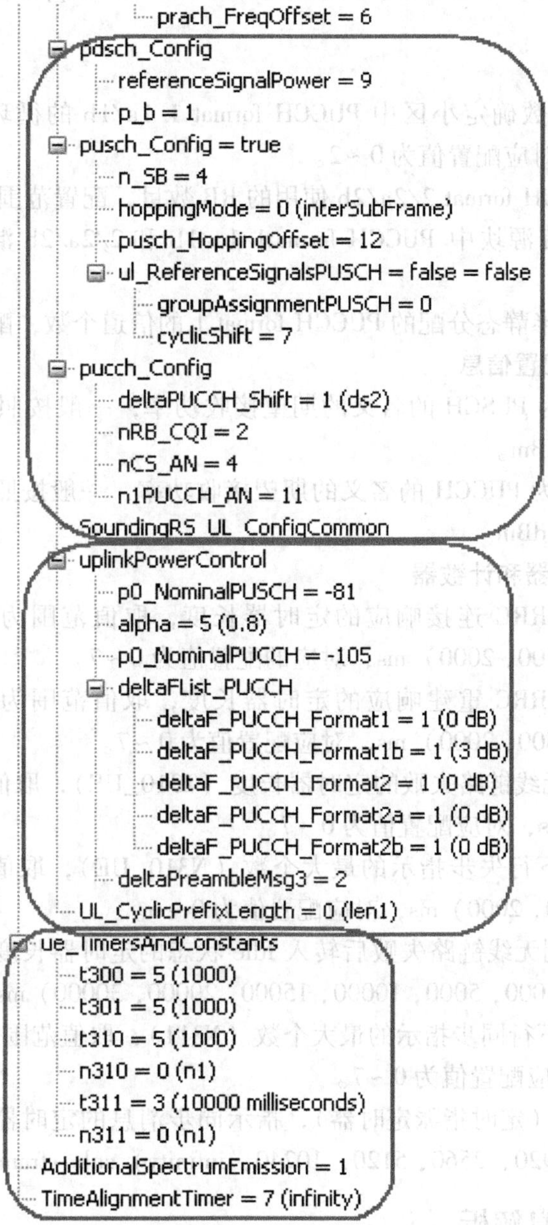

图 3-8　System Information 解析 -2

7. PDSCH 配置信息

referenceSignalPower 为单个 RE 的参考信号的功率（绝对值）。

p_b 为小区 RS 的 PDSCH 的 EPRE 与不包含小区 RS 的 PDSCH 的 EPRE 的比值，取值范围为 enumerate（0，1，2，3）。

8. PUSCH 配置信息

n_SB 为 PUSCH 跳频时系统带宽需要划分的子带数目，配置范围为 0 ~ 4。

hoppingMode 为 PUSCH 的跳频模式指示，可设置模式为 enumerate（Only inter - subframe，both intra and inter - subframe），对应设置值为 0 ~ 1。hoppingOffset 为 PUSCH 跳频偏移，设置范围是 0 ~ 98。

9. PUCCH 配置

deltaPUCCH_Shift 参数确定小区中 PUCCH format 1/1a/1b 的循环偏移量，取值范围为 enumerate（1，2，3），对应配置值为 0 ~ 2。

nRB_CQI 指示 PUCCH format 2/2a/2b 使用的 RB 数目，配置范围为 0 ~ 98。

nCS_AN 指示一个资源块中 PUCCH format1/1a/1b 和 2/2a/2b 混合使用时的循环偏移位数。

n1PUCCH_AN 指示半静态分配的 PUCCH format 1 的信道个数，配置范围是 0 ~ 2047。

10. 上行功率控制配置信息

p0_NominalPUSCH 为 PUSCH 的名义的期望接收功率，一般按照实际环境设置绝对值，如图 3-8 中期望为 -81dBm。

p0_NominalPUCCH 为 PUCCH 的名义的期望接收功率，一般按照实际环境设置绝对值，如图 3-8 中期望为 -105dBm。

11. UE 侧相关定时器和计数器

t300 指示 UE 等待 RRC 连接响应的定时器长度，取值范围为 enumerate（100，200，300，400，600，1000，1500，2000）ms，对应的配置值为 0 ~ 7。

t301 指示 UE 等待 RRC 重建响应的定时器长度，取值范围为 enumerate（100，200，300，400，600，1000，1500，2000）ms，对应配置值为 0 ~ 7。

t310 指示 UE 监测无线链路失败的定时器长度（T310_UE），取值范围为 enumerate（1，2，3，4，6，8，10，20）s，对应配置值为 0 ~ 7。

n310 指示 UE 接收下行失步指示的最大个数（N310_UE），取值范围为 enumerate（0，50，100，200，500，1000，2000）ms，对应配置值为 0 ~ 6。

t311 指示 UE 监测到无线链路失败后转入 Idle 状态的定时器长度（T311_UE），取值范围为 enumerate（1000，3000，5000，10000，15000，20000，30000）ms，对应配置值为 0 ~ 6。

n311 指示 UE 接收下行同步指示的最大个数（N311），取值范围为 enumerate（1，2，3，4，5，6，8，10）个，对应配置值为 0 ~ 7。

TimeAlignmentTimer（定时指派定时器），指示同步消息的定时器，取值范围为 enumerate（500，750，1280，1920，2560，5120，10240，infinity）sub - frame，对应取值为 0 ~ 7。

3.2.3 SIB type1 消息解析

SIB1 的消息主要携带 PLMN 网络标识、小区驻留、小区接入禁止、小区重选等信息，如图 3-9 所示。

1）MCC：邻接小区所在的移动国家码。

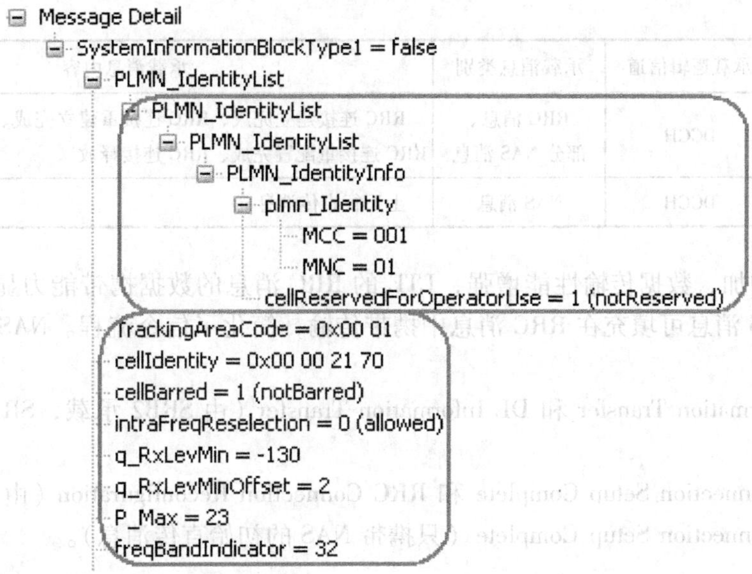

图 3-9　System Information Block type1 消息解析

2）MNC：邻接小区所在的移动网络码。

3）cellIdentity：小区标识。

4）cellBarred：小区禁止接入指示，取值范围为 enumerate（Barred，Not Barred），对应值为 0 ~ 1。

5）intraFreqReselection：同频小区是否重选指示，取值范围为 enumerate（allowed，notAllowed），对应值为 0 ~ 1。

6）q_RxlevMin：eUTRAN 小区选择所需要的最小接收电平，取值范围为（ - 140…- 44）dBm step 2 dB，对应 0 ~ 48，计算方式 $D = (P + 140)/2$。

7）q_RxlevMinOffset 小区选择所需要的最小接收电平偏移，取值范围为（2 ~ 16 dB）step 2 dB，对应 1 ~ 8，前后对应计算 $D = P/2$。

8）P_Max 指示 UE 最大允许的发射功率，一般为 23 dBm。

3.3　RRC 连接建立

TD - LTE 系统的控制面协议中，RRC 连接建立为 NAS 层提供连接管理、消息传递等服务，对接入网的底层协议实体提供参数配置功能；负责移动性管理相关的测量、控制，承载信令等。TD - LTE 系统中数据承载为 DRB，通过 eNB 为其分配的 PDSCH 来完成，信令承载通过 SRB，RRC 协议承载信息见表 3-3。

表 3-3　RRC 协议承载信息

SRB 类别	承载逻辑信道	承载消息类别	承载消息内容
SRB 0	CCCH	RRC 消息	RRC 连接请求、建立，RRC 连接拒绝，RRC 连接重建立，RRC 连接拒绝重建立

（续）

SRB 类别	承载逻辑信道	承载消息类别	承载消息内容
SRB 1	DCCH	RRC 消息、部分 NAS 消息	RRC 连接建立完成、RRC 连接重建立完成、RRC 连接重配置、RRC 连接重配置完成、RRC 连接释放
SRB 2	DCCH	NAS 消息	上下行直传消息

由于带宽增加，数据传输性能增强，LTE 的 RRC 消息的数据携带能力显著提升。因此 LTE 中所有 NAS 消息可填充在 RRC 消息中携带传输，简化了信令流程。NAS 消息通过以下 RRC 消息传递：

1）UL Information Transfer 和 DL Information Transfer（由 SRB2 承载，SRB2 未建立时由 SRB1 承载）。

2）RRC Connection Setup Complete 和 RRC Connection Reconfiguration（由 SRB1 承载）。

3）RRC Connection Setup Complete（只携带 NAS 的初始直传消息）。

3.3.1 RRC 连接建立成功

UE 从 Idle 态转变为连接态，需发起 RRC 连接建立过程，如呼叫、响应寻呼、TAU、Attach 等。RRC 连接建立成功的流程如图 3-10 所示。

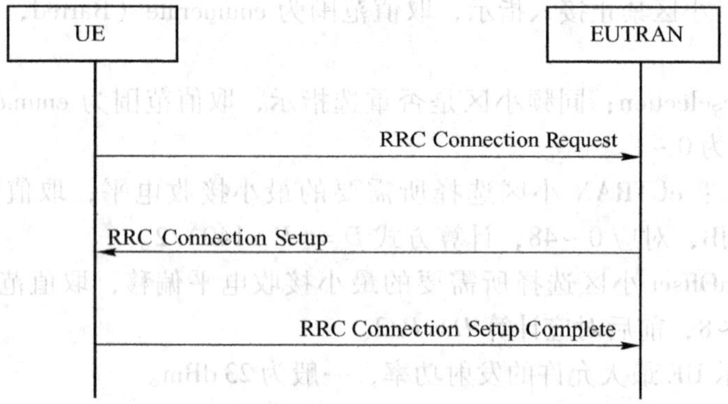

图 3-10 RRC 连接建立成功流程

RRC 连接请求（RRC Connection Request）：UE 通过 UL_CCCH 在 SRB0 上发送，携带 UE 的初始（NAS）标识和建立原因等，该消息对应于随机接入过程的 Msg3；

RRC 连接建立（RRC Connection Setup）：eNB 通过 DL_CCCH 在 SRB0 上发送，携带 SRB1 的完整配置信息，该消息对应随机接入过程的 Msg4；

RRC 连接建立完成（RRC Connection Setup Complete）：UE 通过 UL－DCCH 在 SRB1 上发送，携带上行方向 NAS 消息，如 Attach Request、TAU Request、Service Request、Detach Request 等，eNB 根据这些消息进行 S1 口建立。

如果 eNB 拒绝为 UE 建立 RRC 连接，则通过 DL_CCCH 在 SRB0 上回复一条 RRC 连接拒绝消息，如图 3-11 所示。

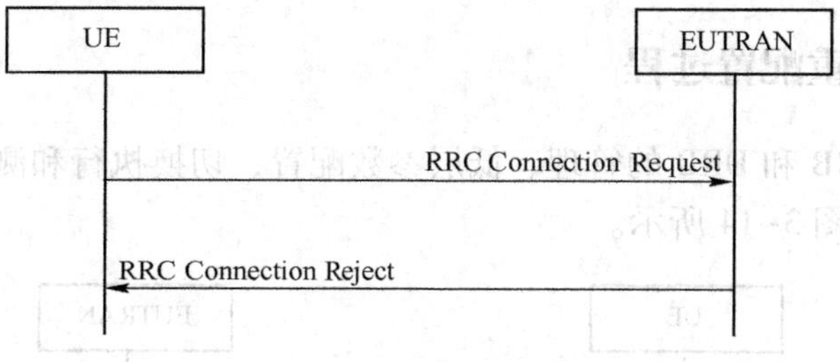

图 3-11　RRC 连接建立拒绝流程

3.3.2　RRC 连接重建立失败

当处于 RRC 连接状态但出现切换失败、无线链路失败、完整性保护失败、RRC 重配置失败等情况时，触发此过程，如图 3-12 所示。

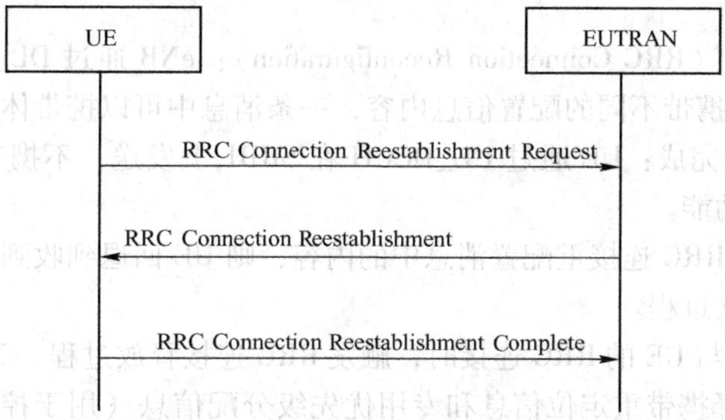

图 3-12　RRC 连接重建立成功流程

RRC 连接重建请求（RRC Connection Reestablishment Request）：UE 通过 UL_CCCH 在 SRB0 上发送，携带 UE 的 AS 层初始标识信息及重建立原因，该消息对应随机接入过程的 Msg3；

RRC 连接重建（RRC Connection Reestablishment）：eNB 通过 DL_CCCH 在 SRB0 上回复，携带 SRB1 的完整配置信息，该消息对应随机接入过程的 Msg4；

RRC 连接重建立完成（RRC Connection Reestablishment Complete）：UE 通过 ULDCCH 在 SRB1 上发送，不携带任何实际信息，只起到 RRC 层确认的功能。

如果 eNB 中没有 UE 的上下文信息，则拒绝为 UE 重建 RRC 连接，通过 DL_CCCH 在 SRB0 上回复一条 RRC 连接重建立拒绝消息，如图 3-13 所示。

图 3-13　RRC 连接重建立拒绝流程

3.3.3 RRC 连接重配置过程

当需要发起对 SRB 和 DRB 的管理、低层参数配置、切换执行和测量控制时，触发 RRC 连接重配置过程，如图 3-14 所示。

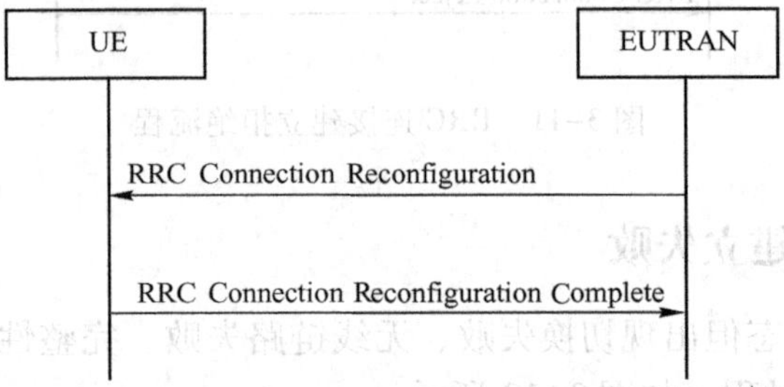

图 3-14 RRC 连接重配置流程

RRC 连接重配置（RRC Connection Reconfiguration）：eNB 通过 DL_DCCH 在 SRB1 上发送，根据功能的不同携带不同的配置信息内容，一条消息中可以携带体现多个功能的信息单元；RRC 连接重配置完成：UE 通过 UL_DCCH 在 SRB1 上发送，不携带任何实际信息，只起到 RRC 层确认的功能。

若 UE 无法执行 RRC 连接重配置消息中的内容，则 UE 回退到收到该消息前的配置，并发起 RRC 连接重建立过程。

如网络希望解除与 UE 的 RRC 连接时，触发 RRC 连接释放过程，eNB 通过 DL_DCCH 在 SRB1 上发送，可选择携带重定位信息和专用优先级分配信息（用于控制 UE 的小区选择和小区重选）。UE 也可根据 NAS 层的指示主动释放 RRC 连接，不通知网络侧而主动进入空闲状态，如 NAS 层鉴权过程中没有通过鉴权检查。

3.4 业务请求流程

3.4.1 业务请求正常流程

UE 在下述情况时触发业务请求（Service Request）流程：

当 UE 无 RRC 连接且有上行数据发起需求时，当 UE 处于 ECM IDLE 态且有下行数据达到时，在 S1 接口上建立 S1 承载，在 Uu 接口上建立数据无线承载。

需说明的是，当 UE 发起 Service Request 时，需先发起随机接入过程，Service Request 由 RRC Connection Setup Complete 携带上去，当下行数据达到时，网络侧先对 UE 进行寻呼，随后 UE 发起随机接入过程，并发起 Service Request 过程。

UE 发起 Service Request 相当于主叫过程，下行数据达到发起的 Service Request 相当于被叫接入，UE 发起的 Service Request 流程如图 3-15 所示。

业务请求流程中，前面的流程同 Attach 流程，UE 向 eNB 上传 RRC 连接重配置完成（RRC Connection Reconfiguration Complete）的消息后，UE 开始传输数据。

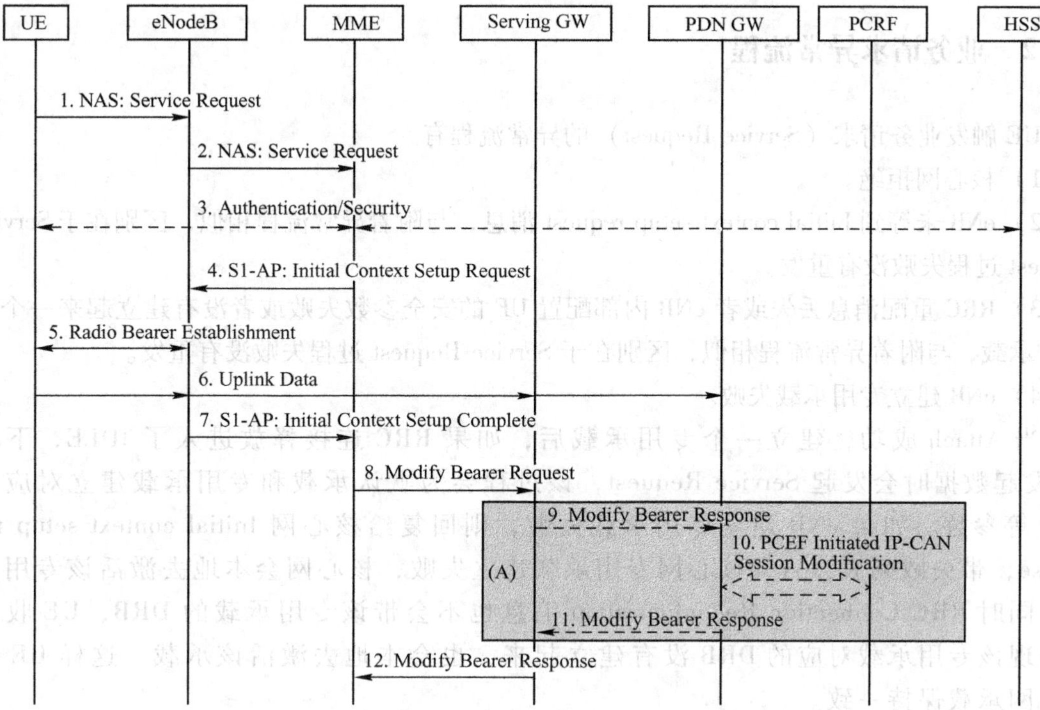

图 3-15　UE 触发的 Service Request 正常流程

网络通过 Paging 引发 UE 发起 Service Request，其流程如图 3-16 所示。

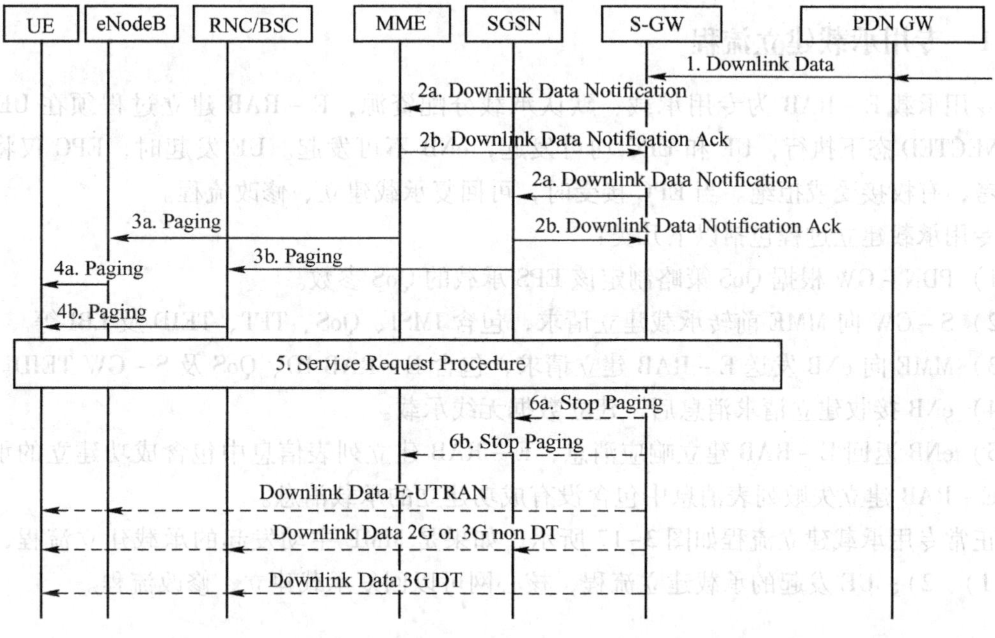

图 3-16　网络通过 Paging 触发的 Service Request 正常流程

3.4.2 业务请求异常流程

UE 触发业务请求（Service Request）的异常流程有

1）核心网拒绝。

2）eNB 未等到 Initial context setup request 消息，与附着异常流程相似，区别在于 Service Request 过程失败没有重发。

3）RRC 重配消息丢失或者 eNB 内部配置 UE 的安全参数失败或者没有建立起来一个非 GBR 承载，与附着异常流程相似，区别在于 Service Request 过程失败没有重发。

4）eNB 建立专用承载失败。

当 Attach 成功，建立一个专用承载后，如果 RRC 连接释放进入了 IDLE，下次 UE 发起数据时会发起 Service Request，该过程会为默认承载和专用承载建立对应的 DRB 等参数。如果 eNB 建立专用承载失败，则回复给核心网 Initial context setup response，带失败列表，告知核心网专用承载建立失败，核心网会本地去激活该专用承载；同时 RRC Connection Reconfiguration 消息也不会带该专用承载的 DRB，UE 收到后发现该专用承载对应的 DRB 没有建立起来，也会本地去激活该承载，这样 UE 和核心网承载保持一致。

3.5 专用承载建立及修改流程

3.5.1 专用承载建立流程

专用承载 E－RAB 为专用承载、默认承载分配资源，E－RAB 建立过程须在 UE RRC CONNECTED 态下执行，UE 和 EPC 均可发起，eNB 不可发起。UE 发起时，EPC 仅将其作为参考，有权接受或拒绝。当 EPC 接受时，可回复承载建立、修改流程。

专用承载建立过程包括以下几类：

1）PDN－GW 根据 QoS 策略制定该 EPS 承载的 QoS 参数。

2）S－GW 向 MME 前转承载建立请求，包含 IMSI、QoS、TFT、TEID 及 LBI 等。

3）MME 向 eNB 发送 E－RAB 建立请求，包含 E－RAB ID、QoS 及 S－GW TEID。

4）eNB 接收建立请求消息后，建立数据无线承载。

5）eNB 返回 E－RAB 建立响应消息，E－RAB 建立列表信息中包含成功建立的承载信息，E－RAB 建立失败列表消息中包含没有成功建立的承载消息。

正常专用承载建立流程如图 3－17 所示，如果是 MME 主动发起的承载建立流程，则无步骤 1）、2）；UE 发起的承载建立流程，核心网可以回复承载建立、修改流程。

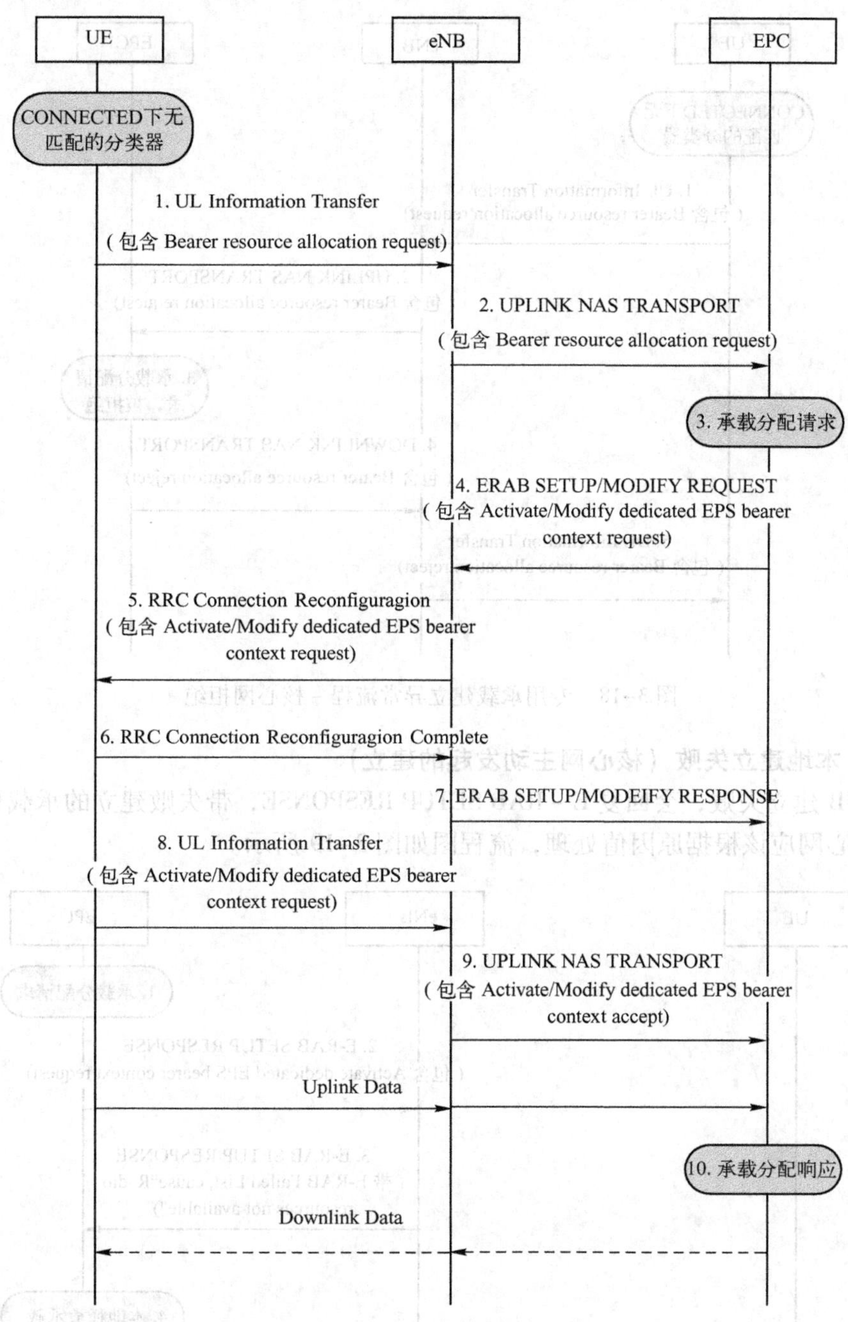

图 3-17　正常专用承载建立流程

3.5.2　专用承载建立异常流程

1. 核心网拒绝

专用承载建立失败，专用承载建立请求被核心网拒绝，其拒绝原因值是"unknown EPS bearer context"，UE 会本地去激活存在的默认承载，流程图如图 3-18 所示。

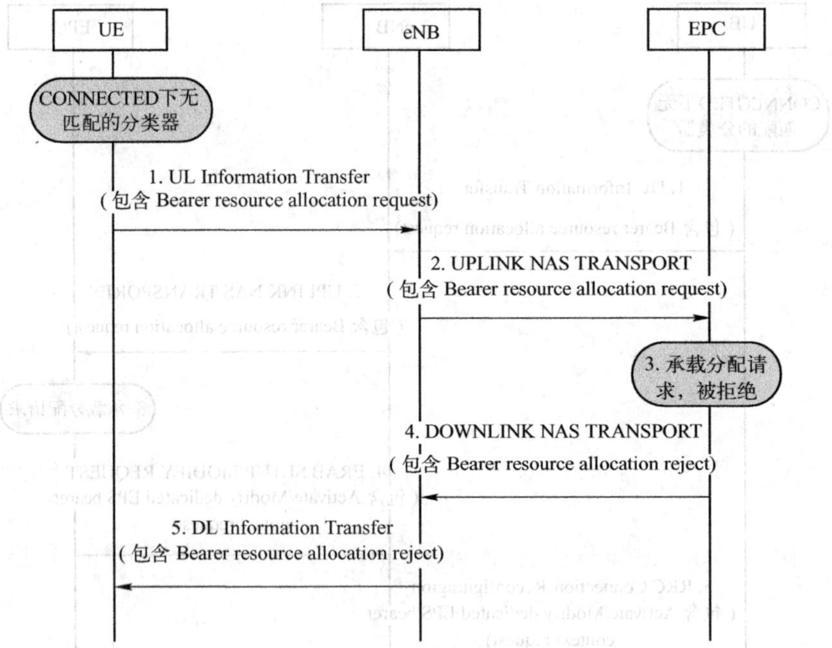

图 3-18　专用承载建立异常流程 - 核心网拒绝

2. eNB 本地建立失败（核心网主动发起的建立）

如果 eNB 建立失败，会回复 E - RAB SETUP RESPONSE，带失败建立的承载列表，并带原因值，核心网应该根据原因值处理，流程图如图 3-19 所示。

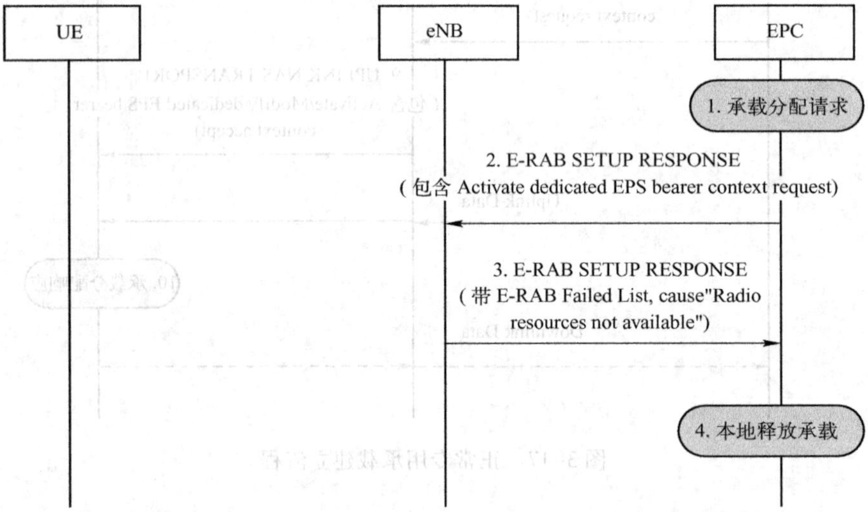

图 3-19　专用承载建立异常流程 - eNB 本地建立失败

3. eNB 未等到 RRC 重配完成消息，回复失败

如图 3-20 所示，eNB 未收到 RRC 重配完成消息时，会给核心网发 UE 上下文释放请求消息。

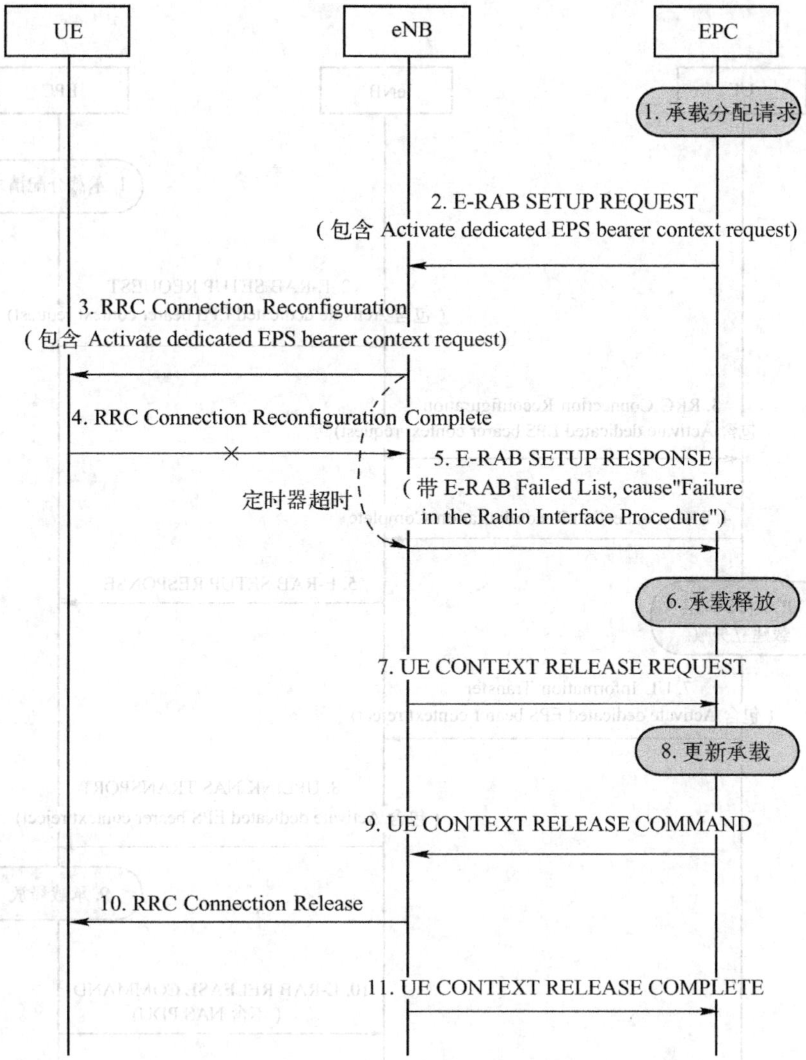

图 3-20　专用承载建立异常流程 - eNB 未等到 RRC 重配完成消息

4. NAS 层拒绝

如果 UE 在专用承载建立过程中被 NAS 层拒绝，则核心网收到后会给 eNB 发送 E - RAB 释放消息，释放刚刚建立的 S1 承载，此时不带 NAS PDU。eNB 收到消息后，发 RRC 重配给 UE 来释放刚建立的 DRB 参数。此类承载建立异常流程如图 3-21 所示。

5. NAS 消息丢失

如果核心网没有收到 UE 回复的 NAS 消息，会重发请求消息，重发最大次数后，如果还没收到应答则放弃，如图 3-22 所示。

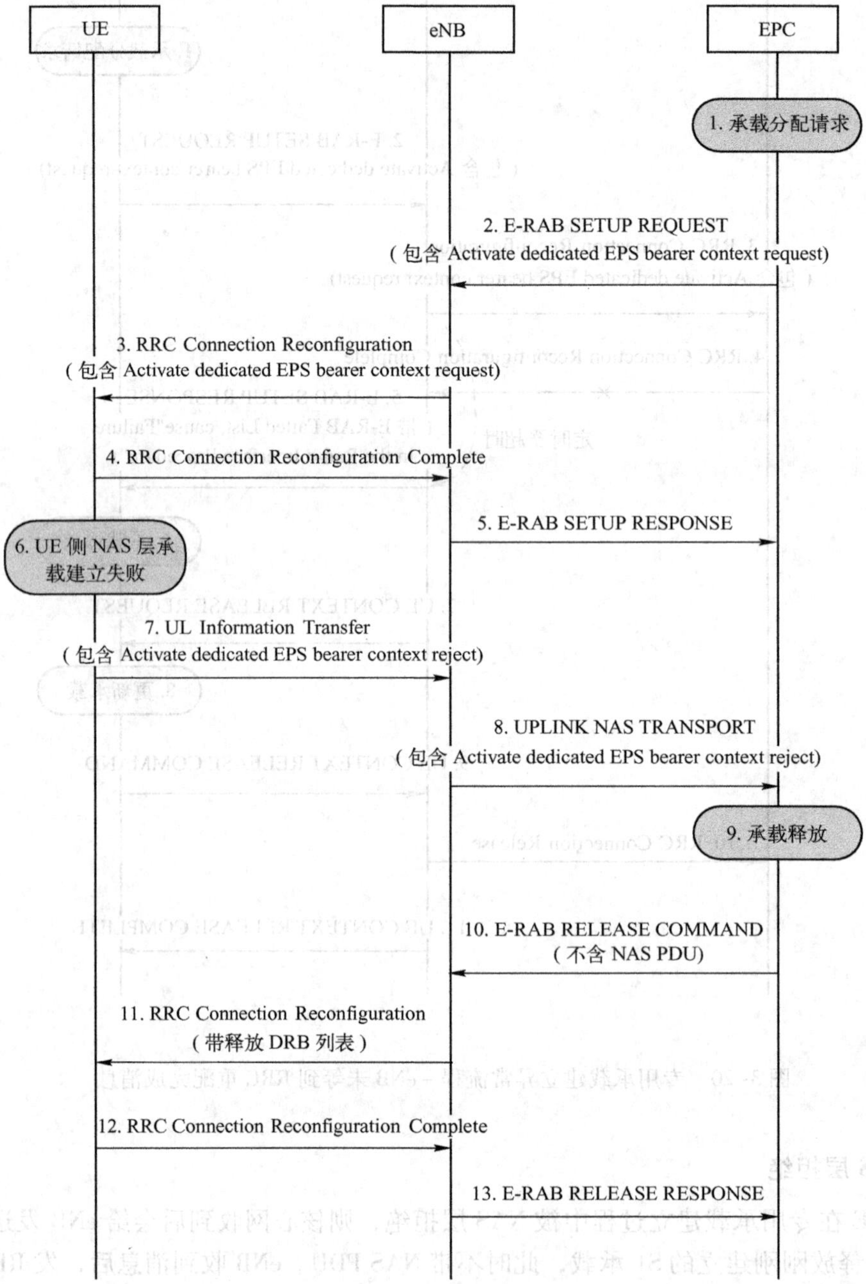

图 3–21　专用承载建立异常流程 – NAS 层拒绝

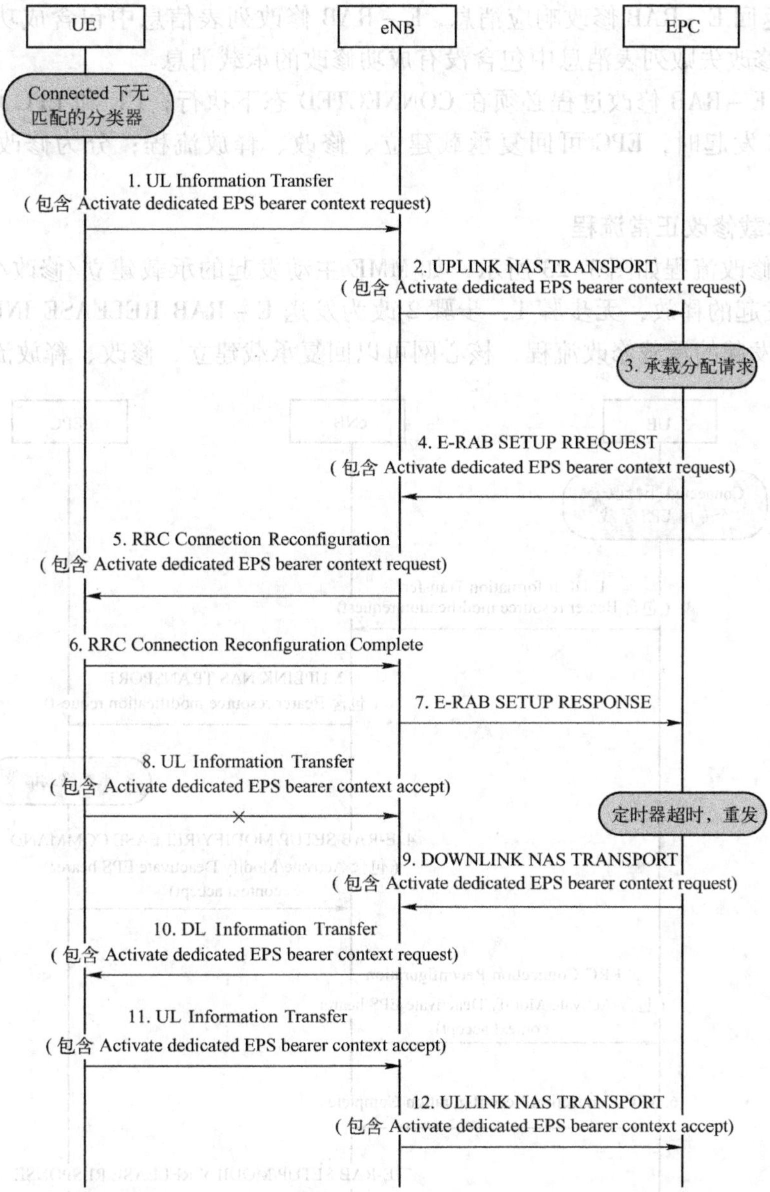

图 3-22　专用承载建立异常流程 - NAS 消息丢失

3.5.3　专用承载修改流程

专用承载 E - RAB 修改过程由 UE、MME 发起，用于修改已经建立承载的配置。

专用承载 E - RAB 修改过程包括以下几类：

1）P - GW 发起承载修改请求，S - GW 将其发给 MME。

2）MME 向 eNB 发送 E - RAB 修改请求消息，修改一个或多个承载，E - RAB 修改列表信息包含每个承载的 QoS。

3）eNB 接收到 E - RAB 修改请求消息后，修改数据无线承载。

4）eNB 返回 E－RAB 修改响应消息，E－RAB 修改列表信息中包含成功修改的承载信息，E－RAB 修改失败列表消息中包含没有成功修改的承载消息。

专用承载 E－RAB 修改过程必须在 CONNECTED 态下执行；UE 和 EPC 均可发起，eNB 不可发起；UE 发起时，EPC 可回复承载建立、修改、释放流程；分为修改 Qos 和不修改 Qos 两种类型。

1. 专用承载修改正常流程

专用承载修改流程如图 3-23 所示，如 MME 主动发起的承载建立/修改/释放无步骤 1、2；eNB 主动发起的释放，无步骤 1，步骤 2 改为发送 E－RAB RELEASE INDICATION 消息给 MME；UE 发起的承载修改流程，核心网可以回复承载建立、修改、释放流程。

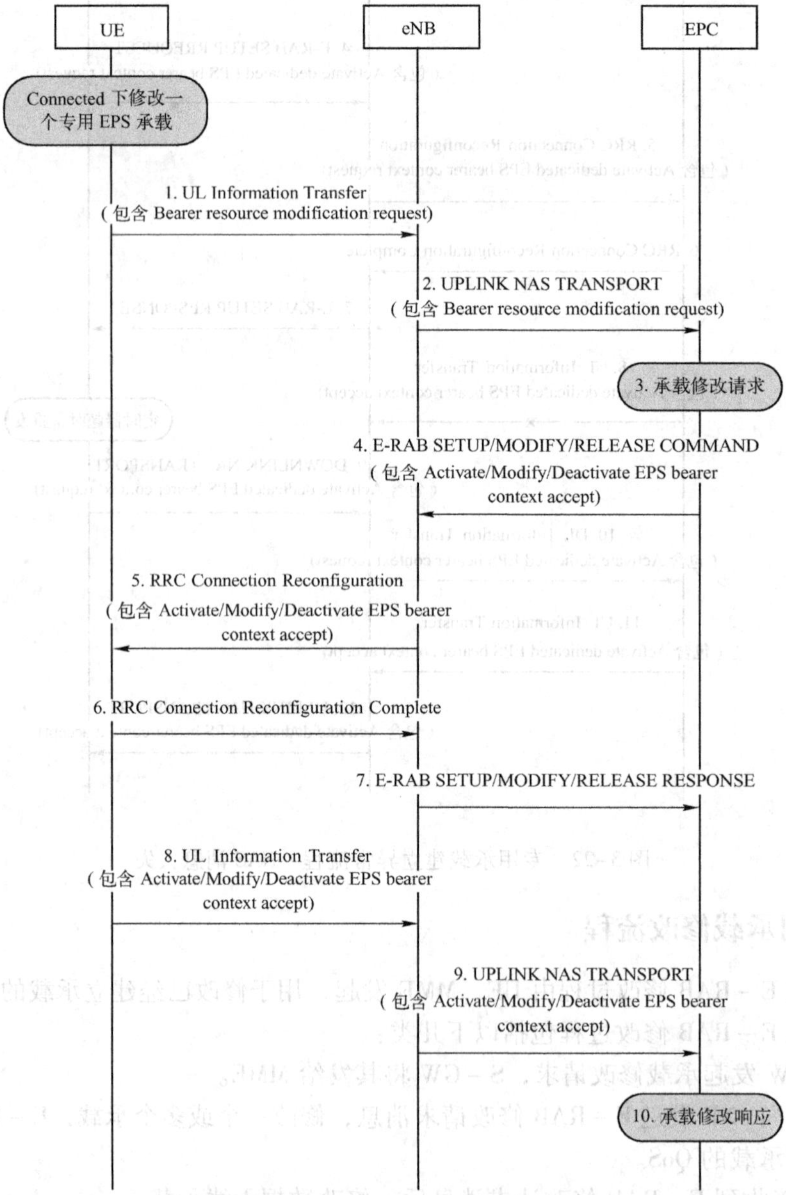

图 3-23　专用承载修改流程

2. 专用承载修改异常流程

如拒绝原因值是"unknown EPS bearer context"，即表明专用承载修改被核心网拒绝，UE 会本地去激活存在的专用承载，流程图如图 3-24 所示。

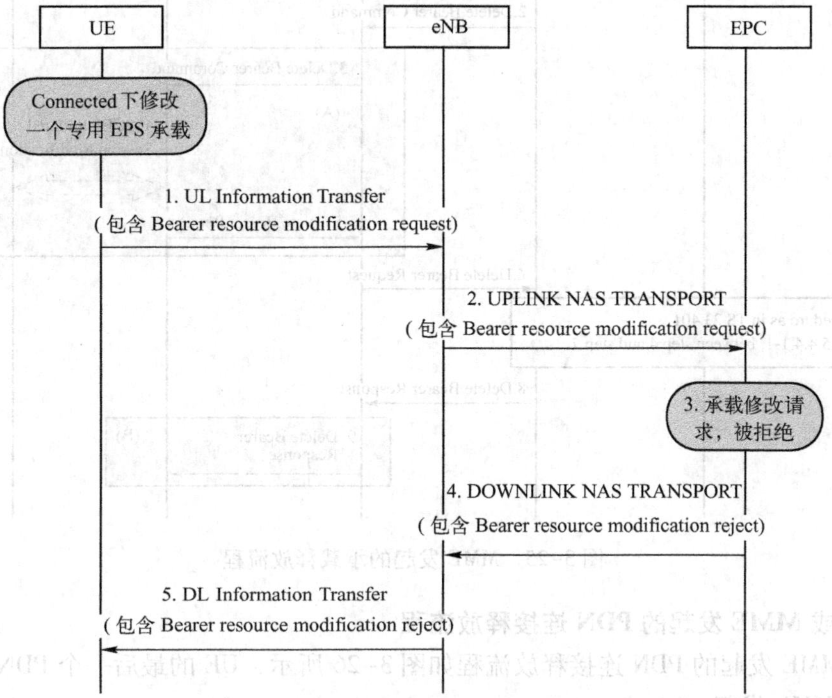

图 3-24　专用承载修改被核心网拒绝流程

专用承载异常流程除被核心网拒绝之外，还有 eNB 回复失败，包括：eNB 本地失败，没有给 UE 发送 RRC 重配消息；eNB 未收到 RRC 重配完成消息，回复失败。

3.5.4　专用承载释放流程

专用承载释放可以由 eNB 、MME 主动发起，只能在 Connected 下发起该流程。

PDN GW 和 MME 均可发起对 E - RAB 的释放流程，对于 PDN GW 发起的承载释放，可释放专用承载或该 PDN 地址下的所有承载；对于 MME 发起的承载释放，可释放某一专用承载，但不能释放该 PDN 下的默认承载。

需关注的是：无论 P - GW 或 MME 发起的释放过程，MME 向 eNB 发送 E - RAB 释放命令消息，释放一个或多个承载的 SI 和 Uu 接口资源。eNB 接收到 E - RAB 释放命令消息后，释放每一个承载的 S1 接口资源、Uu 接口上的资源和数据无线承载。

UE 或 MME 均可发起对 PDN 连接释放的请求，此时可以删除该 PDN 下的专用承载（不包括默认承载）。

1. MME 发起的承载释放流程

MME 发起的承载释放，仅能释放某一专用承载，不能释放该 PDN 连接下的默认承载。流程图如图 3-25 所示。

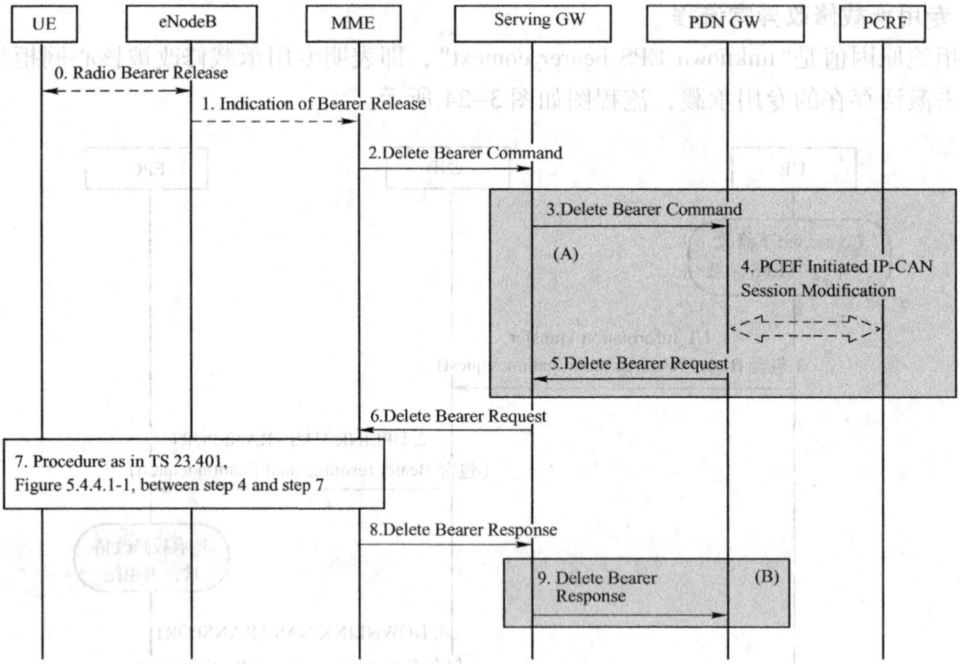

图 3-25　MME 发起的承载释放流程

2. UE 或 MME 发起的 PDN 连接释放流程

UE 或 MME 发起的 PDN 连接释放流程如图 3-26 所示，UE 的最后一个 PDN 连接释放不可由 UE 或 MME 发起。

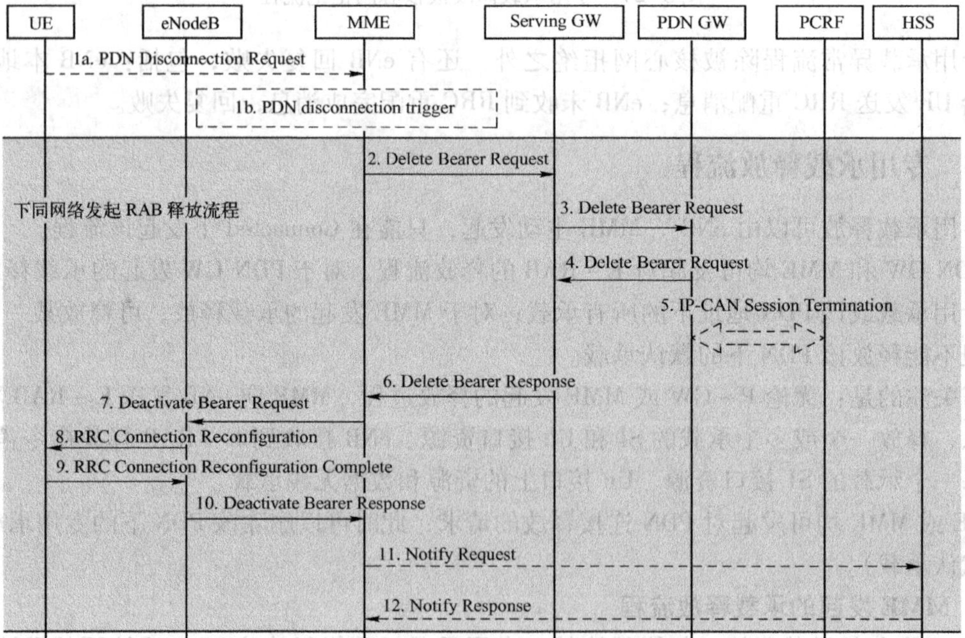

图 3-26　UE 或 MME 发起的 PDN 连接释放流程

3.6 去附着流程

3.6.1 关机去附着流程

UE 关机时发起去附着流程，通知网络释放其保存的该 UE 的所有资源，流程如图 3-27 所示。UE 在 IDLE 和 CONNECTED 下发起的关机去附着有一定区别。

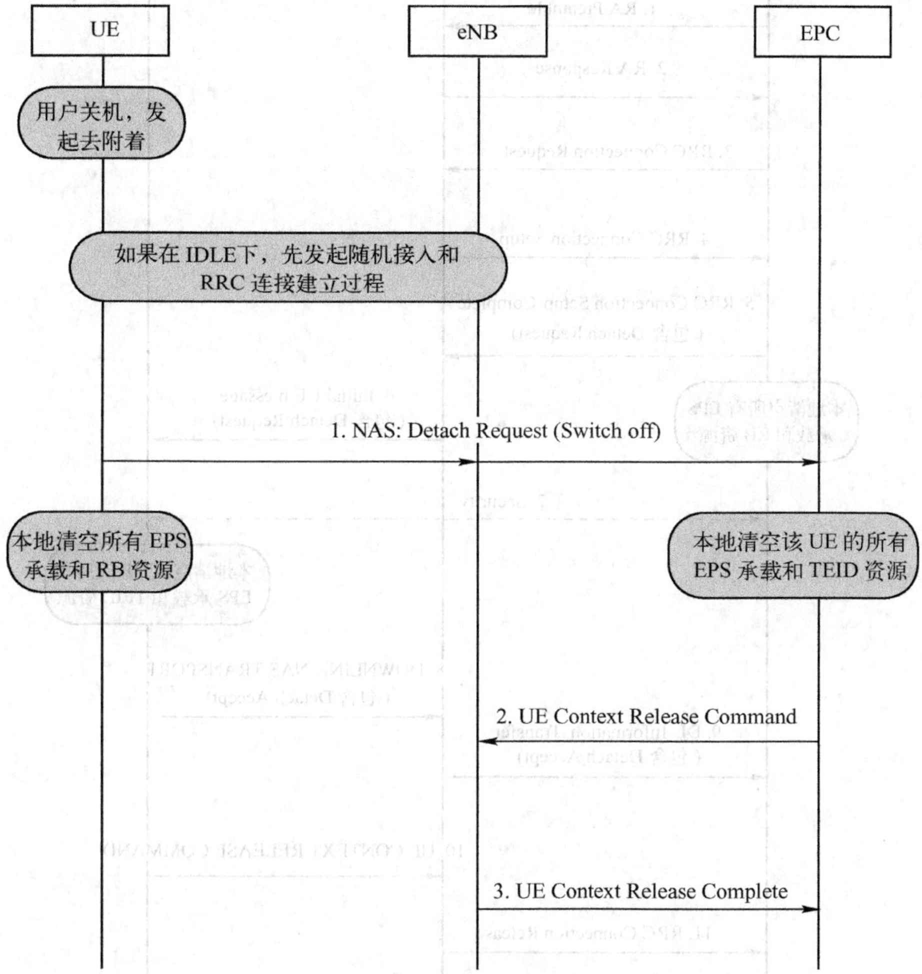

图 3-27　关机去附着流程

3.6.2 非关机去附着流程

1. 空闲态的非关机去附着

如果是非关机去附着，则会收到 MME 的 Detach Accept 响应消息和 eNB 的 RRC Connection Release 消息，IDLE 态的非关机去附着流程如图 3-28 所示。

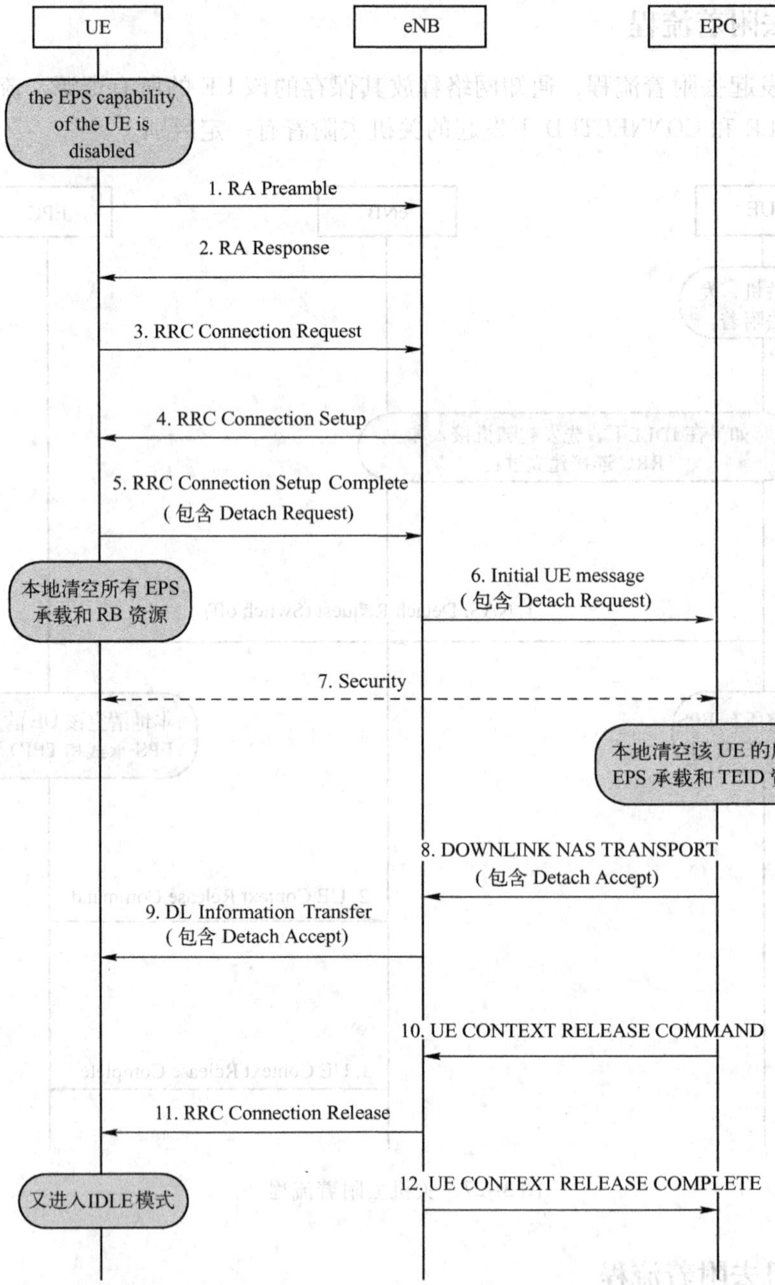

图 3-28　IDLE 下发起的非关机去附着流程

2. 连接态的非关机去附着

连接态 CONNECTED 下由 UE 在 UL Information Transfer 消息中向 EPC 发起 Detach request 请求，MME 的 Detach Accept 响应消息不变，如图 3-29 所示。

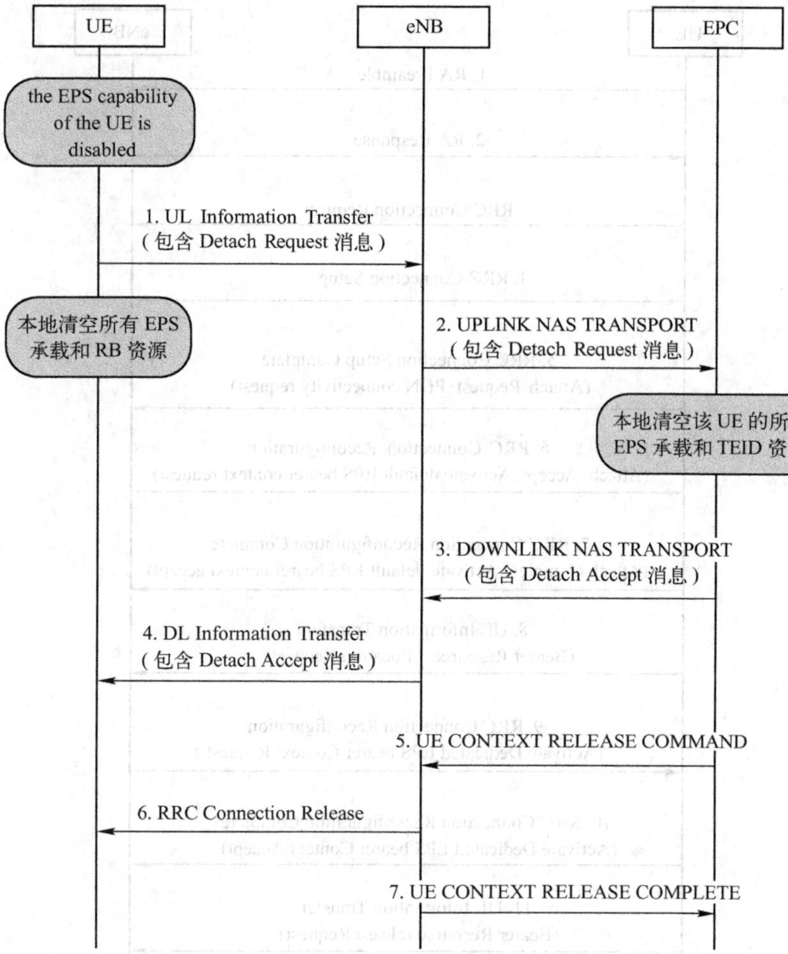

图 3-29　CONNECTED 下发起的非关机去附着

3.6.3　空口信令流程

对于网络优化工程师，在了解上述信令流程的同时，需熟练掌握空口的信令流程，因为在路测仪表中显示的就是空口信令流程。空口 RRC 信令流程是全部流程的一部分，只显示 UE 与 eNB 之间的信令，如图 3-30 所示。

空口 RRC 信令流程中，1～4 是 RA 过程（UE 底层收到 Msg4 以后，通过带的 UE Contention Resolution Identity MAC control element 与 Msg3 码流匹配，如果一样，则认为 RA 过程成功，把 Msg4 送给 RRC 层）；1～5 是 RRC 连接建立过程（收到消息 4 以后，RRC 从 IDLE 转为 CONNECTED 模式）；5～7 是 Attach 过程（Attach 过程完成后，UE 成功注册到网络，网络有该 UE 信息，UE 获得 GUTI、TAI list，并且默认 EPS 承载建立成功）；8～10 是专用 EPS 承载建立过程（如果默认 EPS 承载的 QoS 不能满足业务需求，UE 可以发起专用承载建立过程）；11～13 是 EPS 承载释放过程（用来释放某一个专用 EPS 承载，或者 UE 对应的一个 PDN 下的所有 EPS 承载）；14 是 RRC 连接释放过程（UE 收到该消息后从 CONNECTED 转为 IDLE 模式）。

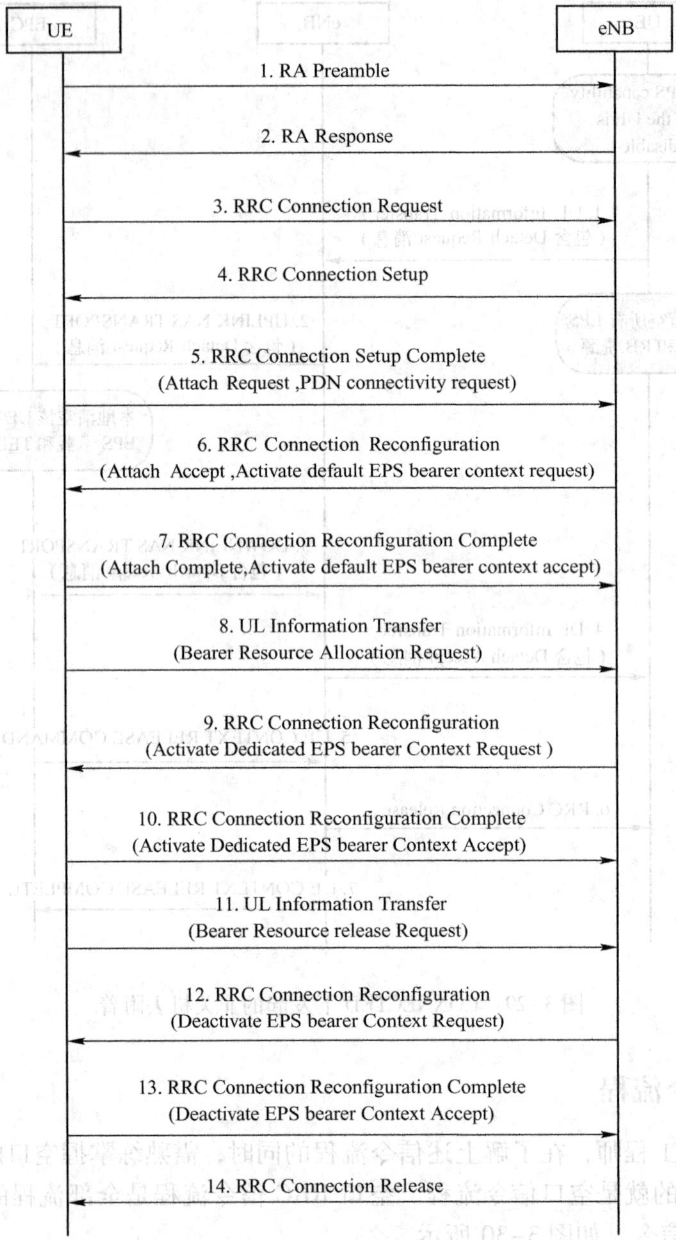

图 3-30　空口 RRC 信令流程

第 4 章　TD - LTE 系统移动性管理

TD - LTE 系统的移动性管理可实现资源均衡、频率复用，使用户驻留在信号最强的小区，保障业务接入时的业务；在使用业务的过程中及时切换到质量最好的小区，保持服务快捷畅通。移动性管理主要分为两大类：空闲态下的移动性管理和连接状态下的移动性管理。空闲状态下的移动性管理主要通过小区选择/重选来实现，由 UE 控制；连接态下的移动性管理主要通过小区切换来实现，由 eNodeB 控制。本章介绍两种状态下的移动性管理，再结合相关的无线参数与信令流程进行补充说明，有助于读者掌握不同状态下的 UE 行为。

TD - LTE 系统中分别在 RRC 的空闲态、连接态下对应的 UE 用户行为见表 4-1。RRC 信令与 NAS 层信令由 Radio Bearer 承载。

表 4-1　RRC 空闲态、连接态下的 UE 行为

状　态	UE 行为
RRC_IDLE	PLMN 选择
	NAS 配置的 DRX 过程
	系统信息广播和寻呼
	邻小区测量
	小区重选的移动性
	UE 获取 1 个 TA 区内的唯一标识
	eNodeB 内无终端上下文
RRC_CONNECTED	网络侧有 UE 的上下文信息
	网络侧知道 UE 所处小区
	网络和终端可以传输数据
	网络控制终端的移动性
	邻小区测量
	存在 RRC 连接：UE 可以从网络侧收发数据、监听共享信道上指示控制授权的控制信令、UE 可以上报信道质量给网络侧、UE 可以根据网络配置进行 DRX

为了便于读者掌握 UE 在不同状态下的移动性管理，下面介绍 TD - LTE 系统中小区内 UE 的标识，见表 4-2。

表 4-2　无线侧小区内 UE 标识

标识类型	应用场景	获得方式	有效范围	是否与终端/卡设备相关
RA - RNTI	随机接入中用于指示接收随机接入响应消息	根据占用的时频资源计算获得（0001 ~ 003C）	小区内	否
T - CRNTI	随机接入中，没有进行竞争裁决前的 CRNTI	eNB 在随机接入响应消息中下发给终端（003D ~ FFF3）	小区内	否
C - RNTI	用于标识 RRC Connect 状态的 UE	初始接入时获得（T - CRNTI 升级为 C - RNTI）（003D ~ FFF3）	小区内	否

（续）

标识类型	应用场景	获得方式	有效范围	是否与终端/卡设备相关
SPS-CRNTI	半静态调度标识	eNB 在调度 UE 进入 SPS 时分配（003D~FFF3）	小区内	否
P-RNTI	寻呼	FFFE（固定标识）	全网相同	否
SI-RNTI	系统广播	FFFF（固定标识）	全网相同	否

核心网 UE 标识，见表 4-3。

表 4-3　核心网 UE 标识

用户标识	名　称	来　源	作　用
IMSI	International Mobile Subscriber Identity	SIM 卡	UE 在首次 Attach 时需要携带 IMSI 信息，网络也可以通过身份识别流程要求 UE 上报 IMSI 参数
IMEI	International Mobile Equipment Identity	终端	国际移动台设备标识，唯一标识 UE 设备，用 15 个数字表示
IMEISV	IMEI and Software Version Number	终端	携带软件版本号的国际移动台设备标识，用 16 个数字表示
S-TMSI	SAE Temporary Mobile Station Identifier	MME 产生并维护	SAE 临时移动标识，由 MME 分配。与 UMTS 的 P-TMSI 格式类似，用于 NAS 交互中保护用户的 IMSI
GUTI	Globally Unique Temporary Identifier	MME 产生并维护	全球唯一临时标识，在网络中唯一标识 UE，可以减少 IMSI、IMEI 等用户私有参数暴露在网络传输中。第一次 Attach 时 UE 携带 IMSI，而之后 MME 会将 IMSI 和 GUTI 进行一个对应，以后就一直用 GUTI，通过 Attachaccept 带给 UE；GUTI 由两部分构成，一部分标识分配 GUTI 的 MME，另一部分则标识被分配 GUTI 的 UE（TMSI）

3G 中没有 GUTI 概念，LTE 中用 GUTI 来作 UE 的全球唯一临时标识。

GUTI 由两部分构成，一部分标识分配 GUTI 的 MME，另一部分则标识被分配 GUTI 的 UE。

GUTI = GUMMEI + TMSI，其中

GUMMEI = PLMN ID + MME Identifier

MME Identifier = MME Group ID + MME Code

4.1　空闲态的移动性管理

UE 开机且没有与无线网络建立 RRC 连接的状态称为 UE 的空闲态。空闲态管理是 eNodeB 通过系统广播消息下发相关配置信息，UE 据此选择一个合适小区驻留并接受服务，提高 UE 接入的成功率和服务质量，保证 UE 驻留在一个信号质量更好的小区。UE 处于空闲状态时会驻留在某个小区上，有业务需求时会在驻留小区内发起接入，因此，为了平衡不同频点之间的随机接入负荷，需要在 UE 进行小区驻留时尽量使其均匀分布。

UE 空闲态的移动性管理体现在以下几个方面：

1. PLMN 选择

UE 进行 PLMN（Public Land Mobile Network）选择，并在所选择的 PLMN 注册。PLMN 标识由 MCC（Mobile Country Code）和 MNC（Mobile Network Code）组成。

2. 小区选择

UE 在所选择 PLMN 中选择一个小区驻留，以便监听系统消息和寻呼消息，接受服务。

3. 小区重选

UE 在选择小区驻留后，将根据小区重选规则选择一个更好的小区驻留，以保证正确接收系统消息和成功发起业务。

4. 跟踪区注册

UE 通过跟踪区注册向 EPC（Evolved Packet Core network）注册自己的位置，以使 EPC 能在此 TA（Tracking Area）内寻呼 UE，告知 UE 发起业务。

5. 小区保留与接入控制

小区保留与接入控制是运营商进行网络控制的两个机制。通过小区保留，可以把某些特定小区设置成只为运营商服务。通过接入控制，对 UE 进行分类管理，决定这些 UE 是否可以发起呼叫。

6. 系统消息广播和寻呼

小区选择和小区重选等相关信息通过系统消息在 BCCH 上向 UE 广播。寻呼信息会告知小区内所有的 UE 系统消息是否变化以及传递寻呼 UE 的信息。

一般来说，UE 开机后会首先进行 PLMN 选择，然后进行小区选择/重选、位置登记等。由于 PLMN 选择和位置登记主要是 NAS 的功能，本节不做过多的涉及。

4.1.1 小区选择

UE 处于空闲态时，为了保证接入成功率和缩短接入时间，UE 将根据测量小区的信号质量和系统消息的参数来进行小区选择（S 准则）。UE 在选择的小区驻留后，将根据小区重选规则选择一个更好的小区驻留，以保证正确接收系统消息和成功发起业务。

当 UE 选择了一个 PLMN 之后，就会在该 PLMN 中选择一个小区驻留。UE 在该小区驻留后，通过监听系统消息，根据邻区测量规则和小区重选规则，对当前小区以及邻区进行测量，选择一个信号质量更好的小区进行驻留。

在选择小区驻留时，UE 首先进行小区搜索，搜索到小区后，UE 将进行小区选择与重选，小区选择与重选的相关参数通过系统消息与 RRC Connection Release 消息下发。小区选择可以采用 Stored Information Cell Selection 和 Initial Cell Selection 两种方式，先采用 Stored Information Cell Selection 选择小区，如果搜索不到合适小区时，则启用 Initial Cell Selection 进行小区选择。

小区搜索就是 UE 与小区取得时间和频率同步，得到物理小区标识，并根据物理小区标识，获得小区信号质量与小区其他信息的过程。在选择或重选小区时，UE 将会在所有频点上搜索小区。

小区选择一般发生在 PLMN 选择之后，它的目的是使 UE 在开机后可以尽快选择一个信道质量满足条件的小区进行驻留，小区选择主要包括两大类。

1）开机初始小区选择，UE 根据其终端自身能力扫描所有的 TD－LTE 频带，以便找到一个最强的小区进行驻留。

2）基于存储信息的小区选择，在开机初始小区选择之后，UE 已经储存了载波频率相关的信息，也包括一些小区参数信息，UE 会优先选择有相关信息的小区，当检测到存储信息的小区中有合适的小区，UE 会选择它并进行驻留。如果储存了相关信息的小区都不合适，UE 将发起初始小区选择过程。

小区选择过程中，UE 需要对将要选择的小区进行测量，以便进行信道质量评估，判断其是否符合驻留的标准。小区选择规则的基础是 EUTRAN 小区参考信号的接收功率测量值，即 RSRP。在小区选择时，小区的 RSRP 值必须高于配置的小区最小接收电平 $Q_{rxlevmin}$，UE 才能够选择该小区驻留。

小区选择的标准被称为 S 准则。当某个小区的信道质量满足 S 准则时，就可以被选择为驻留小区。S 准则的具体内容如下：

$$S_{rxlex} > 0 \qquad \text{式 4-1}$$

$$S_{rxlex} = Q_{relevmeas} - (Q_{relevmin} + Q_{relevminoffset}) - P_{compensation} \qquad \text{式 4-2}$$

式中各参数的含义见表 4-4。

表 4-4　小区选择参数解释

参　数	解　释
S_{rxlex}	小区选择 S 值，单位为 dB
$Q_{relevmeas}$	测量小区的 RSRP 值，单位为 dBm
$Q_{relevmin}$	小区中 RSRP 最小接收强度要求，单位为 dBm，从广播消息中获得
$Q_{relevminoffset}$	当驻留在 VPLMN 上搜索高优先级 PLMN 的时候，采用 S_{rxlex} 评估小区质量，需要对 $Q_{relevmin}$ 进行的偏移，用于防止乒乓响应
$P_{compensation}$	Max（$P_{EMax} - P_{UMax}$，0），单位为 dB
P_{EMax}	UE 在小区中允许的最大上行发送功率，单位为 dBm，广播消息中获得
P_{UMax}	由 UE 能力决定的最大上行发送功率，单位为 dBm

UE 在进行小区选择时，通过测量得到小区的 $Q_{relevmeas}$ 值，通过小区的系统信息及自身能力等级获取 S 准则公式中的其他参数，计算得到 S_{rxlex}，然后与 0 进行比较。如果 $S_{rxlex} > 0$，则 UE 认为该小区满足小区选择的信道质量要求，可以选择其作为驻留小区。如果该小区的系统信息中指示其允许驻留，那么 UE 将选择在此小区上驻留，进入空闲状态。

4.1.2　邻区优先级

当 UE 正常驻留在一个小区时，UE 会根据小区重选规则，重选一个小区进行驻留。小区重选是对邻区进行信号质量等级的测量，对不同优先级的小区，UE 按不同的重选规则进行评估，重选一个小区。

在 UE 进行测量和小区重选时，都需要获取邻区的优先级信息。UE 只对在系统消息中给出的具有优先级别的 E－UTRAN 频点和异系统频点进行小区重选，且不会对系统消息中列在黑名单的小区进行重选。不同 RAT 之间的频点不允许有相同的优先级。在进行同频小区重选时，UE 将忽略频点优先级信息，也就说同频小区都是同优先级的，不存在不同优先级。

E－UTRAN 频点和异系统频点的优先级分为两种：

1）一种是绝对优先级（Absolute Priorities），服务频点的优先级通过参数 CellReselPriority 配置，在 SIB3 中广播。

EUTRAN 异频邻频的优先级通过参数 CellReselPriority 配置，在 SIB5 中广播。

UTRAN 邻频的优先级通过参数 CellReselPriority 配置，在 SIB6 中广播。

GERAN 邻频的优先级通过参数 CellReselPriority 配置，在 SIB7 中广播。

CDMA2000 邻频的优先级通过参数 Cdma20001XrttCellReselPri 和 Cdma2000HrpdCellReselPri 配置，在 SIB8 中广播。

2）一种是专用优先级（Dedicated Priorities），在释放 UE 无线资源时，通过 RRC Connection Release 消息下发，针对单个 UE 有效。

某个频点的专用优先级可由参数 Priority 配置，不同系统间的优先级不要交叉，即某个系统内所有频点的优先级要高于或低于另外一个系统的所有频点的优先级。eNodeB 灵活用户策略特性通过配置 SPIDCFG 对象为一个 SPID 绑定一组频点优先级。在 Ran sharing 场景下，EUTRAN、UTRAN 和 GERAN 频点的专用优先级可以按照运营商设置：通过 CellReselPriority 参数进行设置。

在确定 RRC Connection Release 消息中下发的频点的专用优先级时，优先使用 UE 的 SPID 对应的频点专用优先级；如果 UE 没有配置 SPID 则使用 EUTRANNFREQRANSHARE、UTRANRANSHARE 和 GERANRANSHARE 中配置的对应运营商的频点专用优先级；

如果对应运营商的频点专用优先级也没有配置，则不在 RRC Connection Release 消息中下发频点专用优先级（例外情况：当由于系统过载、MME 过载或 S1 故障导致的 UE 释放时，如果邻频的绝对优先级低于服务频点的绝对优先级，则将服务频点的绝对优先级作为邻频的专用优先级在 RRC Connection Release 消息中下发）。

在小区重选过程中，当 UE 驻留在一个 Suitable cell 时，如果专用信令提供了专用优先级，则 UE 将丢弃系统信息内的绝对优先级信息。如果 UE 只有其他频点的优先级，而没有当前服务频点的优先级，则 UE 会认为当前服务频点的优先级最低。

在小区重选过程中，当 UE 驻留在一个 Acceptable cell 时，UE 仅会采用系统消息中提供的绝对优先级信息。即使有专用优先级的情况下，UE 只保存专用优先级信息，并不使用专用优先级进行重选。

在以下情况之一，UE 将会丢弃由专用信令提供的专用优先级：

① UE 的 NAS 指示 AS 层执行 PLMN 选择过程时；

② UE 进入连接态；

③ 专用优先级有效时间 T_{320} 超时。

$T320$ 和频点专用优先级一起在 RRC Connection Release 消息中下发给 UE。eNode 确定 RRC Connection Release 消息中 T_{320} 取值的方法如下：

如果频点专用优先级是通过 UE 的 SPID 映射得到的，则 T_{320} 取值固定为 180 min。

否则，如果频点专用优先级是通过其他方式确定的，对由于负载平衡原因引起的 RRC 释放，T_{320} 的取值通过参数 $T_{320ForLoadBalance}$ 配置；对非负载平衡原因引起的 RRC 释放，T_{320} 的取值通过参数 $T_{320ForOther}$ 配置。

4.1.3 邻区测量

UE 在进行小区重选以前，首先根据当前服务小区的信号质量和邻区的优先级信息，对邻区进行测量。

1. 同频小区测量

同频小区测量启动的规则如下：

1）如果当前服务小区信号质量很好，S_{rxlev}值大于同频测量启动门限$S_{IntraSearch}$，并且S_{qual}值大于同频 RSRQ 测量启动门限$S_{IntraSearchQ}$时，UE 不进行同频小区测量。

2）如果当前服务小区的S_{rxlev}值小于或等于同频测量启动门限$S_{IntraSearch}$，或者当前服务小区的S_{qual}值小于或等于同频 RSRQ 测量启动门限$S_{IntraSearchQ}$时，UE 将进行同频小区测量。

3）如果参数同频测量门限配置指示$S_{IntraSearchCfgInd}$为不配置（NOT_CFG）时，则不管当前服务小区信号质量如何，UE 都将进行同频小区测量。

2. 异频/异系统小区测量

异频和异系统小区测量启动的规则如下：

1）如果异频或异系统小区拥有比当前服务小区更高的优先级，不管服务小区质量如何，UE 都将对它们进行测量。

2）如果异频小区的优先级低于或等于当前服务小区，异系统小区的优先级低于当前 EUTRAN 小区时，有以下两种情况。

如果当前服务小区信号质量很好，S_{rxlev}值大于异频/异系统测量启动门限$S_{NonIntraSearch}$，并且S_{qual}值大于异频/异系统 RSRQ 测量启动门限$S_{NonIntraSearchQ}$时，则 UE 不对异频或异系统小区进行测量。

如果当前服务小区的S_{rxlev}值小于或等于异频/异系统测量启动门限$S_{NonIntraSearch}$，或者当前服务小区的S_{qual}值小于或等于异频/异系统 RSRQ 测量启动门限$S_{NonIntraSearchQ}$时，则 UE 将对异频或异系统小区进行测量。

如果参数异频/异系统测量门限值配置指示$S_{NonIntraSearchCfgInd}$为不配置（NOT_CFG），则不管异频或异系统小区信号质量如何，UE 都会对优先级低于或等于当前服务小区的异频小区或异系统小区进行测量。

4.1.4 同频/同优先级小区重选（R 准则）

当 UE 处于空闲状态，在小区选择之后它需要持续地进行小区重选，以便驻留在优先级更高或者信道质量更好的小区。网络通过设置不同频点的优先级，可以达到控制 UE 驻留的目的；同时，UE 在某个频点上将选择信道质量最好的小区，以便提供更好的服务。

小区重选可以分为同频小区重选和异频小区重选。同频小区重选，可以解决无线覆盖问题；异频小区重选，不仅可以解决无线覆盖问题，而且还可以通过设定不同频点的优先级来实现负载均衡。

同频小区重选测量准则是：为了最大化 UE 电池寿命，UE 不需要在所有时刻都进行频繁的邻小区监测（测量），除非服务小区质量下降为低于规定的门限值。具体来说，仅当服务小区的参数S（S值的计算方法与小区选择时一致）大于系统广播参数$S_{intrasearch}$时 UE 才启动同频测量。

同频小区重选的排序规则是对候选小区根据信道质量高低进行 R 准则排序，选择最优小区。R 准则表述如下：

$$R_s = Q_{meas,s} + Q_{hyst} \quad 式4-3$$

$$R_n = Q_{meas,n} + Q_{offset} \quad 式4-4$$

式中各参数的含义见表4-5。

表4-5　同频小区重选参数解释

参　数	解　释
R_s	服务小区的 R 值（dB）
R_n	临小区的 R 值（dB）
$Q_{meas,s}$	UE 测量到的服务小区的 RSRP 值（dBm）
$Q_{meas,n}$	UE 测量到的邻小区的 RSRP 值（dBm）
Q_{offset}	1. 对于同频重选，该参数等于小区间的 Q_{offset}（系统广播中存在小区间 Q_{offset}）或者0（系统广播中没有小区间 Q_{offset}） 2. 对于异频重选，该参数等于“频率间 Q_{offset} 和小区间 Q_{offset}”（系统广播中存在小区间 Q_{offset}）或者频率间 Q_{offset}（系统广播中没有小区间 Q_{offset}） 3. 该参数的作用是：可使相邻小区的信号或质量被低估，延迟小区重选，可根据不同小区、载频设置不同偏置，以控制重选的方向
$T_{reselection}$	该参数表示同优先级小区重选的定时器时长，用户避免乒乓效应（s）

同频小区重选准则：同频小区重选的对象可以是邻小区列表中的小区，也可以是通过重选过程中检测到的小区。排队及选择过程需要满足如下的约束条件：

1）新目标小区的信道质量在排序中要比当前服务小区质量好的持续时间不短于 $T_{reselection}$；

2）如果 UE 处于非普通移动状态（中速或高速），则需要考虑对参数 $T_{reselection}$ 与 Q_{hyst} 进行缩放；

3）UE 驻留原小区时间超过 1 s。

当有多个邻区的信号质量等级大于服务小区的信号质量等级时，UE 将会对信号质量等级最高的小区做重选。

对小区做重选时，UE 还将根据系统消息 SIB1 中的“cellAccessRelatedInfo”检查是否能够接入该小区。如果该小区被禁止，则必须从候选小区清单中排除，UE 不再考虑选择它。如果该小区由于属于禁止漫游 TA，或不属于注册 PLMN 或 EPLMN，而不能成为 Suitable cell，则 UE 在 300 s 内，不再考虑重选该小区或与该小区频率相同的小区。

4.1.5　异频/不同优先级小区重选

不同优先级的异频小区和异系统小区重选分为对高优先级小区和低优先级小区进行重选。

1. 高优先级小区重选

如果系统消息 SIB3 中提供了参数 ThrshServLowQ，在以下条件都满足时，小区重选将选择高优先级异频小区或高优先级异系统小区：

1）在设定的小区重选时间内，被评估的邻区 S_{rxlev} 值大于高优先级重选门限 ThreshXHigh。

2）UE 在当前服务小区驻留超过 1 s。

3）邻区满足如下条件。

若邻区是 EUTRAN 或 UTRAN：在设定的小区重选时间（$T_{reselEutran}$、$T_{reselUtran}$）内，被评估的 EUTRAN 或 UTRAN 邻区 S_{qual} 值大于高优先级重选 RSRQ 门限 ThreshXHighQ。

若邻区是 GRAN 或 CDMA2000：在设定的小区重选时间（$T_{ReselGeran}$、Cdma1XrttTreselection）内，被评估的 GRAN 或 CDMA2000 邻区 S_{rxlev} 值大于高优先级重选门限 ThreshXHigh。

对于最高优先级的小区，如果该小区由于属于禁止漫游 TA，或不属于注册 PLMN 或 EPLMN，而不能成为 Suitable cell，则 UE 在 300 s 内，不再考虑重选该小区。

2. 低优先级小区重选

如果系统信息 SIB3 中提供了 ThrshServLowQ，在以下条件都满足时，小区重选将选择低优先级异频小区或低优先级异系统小区：

1）高优先级异频小区或高优先级异系统小区不满足高优先级小区重选的条件。

2）在设定的小区重选时间内，服务小区的 S_{qual} 值小于服务频点低优先级重选门限 ThrshServLowQ。

3）在设定的小区重选时间内，被评估的邻区 Srxlev 值大于低优先级重选门限 ThreshXLow。

4）UE 在当前服务小区驻留超过 1 s。

5）邻区满足如下条件：

在设定的小区重选时间内，被评估的 EUTRAN 或 UTRAN 邻区 S_{qual} 值大于低优先级重选门限 ThreshXLowQ。

在设定的小区重选时间内，被评估的 GRAN 或 CDMA2000 邻区 S_{rxlev} 值大于低优先级重选门限 ThreshXLow。

4.2 重定向与跟踪区更新

4.2.1 重定向过程

重定向是指 eNodeB 通过 RRC Connection Release 消息释放 UE，同时在连接释放消息中带有重定向目标频点（组）信息，指令 UE 到目标频点（组）重新接入。

在重定向过程中，eNodeB 根据各个频点配置优先级，选择一个优先级最高的频点，在系统信息中下发给 UE。若当前服务频点就是最高优先级频点，eNodeB 将另一个优先级次高的频点和当前服务频点的优先级交换，将两者和其他频点的专用优先级信息在专用信令中下发给 UE，并且为这些专用优先级设定有效时间 $T_{320ForLoadBalance}$。重定向是为了减轻当前频点的负载，确保 UE 再次接入时，不在当前这个负载很重的小区接入。重定向功能由参数 HoModeSwitch 中的子开关控制。

重定向的类型主要包括：

1. 基于负载的重定向

基于负载的重定向是指当系统过载时，需要释放 UE 减轻系统负载，在释放 UE 时通过在 RRC Connection Release 消息中发送重定向目标频点信息让 UE 在目标频点重新接入。该功能由参数 Redirect Switch 中的子开关 Load Based Switch 控制。

进行基于负载的重定向时，对重定向 UE 的选择是基于 UE 的 QoS 优先级而不是 UE 的位置，所以对目标频点的选择也不是基于信号质量的测量。

如果在 UE 接入时核心网给 UE 指定了 SPID，那么 eNodeB 根据 UE 的异系统和频段支持能力，结合此 SPID 对应的频点，按照优先级顺序在 RRC Connection Release 中下发。

如果在 UE 接入时核心网没有给 UE 指定 SPID 或者此 SPID 的频点优先级未配置，则 eNodeB 根据 UE 的异系统和频段支持能力，选择 UTRAN 相邻频点运营商共享信息和 GERAN 相邻频点组运营商共享信息中 Cell Resel Priority 最高的频点作为重定向目标频点在 RRC Connection Release 中下发。

如果 UTRAN 相邻频点运营商共享信息和 GERAN 相邻频点组运营商共享信息中没有配置频点优先级，则 eNodeB 根据 UE 的异系统和频段支持能力，在异系统邻频中选择重选优先级 Cell Resel Priority 最高的频点作为重定向目标频点在 RRC Connection Release 中下发。

2. 基于 S1 故障的重定向

基于 S1 故障的重定向是指当 eNodeB 收到 S1 口故障指示后，立即启动 RRC 连接释放过程，将 eNodeB 下所有小区的所有 UE 进行释放，在 RRC 释放信息中携带重定向信息，重定向信息中不包括邻区的系统信息。

基于 S1 故障的重定向目标频点的选择方法和基于负载的重定向相同。

3. 基于切换原因触发的重定向

在连接态，当 UE 无法通过切换过程完成小区间的变更时，可以通过重定向功能来完成。该功能由参数 HoModeSwitch 中的子开关 UtranRedirectSwitch、GeranRedirectSwitch、CdmaHrpdRedirectSwitch 和 Cdma1xRttRedirectSwitch 控制。

1）EUTRAN 到 UTRAN 的重定向，当 UE 需要从 EUTRAN 小区切换到 UTRAN 小区时，如果满足以下条件，eNodeB 会发起到 UTRAN 的重定向过程。

UE 不支持对 UTRAN 的测量；CSFB 最高优先级的异系统 InterRatHighestPri 被配置为“UTRAN”。

重定向的目标小区是 UE 服务小区的 UTRAN 邻区中盲切换优先级 BlindHoPriority 最高的小区。

2）EUTRAN 到 GERAN 的重定向，当 UE 需要从 EUTRAN 小区切换到 GERAN 小区时，如果满足以下条件，eNodeB 会发起到 GERAN 的重定向过程。

UE 不支持对 GERAN 的测量；CSFB 最高优先级的异系统 InterRatHighestPri 被配置为 GERAN；到 GERAN 的 CCO/NACC 功能关闭。

重定向的目标小区是 UE 服务小区的 GERAN 邻区中盲切换优先级 BlindHoPriority 最高的小区。

4. 快速重定向

快速重定向功能是指 eNodeB 在 RRC Connection Release 消息中将 UE 重定向目标小区（通过 RIM 功能获取的）的系统消息下发给 UE。UE 在 RRC Connection Release 消息中获取了目标小区的系统消息后，能够减少在目标小区通过广播信道获取系统消息的时间，从而减少接入目标小区的时延。在 RRC Connection Release 消息中，按照优先级从高到低，最多携带 3 个目标小区的系统消息。

快速重定向功能由参数 Redirect Switch 中的子开关 Geran Flash Redirect Switch、Uran Flash Redirect Switch 控制。

RIM（RAN Information Management）功能使得 eNodeB 能够和 UTRAN/GERAN 的 RAN 节点过核心网相互传递对方的系统消息。该功能由参数 RimSwitch 中的子开关 UTRAN_RIM_SWITCH 和 GERAN_RIM_SWITCH 控制。

4.2.2 TA 与 TAI LIST

位置区是 GSM、UMTS 系统中的概念，一个位置区为终端当前注册的位置区，在 MSC/VLR 中都会保持记录，网络在呼叫终端的时候，先通过 HLR 查找到终端所在的 MSC/VLR，然后再从 MSC/VLR 中查找到终端所在的 LA 位置区，将寻呼消息发送到该 LA 位置区中的所有基站中。

为了确认移动台的位置，LTE 网络覆盖区将被分为许多个跟踪区（Tracking Area，TA），TA 功能与 3G 的位置区（LA）和路由区（RA）类似，是 LTE 系统中位置更新和寻呼的基本单位。TA 用 TA 码（Tracking Area Code，TAC）标识，一个 TA 可包含一个或多个小区，TAC 在这些小区的 SIB1 中广播。

与 LAC、RAC 类似，网络运营时用 TAI 作为 TA 的唯一标识，TAI 由移动国家号 MCC、移动网号 MNC 和跟踪区号 TAC 组成，共计 6 B。

TAI list 的定义是：UE 在附着时，MME 会为 UE 分配一组 TA list（长度 1 ~ 16 个）并发送给 UE 保存，当需要寻呼 UE 时，网络会在 TA list 所包含的小区内向 UE 发送寻呼消息。

TA list 的标识为 TAI list，TAI list 长度为 8 ~ 98 B，分为三种类型，最多可包含 16 个 TAIs，TAI list 包含内容见表 4-6。

表 4-6 TAI list 表

8	7	6	5	4	3	2	1
跟踪区列表							
跟踪区列表内容长度							
部分跟踪区列表 1							
部分跟踪区列表 2							
…							
部分跟踪区列表 p							

UE 附着时，MME 通过 ATTACH ACCEPT 或 TAU ACCEPT 消息为 UE 分配一组 TAI（TAI list）当需要寻呼 UE 时，网络在 TAI list 所包含的所有小区内向 UE 发送寻呼。

UE 收到 TAI list 后保存在本地，移动过程中只要进入新的 TA 的 TAI 包含在 TAI list 中，UE 都无需发起 TAU 过程，如图 4-1 所示。

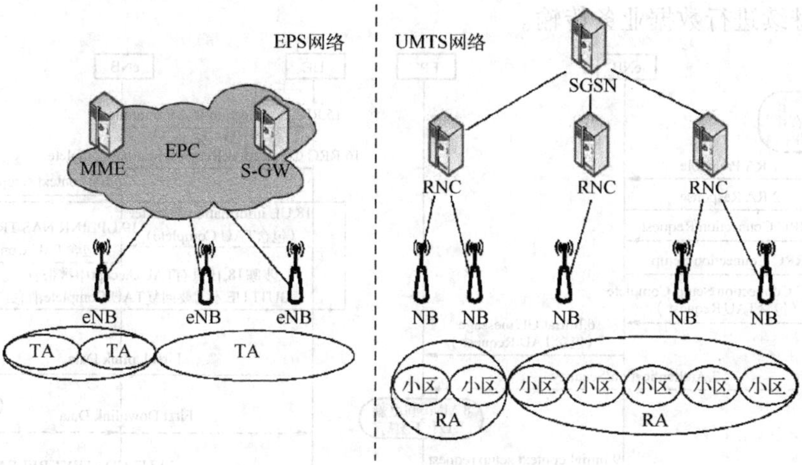

图 4-1　TA 与 TAI list 关系

通过合理规划 TA，设置合适 TAI list 的长度和内容，通过不断调整可以实现寻呼和位置更新的一个相对平衡，进而获得较优的网络性能。

4.2.3　TAU 状态及流程

当移动台由一个 TA 移动到另一个 TA 时，必须在新的 TA 上重新进行位置登记以通知网络来更改它所存储的移动台的位置信息，这个过程就是跟踪区更新（Tracking Area Update，TAU）。

根据 UE 状态不同，TAU 分为：空闲态 TAU 与连接态 TAU。

根据更新内容不同，TAU 分为：非联合 TAU（更新 TAI list）、联合 TAU（更新 TAI list + LAU）。

TAU 的应用场景分为：

1）当前 TA 不在 UE 的 TAI list 里。

2）周期性 TAU 表明 UE Alive。

3）网络配置、IDLE 或连接态均强制执行。

4）MME 负载均衡过程中强制 UE 发起 TAU。

5）ECM - IDLE 状态下 UE 的 GERAN 和 UTRAN Radio 能力发生变化。

6）从 UTRAN PMM Connected 或 GPRS READY 状态通过小区重选进入 E - UTRAN。

TAU 的作用可分为以下几类：

1）在网络登记新的用户位置信息，进入新的 TA，其 TAI 不在 UE 存储的 TAI list 内。

2）给用户分配新的 GUTI，核心网在同一个 MME pool 用 GUTI 唯一标识一个 UE。若 TAU 过程中更换了 MME pool，则核心网会在 TAU ACCEPT 消息中携带新 GUTI 分配给 UE。

3）使 UE 和 MME 的状态由 EMM - DEREGISTERED 变为 EMM - REGISTERED，UE 短暂进入无服务区后回到覆盖区，信号恢复，且周期性 TAU 到期。

4）IDLE 态用户可通过 TAU 过程请求建立用户面资源，IDLE 下发起 TAU 过程时，如果有上行数据或者上行信令（与 TAU 无关的）发送，UE 可以在 TAU Request 消息中设置“active”标识，来请求建立用户面资源，并且在 TAU 完成后保持 NAS 信令连接。

UE 在空闲态下的 IDLE TAU 流程如图 4-2 所示，TAU Request 中含 active 标识，用户完

成 TAU 后可继续进行数据业务传输。

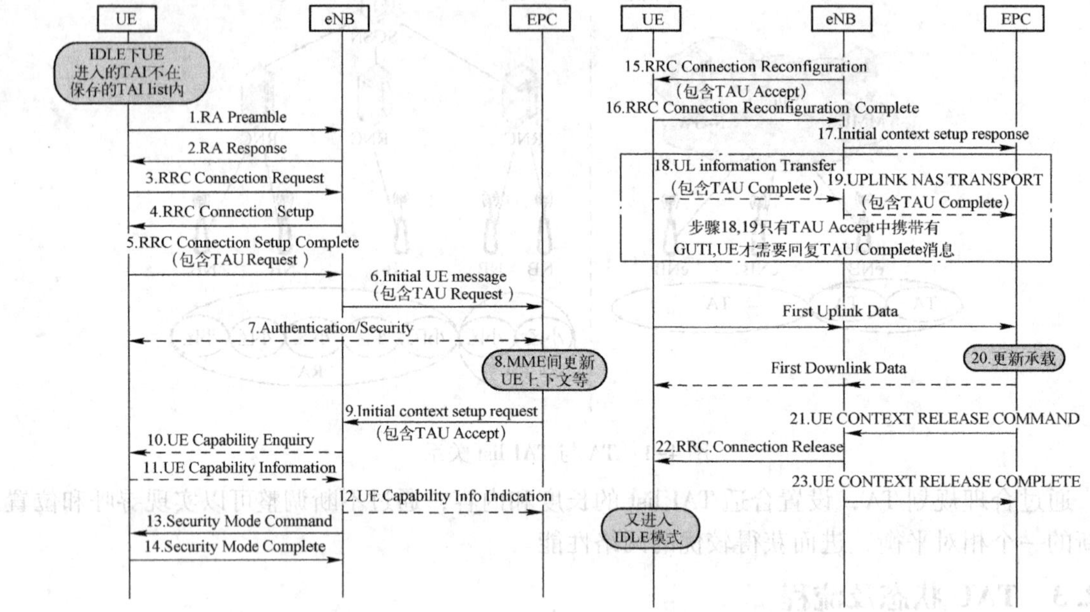

图 4-2　UE 在 IDLE 态的 TAU 流程

UE 通过读取 SIB1 知道当前 TAC 是否在自己的 TAI List 中；包含 active 标识或者在 ECM-CONNECTED 状态发起 TAU 时，MME 不会释放 UU 口和 s1 口，而继续为 UE 保持无线承载；TAU 用户会在 request 中将 GUTI 传上去，如果 GUTI 中指示的 MME 在新的 TA 中改变了，则网络为其分配新的 GUTI 发给 UE，UE 还需反馈 TAU Complete。如果 GUTI 没有变化，则 UE 不用反馈这个 TAU Complete。

UE 在连接态下的 CONNECTED TAU 流程如图 4-3 所示，若 TAU Accept 未分配新 GUTI，无过程 6、7，连接态 TAU 完成后，不释放 NAS 信令连接。

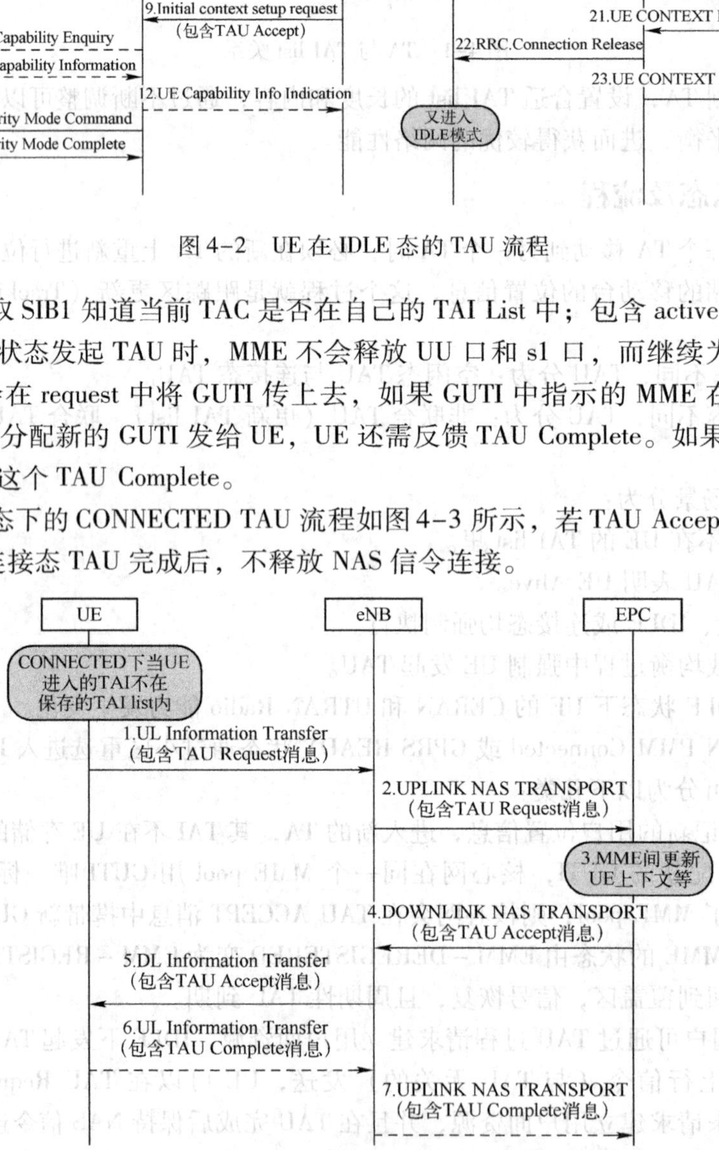

图 4-3　UE 在 CONNECTED 态的 TAU 流程

4.3 寻呼

4.3.1 寻呼消息的发送

寻呼是为了发送寻呼消息给某空闲态的 UE，或者系统消息变更时通知 EMM（EPS Mobility Management）注册态的 UE。寻呼消息根据使用场景既可以由 MME 触发也可以由 eNodeB 触发。

MME 发送寻呼消息时，eNodeB 根据寻呼消息中携带的 UE 的 TAL 信息，通过逻辑信道 PCCH 向其下属于 TAL 的所有小区发送寻呼消息寻呼 UE。用户寻呼空口下发次数可通过参数 PagingSentNum 配置，以增加 UE 收到寻呼消息的概率。

系统消息变更时，eNodeB 将通过寻呼消息通知小区内的所有 EMM 注册态的 UE，并在紧随下一个系统消息修改周期中发送更新的系统消息。eNodeB 要保证小区内的所有 EMM 注册态 UE 能收到系统消息，也就是 eNodeB 要在 DRX 周期下所有可能时机发送寻呼消息。

TD－LTE 系统中的寻呼消息由网络向空闲态或连接态的 UE 发起，可参考 3GPP 36.300 协议。

在 TA 范围内，Paging 消息会在 UE 注册的所有小区发送，有两种触发方式。

UE 在 IDLE 模式下，当网络需要给该 UE 发送数据（业务或者信令）时，发起 S_TMSI 寻呼过程；当网络发生错误需要恢复时（如 S_TMSI 不可用），可发起 IMSI 寻呼，UE 收到后执行本地 Detach，然后再开始 Attach。

核心网触发 Paging 流程如图 4－4 所示，eNodeB 触发为通知系统消息更新以及通知 UE 接收 ETWS 等信息。

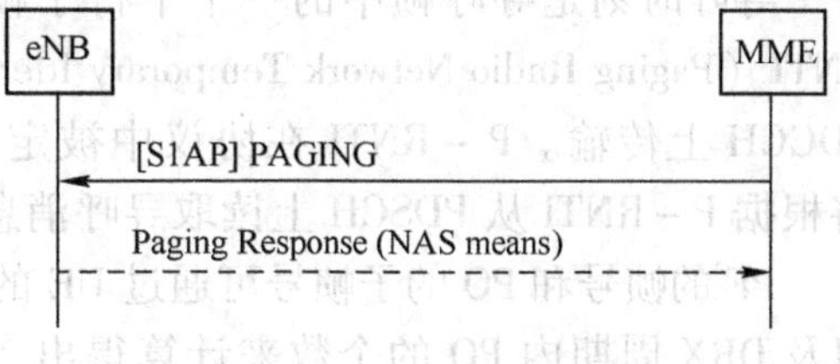

图 4-4　核心网触发 Paging 消息

在 S1AP 接口消息中，MME 对 eNB 发 Paging 消息，每个 Paging 消息携带一个被寻呼 UE 信息。eNB 读取 Paging 消息中的 TA 列表，并在其下属于该列表内的小区进行空口寻呼。若之前 UE 已将 DRX 消息通过 NAS 信令上报 MME，则 MME 会将该信息通过 Paging 消息告知 eNB。

空口进行寻呼消息的传输时，eNB 将具有相同寻呼时机的 UE 寻呼内容汇总在一条寻呼消息里。寻呼消息被映射到 PCCH 逻辑信道中，并根据 UE 的 DRX 周期在 PDSCH 上发送。

4.3.2 寻呼消息的读取

TD－LTE 系统中 UE 寻呼消息的接收遵循 DRX 的原则，如图 4-5 所示。

1）UE 根据 DRX 周期在特定时刻根据 P_RNTI 读取 PDCCH。

2）UE 根据 PDCCH 的指示读取相应 PDSCH，并将解码的数据通过寻呼传输信道（PCH）传到 MAC 层。PCH 传输块中包含被寻呼 UE 标识（IMSI 或 S_TMSI），若未在 PCH 上找到自己的标识，UE 再次进入 DRX 状态。

TD－SCDMA 系统中 UE 也遵循 DRX 周期读取寻呼消息，但有专用的寻呼信道 PICH 物

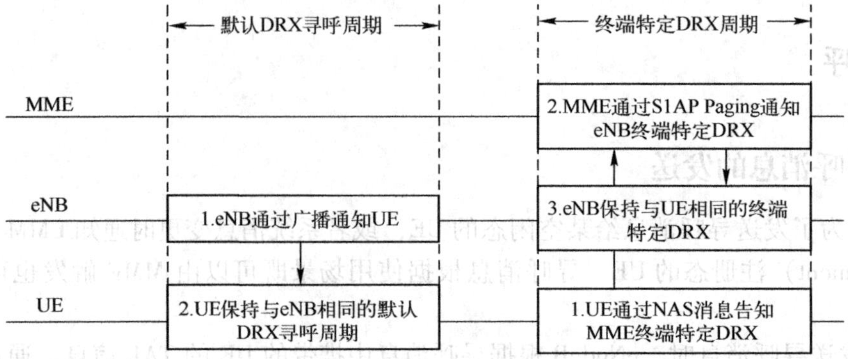

图 4-5　寻呼消息的读取

理信道和 PCH 逻辑信道，且 CS 域和 PS 域是一个寻呼。而在 TD-LTE 系统中，寻呼信息是占用共享信道资源，与有专用寻呼信道有很大的不同。

4.3.3　空口寻呼机制

空闲状态下，UE 以 DRX（Discontinuous Reception）方式接收寻呼信息以节省耗电量。寻呼信息出现在空口的位置是固定的，以寻呼帧（Paging Frame，PF）和寻呼时刻（Paging Occasion，PO）来表示。如图 4-6 所示，一个寻呼帧是一个无线帧，可以包含一个或多个 PO。

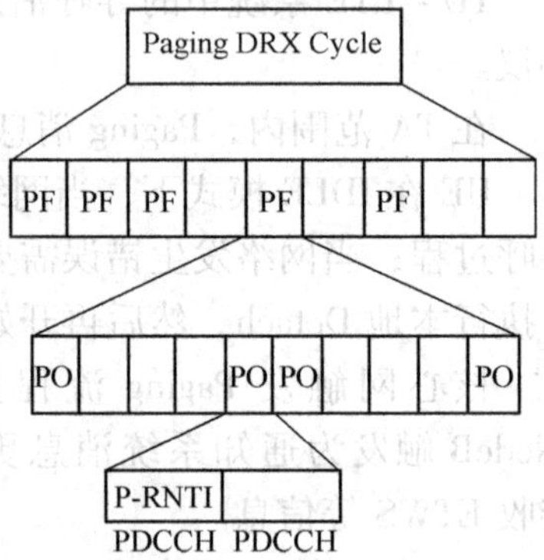

图 4-6　寻呼机制示意图

寻呼时刻是寻呼帧中的一个下行子帧，其中包含 P-RNTI（Paging Radio Network Temporary Identity）的信息，在 PDCCH 上传输。P-RNTI 在协议中被定义为固定值。UE 将根据 P-RNTI 从 PDSCH 上读取寻呼消息。

PF 的帧号和 PO 的子帧号可通过 UE 的 IMSI、DRX 周期以及 DRX 周期内 PO 的个数来计算得出。帧号信息存储在 UE 的 DRX 参数相关的系统信息中，当这些 DRX 参数变化时，PF 和 PO 的帧号也随之更新。

PF 的帧号 SFN 计算公式：$SFN \bmod T = (T \operatorname{div} N) * (UE\_ID \bmod N)$。

PO 的子帧号 i_s 计算公式：$i\_s = (UE\_ID/N) \bmod N_s$。

公式中的相关参数如下：

1）T 是 DRX 周期，由 UE 特定的最短 DRX 周期所决定，可以由 NAS 层指示，也可通过参数默认 DRX 周期 DefaultPagingCycle 决定。如果 NAS 层指示了 DRX 周期，则比较 DefaultPagingCycle 与 NAS 层指示的 DRX 周期，UE 采用两者中较小的 DRX 周期。若 NAS 没有指示，则由参数 DefaultPagingCycle 决定，通过系统消息下发给 UE。

2）$N = \min(T, NB)$，参数 NB 是一个 DRX 周期内 PO 的个数，可在 eNodeB 侧根据实际情况配置，取值可以是 $4T$、$2T$、T、$T/2$、$T/4$、$T/8$、$T/16$、$T/32$。

3）$N_s = \max(1, NB/T)$。

4）UE_ID = IMSI mod 1024。如果 UE 在没有 IMSI 的情况下紧急呼叫时，UE_ID 使用默认值 0。MME 触发的寻呼，UE_ID 对应为 S1 接口 Paging 消息中的信元 UE Identity Index Value。eNodeB 触发的寻呼，没有 UE_ID，UE 使用默认 UE_ID = 0。

eNodeB 收到发送寻呼消息指示，从下个 PO 开始，在每个 PO 上生成一个寻呼消息，填写 System Info Modification，持续一个 DRX 周期；或者计算 UE 的最近一个 PO，生成一个寻呼消息，填写 Paging Record，如果这个 PO 上已经有其他 UE 的 Paging Record 或者 System Info Modification，则进行合并再发送。

UE 使用空闲模式 DRX 来降低功耗。在每个 DRX 周期，UE 只会在自己的 PO 去 PDCCH 读取 P - RNTI，根据 P - RNTI 从 PDSCH 信道读取寻呼消息包。而不同的 UE，可能会有相同的 PO，这样，当他们在同一个 DRX 周期内被 MME 寻呼时，RRC 层需要将他们的寻呼记录合并到同一个寻呼消息中。相同的，当某些特定 UE 的寻呼和系统消息改变触发的群呼同时发生时，RRC 层也需要合并 Paging 消息。

RRC_IDLE 状态的 UE 在每个 DRX 周期内的 PO 子帧打开接收机侦听 PDCCH。UE 解析出属于自己的寻呼时，UE 向 MME 返回的寻呼响应将在 NAS 层产生。UE 响应 MME 的寻呼体现在 RRC Connection Request 消息信元 Establishment Cause 值为 mt - Access。

当 UE 未从 PDCCH 解析出 P - RNTI 或者 UE 解析出了 P - RNTI，但未发属于自己的 Paging Record 时，则 UE 立即关闭接收机，进入 DRX 休眠期以节省电力。

4.4 切换测量

当正在使用网络服务的用户从一个小区移动到另一个小区，或由于无线传输业务负荷量调整、激活操作维护、设备故障等原因，为了保证通信的连续性和服务的质量，系统要将该用户与原小区的通信链路转移到新的小区上，这个过程就是切换。TD - LTE 系统中，根据切换目标的不同，切换可分为同频切换、异频切换和异系统切换。对于不同区域可能使用不同的系统，LTE 支持切换到不同系统，保证通信业务的连续性和无中断性。

同频切换实现 LTE 系统中相同频点的小区间切换过程。异频切换实现 LTE 系统中不同频点的小区间切换过程，不同的区域可能使用不同的频点，因此 eNodeB 需要在系统内支持不同频点间的切换。异系统切换实现 LTE 到 GSM/TD - SCDMA 系统的小区间切换过程。

根据触发切换的原因不同，有以下几种切换类型。

1. 基于覆盖

当 UE 移动到小区覆盖边缘时，则触发基于覆盖的切换。在无线的移动环境中，通过基于覆盖的切换能有效防止由于小区的信号质量变差造成的掉话，保证 UE 在移动过程中连接到当前信号质量最好的小区，保证 UE 业务的连续性。

2. 基于负载

每个 UE 发起的业务是随机且多样的，这样可能会造成一个小区负载很重，甚至拥塞，而它的邻区却负载很轻，所以引入基于负载的切换来保证系统资源利用率的最大化。当小区负载较重时，eNodeB 将触发基于负载的切换。

3. 基于业务

为保证 LTE 系统更好地为高速率数据业务服务，可以根据需求使用业务分层功能。例如，可以将语音业务的 UE 切换到低带宽的异频/异系统中接受服务，提升高带宽下 LTE 网络的用户数据业务体验。在这种情况下，基于业务的切换将识别语音业务的 UE，使该 UE

切换到异频/异系统中。

4. 基于距离

当网络越区覆盖严重，会无法及时触发异频/异系统测量，导致启动异频/异系统测量时间较晚，规划的邻区配置不能满足实际邻区情况。在这种情况下，无法通过其他手段解决异频/异系统邻区配置缺失问题，可利用基于距离的异频/异系统切换，保证及时启动异频/异系统测量，避免出现邻区配置缺失导致的切换失败。

5. 基于上行链路质量

当上行信号质量较差时，若不能及时触发切换，则容易产生掉话。在这种情况下，基于上行链路质量的切换可以使 UE 切换到异频/异系统中。

6. 基于频率优先级

当频段 900 MHz 有 5 MHz 带宽，而频段 2600 MHz 有 20 MHz 带宽的时候，且需要尽量由频段 2600 MHz 承载业务，而频段 900 MHz 空闲以保证连续覆盖。在频段 900 MHz/2600 MHz 同站同覆盖或同心圆覆盖情况下，可以利用基于频率优先级的切换来实现这一目的。

不同切换有不同的触发原因，如图 4-7 所示，切换流程包括切换测量、切换决策与切换执行。盲切换不需要进行切换测量。

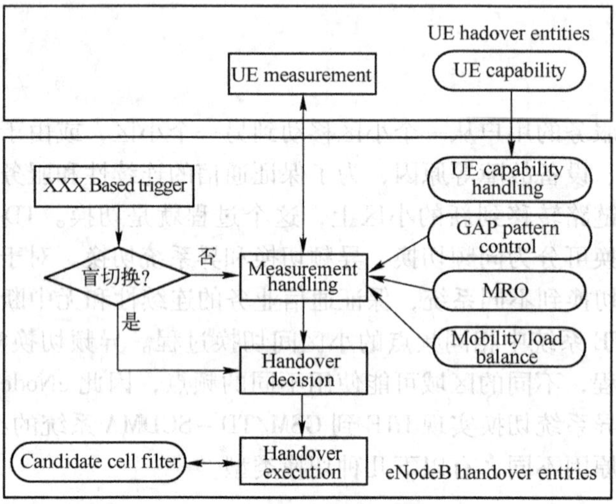

图 4-7　切换触发原因及切换流程

切换测量：eNodeB 通过信令 RRC Connection Reconfiguration 下发测量配置信息。

切换决策：eNodeB 根据 UE 上报的测量结果进行评估，决定是否触发同频/异频/异系统切换。

切换执行：eNodeB 根据决策结果，控制 UE 切换到目标小区，完成切换。

GAP 模式控制 UE 的测量时间长度与周期。

MRO（Mobility Robustness Optimization）算法自动优化切换相关参数。

移动性负载平衡决定了基于负载的切换的发生。

4.4.1　切换测量对象

在 UE 建立无线承载后，eNodeB 根据连接态移动性特性开启情况，通过信令 RRC Connection Reconfiguration 给 UE 下发测量配置信息。测量配置信息主要由测量对象、报告配置以及其他参数构成。以下章节将详细介绍测量配置信息的相关内容。

测量对象就是 UE 执行测量的对象。测量对象主要包括目标系统、测量频点、测量带宽和频率偏置、目标小区。

eNodeB 只下发 UE 能力支持测量的目标系统，UE 能力不支持测量的目标系统，则不进行对应系统的测量。测量目标系统的选择如下：

1）对于服务小区的测量和同频邻区的测量，测量目标系统为 E－UTRAN。

2）对于异频切换触发的异频邻区测量，目标系统为 E－UTRAN。

3）对于异系统切换触发的异系统邻区测量，则需要根据特性触发原因和 UE 的测量能力进行判断。如果 UE 支持 UTRAN 的测量，则目标系统可能包括 UTRAN；如果 UE 支持 GREAN 的测量，则目标系统可能包括 GREAN。

eNodeB 根据选择的测量目标系统，从相应的邻区列表中获取测量频点。若目标系统为 UTRAN，在支持 CS/PS 业务分层特性的情况下，则仅下发最高优先级的频点。

对于目标系统为 E－UTRAN 时，测量对象还包括频率偏置和测量带宽。频率偏置是针对频点配置，用于调节 UE 优先切换至特定频点，调节对不同频点的小区切换难易程度。频率偏置包含在测量对象中下发。测量带宽规定了 UE 需要测量的小区带宽，如果不配置测量带宽，则 eNodeB 默认下发服务小区的下行带宽给 UE。

当测量目标系统为 E－UTRAN 和 UTRAN 时，根据 3GPP 协议 36.331 规定，测量配置消息中可以携带测量小区信息。对于 E－UTRAN 来说，只有当对应小区的 CIO（Cell Individual Offset）不为默认值（0dB）时，eNodeB 才下发对应的测量小区，否则不下发测量小区。对于 UTRAN 来说，eNodeB 根据 UTRAN 邻区配置下发测量小区。

4.4.2 测量上报

1. 事件触发

事件触发上报是 3GPP 36.331 协议中为切换测量与判决定义的一个概念。报告配置包含相应事件的相关参数。目前 eNodeB 应用以下事件触发相应动作：

1）事件 A1 表示服务小区质量高于一定门限，当满足事件触发条件时，UE 便上报测量报告，eNodeB 停止异频/异系统测量。但在基于频率优先级的切换中，事件 A1 用于启动异频测量。

2）事件 A2 表示服务小区质量低于一定门限，当满足事件触发条件时，UE 便上报测量报告，eNodeB 启动异频/异系统测量。但在基于频率优先级的切换中，事件 A2 用于停止异频测量。

3）事件 A3 表示同频/异频邻区质量相比服务小区质量高出一定门限，当满足事件触发条件的小区信息被上报时，源 eNodeB 启动同频/异频切换请求。

4）事件 A4 表示异频邻区质量高于一定门限，满足事件触发条件的小区信息被上报时，源 eNodeB 启动异频切换请求。

5）事件 A5 表示服务小区质量低于一定门限，同时异频邻区质量高于一定门限，满足事件触发条件的小区信息被上报时，源 eNodeB 启动异频切换请求。

6）事件 B1 表示异系统邻区质量高于一定门限，满足事件触发条件的小区信息被上报时，源 eNodeB 启动异系统切换请求。

7）事件 B2 表示服务小区质量低于一定门限，同时异系统邻区质量高于一定门限，满足事件触发条件的小区信息被上报时，源 eNodeB 启动异系统切换请求。

对于同一个事件，可以根据不同的 QCI（QoS Class Identifier）配置不同的门限与事件的其他参数。

2. 事件转周期上报

第一次事件被触发并上报之后将转为周期上报满足该事件的测量信息，此方式称为事件转周期上报。UE 的测量结果通过事件转周期的方式上报给 eNodeB。周期上报将在事件取消条件满足或达到最大上报次数或 UE 收到切换命令后取消。

事件转周期上报方式有如下作用：

1）可有效防止因测量报告的遗失或内部处理流程的失败对切换造成影响。

2）对于准入拒绝，可以起到重试的作用。

3）测量报告中，邻区可能一次报不完。并且随着 UE 的移动，会上报不同的邻区，通过事转周期可以得到比较完整的测量结果。

3. 迟滞与延迟触发时间

迟滞与延迟触发时间，是 UE 评估事件是否上报的重要参数，直接影响系统切换性能。这两类参数在测量配置消息中可以针对相应事件进行配置。

迟滞是针对各个事件设置的信号质量迟滞，可减少由于无线信号波动而导致的事件频繁上报，用于事件触发和取消条件的判决。通过调整该参数可改变触发事件的难易程度。如果增大迟滞，将增加事件触发的难度，延缓切换，影响用户感受。减小迟滞，将使得事件更容易被触发，但容易导致误判和乒乓切换。

当满足事件触发条件时，为了防止不必要切换的发生，UE 并非立即上报满足事件的小区信息，需在延迟触发时间内持续满足相应的事件触发条件，才将满足该事件的小区测量信息向 eNodeB 上报。延迟触发时间针对各个事件设置，可有效减少平均切换次数和误切换次数。

4. 触发量与上报量

评价 LTE 小区质量的有 RSRP（Reference Signal Received Power）与 RSRQ（Reference Signal Received Quality）两种，RSRP 和 RSRQ 值分别对应于参考信号接收功率与参考信号接收质量，RSRQ 在 RSRP 的基础上还考虑了干扰因素。各个事件的触发量与上报量可以通过对应参数分别配置，可以是 RSRP 与 RSRQ 的两者其一或两者一起。UE 根据 eNodeB 下发的触发量信息，当对应的小区信号质量满足事件上报条件时，则 UE 将上报满足条件的小区信息。

5. 测量上报相关参数

（1）测量滤波

在上报测量报告之前，UE 将对测量结果进行 L1 滤波与 L3 滤波。L1 滤波由 UE 物理层执行，不需要用户配置，主要用于消除快衰落对测量结果的影响。L3 滤波主要对阴影衰落和少量快衰落毛刺进行平滑滤波，为事件判决提供更优的测量数据。L3 滤波系数根据触发量的不同，有 RSRP 和 RSRQ 两个 L3 滤波系数。

UE 按照如图 4-8 所示的模型实现物理层测量、L3 滤波以及测量报告的评估。

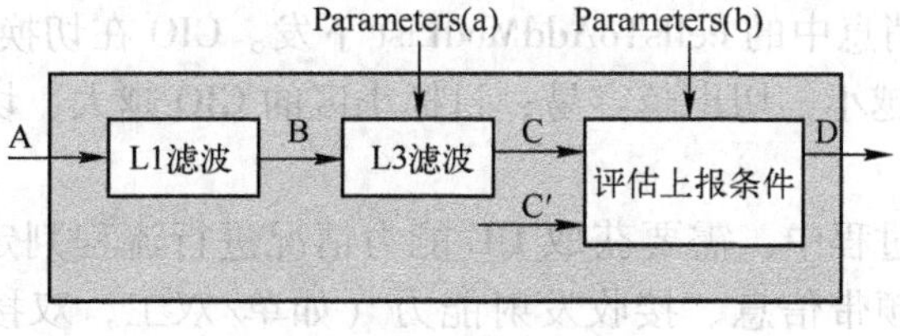

图 4-8　测量模型

测量模型的测量点描述如下：

A 为物理层的直接测量结果；B 是经过 L1 滤波的物理层的测量结果，即向高层提供的测量结果；C 是经过 L3 滤波后的测量值；C′是 UE 的其他测量值，如 SINR 与 CQI。这些测量值与 C 以同样的方式测量，但不需要通过 L3 滤波；D 点为 UE 发给 eNodeB 的测量报告消息；Parameters（a）包含 L3 滤波系数，Parameters（b）包含测量的报告配置。

UE 在测量事件判决和测量报告发送之前，使用如下公式对测量值进行 L3 滤波：

$$F_n = (1-a)\cdot F_{n-1} + a\cdot M_n \quad \text{式 4-5}$$

M_n：从物理层接收到的第 n 个测量值；

F_{n-1}：第 $n-1$ 个滤波后的测量值；

F_n：第 n 个滤波后的测量值；

$a = \frac{1}{2}\cdot\frac{k}{4}$，是当前测量量的一个权重系数。$k$ 就是对应的 L3 滤波系数。当 k 为 0，即 $a=1$ 时，则不进行 L3 滤波。

滤波系数的值越大，对信号平滑作用越强，抗衰落能力越强，但对信号变化的跟踪能力将变弱。

（2）测量 GAP

测量 GAP 就是让 UE 离开当前频点到其他频点测量的时间段，测量 GAP 用于异频测量和异系统测量。通常情况下 UE 只有一个接收机，在同一时刻只可能在一个频点上接收信号，eNodeB 通过下发测量 GAP 配置，让 UE 在测量 GAP 内进行异频/异系统测量。当参数 HoModeSwitch 中的子开关 AutoGapSwitch 开启时，eNodeB 将识别出支持自主 GAP 的 UE，并对这类 UE 不下发 GAP 配置。

UE 得到 eNodeB 下发的测量 GAP 配置后，将按照配置指示启动测量 GAP。测量 GAP 以周期 T_{period} 循环。UE 只在 GAP width 也就是 TGAP 内进行测量。

当各种切换原因的测量 GAP 同时存在时，eNodeB 会根据不同的触发原因，记录这些不同的测量，这些不同的测量称为测量 GAP 的成员。测量 GAP 的成员可共用测量 GAP 配置。

只有当测量 GAP 的成员全部停止时，UE 才会停止测量 GAP。测量 GAP 有模式 1 和模式 2。模式 1 中 TGAP 为 6 ms，周期 T_{period} 为 40 ms；模式 2 中 TGAP 为 6 ms，周期 T_{period} 为 80 ms。采用哪种模式进行测量由参数 GapPatternType 决定。

（3）小区特定偏置

小区特定偏置（Cell Individual Offset，CIO），每个服务小区和目标小区可分别独立配置（以下文档中的 O_{cs} 与 O_{cn} 分别是服务小区和目标小区的 CIO）。当信号波动较大，需要对某个特定小区调节切出或切入的容易程度，可通过调整该参数实现，由此可减少掉话风险。CIO 可通过 MRO 功能自动调整。

CIO 通过测量控制消息中的 cellsToAddModList 下发。CIO 在切换中起到移动小区边界的作用。服务小区的 CIO 越小，切出越容易；目标小区的 CIO 越大，切入越容易。

6. UE 能力配置

连接态移动性管理过程中，需要获取 UE 能力情况进行流程判定。例如，UE 支持的协议版本、支持的系统和频带信息、接收发射能力（如单/双工，双接收机）、在各系统的测量和切换能力。

eNodeB 支持 Multi - band 场景下的切换。Multi - band 场景是指一个小区的载波频率同时属于多个 Band，比如 Band38 的频段范围为 Band41 的子集，那么 Band38 的小区可以配置为 Band38 + Band41 的多 Band 小区。

源 eNodeB 在选择测量频点和目标小区时，需要判断邻区所属的 Band，只会选择 UE 支持的 Band 启动测量。在判断邻区 Band 时，主 Band 和从 Band 都需要判断。在选择切换目标小区时也是如此。在 Multi - band 场景下，建议全网主 Band 保持一致。

UE 能力可以由 MME 告知 eNodeB，当 MME 没有将 UE 能力信息告知 eNodeB 时，eNodeB 会在空口发起 UE 能力查询，UE 通过 UECapabilityInformation IE，将自己的能力告知 eNodeB。

4.4.3 重定向方式

重定向是一种实现 UE 转移的策略，是广义范围内的切换方法中的一种。当需要执行切换过程时，由于设备原因导致无法实现切换过程，eNodeB 通过给 UE 下发 RRC Connection Release 消息，同时携带异频或异系统邻区的频点，让 UE 到异频或异系统邻区发起随机接入并重新进行业务，达到 UE 在小区间转移的目的。重定向方式省略了向邻区发出切换请求的过程，与真正切换方式相比，在于处理 UE 转移的方式不同。

重定向方式分为两种：非切换原因触发的重定向和切换原因触发的重定向。

1. 非切换原因触发的重定向

非切换原因触发的重定向包括基于负载控制、基于 S1 故障和基于 MME 过载的重定向。非切换原因触发的重定向通常是处于紧急场景，所以为了减少测量时间，采用盲重定向流程。非切换原因触发的盲重定向对目标系统和频点选取，与切换原因触发的盲切换/盲重定向流程不同。

非切换原因触发的盲重定向，按如下原则选择目标频点：

如果 eNodeB 获取到 UE 的 SPID 信息，则选取 SPID 配置中的最高优先级系统和频点。并在重定向命令中携带专有优先级（idleModeMobilityControlInfo）。如果当前服务小区所在频点即为最高优先级，那么选择次高优先级的系统和频点。同时，携带的专有优先级信息中，最高优先级频点和次高优先级频点优先级要进行优先级交换。

如果核心网未下发 SPID 信息或者基于 SPID 的频点优先级未配置，则在其他所有优先级配置中，选取最高优先级的系统和频点。如果当前服务小区所在频点即为最高优先级，那么选择次高优先级的系统和频点作为重定向目标频点，同时将服务小区频点与次高优先级频点交换顺序，重定向命令中携带的专用优先级（idleModeMobilityControlInfo）将包含交换后的结果。如果服务小区频点不为最高优先级频点，直接选取最高优先级频点作为重定向目标频点，同时不携带专用优先级。空闲态的频点优先级配置信息，请参见《空闲态管理特性参数描述》。

基于 MME 过载的重定向选择目标频点时，只选择异系统频点。因为系统内 eNodeB 所连接的 MME 可能为同一个 MME 或 MME Pool，达不到降低 MME 负载的作用。

2. 切换原因触发的重定向

切换的触发原因按照同频、异频和异系统划分，详细描述可以参见后文。切换原因触发的重定向应用于异频/异系统切换流程。

异频/异系统切换中触发重定向的原因在于设备支持能力不足，设备包括网络侧和 UE。如果网络侧和 UE 都支持异频/异系统切换能力时，可采用切换的方式实现异频/异系统间的切换，而不采用重定向方式来实现。因此切换触发的重定向方式是一个系统设备逐渐成熟的过渡解决方案。

在异系统切换中的对端网络设备，如 UTRAN 或 GERAN 等，通常是部署成熟的网络，可能不支持 E－UTRAN 向其进行切换，就不能采用切换方式实现异系统切换，只能采用重定向方式来完成 UE 在系统间的转移。因此需提前收集网络侧能力信息，选择配置使用切换方式还是重定向方式，并在参数 HoModeSwitch 开启相应的切换策略。当切换方式和重定向方式都开启时，eNodeB 会优先选用切换方式。

当异系统间执行切换时，通过 UE 能力查询，eNodeB 判断出 UE 不支持异系统测量或切换能力，则对 UE 下发 RRC Connection Release 信令，并携带目标小区的频点信息，采用重定向方式，使 UE 重定向到目标频点。eNodeB 对于 UE 测量和切换能力的判定是自适应的，不需要进行配置。

在 UE 上报的 UECapabilityInformation IE 中携带的 FGI（FeatureGroupIndicators），表明 UE 对于异频/异系统的测量能力和切换能力。在异频/异系统切换过程中，若 UE 不支持异频/异系统测量能力，eNodeB 可以通过盲切换流程或盲重定向流程使 UE 转移到邻区。

目前 eNodeB 支持向 UTRAN 和 GERAN 系统快速重定向功能，此功能通过参数 RedirectSwitch 开启。当相应的子开关开启后，eNodeB 会在重定向命令中携带对应系统目标小区的系统消息，免去读取小区系统消息的时间，使 UE 更快地接入目标网络。只有支持 R9 版本协议以上的终端才支持快速重定向功能。

4.5 同频切换

TD－LTE 系统内的同频切换可分为以下三个步骤：

1. 切换测量

根据 eNodeB 下发测量控制消息，UE 进行测量，当同频邻区质量满足所配置的 A3 事件的触发条件，UE 将向 eNodeB 发送测量结果。

2. 切换决策

eNodeB 生成切换目标小区列表，并对测量结果进行评估判决。

3. 切换执行

执行服务小区向目标小区的切换。

TD－LTE 系统同频切换触发的原因有两个，基于覆盖与基于负载的同频切换，除了触发原因有所不同外，其他流程都是相同的。

基于覆盖的切换，当 UE 建立无线承载时，eNodeB 将向 UE 发送 Measurement Configuration 消息，此消息包含同频测量的相关配置，UE 据此执行相关测量。当 UE 离开服务小区到达邻区时，测量到同频邻区质量高于服务小区质量，且满足门限要求时，将触发基于覆盖的同频切换。基于覆盖的同频切换功能由参数 HoAlgoSwitch 中的子开关控制。

基于负载的切换，当服务小区负载达到同频负载平衡门限时，MLB 算法将修改 CIO，触发基于负载的同频切换。修改 CIO 过程如下：服务小区向目标小区发送 CIO 修改请求，如果目标小区响应成功，则服务小区与目标小区同时修改 CIO。eNodeB 利用新的 CIO 和边缘 UE 上报的位置信息，将边缘 UE 切换到同频邻区中。

基于负载的同频切换选择的是小区边缘 UE。边缘 UE 由小区间干扰协调特性决定。

4.5.1 同频切换测量

基于覆盖与基于负载的同频切换，虽然触发原因不同，但除 CIO 外，其他的测量配置信息是相同的。

同频测量结果是 eNodeB 判决是否进行同频切换的依据。UE 建立无线承载时，eNodeB 通过 RRC Connection Reconfiguration 消息下发 Measurement Configuration。在 UE 处于连接态或完成切换后，eNodeB 判断对 UE 已有的测量配置是否进行更新，若需要则通过 RRC Connection Reconfiguration 消息下发更新或部分更新的 Measurement Configuration；否则不下发，沿用原测量配置信息。UE 依照提供的测量配置信息开始对相应频点上的所有能够在 UE 测量范围的小区进行测量，若测量结果满足事件 A3 触发条件，并在延迟触发时间内都满足该触发条件，UE 将测量结果进行上报；否则，当测量结果满足事件 A3 触发条件后，由于信号质量下降满足事件取消条件，并在延迟触发时间内都满足该取消条件，UE 将取消测量结果的上报。

1. 同频测量配置

用于同频切换测量配置的 Measurement Configuration 消息主要包含以下基本测量配置信息：

（1）同频测量对象

同频测量对象包含测量的频点信息和测量带宽（MeasBandWidth），以及针对频点配置的频率偏置 QoffsetFreq。

（2）报告配置

针对每个测量对象，配置同频切换事件 A3 的相关参数，包括：

① 同频邻区偏置值（IntraFreqHoA3Offset）；

② 迟滞（IntraFreqHoA3Hyst）；

③ 延迟触发（IntraFreqHoA3TimeToTrig）；

④ 触发量（IntraFreqHoA3TrigQuan）；

⑤ 最大上报小区个数（IntraRATHoMaxRprtCell）；

⑥ 事件转周期报告间隔（IntraFreqHoRprtInterval）；

⑦ 切换事件转周期报告次数（IntraRATHoRprtAmount）；

⑧ 上报量（IntraFreqHoA3RprtQuan）。

在建立承载时，测量控制消息中的 IntraFreqHoA3Offset 选择所有 QCI 中最小的值下发，

IntraFreqHoA3Hyst 和 IntraFreqHoA3TimeToTrig 选择该 QCI 对应的值下发。再建立其他新的承载时，如果该 QCI 所对应的 IntraFreqHoA3Offset 不小于已下发的测量控制消息中的该参数值时，测量控制不刷新。

（3）测量量配置

测量量配置包含层三滤波系数 EutranFilterCoeffRSRP 和 EutranFilterCoeffRSRQ。

2. 事件 A3 的触发

同频切换通过事件 A3 触发，且事件上报方式采用事件转周期的上报方式。

事件 A3 的触发，即邻区质量高于服务小区一定偏置值。参照 3GPP 协议 36.331 规定事件 A3 的判决公式。

触发条件：$M_n + O_{fn} + O_{cn} - \text{Hys} > M_s + O_{fs} + O_{cs} + \text{Off}$

取消条件：$M_n + O_{fn} + O_{cn} + \text{Hys} < Ms + O_{fs} + O_{cs} + \text{Off}$

公式中的变量有如下定义：

M_n是邻区测量结果；

O_{fn}是邻区频率的特定频率偏置，由参数 QoffsetFreq 决定，此参数在测量控制消息的测量对象中下发；

O_{cn}是邻区的特定小区偏置，由参数 CellIndividualOffset 决定。当该值不为零，此参数在测量控制消息中下发；否则当该值为零时不下发，公式计算时默认取值为 0，eNodeB 将根据小区负载情况临时修改邻区与服务小区的 CIO，触发基于负载的同频切换；

M_s是服务小区的测量结果；

O_{fs}是服务小区的特定频率偏置，由参数 QoffsetFreq 决定，此参数在测量控制消息的测量对象中下发；

O_{cs}是服务小区的特定小区偏置，由参数 CellSpecificOffset 决定。此参数在测量控制消息中下发；

Hys 是事件 A3 迟滞参数，由参数 IntraFreqHoA3Hyst 决定，在测量控制消息中下发；

Off 是事件 A3 偏置参数，由参数 IntraFreqHoA3Offset 决定。该参数针对事件 A3 设置，用于调节切换的难易程度，该值与测量值相加用于事件触发和取消的评估。此参数在测量控制消息的测量对象中下发，可取正值或负值，当取正值时，此时增加事件触发的难度，延缓切换；当取负值时，此时降低事件触发的难度，提前进行切换。

用于事件 A3 评估判决的 M_n和 M_s测量量类型，由参数 IntraFreqHoA3TrigQuan 决定，该值由 3GPP 协议 36.331 规定在测量控制中的报告配置中给出，可选类型为 RSRP 或 RSRQ。如配置 Hys 为 2dB，Off 为 2 dB，通过检测发现当 UE 在源小区和目标小区间切换时，总是出现源小区信号快速下降，目标小区信号很快上升的情况。eNodeB 希望加快切出速率，对服务小区配置了 O_{cs}为 -1 dB，对目标小区配置了 O_{cn}为 1 dB，加快切入速率。同频切换无需频率偏置即 O_{fs}与 O_{fn}取值 0 dB，代入上述 A3 事件触发判决公式为：$M_n + 0 + 1 - 2 > M_s + 0 - 1 + 2$。计算后，目标小区仅比服务小区高上 2 dB，即可满足 A3 的触发条件。

事件 A3 触发机制原理如图 4 - 9 所示，当事件 A3 在延迟触发时间 IntraFreqHoA3TimeToTrig 内都满足触发条件，则 UE 对事件 A3 进行事件转周期的上报；若事件 A3 在延迟触发时间 IntraFreqHoA3TimeToTrig 内满足取消条件，则取消对事件 A3 的事件转周期上报。涉及上报的相关参数有：

同频切换事件 A3 的上报量（IntraFreqHoA3RprtQuan），即事件 A3 触发满足上报条件后的小区测量量上报类型。

同频切换事件转周期报告间隔（IntraFreqHoRprtInterval），即 A3 事件触发满足上报条件后的报告周期。该参数用于控制 UE 上报测量结果的频率，减少空中信令流量。

系统内切换满足事件条件的最大上报小区个数（IntraRATHoMaxRprtCell），即 LTE 系统内同频切换满足事件 A3 条件的最大上报小区个数，其上报小区按照事件 A3 触发量的质量大小进行排序。

系统内切换事件转周期报告次数由参数 IntraRATHoRprtAmount 决定。切换事件转周期报告次数用于限制报告次数，减少无谓的重试切换次数。

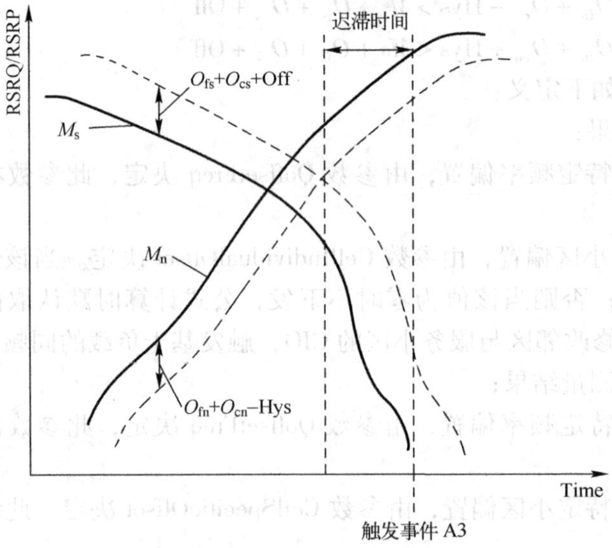

图 4-9　事件 A3 触发机制

3. 同频切换决策

同频切换决策是由 eNodeB 控制并执行，主要对 UE 上报结果进行评估决策的过程。当 eNodeB 接收到 UE 发送的测量报告后，获取满足事件 A3 条件的小区，生成切换目标小区列表。针对生成切换目标小区列表进行小区过滤，对目标小区列表中 Intra－eNodeB 和 Inter－eNodeB 小区测量结果相同情况下，进行 Intra－eNodeB 小区的优先排序处理，优先实现 Intra－eNodeB 小区的切换，以减少 Inter－eNodeB 切换时带来的信令交互以及数据转发。若是多个 Intra－eNodeB 小区测量结果相同，则随机挑选小区切换。

4. 同频切换执行

同频切换执行是由 eNodeB 控制，UE 和 eNodeB 共同完成路径转换的过程。执行完同频切换，eNodeB 将对切换目标小区列表中质量最好的小区发起切换。根据判断本 eNodeB 与目标小区所属的 eNodeB 是否建立 X2 链路以及是否同属于同一 MME，选择从 X2 接口发起切换或 S1 接口发起切换，如果向目标小区发起切换成功，目标 eNodeB（通过 X2 发起切换）或 MME（通过 S1 发起切换）完成 DL Data Forwarding，且返回 Release Resource 消息，源 eNodeB 释放相关资源。如果向目标小区发起切换失败，UE 进行小区选择，再对所选小区发起 RRC 连接重建过程，重新接入所选小区。

5. 切换失败重试

同频切换准入失败后，eNodeB 重新尝试切换目标小区列表中下一个质量最好小区。若本轮目标小区列表都尝试完，则等待下一轮事件转周期报告，进行下一轮目标小区列表的切换尝试。在切换尝试过程中，将对非资源准入失败的小区进行惩罚，不再向惩罚的目标小区发起切换请求。这样可以提高切换成功率并降低由于切换失败带来的掉话。

在切换过程中，由于空口传输失败造成切换流程失败，UE 重建回源小区时，eNodeB 会继续对 UE 新发送的测量报告进行切换尝试。如果切换尝试为同一目标小区，UE 将向这个目标小区进行切换重试。如果 UE 在同一个目标小区连续切换重试 10 次，都出现空口传输失败而引起切换流程失败。对于此 UE，eNodeB 将不再向重试的目标小区发起切换请求。防止由于异常原因导致的掉话率上升。

4.5.2 同频切换信令流程

TD-LTE 系统的切换依靠 eNB 下发的测量控制与 UE 上报的测量来执行，同频切换包括同 eNodeB 切换，同 MME 的异 eNodeB 切换，跨 MME 的异 eNodeB 切换场景。对于后两种场景依据 eNodeB 间是否建立 X2 接口，切换信令流程略有不同。同 MME 的异 eNodeB 切换信令流程如图 4-10 所示。

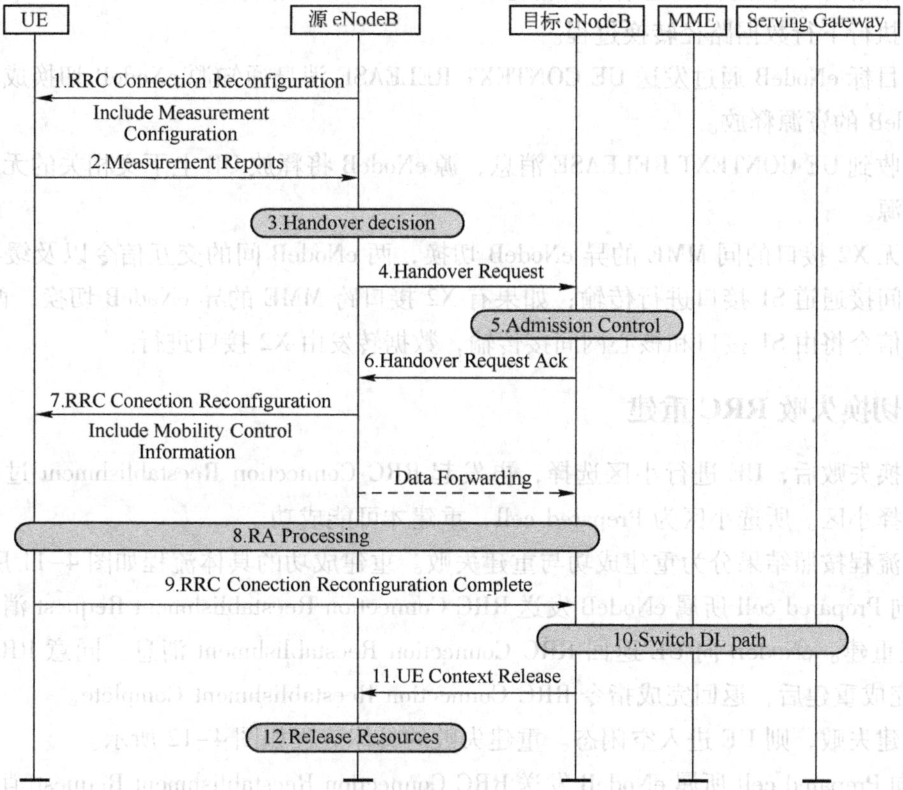

图 4-10 同 MME 异 eNodeB 间的同频切换信令

同 MME 异 eNodeB 间的同频切换信令流程如下：

1）在无线承载建立时，源 eNodeB 下发 RRC Connection Reconfiguration 至 UE，其中包含源 eNodeB 配置的 Measurement Configuration，用于控制 UE 连接态的测量过程。

2）UE 根据测量结果上报 Measurement Report。

3）源 eNodeB 根据测量报告进行切换决策。

4）当源 eNodeB 决定切换后，源 eNodeB 发出 HandoverRequest 消息给目标 eNodeB，通知目标 eNodeB 准备切换。

5）目标 eNodeB 进行准入判断，若判断为资源准入，再由目标 eNodeB 依据 EPS 的 QoS 信息执行准入控制。

6）目标 eNodeB 在 L1/L2 准备切换并对源 eNodeB 发送 Handover Request Ack 消息，当源 eNodeB 接到 Handover Request Ack 消息时，或当下行链路中的 RRC Connection Reconfiguration 消息包含了 Mobility Control Information 时，数据开始转发。

7）源 eNodeB 下发 RRC Connection Reconfiguration 包含 Mobility Control Information 至 UE，指示切换开始。

8）UE 进行目标 eNodeB 的随机接入过程，完成 UE 与目标 eNodeB 之间的上行同步。

9）当 UE 成功接入目标小区时，UE 发送 RRC Connection Reconfiguration Complete 给目标 eNodeB，指示切换流程已经结束，目标 eNodeB 可以发送数据给 UE 了。

10）执行下行数据路径转换过程。

11）目标 eNodeB 通过发送 UE CONTEXT RELEASE 消息通知源 eNodeB 切换成功，并触发源 eNodeB 的资源释放。

12）收到 UE CONTEXT RELEASE 消息，源 eNodeB 将释放 UE 上下文相关的无线资源与控制面资源。

对于无 X2 接口的同 MME 的异 eNodeB 切换，两 eNodeB 间的交互信令以及缓存的转发数据通过间接通道 S1 接口进行传输；如果有 X2 接口跨 MME 的异 eNodeB 切换，两 eNodeB 间的交互信令将由 S1 接口和核心网间接传输，数据转发由 X2 接口进行。

4.5.3 切换失败 RRC 重建

当切换失败后，UE 进行小区选择，再发起 RRC Connection Reestablishment 过程，重新接入所选择小区。所选小区为 Prepared cell，重建才可能成功。

重建流程按照结果分为重建成功与重建失败。重建成功的具体流程如图 4-11 所示。

UE 向 Prepared cell 所属 eNodeB 发送 RRC Connection Reestablishment Request 消息，请求 RRC 连接重建。eNodeB 向 UE 返回 RRC Connection Reestablishment 消息，同意 RRC 连接重建。UE 完成重建后，返回完成指令 RRC Connection Reestablishment Complete。

若重建失败，则 UE 进入空闲态。重建失败的具体流程如图 4-12 所示。

UE 向 Prepared cell 所属 eNodeB 发送 RRC Connection Reestablishment Request 消息，请求 RRC 连接重建。eNodeB 向 UE 返回 RRC Connection Reestablishment Reject 消息，拒绝 RRC 连接重建。

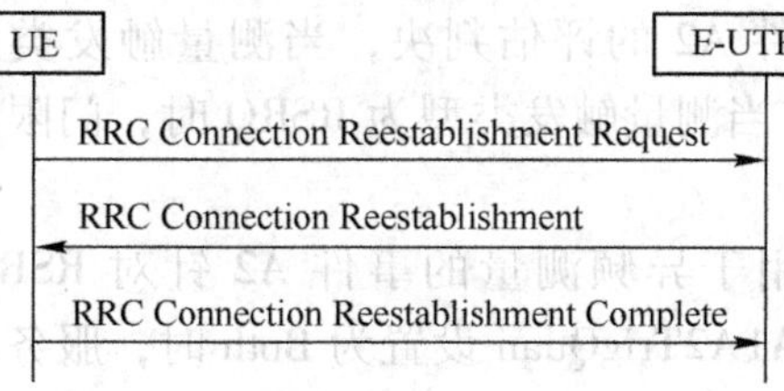

图 4-11　RRC 连接重建成功信令

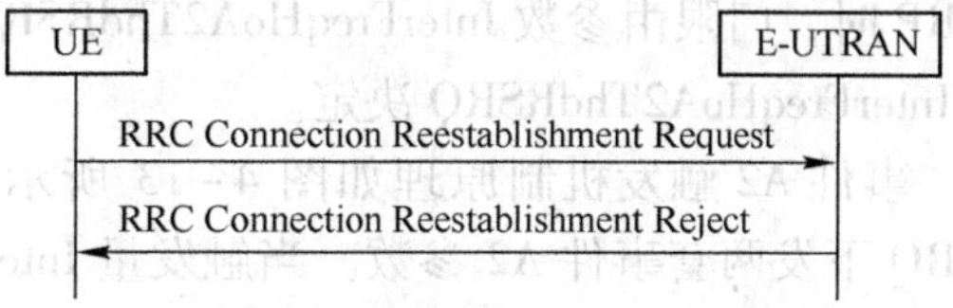

图 4-12　RRC 连接重建失败信令

4.6　异频切换

TD－LTE 系统中的异频切换大致可以分为以下四个步骤：

1. 异频测量触发/停止阶段

异频切换中，不同的切换原因，其测量的触发与停止阶段不同。

2. 异频测量阶段

eNodeB 下发异频测量控制，UE 进行异频测量。当邻区质量满足所配置的 A3 或 A4 事件的触发条件，UE 将上报测量结果。

3. 异频切换决策阶段

eNodeB 对测量报告内容进行评估判决，生成切换目标小区列表。

4. 异频切换执行阶段

执行服务小区向目标小区的切换。

4.6.1　异频测量的触发/停止

1. 基于覆盖的异频测量

在 UE 处于连接态时，eNodeB 通过下发事件 A2 的测量控制，监控 UE 在服务小区覆盖情况。eNodeB 可能给 UE 下发两类事件 A2。服务小区的质量低于一定门限时，UE 上报触发异频测量的事件 A2，将触发 eNodeB 下发异频测量配置，UE 开始进行异频测量。当服务小区的信号质量进一步降低，而 UE 还没有发生切换时，UE 会上报触发盲切换的事件 A2，eNodeB 认为服务小区已经无法进行业务，将对 UE 进行盲切换。基于覆盖的异频切换功能由参数 HoAlgoSwitch 中的子开关控制。

（1）事件 A2 触发异频测量

在基于覆盖的异频切换中，事件 A2 用于异频测量的触发，表示服务小区的质量已经低于一定门限值。当事件 A2 满足上报条件并上报 eNodeB 后，将触发异频测量配置的下发。

3GPP TS 36.331 中，事件 A2 的判决公式如下。

触发条件：$M_s + Hys < Thresh$

取消条件：$M_s - Hys > Thresh$

公式中的变量由如下定义：

M_s是服务小区的测量结果。

Hys 是事件 A2 迟滞参数，由参数 InterFreqHoA1A2Hyst 决定。

Thresh 事件 A2 的门限参数，根据事件 A1、A2 测量触发类型 InterFreqHoA1A2TrigQuan

的选择，可分别采用测量量 RSRP 和 RSRQ 作为事件 A2 的评估判决，当测量触发类型为 RSRP 时，门限由参数 InterFreqHoA2ThdRSRP 决定；当测量触发类型为 RSRQ 时，门限由参数 InterFreqHoA2ThdRSRQ 决定。

事件 A2 触发机制原理如图 4-13 所示。对于用于异频测量的事件 A2 针对 RSRP 和 RSRQ 下发两套事件 A2 参数。当触发量 InterFreqHoA1A2TrigQuan 设置为 Both 时，服务小区质量在迟滞时间（InterFreqHoA1A2TimeToTrig）内一直低于任一门限值 InterFreqHoA2ThdRSRP 或 InterFreqHoA2ThdRSRQ 时，并满足事件的上报条件，将上报事件 A2，触发 eNodeB 下发异频测量配置。当触发量 InterFreqHoA1A2TrigQuan 设置为 RSRP 或 RSRQ 时，服务小区质量在迟滞时间（InterFreqHoA1A2TimeToTrig）内一直低于相应门限值，并满足事件的上报条件，将上报事件 A2。

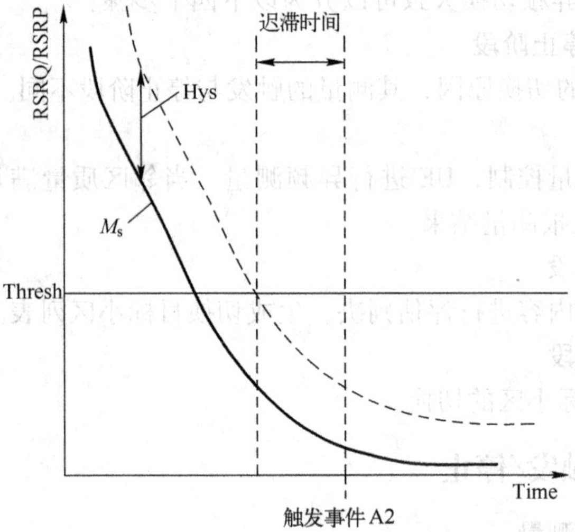

图 4-13　事件 A2 的触发机制

当 eNodeB 收到异频事件 A2 上报后，会下发异频测量事件 A3、A4 或者 A5。eNodeB 可能在某些情况下不下发异频测量的事件 A2。

（2）区分目标设置异频事件 A2

eNodeB 支持不同运营商区分不同目标频点（FDD 频点或 TDD 频点）设置不同的事件 A2，起到优先向 FDD 频点或 TDD 频点触发基于覆盖的切换目的。

FDD 异频频点 RSRP 门限偏置参数为 FddIfHoA2ThdRsrpOffset，TDD 异频频点 RSRP 门限偏置参数为 TddIfHoA2ThdRsrpOffset。当偏置参数 FddIfHoA2ThdRsrpOffset 或 TddIfHoA2ThdRsrpOffset 不为 0 时，eNodeB 下发的事件 A2 门限为原事件 A2 门限与偏置值之和。

FDD 异频频点和 TDD 异频频点的 RSRP 门限偏置参数可以分开设置。当两偏置值不同时，eNodeB 会下发两个异频事件 A2 门限。当 UE 上报 FDD 频点或 TDD 频点对应的事件 A2 时，eNodeB 下发 FDD 频点或 TDD 频点的异频测量。当两偏置值相同时，eNodeB 只会下发一个异频事件 A2 门限。当 UE 上报事件 A2 时，eNodeB 同时下发 FDD 频点和 TDD 频点的异频测量。

（3）事件 A1 停止异频测量

在基于覆盖的异频切换中，事件 A1 用于停止异频测量，表示服务小区的质量已经高于一定门限值。当事件 A1 满足上报条件并上报 eNodeB 后，将触发异频测量的停止。3GPP 协议 36.331 中事件 A1 的判决公式如下。

触发条件：$M_s - Hys > Thresh$

取消条件：$M_s + Hys < Thresh$

公式中的变量由如下定义：

M_s是服务小区的测量结果。

Hys 是事件 A1 迟滞参数，由参数 InterFreqHoA1A2Hyst 决定。

Thresh 事件 A1 的门限参数，根据事件 A1、A2 测量触发类型 InterFreqHoA1A2TrigQuan 的选择，可采用测量量 RSRP 和 RSRQ 作为事件 A1 的测量触发类型，当测量触发类型为 RSRP 时，门限由参数 InterFreqHoA1ThdRSRP 决定；当测量触发类型为 RSRQ 时，门限由参数 InterFreqHoA1ThdRSRQ 决定。

事件 A1 触发机制原理如图 4-14 所示。当触发量 InterFreqHoA1A2TrigQuan 设置为 Both 时，服务小区质量在迟滞时间（InterFreqHoA1A2TimeToTrig）内一直高于任一门限值 InterFreqHoA1ThdRSRP 或 InterFreqHoA1ThdRSRQ，并满足事件的上报条件，都将上报事件 A1。当触发量 InterFreqHoA1A2TrigQuan 设置为 RSRP 或 RSRQ 时，服务小区质量在迟滞时间（InterFreqHoA1A2TimeToTrig）内一直高于相应门限值，并满足事件的上报条件，将上报事件 A1。若 RSRP 和 RSRQ 都曾经满足事件 A2 的条件，并上报给 eNodeB，则需要小区的 RSRP 和 RSRQ 同时大于各自门限值，才能停止异频测量。

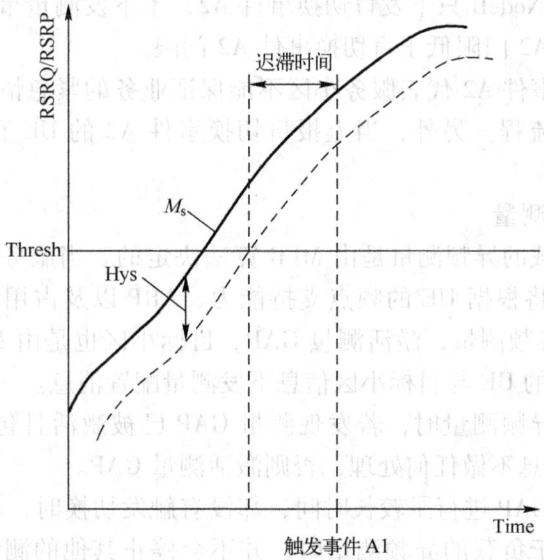

图 4-14 事件 A1 的触发机制

在停止基于覆盖的异频测量时，并不会停止其他的测量 GAP，只有当所有测量 GAP 都停止时，才会停止测量 GAP 的配置。

为了保证事件 A1 能正常停止基于覆盖的异频测量，事件 A1 的门限应该高于事件 A2 的门限。特别在配置有 FDD 异频频点或 TDD 异频频点 RSRP 门限偏置参数时，事件 A1 的门限不能小于事件 A2 门限和偏置参数之和。

(4) 事件 A2 触发盲切换

基于覆盖的异频切换特性中，eNodeB 会下发盲切换事件 A2，监控服务小区信号进一步降低，UE 没有及时切换的情况。

当参数 HoAlgoSwitch 中子开关 EmcInterFreqBlindHoSwitch 打开，UE 上报盲切换事件 A2 时，eNodeB 可以选择异频目标，否则 eNodeB 不选择异频目标。

当参数 HoAlgoSwitch 中子开关 EmcBlindHoA1Switch 打开时，eNodeB 会下发盲切换事件 A1，用于解除服务小区信号进一步降低的情况。eNodeB 可以在切换准备流程中记录 UE 上报的盲切换事件 A2，并在切换准备失败后处理。基于覆盖的场景，eNodeB 在处理盲切换流程前，收到 UE 上报的盲切换事件 A1，将停止处理盲切换流程。在下发盲切换事件 A2 时，eNodeB 会同时下发盲切换事件 A1，用于解除服务小区信号进一步降低的情况。基于覆盖的场景，eNodeB 在处理盲切换流程前，收到 UE 上报的盲切换事件 A1，将停止事件 A2 测量。

盲切换事件 A2 RSRP 门限由参数 BlindHoA1A2ThdRsrp 决定，RSRQ 门限由参数 BlindHoA1A2ThdRsrq 决定，盲切换事件 A1 参数门限取值与盲切换事件 A2 参数门限取值相同。

盲切换事件 A2 除了可以触发异频盲切换流程外，还可能触发异系统盲切换流程。两者共用盲切换事件 A2 门限参数。

盲切换事件 A1/A2 的其他参数由异系统 A1A2 相关参数决定，触发量由参数 InterRatHoA1A2TrigQuan 决定，事件迟滞（Hys）由参数 InterRatHoA1A2Hyst 决定，时间迟滞（Time toTrigger）由参数 InterRatHoA1A2TimeToTrig 决定。

在下面两个场景，eNodeB 只下发盲切换事件 A2，不下发测量事件 A2：UE 不支持异频测量、配置的测量事件 A2 门限低于盲切换事件 A2 门限。

由于触发盲切换的事件 A2 代表服务小区不能保证业务的紧急情况，所以在异频盲切换流程中只会选择重定向流程。另外，当上报盲切换事件 A2 的 UE 有 VoIP 业务时，eNodeB 将不执行异频重定向。

2. 基于负载的异频测量

触发与停止基于负载的异频测量是由 MLB 算法决定的。当服务小区负载达到异频负载平衡门限时，MLB 算法将根据 UE 的频点支持能力、ARP 以及占用资源情况选择一定数量的 UE 进行基于负载的异频测量，激活测量 GAP。目标小区也是由 MLB 算法提供。源 eNodeB 根据 MLB 算法提供的 UE 与目标小区信息下发测量配置消息。

在触发基于负载的异频测量时，若发现测量 GAP 已被激活且包含了其他的测量 GAP，则对 MLB 算法提供的信息不做任何处理，否则激活测量 GAP。

当基于负载的测量 GAP 进行了较长时间，却没有触发切换时，eNodeB 将停止基于负载的异频测量：在停止基于负载的异频测量时，并不会停止其他的测量 GAP，只有当所有测量 GAP 都停止时，才会停止测量 GAP 的配置。当盲切换开关打开时，且目标小区为盲切换邻区时，直接进行盲切换。盲切换开关由 HoModeSwitch 中的子开关控制。

3. 基于频率优先级

基于频率优先级的异频切换用于低频段（比如 900 MHz）频点向高频段（比如2600 MHz）频点的切换。当低频段 900 MHz 有 5 MHz 带宽，而高频段 2600 MHz 有 20 MHz 带宽，且希望尽量由高频段 2600 MHz 承载业务，而频段 900 MHz 空闲以保证连续覆盖。在 900 MHz/2600 MHz 同站同覆盖或同心圆覆盖情况下，可以利用基于频率优先级的切换来实现这一目的，如

图 4-15所示。

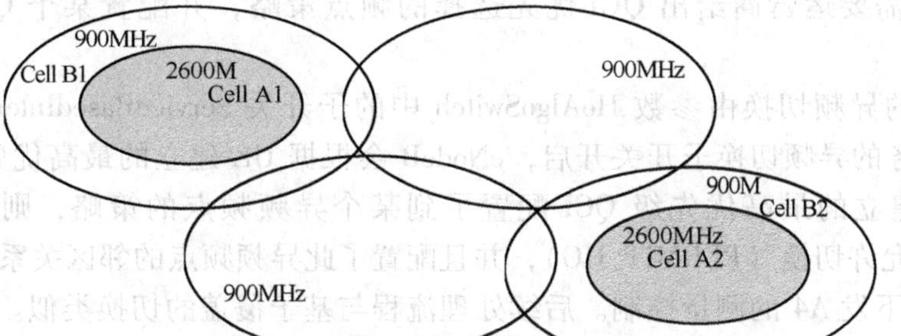

图 4-15　基于频率优先级的异频切换

基于频率优先级的异频切换由参数 FreqPriorityHoSwitch 中的子开关控制。

基于频率优先级的异频邻区配置中参数 BlindHoPriority 必须选取 17～32，剩余优先级 0～16 用于其他原因触发的异频切换。

在基于频率优先级的异频切换测量的触发由事件 A1 决定。当 FreqPriorityHoSwitch 中的子开关打开时，则 eNodeB 下发事件 A1 的相关参数。

基于频率优先级切换的事件 A1 的触发量类型由参数 FreqPriInterFreqHoA1TrigQuan 决定，可采用测量量 RSRP 或 RSRQ 作为事件 A1 的测量触发类型，当测量触发类型为 RSRP 时，门限由参数 FreqPriInterFreqHoA1ThdRsrp 决定；当测量触发类型为 RSRQ 时，门限由参数 FreqPriInterFreqHoA1ThdRsrq 决定。

基于频率优先级切换的事件 A1 的其他参数沿用基于覆盖的事件 A1 的参数。

eNodeB 收到事件 A1 的测量报告时：当基于频率优先级的盲切换开关打开时，盲切换开关由参数 FreqPriorityHoSwitch 中的子开关 FreqPriorIFBlindHOSwitch 控制，选择盲切换优先级最高的邻区进行切换。若基于频率优先级的盲切换开关关闭时，则下发异频切换触发事件 A4，与基于覆盖的切换类似。eNodeB 收到基于频率优先级的事件 A4 测量报告时，若触发切换的小区盲切换优先级为 17～32，则执行切换；否则不进行切换。

在下发异频切换触发事件 A4 的测量控制和 GAP 配置之前，eNodeB 会检查测量 GAP 是否已被激活且包含了其他的测量 GAP。如果是，则只下发事件 A4 的测量配置；如果不是，则同时下发事件 A4 的测量配置和 GAP 配置。

在基于频率优先级的异频切换中，由事件 A2 来停止基于频率优先级的异频测量。事件 A2 与事件 A1 的触发量保持一致，并与事件 A1 同时下发。

当基于频率优先级切换的事件 A2 测量触发类型为 RSRP 时，门限由参数 FreqPriInterFreqHoA2ThdRsrp 决定；当测量触发类型为 RSRQ 时，门限由参数 FreqPriInterFreqHoA2ThdRsrq 决定。

基于频率优先级切换的事件 A2 的其他参数沿用基于覆盖的事件 A2 的参数。启动测量后，eNodeB 如果收到基于频率优先级的事件 A2 测量报告时，将停止基于频率优先级的异频测量。在停止基于频率优先级的测量时，并不会停止其他的测量 GAP，只有当所有测量 GAP 都停止时，才会停止测量 GAP 的配置。

4. 基于业务的异频测量

基于业务的异频切换，应用到 LTE 系统下异频同覆盖场景中，实现对业务进行分层。通过此特性可以根据业务类型，优先将某个 QCI 业务建立到某个频点上。基于业务的异频切换需要运营商给出 QCI 优先选择的频点策略，并配置某个 QCI 优先接入的频点。

基于业务的异频切换由参数 HoAlgoSwitch 中的子开关 ServiceBasedInterFreqHoSwitch 控制。当基于业务的异频切换子开关开启，eNodeB 会根据 UE 建立的最高优先级 QCI 进行判定。如果 UE 建立的最高优先级 QCI 配置了到某个异频频点的策略，则对应参数 InterFreqHoState 为允许切换（PERMIT_HO），并且配置了此异频频点的邻区关系。

eNodeB 会下发 A4 的测量控制。后续处理流程与基于覆盖的切换类似。eNodeB 下发 A4 测量控制的同时，若发现测量 GAP 已被激活且包含了其他的测量 GAP，则不做任何处理，否则激活测量 GAP。当基于业务的测量 GAP 进行了较长时间，却没有触发切换时，eNodeB 将停止基于业务的异频测量。

5. 基于上行链路质量

基于上行链路质量的异频切换是基于上行信号质量触发的。当上行信号质量较差时，若不能及时触发切换，则容易产生掉话。基于上行链路质量的异频切换，根据上行信号的 MCS（Modulation and Coding Scheme）选择和 IBLER（Initial Block Error Rate）的判定来检测 UE 是否发生上行链路质量受限，从而达到上行信号质量检测的目的。

基于上行链路质量的异频切换可以减少因上行链路质量受限引起的掉话，其特性功能开关由参数 HoAlgoSwitch 中的子开关控制。当基于上行链路质量的异频切换子开关开启后，eNodeB 发现 UE 上行链路质量受限，则下发 A4 的测量控制。

eNodeB 下发 A4 测量控制的同时，若发现测量 GAP 已被激活且包含了其他的测量 GAP，则不做任何处理，否则激活测量 GAP。

启动 GAP 测量后，如果 eNodeB 发现 UE 上行信号质量恢复，将停止基于上行链路质量的异频测量。在停止基于上行链路质量的异频测量时，并不会停止其他的测量 GAP，只有当所有测量 GAP 都停止时，才会停止测量 GAP 的配置。

当 eNodeB 发现 UE 上行链路质量进一步变差，但没有收到 UE 上报 A4 测量报告时，eNodeB 会判决 UE 的上行质量严重受限，可能会产生掉话。此时 eNodeB 将进入盲切换流程。此时盲切换流程只会选择重定向流程。

4.6.2 异频测量

当需要进行异频测量时，eNodeB 将下发包含异频测量配置的 Measurement Configuration，UE 按照消息内容执行异频测量，测量触发异频切换的事件 A4 相关信息，当满足事件 A4 触发条件时，则进行上报。异频测量结果是 eNodeB 判决是否进行异频切换的依据。

异频测量主要包括：异频测量配置、测量 GAP 的激活和事件 A4 的触发及上报。

1. 异频测量配置

异频切换的测量配置（Measurement Configuration）主要包含以下基本测量配置信息，其中对于每个频点信息配置测量对象，对每个测量对象可配置一套或多套报告配置：

（1）异频测量对象

异频测量对象包含测量的频点信息 DlEarfcn 和测量带宽（MeasBandWidth），以及针对频点配置的频率偏置（QoffsetFreq）。

（2）报告配置

针对每个测量对象，配置异频切换事件 A4 的相关参数包含：

① 异频切换门限，由触发原因和配置项确定；

② 异频切换幅度迟滞（InterFreqHoA4Hyst）；

③ 异频时间迟滞（InterFreqHoA4TimeToTrig）；

④ 触发量，与 InterFreqHoA1A2TrigQuan 一致；

⑤ 测量上报最大小区数（IntraRATHoMaxRprtCell）；

⑥ 异频测量报告上报间隔（InterFreqHoRprtInterval）；

⑦ 测量报告上报次数（IntraRATHoRprtAmount）；

⑧ A4 测量报告上报类型（InterFreqHoA4RprtQuan）。

（3）测量量配置

测量量配置包含 E－UTRAN RSRP 高层滤波系数 EutranFilterCoeffRSRP 和 E－UTRAN RSRQ 高层滤波系数 EutranFilterCoeffRSRQ。

（4）测量 GAP 激活配置

测量 GAP 模式的选择由参数 GAPPatternType 决定。

2. 测量 GAP 的激活

异频测量采用 GAP 辅助测量的方法。当事件 A2 上报后，测量 GAP 的相关配置将包含在异频测量配置的 Measurement Configuration 中下发，UE 用以确定测量 GAP 的开始时间、重复周期，以及 GAP 的宽度，UE 在 GAP 期间对异频进行测量。

测量 GAP 模式由参数 GAPPatternType 决定，用于指示测量 GAP 的重复周期以及 GAP 的宽度，若取值为 GAP_PATTERN_TYPE_1，即 GAP 的重复周期为 40 ms，GAP 的宽度为 6ms；若取值为 GAP_PATTERN_TYPE_2，即 GAP 的重复周期为 80 ms，GAP 的宽度为 6 ms。

测量 GAP、DRX 周期以及半静态调度之间可能会发生冲突，并且测量 GAP 的优先级最高，测量 GAP 必须优先执行。如果单纯地优先执行测量 GAP，势必会对数据传输造成一定影响。综上所述，需要对测量 GAP/DRX/半静态调度进行联合设计，来解决这三者之间的冲突问题：通过调整测量 GAP 的起始时间，尽可能避免或减少与 DRX 和半静态调度冲突，同时保证测量 GAP 的及时进行。

3. 异频切换触发

基于覆盖的异频切换可以通过事件 A3、事件 A4 或事件 A5 触发，其他原因触发的异频切换只能通过事件 A4 触发。基于覆盖的异频切换的触发事件配置由参数 InterFreqHoEvent-Type 决定。事件 A3、事件 A4 或事件 A5 采取事件转周期的上报方式。

（1）事件 A3 的触发

参数 InterFreqHoEventType 控制由事件 A3、A4 还是 A5 触发异频切换。事件 A3 用于触发异频切换时，事件 A3 偏置参数由参数 InterFreqHoA3Offset 决定，频率偏置由参数 Qoffset-Freq 决定，其他事件 A3 参数与同频事件 A3 参数相同。如果异频切换通过事件 A3 触发，则触发与停止异频测量的测量类型为 RSRP。其中基于事件 A3 的异频 A1 RSRP 触发门限由参数 A3InterFreqHoA1ThdRsrp 决定，基于事件 A3 的异频 A2 RSRP 触发门限由参数 A3InterFreqHoA2ThdRsrp 决定。

（2）事件 A4 的触发

事件 A4 的触发，即邻区质量高于一定门限值。参照 3GPP 协议 36. 331 规定的事件 A4 判决公式如下。

触发条件：$M_n + O_{fn} + O_{cn} - Hys > Thresh$

取消条件：$M_n + O_{fn} + O_{cn} + Hys < Thresh$

公式中的变量有如下定义：

M_n是邻区测量结果。

O_{fn}是邻区频率的特定频率偏置，由参数 QoffsetFreq 决定，此参数在测量控制消息的测量对象中下发。

O_{cn}是邻区的特定小区偏置，由参数 CellIndividualOffset 决定。当该值不为零，此参数在测量控制消息中下发；否则当该值为零时不下发，公式计算时默认取值为 0。

Hys 是事件 A4 迟滞参数，由参数 InterFreqHoA4Hyst 决定，在测量控制消息中下发。

事件 A4 的时间迟滞由参数 InterFreqHoA4TimeToTrig 设置。邻区质量在迟滞时间（InterFreqHoA4TimeToTrig）内一直高于任一门限值，并满足事件的上报条件，将上报事件 A4。

Thresh 是事件 A4 的门限参数。根据触发量或者上报量的不同，异频切换的门限对应的参数也不同。参数 InterFreqHoA4TrigQuan 配置成 BOTH 时，代表 RSRP 和 RSRQ 两种测量量同时下发。参数 InterFreqHoA4RprtQuan 配置成 BOTH 时，代表 RSRP 和 RSRQ 两种测量量必须同时满足才触发异频切换。

事件 A4 触发机制原理如图 4-16 所示，当测量量 RSRP 或 RSRQ 中任何一个触发事件 A4 并满足上报条件，UE 都会上报触发该事件的小区信息，确保异频切换的及时触发。

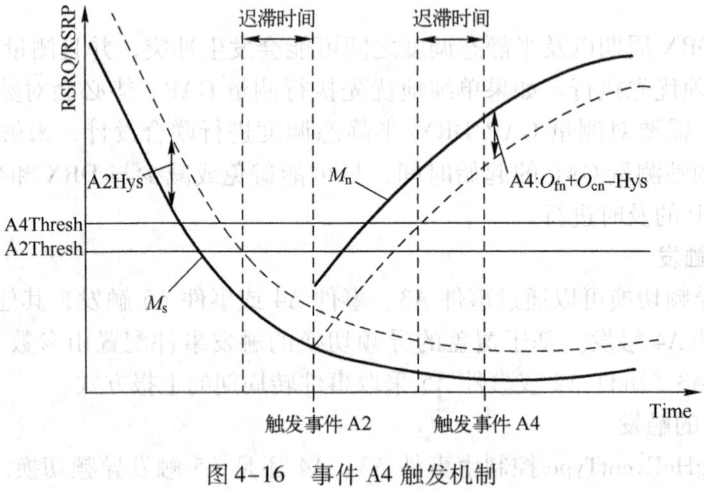

图 4-16　事件 A4 触发机制

根据 3GPP 协议 36. 331，事件 A4 转周期所用相关参数将在测量控制的报告配置中给出：

异频切换事件 A4 的上报量（InterFreqHoA4RprtQuan），即 A4 事件触发满足上报条件后的小区测量量上报类型。

异频切换事件转周期报告间隔（InterFreqHoRprtInterval），即 A4 事件触发满足上报条件后的报告周期。该参数控制 UE 上报测量结果的频率，减少空中信令流量。

系统内切换满足事件条件的最大上报小区个数（IntraRATHoMaxRprtCell），即 LTE 系统内异频切换满足事件 A4 条件的最大上报小区个数。限制最大上报小区个数，可以节约空口资源。

系统内切换事件转周期报告次数由参数 IntraRATHoRprtAmount 决定。切换事件转周期报告次数用于限制报告次数，减少无谓的重试切换次数。

（3）事件 A5 的触发

事件 A5 的触发，即服务小区的质量已经低于一定门限值，且邻区质量高于一定门限值。

参照 3GPP 协议 36.331 规定的事件 A5 判决公式如下。

触发条件：$M_s + Hys < Thresh1$ 且 $M_n + O_{fn} + O_{cn} - Hys > Thresh2$

取消条件：$M_s - Hys > Thresh1$ 或 $M_n + O_{fn} + O_{cn} + Hys < Thresh2$

事件 A5 用于触发异频切换时，门限 Thresh1 与基于覆盖的异频切换事件 A2 门限相同，门限 Thresh2 与基于覆盖的异频切换事件 A4 门限相同，见表 4-7。其他事件 A5 参数与异频事件 A4 参数保持一致。

表 4-7　事件 A5 门限列表

触　发　量	Threshold 1	Threshold 2
RSRP	InterFreqHoA2ThdRSRP	InterFreqHoA4ThdRSRP
RSRQ	InterFreqHoA2ThdRSRQ	InterFreqHoA4ThdRSRQ

4.6.3　异频切换决策

当基于覆盖的异频换过程中，UE 上报不支持异频切换或测量能力时，eNodeB 通过下发重定向方式，使 UE 转移到异频邻区。

当 UE 不支持异频测量和切换，并且配置了对应异频邻区的盲切换优先级邻区时，eNodeB 会根据 UE 上报的事件 A2，通过下发 RRC Connection Release 消息，让 UE 盲重定向到异频邻区。

当 UE 支持异频测量但不支持相应异频切换时，eNodeB 首先会下发相应的 A3/A4/A5 事件测量控制。当满足 A3/A4/A5 事件触发条件时，eNodeB 通过下发 RRC Connection Release 消息，让 UE 重定向到异频邻区。

异频的切换策略（方式）可以选择切换流程或重定向流程。对于基于覆盖和基于上行链路质量触发的切换，在服务小区信号质量很差的情况下直接触发盲重定向流程，不能选择盲 PSHO 流程。

当前 eNodeB 支持 TDD/FDD 小区独立配置 MME 功能，此功能要求在进行 TDD 与 FDD 之间切换时，需同步变更 MME。如果采用 PSHO 方式切换，不能触发 MME 的变更。因此，在进行 TDD 和 FDD 小区之间的切换时，如果检查发现 TDD、FDD 小区是独立配置的 MME（配置了 CELLOP 中的 CellMMECfg 参数），那么只能选择重定向方式执行切换，不能选择 PSHO 方式执行切换。

4.7 异系统切换

TD－LTE 系统中的异系统切换大致可以分为以下四个步骤：

1. 异系统切换测量触发/停止阶段

异系统切换中，不同的切换原因，其测量的触发与停止阶段不同。

2. 异系统切换测量阶段

eNodeB 下发异系统测量控制，UE 进行异系统测量。当异系统邻区质量满足所配置的 B1/B2 事件的触发条件，UE 将上报测量结果。

3. 异系统切换决策阶段

eNodeB 对测量结果进行评估判决，生成切换目标小区列表。

4. 异系统切换执行阶段

执行服务小区向目标小区的切换。

基于覆盖、基于负载、基于业务、基于上行链路质量和基于距离的异系统切换，除了触发/停止切换测量阶段有所不同外，其他流程是相同的。

4.7.1 异系统测量的触发/停止

1. 基于覆盖

在 UE 处于连接态时，eNodeB 通过下发事件 A2 的测量控制，监控 UE 在服务小区覆盖情况。eNodeB 可能给 UE 下发两类事件 A2。服务小区的质量低于一定门限时，UE 上报触发异系统测量的事件 A2，将触发 eNodeB 下发异系统测量配置，UE 开始进行异系统测量。

当服务小区的信号质量进一步降低，而 UE 还没有发生切换时，UE 会上报触发盲切换的事件 A2，eNodeB 认为服务小区已经无法进行业务，将对 UE 进行盲切换。基于覆盖的异系统切换功能由参数 HoAlgoSwitch 中的子开关 UtranRedirectSwitch 或 GeranRedirectSwitch 控制。

（1）事件 A2 触发异系统测量

在基于覆盖的异系统切换中，事件 A2 用于异系统测量或盲切换的触发，表示服务小区的质量已经低于一定门限值。当满足事件 A2 上报条件，并上报 eNodeB 后，将触发异系统测量配置的下发，或进入盲切换流程。根据 3GPP 协议 36.331 规定事件 A2 的判决条件如下。

触发条件：$M_s + Hys < Thresh$

取消条件：$M_s - Hys > Thresh$

公式中的变量由如下定义：

M_s是服务小区的测量结果。

Hys 是事件 A2 迟滞参数，由参数 InterRatHoA1A2Hyst 决定。

Thresh 是事件 A2 的门限参数，根据事件 A1/A2 触发量 InterRatHoA1A2TrigQuan 的选择，可分别采用测量量 RSRP 和 RSRQ 作为事件 A2 的评估判决。用于触发异系统测量的事件 A2 门限分别为 InterRatHoA2ThdRSRP 和 InterRatHoA2ThdRSRQ。用于盲切换的事件 A2 门限在触发异系统测量的事件 A2 门限基础上加上差值 BlindHOA2ThdOffset。

触发盲切换的事件 A2 除门限值与触发异系统测量的事件 A2 不一致以外，其他设置参数与触发异系统测量的事件 A2 保持一致。事件 A2 触发原理如图 4-17 所示。

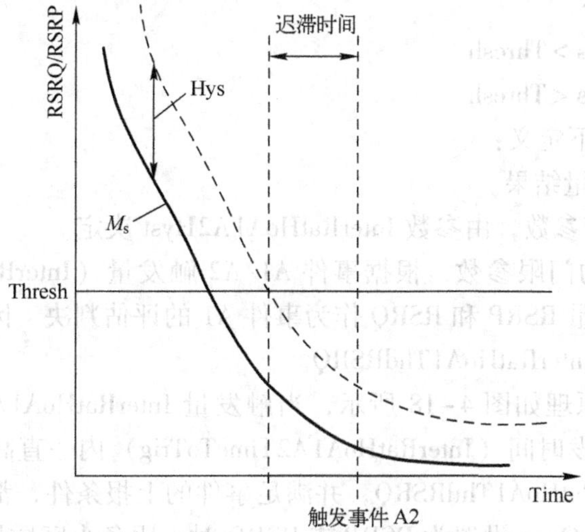

图 4-17　异系统切换事件 A2 触发机制

以触发异系统测量的事件 A2 为例，对于用于启动异系统切换测量的事件 A2 针对 RSRP 和 RSRQ 下发两套 A2 事件参数。当触发量 InterRatHoA1A2TrigQuan 设置为 Both 时，服务小区质量在迟滞时间（InterRatHoA1A2TimeToTrig）内一直低于任一门限值 InterRatHoA2ThdRSRP 或 InterRatHoA2ThdRSRQ，满足事件 A2 上报条件进行上报后，都将触发 eNodeB 下发异系统测量配置。当触发量 InterRatHoA1A2TrigQuan 设置为 RSRP 或 RSRQ 时，服务小区质量在迟滞时间（InterRatHoA1A2TimeToTrig）内一直低于相应门限值，并满足事件的上报条件，将上报事件 A2。

当 eNodeB 收到触发异系统测量的事件 A2 上报后，会下发异系统测量事件 B1。当 eNodeB 收到触发盲切换的事件 A2 上报后，进入盲切换流程。由于触发盲切换的事件 A2 代表服务小区不能保证业务的紧急情况，所以在盲切换流程中只会选择 CCO 流程或重定向流程。

（2）区分目标设置异系统事件 A2

eNodeB 支持不同运营商区分目标系统（UTRAN 系统或 GERAN 系统）设置不同的事件 A2，起到优先向 UTRAN 系统或 GERAN 系统触发基于覆盖的切换目的。

UTRAN 系统 RSRP 门限偏置参数为 UtranA2ThdRsrpOffset，GERAN 系统 RSRP 门限偏置参数为 GeranA2ThdRsrpOffset。当偏置参数 UtranA2ThdRsrpOffset 或 GeranA2ThdRsrpOffset 不为 0 时，eNodeB 下发的事件 A2 门限为原事件 A2 门限与偏置值之和。

UTRAN 系统和 GERAN 系统的 RSRP 门限偏置参数可以分开设置。当两偏置值不同时，eNodeB 会下发两个异系统事件 A2 门限。当 UE 上报 UTRAN 系统或 GERAN 系统对应的事件 A2 时，eNodeB 下发 UTRAN 系统频点或 GERAN 系统频点组的异系统测量。当两偏置值相同时，eNodeB 只会下发一个异系统事件 A2 门限。当 UE 上报事件 A2 时，eNodeB 同时下发 UTRAN 系统和 GERAN 系统频点（组）的异系统测量。

(3) 事件 A1 停止异系统测量

在基于覆盖的异系统切换中，事件 A1 用于停止异系统测量，表示服务小区的质量已经高于一定门限值。根据 3GPP 协议 36.331（2011 年 3 月发布的 R10 版本第 5.5.4.2 章节）规定 A1 的判决条件如下。

触发条件：$M_s - \text{Hys} > \text{Thresh}$

取消条件：$M_s + \text{Hys} < \text{Thresh}$

公式中的变量由如下定义：

M_s是服务小区的测量结果。

Hys 是事件 A1 迟滞参数，由参数 InterRatHoA1A2Hyst 决定。

Thresh 是事件 A1 的门限参数，根据事件 A1/A2 触发量（InterRatHoA1A2TrigQuan）的选择，可分别采用测量量 RSRP 和 RSRQ 作为事件 A1 的评估判决，因此对应门限分别为 InterRatHoA1ThdRSRP 和 InterRatHoA1ThdRSRQ。

事件 A1 触发机制原理如图 4-18 所示，当触发量 InterRatHoA1A2TrigQuan 设置为 Both 时，服务小区质量在触发时间（InterRatHoA1A2TimeToTrig）内一直高于任一门限值 InterRatHoA1ThdRSRP 或 InterRatHoA1ThdRSRQ，并满足事件的上报条件，都将上报事件 A1。当触发量 InterRatHoA1A2TrigQuan 设置为 RSRP 或 RSRQ 时，服务小区质量在触发时间（InterRatHoA1A2TimeToTrig）内一直高于相应门限值，并满足事件的上报条件，将上报事件 A1。若 RSRP 和 RSRQ 都曾经满足 A2 事件条件，并上报给 eNodeB，则需要小区的 RSRP 和 RSRQ 同时大于各自门限值，才能停止异频测量。

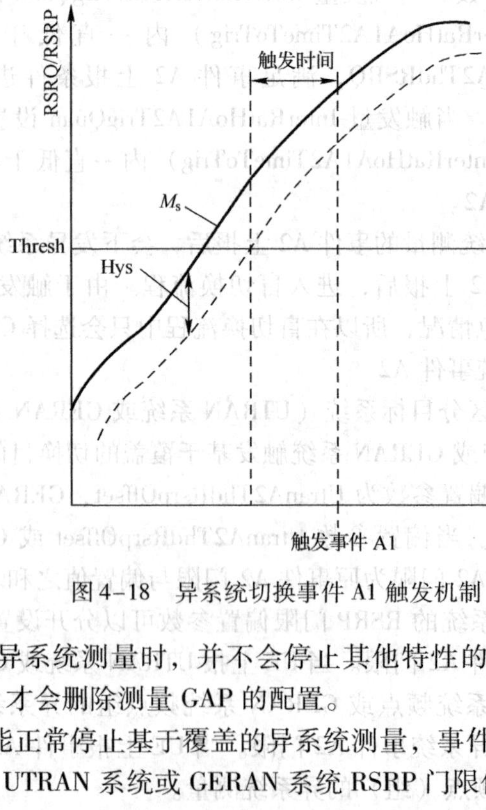

图 4-18　异系统切换事件 A1 触发机制

在停止基于覆盖的异系统测量时，并不会停止其他特性的测量 GAP，只有当所有特性都不使用测量 GAP 时，才会删除测量 GAP 的配置。

为了保证事件 A1 能正常停止基于覆盖的异系统测量，事件 A1 的门限应该高于事件 A2 的门限。特别在配置有 UTRAN 系统或 GERAN 系统 RSRP 门限偏置参数时，事件 A1 的门限不能小于事件 A2 门限和偏置参数之和。

2. 基于业务

基于业务的切换即 eNodeB 根据 UE 的 QCI 业务类型将 UE 切换到相应的异系统。eNodeB 可以分别为各个运营商 CnOperatorId 指定策略组 ServiceIrHoCfgGroupId。对于 QCI1 到 QCI9 的业务，可分别配置是否允许基于业务切换的三种模式，包括必须切换、不能切换以及允许切换。这三种模式通过参数 InterRatHoState 决定。

1）若某 QCI 的业务配置为必须切换，说明 UE 发起该业务时，将触发 eNodeB 下发基于业务切换的测量配置信息。

2）若某 QCI 的业务配置为不能切换，说明 UE 有该业务时，即使发起必须切换的业务，也不会触发 eNodeB 下发基于业务切换的测量配置信息。

3）若某 QCI 的业务配置为允许切换，说明 UE 发起该业务时，不会触发 eNodeB 下发基于业务切换的测量配置信息。但在 UE 有该业务的情况下，若发起必须切换的业务，则会触发 eNodeB 下发基于业务切换的测量配置信息。

例如，运营商计划 VoIP 业务承载在 QCI1，IMS 信令承载在 QCI5，默认承载在 QCI9。并且希望只有 VoIP 业务的 UE 能在异系统上进行 VoIP 业务，以保证这些用户 VoIP 业务的连续性，且不占用 E－UTRAN 系统的资源。

参数 InterRatHoState 配置的建议如下：

QCI 为 1 的业务建议配置为必须切换。

QCI 为 2，3，4，6，7，8 的业务建议配置为不能切换。

QCI 为 5，9 的业务建议配置为允许切换。

当基于业务的测量 GAP 进行了较长时间，却没有触发切换时，eNodeB 将停止基于业务的异系统测量，删除基于业务的测量 GAP。

在触发基于业务的异系统测量时，若发现测量 GAP 已被激活且包含了其他测量 GAP，则不处理基于业务的异系统测量，否则激活测量 GAP。在停止基于业务的异系统测量时，并不会停止其他的测量 GAP，只有当所有测量 GAP 都停止时，才会停止测量 GAP 的配置。

基于业务的切换到 UTRAN 和 GERAN 的功能均由参数 HoAlgoSwitch 中的子开关 UtranServiceHoSwitch 和 GeranServiceHoSwitch 控制。

4.7.2 异系统切换测量

1. 异系统测量配置

用于异系统切换测量控制 Measurement Configuration 消息主要包含以下基本测量配置信息，其中对于每个系统的频点配置测量对象，对每个测量对象可配置一套或多套报告配置，每套报告配置也可以配置一套或多套测量对象：

1）异系统测量对象。

UTRAN 小区下行频点 UtranDlArfcn，UTRAN 小区的频率偏置由参数 OffsetFreq 决定。

GERAN 相邻频点组（GERANNFREQGROUP），GERAN 相邻频点组的频率偏置 OffsetFreq。

2）报告配置。

异系统切换测量上报最大小区数（InterRATHoMaxRprtCell），异系统切换测量报告上报次数（InterRATHoRprtAmount）作为异系统切换公共参数，不区分系统类型。对于 QCI 的异系统切换，不同的系统类型有不同的配置参数。

针对每个测量对象，配置异系统切换事件的相关参数包含：

异系统切换门限，由触发原因和配置项确定。

异系统切换幅度迟滞，可根据异系统类型分别配置：UTRAN 系统 InterRatHoUtranB1Hyst，GERAN 系统 InterRatHoGeranB1Hyst。

异系统时间迟滞，可根据异系统类型分别配置：UTRAN 系统 InterRatHoUtranB1TimeToTrig，GERAN 系统 InterRatHoGeranB1TimeToTrig。

UTRAN 系统触发量（InterRatHoUtranB1MeasQuan）。

测量上报最大小区数（InterRATHoMaxRprtCell）。

异系统测量报告上报间隔，可根据异系统类型分别配置：UTRAN 系统 InterRatHoUtranRprtInterval，GERAN 系统 InterRatHoGeranRprtInterval。

测量报告上报次数（InterRATHoRprtAmount）。

3）测量量配置，包含各系统测量量和层三滤波系数。

UTRAN FDD 测量触发类型由参数 InterRATHoUtranB1MeasQuan 决定，测量滤波系数为 UtranFilterCoeffRSCP 和 UtranFilterCoeffECN0。

UTRAN TDD 测量触发类型为 RSCP，测量滤波系数为 UtranFilterCoeffRSCP。

GERAN 测量触发类型为 RSSI，GERAN 测量滤波系数为 GeranFilterCoeff。

2. 异系统切换触发

基于覆盖的异系统切换可以通过事件 B1 或事件 B2 触发，其他原因触发的异系统切换只能通过事件 B1 触发，因为如果使用事件 B2 触发，会导致中心用户无法上报事件 B2 的测量报告。基于覆盖的异系统切换的触发事件配置由参数 InterRatHoEventType 决定。

基于覆盖的异系统切换首先判断 UE 的 Bx 事件支持能力。如果 UE 只支持事件 B2，则基于覆盖的异系统切换通过事件 B2 触发；如果 UE 既支持事件 B2 又支持事件 B1，则基于覆盖的异系统切换触发事件由参数 InterRatHoEventType 决定。

事件 B1 或事件 B2 采取事件转周期的上报方式。

（1）事件 B1 的触发

B1 事件的触发，即邻区质量高于一定门限值。参照 3GPP 协议 36.331 规定的事件 B1 判决条件如下。

触发条件：$M_n + O_{fn} - \text{Hys} > \text{Thresh}$

取消条件：$M_n + O_{fn} + \text{Hys} < \text{Thresh}$

公式中的变量有如下定义：

M_n是邻区测量结果。

O_{fn}是邻区频率的特定频率偏置，由 OffsetFreq 在测量控制消息的测量对象中下发。

Hys 是事件 B1 迟滞参数，UTRAN 切换幅度迟滞 InterRATHoUtranB1Hyst，GERAN 切换幅度迟滞 InterRATHoGeranB1Hyst 在测量控制消息中下发。

Thresh 是事件 B1 的门限参数，根据各个系统的事件 B1 测量量设置门限。事件 B1 触发机制原理如图 4-19 所示。

其中事件 A2 是在 E-UTRAN 中测量，由测量量 RSRP/RSRQ 触发，而事件 B1 针对不

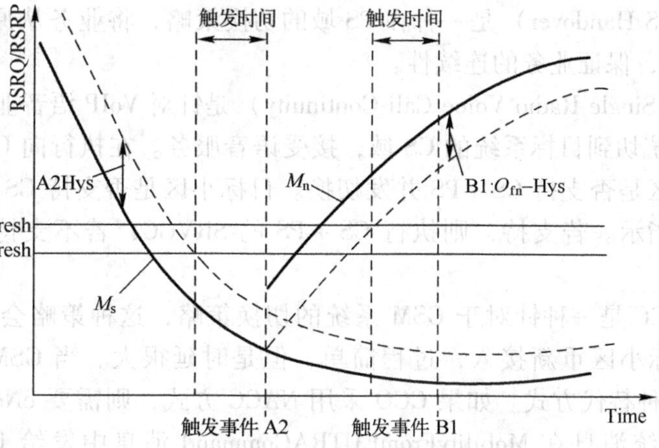

图 4-19 异系统切换事件 B1 触发机制

同系统有不同的测量量。UTRAN 的测量量由参数 InterRATHoUtranB1MeasQuan 决定，有 RSCP 或 ECN0 两种。当参数 InterRATHoUtranB1MeasQuan 配置成 BOTH 时，代表 RSCP 和 ECN0 两种测量量同时下发。

（2）事件 B2 的触发

事件 B2 的触发，即服务小区的质量已经低于一定门限值，且邻区质量高于一定门限值。参照 3GPP 协议 36. 331 规定的事件 B2 判决公式如下。

触发条件：$M_s + \text{Hys} < \text{Thresh1}$ 且 $M_n + O_{fn} + O_{cn} - \text{Hys} > \text{Thresh2}$

取消条件：$M_s - \text{Hys} > \text{Thresh1}$ 或 $M_n + O_{fn} + O_{cn} + \text{Hys} < \text{Thresh2}$

事件 B2 用于触发异系统切换时，门限 Thresh1 的触发量和门限值均与触发异系统 A2 事件相同，门限 Thresh2 的触发量和门限与基于覆盖的异系统切换事件 B1 事件相同。

4.7.3 异系统切换决策与执行

异系统切换决策是由 eNodeB 控制并执行，主要对 UE 上报结果进行评估决策的过程。当 eNodeB 接收到 UE 发送的异系统切换事件 B1/B2 报告后，获取触发事件 B1/B2 的小区，生成切换目标小区列表。eNodeB 将向切换目标小区列表中质量最好的小区发起切换。对于不同 RAT 的测量报告，采取先到先处理的原则。

在基于业务的异系统切换决策中，在收到测量报告时，若 UE 当前有不能切换的业务类型，则不能进行切换。在基于覆盖的异系统切换过程中，UE 上报不支持异系统切换或测量能力时，eNodeB 通过下发重定向方式，使 UE 转移到异系统邻区。

当 UE 不支持异系统测量和切换，并且配置了对应系统的盲切换优先级邻区时，eNodeB 会根据 UE 上报的 A2 事件中的测量量进行判定，通过下发 RRC Connection Release 消息，让 UE 盲重定向到异系统邻区。

当 UE 支持异系统测量但不支持相应异系统切换时，eNodeB 首先会下发相应的 B1/B2 事件测量控制。当满足 B1/B2 事件触发条件时，eNodeB 通过下发 RRC Connection Release 消息，让 UE 重定向到异系统邻区。

切换到异系统的切换策略包括以下几种：

1）PSHO（PS Handover）是一种在PS域的切换策略，将业务从原系统的PS域切换到目标系统的PS域，保证业务的连续性。

2）SRVCC（Single Radio Voice Call Continuity）是针对VoIP语音业务的一种策略，将语音业务从LTE系统切到目标系统的CS域，接受语音服务。在执行向GU的SRVCC操作时，需要判断目标小区是否支持CS+PS并发切换。目标小区是否支持CS+PS并发的切换，由参数CsPsHOInd指示。若支持，则执行CS+PS的SRVCC；若不支持，则执行CS only的SRVCC。

3）CCO/NACC是一种针对于GSM系统的切换策略，这种策略会指定目标小区，指令UE到GSM的目标小区重新接入，过程简单，但是时延很大。当GSM系统不支持PSHandover时，它是一种替代方式。如果CCO采用NACC方式，则需要eNodeB得到目标系统信息，eNodeB将系统消息在MobilityFromEUTRACommand消息中发给UE，加快UE在目标GSM小区的接入。采用NACC方式，需要开启CCO切换策略。

4）重定向方式是对系统需求最低的切换策略。协议中也规定支持异系统的UE，必然支持到对应异系统的重定向。

这几种切换策略的选择由参数HoModeSwitch中的子开关控制。eNodeB根据HoModeSwitch中开启的切换策略、针对UE无线承载的QCI配置的切换策略、UE本身的能力和目标系统，确定切换策略。切换策略选取优先级顺序为PSHO、SRVCC、CCO/NACC、重定向。其中SRVCC需要在有VoIP业务，且UE支持SRVCC功能时才触发。目标系统对VOIP、PS Handover以及CCO/NACC的支持情况将会使切换策略有所不同。

第5章　TD-LTE 系统功率控制

本章介绍 TD-LTE 系统功率控制，E-UTRAN 下行采用 OFDMA（Orthogonal Frequency Division Multiple Access，正交频分多址）技术，上行采用 SC-FDMA（Single Carrier-Frequency Division Multiple Access，单载波频分多址）技术，小区内不同 UE 的子载波之间是相互正交的，不存在小区内 UE 之间的相互干扰。因此功率控制主要用于补偿信道的路径损耗和阴影衰落，并抑制 LTE 同频小区间干扰，保证网络覆盖和容量需求。

按照功率控制的方向，E-UTRAN 功率控制分为下行功率控制和上行功率控制。E-UTRAN 功率控制在 eNodeB 和 UE 的配合下完成，可实现如下增益。

1. 保证业务质量

通过调整 eNodeB 下行发射功率和 UE 上行发射功率，E-UTRAN 功率控制使业务质量刚好满足 BLER（Block Error Rate，误块率）要求，避免功率浪费。

2. 降低干扰

E-UTRAN 干扰主要来自邻区，通过对本小区的功率控制可减小对邻区的干扰。

3. 降低能耗

上行功率控制可减少 UE 电源消耗。

4. 提升覆盖与容量

下行功率控制为不同 UE 分配不同功率以满足系统覆盖要求，扩展小区覆盖范围；另外，eNodeB 通过最小化分配下行发送给每个 UE 上的发射功率，使其刚好满足 SINR（Signal to Interference plus Noise Ratio，信干噪比）要求，提高系统容量。

由于对邻区的干扰主要来自边缘用户，eNodeB 通过对边缘 UE 的上行功率控制采用部分路径损耗补偿降低对邻区干扰，提升网络容量。

5.1　下行功率控制

下行功率控制主要是指对下行物理信号、数据信道和控制信道的功率分配。按照下行信道的不同，下行功率控制特性主要包括：小区参考信号（CRS）、同步信号（SS）、PBCH、PCFICH、PHICH、PDCCH、PDSCH 功率控制。

下行功率控制采用固定功率分配和动态功率控制两种方式。

其中，固定功率分配针对 CRS、Synchronization Signal、PBCH、PCFICH 以及承载小区公共信息指示的 PDCCH 和承载小区公共信息的 PDSCH，其发射功率需保证小区的下行覆盖，可根据信道质量分配固定功率。

动态功率控制针对 PHICH、承载 UE 专用信息指示的 PDCCH、承载 UE 专用信息的 PDSCH 等信道，其功率控制要在满足用户 QoS 的同时，降低干扰、增加小区容量和覆盖，采用动态功率控制。

下行信道及信号的功率分配方式有以下几种。

1. 小区参考信号功率分配

eNodeB 在所有下行子帧发射小区参考信号，用于 UE 进行下行信道估计以解调数据。小区参考信号功率通过参数 ReferenceSignalPwr 设置，表示其 EPRE（Energy Per Resource Element，每能量）。

2. 同步信号功率分配

同步信号用于 UE 搜索可用小区以及系统同步，包括 P－SCH（Primary Synchronization Channel，主同步信道）和 S－SCH（Secondary Synchronization Channel，辅同步信道）。

P－SCH 和 S－SCH 功率通过参数 SchPwr 设置基于小区参考信号功率的偏置。

P－SCH 和 S－SCH 的发射功率计算公式相同，如下：

$$PowerSCH = ReferenceSignalPwr + SchPwr$$

3. PBCH 功率分配

PBCH 每帧广播一次，用于广播小区相关的基本系统信息（小区带宽、天线配置、帧号）。

PBCH 功率通过参数 PbchPwr 设置基于小区参考信号功率的偏置。

PBCH 的发射功率计算公式如下：

$$PowerPBCH = ReferenceSignalPwr + PbchPwr$$

4. PCFICH 功率分配

PCFICH 出现在每个子帧的第一个符号上，用于承载该子帧中用于 PDCCH 传输的 OFDM 符号数信息。

PCFICH 功率通过参数 PcfichPwr 设置基于小区参考信号功率的偏置。

PCFICH 发射功率计算公式如下：

$$PowerPCFICH = ReferenceSignalPwr + PcfichPwr$$

5.1.1 PHICH 功率分配

PHICH 承载上行 HARQ（Hybrid Automatic Repeat Request，混合自动重传请求）的 ACK/NACK 反馈信息。

如果 UE 对 PHICH 解调错误概率过高，会严重影响用户吞吐率。PHICH 功率控制可使每个 UE 有相似的 PHICH 性能。

PHICH 功率控制通过参数 DlPcAlgoSwitch 设置。

当子开关 PhichInnerLoopPcSwitch 打开时，PHICH 功率控制原理如下：eNodeB 首先由 CQI（Channel Quality Indicator，信道质量指示）估算出 SINRRS，然后根据 SINRRS 和 SINRTarget 的差异周期性地调整 PHICH 发射功率，适应路径损耗和阴影衰落的变化。

如果 SINRRS 小于 SINRTarget，则增大 PHICH 发射功率。反之则减小 PHICH 发射功率。

当子开关 PhichInnerLoopPcSwitch 关闭时，PHICH 功率通过参数 PwrOffset 设置基于小区参考信号功率的偏置。PHICH 发射功率计算公式如下：

$$PowerPHICH = ReferenceSignalPwr + PwrOffset$$

注意：PHICH 的 SINRTarget 会影响小区覆盖半径、功率效率和小区容量等指标，现网中默认设为恒定值 0。

5.1.2 PDCCH 功率控制

PDCCH 承载小区公共消息在 PDSCH 上传输的指示时，eNodeB 通过设置基于小区参考信号功率的固定偏置进行 PDCCH 功率控制。可以在 PDSCH 上传输的小区公共消息包括 RACH response、Paging messages 和 D－BCH 系统消息（SIB）。

PDCCH 承载 UE PDSCH 专用信息的传输指示时，eNodeB 通过参数 DlPcAlgoSwitch 设置 PDCCH 功率。可以在 PDSCH 承载的 UE 专用控制信息包括 Uplink scheduling（DCI format 0）、Downlink scheduling（DCI format 1/1A/1B/2/2A）和 PUSCH/PUCCH TPC commands（DCI format 3/3A）。

如果 UE 对 PDCCH 解调错误概率过高，会严重影响吞吐率。PDCCH 功率控制可保证每个 UE 有相似的 PDCCH 性能。

PDCCH 承载 UE PDSCH 专用控制信息时的功率控制通过参数 DlPcAlgoSwitch 设置。

当子开关 PdcchPcSwitch 打开时，PDCCH 功率控制原理如下：eNodeB 通过接收到的 DTX 情况判断 PDCCH 的发射功率是否能满足 PDCCH 可靠性的需求。如不能满足需求，则增大 PDCCH 的发射功率。

当子开关 PdcchPcSwitch 关闭时，PDCCH 采用固定功率分配，通过参数 DediDciPwrOffset 设置基于小区参考信号功率的偏置，PDCCH 的发射功率计算公式如下：

$$\text{PowerPDCCH} = \text{ReferenceSignalPwr} + \text{DediDciPwrOffset}$$

5.1.3 PDSCH 功率控制

1. PDSCH 功率表示

下行功率分配的目标是在满足用户接收质量的前提下尽量降低下行信道的发射功率，来降低小区间干扰。在 LTE 系统中，使用每 RE 容量（Transmit Energy per Resource Element，EPRE）来衡量下行发射功率大小。对于 PDSCH 信道的 EPRE 可以由下行小区专属参考信号功率 EPRE 以及每个 OFDM 符号内的 PDSCH EPRE 和小区专属 RS_EPRE 的比值 ρ_A 或 ρ_B 得到。

其中，下行小区参考信号 EPRE 定义为整个系统带宽内所有承载下行小区专属参考信号的下行资源单元（RE）分配功率的线性平均。UE 可以认为小区专属 RS_EPRE 在整个下行系统带宽内和所有的子帧内保持恒定，直到接收到新的小区专属 RS_EPRE。小区专属 RS_EPRE 由高层参数 Reference－Signal－power 通知。

PDSCH 承载小区公共信息 RACH response、Paging messages 和 D－BCH 系统消息（SIB）时，对 PDSCH 的功率控制用于保证覆盖。根据承载的消息不同，PDSCH 的发射功率与小区参考信号功率的偏置分别通过参数 RaRspPwr、PchPwr、DbchPwr 进行设置。

PDSCH 承载 UE 专用信息时的功率控制可有效提高系统吞吐率和频谱效率。对于 PDSCH 功率控制来说，一个时隙上的 OFDM 符号可以根据是否有小区参考信号分为两类。不同符号相对小区参考信号的 EPRE 的比值由 ρ_A 和 ρ_B 决定。

ρ_A 用来确定不包含小区参考信号的 OFDM 符号上的 PDSCH EPRE。

对于小区专属比值与 PDSCH 使用的不同传输模式有关，当 UE 采用 TM8 或 TM9 且没有 UE 级专用导频存在，或者 UE 采用 TM1 ~ TM7 时，UE 对于 16QAM、64QAM，或者多于一层的空分复用或者多用户 MIMO 的场景，ρ_A 根据下面条件来确定：

当 UE 接收使用 4 小区特定天线端口发送分集预编码传输的 PDSCH 数据时（参见协议 36. 213 中的 6. 3. 4. 3），

$$\rho_A = \delta_{power-offset} + P_A + 10\log_{10}(2) \tag{5-1}$$

其他情况下，有

$$P_A = \delta_{power-offset} + P_A \tag{5-2}$$

其中 ρ_A 的取值除了多用户 MIMO 传输时一般为 0，即 $\rho_A = P_A$。在除了多用户 MIMO 之外的所有传输模式中，$\delta_{power-offset}$ 均为 0；P_A 为高层指示的 UE 特定参数。ρ_A 是一个离散的枚举值，其取值范围为 {-6，-4.77，-3，-1.77，0，1，2，3}，通过 RRC 信令下发到 UE，用于 PDSCH 解调。

在已知 ρ_A 的情况下，UE 可以根据 ρ_A/ρ_B 比值得到 ρ_B 的取值。具体的比值是根据高层通知的小区专属参数以及 eNodeB 配置的天线端口数目进行配置的。

ρ_B 用来确定包含小区参考信号的 OFDM 符号上 PDSCH 的 EPRE。

ρ_B 通过 PDSCH 上 EPRE 的功率因子比率 ρ_A/ρ_B 确定，不同 P_B 和天线端口数配置下，对应的 ρ_B/ρ_A 取值见表 5-1。其中，P_B 表示 PDSCH 上 EPRE 的功率因子比率 ρ_B/ρ_A 的指示，通过参数 P_b 设置。

表 5-1　天线端口数 1，2，4 时的 ρ_B/ρ_A 取值

P_B	ρ_B/ρ_A	
	单天线端口	2/4 个天线端口
0	1	5/4
1	4/5	1
2	3/5	3/4
3	2/5	1/2

一个时隙内使用 ρ_A 或 ρ_B 的 OFDM 符号索引见表 5-2。

表 5-2　一个时隙内使用 ρ_A 或 ρ_B 的 OFDM 符号索引

天线端口数	定义为 ρ_A 的 OFDM 符号索引		定义为 ρ_B 的 OFDM 符号索引	
	普通 CP	扩展 CP	普通 CP	扩展 CP
1 或 2	1，2，3，5，6	1，2，4，5	0，4	0，3
4	2，3，5，6	2，4，5	0，1，4	0，1，3

PDSCH 功率控制是指通过调整 ρ_A 及 ρ_B，来决定某一个 UE 的 PDSCH 上不同 OFDM 符号的 EPRE。因为 ρ_B 通过 PDSCH 上 EPRE 的功率因子比率 ρ_B/ρ_A 确定，所以 PDSCH 功率控制即确定针对每个 UE 的 P_A。

PDSCH 的两种 OFDM 符号对应的数据 RE 发射功率分别为 PPDSCH_A 和 PPDSCH_B，计算公式如下：

$$PPDSCH\_A = \rho_A + ReferenceSignal\ Pwr$$

$$PPDSCH\_B = \rho_B + ReferenceSignal\ Pwr$$

2. PDSCH 功率控制方式

PDSCH 功率控制方式与下行 ICIC（Inter - Cell Interference Coordination，小区间干扰协调）开关 DlIcicSwitch 设置相关，下行 ICIC 开关打开时 PDSCH 不进行动态功率控制。

PDSCH 功率控制通过参数 DlPcAlgoSwitch 设置，见表 5-3。

表 5-3　PDSCH 功率控制方式

开关设置	PDSCH 功率控制方式
下行 ICIC 开关打开，即参数 DlIcicSwitch 设置为 DlIcicDynamicSwitch_ON_ENUM 或 DlIcicStaticSwitch_ON_ENUM	此时，PDSCH 不进行动态功率调整，eNodeB 的 PDSCH 发射功率由用户属性确定 小区中心用户（Cell Center User，CCU）通过参数 CcuPa 设置 P_A 值 小区边缘用户（Cell Edge User，CEU）通过参数 CeuPa 设置 P_A 值
下行 ICIC 开关关闭，即参数 DlIcicSwitch 设置为 DlIcicSwitch_OFF_ENUM PDSCH 功率控制 PA 调整参数 PdschPaAdjSwitch 设为打开 下行功率控制参数 DlPcAlgoSwitch 的子开关、PdschSpsPcSwitch 设为打开	PDSCH 进行动态功率调整
下行 ICIC 开关关闭，即参数 DlIcicSwitch 设置为 DlIcicSwitch_OFF_ENUM PDSCH 功率控制 PA 调整参数 PdschPaAdjSwitch 设为关闭 下行功率控制参数 DlPcAlgoSwitch 的子开关 PdschSpsPcSwitch 关闭	PDSCH 采用固定功率分配，一个时隙内的两种 OFDM 符号发射功率分别为 PPDSCH_A 和 PPDSCH_B，P_A 通过参数 PaPcOff 设置

3. PDSCH 功率调整

PDSCH 功率调整的目的是在业务的持续过程中，跟踪大尺度衰落（路径损耗、阴影衰落），并周期性地动态调整发射功率，以满足信道质量要求。基于 PDSCH 上所承载的业务类型不同，PDSCH 上的调度方式分为半静态调度和动态调度。

当 PDSCH 上承载 VoIP 业务时，调度方式采用半静态调度。

当 PDSCH 上承载其他单业务流、混合业务以及重传业务时，调度方式采用动态调度。

针对这两种调度方式，PDSCH 功率控制采用不同策略。

(1) 采用半静态调度时的 PDSCH 功率调整

PDSCH 承载 VoIP 业务时采用半静态调度，PDSCH 功率调整通过参数 DlPcAlgoSwitch 设置，仅针对使用 QPSK 调制的用户。当子开关 PdschSpsPcSwitch 打开时，用户的 PDSCH 所占 RB 资源相对固定，MCS 也相对固定。

eNodeB 根据 VoIP 数据包的 IBLER（Initial Block Error Rate，初传误块率）测量值和 IBLERTarget 间的差异，周期性地调整 PDSCH 发射功率，以满足 IBLERTarget 要求。

如果 IBLER 测量值小于 IBLERTarget，就减小发射功率。反之，则增大发射功率。

(2) 采用动态调度时的 PDSCH 功率调整

PDSCH 承载其他单业务流、混合业务以及重传业务时采用动态调度，PDSCH 功率通过

PDSCH 功率控制 P_A调整参数 PdschPaAdjSwitch 设置。

当参数 PdschPaAdjSwitch 设为“ON”时，PDSCH 功率由 P_A确定。eNodeB 通过更新 P_A来动态调整 PDSCH 发射功率。

PDSCH 功率，即 PPDSCH_A 和 PPDSCH_B 设置过程如下。

1）eNodeB 通过 CQI 估算出 Cell - specific Reference Signal 的 SINRRS 估算值。如果此时没有 CQI 上报，则使用系统 SINRRS_Initial 默认值。

2）为了提高远点用户速率感受，设置 CQITarget 值。为了减少对邻区用户的干扰和保证小区内其他用户感受，CQITarget 取值相对比较小，对应下行使用 MCS 0 阶附近。

3）根据 SINRRS 估算值和 CQITarget 初始值，计算出 PDSCH 功率偏置初始值 P_{0_PDSCH}。

4）根据 TS 36.331 的定义，P_A是一个离散的枚举值，其取值范围为 {-6，-4.77，-3，-1.77，0，1，2，3}，所以需将 P_{0_PDSCH}映射为 P_A。

5）eNodeB 根据 P_A和 P_B计算 PDSCH 发射功率 PPDSCH_A 和 PPDSCH_B。由于目标值是一个确定的值，P_A是一个离散值，因此可能存在反复调整 P_A的情况。

P_A初始值设置过程如图 5-1 所示。

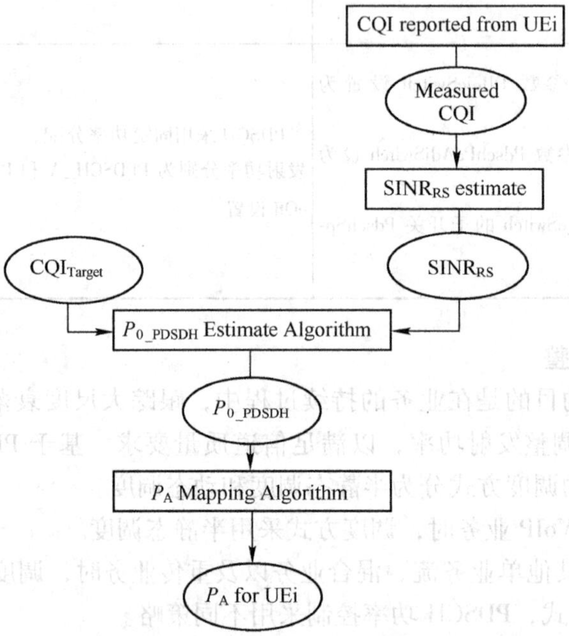

图 5-1　PA 初始值设置过程

当 eNodeB 收到 UE 上报的 CQI 时，与前一次收到的 CQI 值作比较。如果两者相差较大，则重新计算该用户的 P_A。

5.2　上行功率控制

上行功控的主要目的是在保证 UE 数据业务服务质量的基础上，尽可能地降低对其他用户的干扰，延长终端电池的使用时间。按照实现的功能不同，上行功率控制可以分为小区内功率控制和小区间功率控制。其中，小区内功率控制用来补偿路损和阴影衰落以达到上行传输的目标 SINR；小区间功率控制是基于邻小区的负载信息调整 UE 的发送功率，从而降低小区间干扰水平以及干扰的抖动性。

LTE 的上行包括：接入信道、业务共享信道（PUSCH）和公共控制信道（PUCCH），它们都有功率控制的过程，此外，为了便于 eNodeB 实现精确的上行信道估计，UE 需要根据配置在特定的 PRB 发送上行参考信号（SRS），且 SRS 也要进行功率控制。除接入信道外，其他 2 类信道上的功率控制的原理是一样的，主要包括 eNodeB 信令化的静态或半静态的基本开环工作点和 UE 侧不断更新的动态偏移。

5.2.1 PRACH 功率控制

1. PRACH 功率表示

上行功率控制特性用于控制上行物理信号、数据信道和控制信道的功率，按照上行信道分类，上行功率控制特性主要包括：PRACH、PUSCH、PUCCH、SRS 功率控制。

PRACH 功率控制目的是在保证 eNodeB 随机接入成功率的前提下，UE 以尽量小的功率发射前导，降低对邻区的干扰并使得 UE 省电。

每个 UE 的 PRACH 发射功率计算公式如下：

$$P_{\text{PRACH}} = \min\{P_{\text{CMAX}}, P_{0\_\text{pre}} + \text{PL} + \Delta_{\text{preamble}} + (N_{\text{pre}} - 1), \Delta_{\text{step}}\}$$

其中，P_{CMAX}——UE 的最大发射功率；

P_{0_pre}——当 PRACH 前导格式为 0，在满足前导检测性能时，eNodeB 所期望的目标功率水平。通过参数 PreambInitRcvTargetPwr 设置初始值；

PL——UE 估计的下行路径损耗值，通过 RSRP（RS Received Power，参考信号接收功率）测量值和小区参考信号发射功率获得。其中小区参考信号发射功率通过参数 ReferenceSignalPwr 设置。对 RSRP 测量值进行滤波的 alpha 滤波系数，通过参数 FilterRsrp 设置。UE 从 SIB 消息中获取这两个参数值；

Δ_{preamble}——当前配置的前导格式基于前导格式 0 之间的功率偏置值；

N_{pre}——该 UE 发送前导的次数，不能超过最大前导发送次数；

Δ_{step}——前导功率攀升步长，通过参数 PwrRampingStep 设置。

eNodeB 通过系统消息 SIB 将 P_{0_pre}、Δ_{step} 下发到 UE，UE 根据这些信息以及 PL 和记录的 N_{pre} 计算得到随机接入前导发射功率 P_{PRACH}。

2. eNodeB 设置 PRACH 的初始功率值

eNodeB 通过参数 PreambInitRcvTargetPwr 设置 P_{0_pre} 的值。如果配置过小，会降低 PRACH 接入成功率；如果配置过大，会增加对邻区的干扰。

3. UE 的 PRACH 发射功率攀升

在达到最大前导发送次数 N_{pre} 之前，如果 UE 随机接入失败，则进行 PRACH 发射功率攀升，并重发前导。当到达最大前导发送次数 N_{pre} 后，UE 进入重入网流程。

UE 发射随机接入前导后的 PRACH 发射功率攀升过程如下：如果 eNodeB 正确检测出该前导，则发送随机接入响应；如果 UE 没有成功接收到随机接入响应，则对 N_{pre} 进行累加，重新计算发射功率，并重新选择一个随机接入前导发射。

5.2.2 PUSCH 功率控制

1. PUSCH 功率表示

PUSCH 功率控制目的是降低对邻区的干扰和提高小区吞吐量，保证小区边缘用户的速率。

按照协议的规定，UE 在 PUSCH 信道上第 i 子帧的发送功率为

$$P_{\mathrm{PUSCH}}(i)=\min\{P_{\mathrm{MAX}},10\log_{10}(M_{\mathrm{PUSCH}}(i))+P_{0\_\mathrm{PUSCH}}(j)+\alpha(j)\cdot \mathrm{PL}+\Delta_{\mathrm{TF}}(i)+f(i)\}$$

其中：

i——第 i 个上行子帧；

P_{MAX}——系统通过 RRC 信令给 UE 配置的最大发送功率；

$M_{\mathrm{PUSCH}}(i)$——UE 在 PUSCH 信道上第 i 子帧时所分配的可以占用的资源块的个数；

$P_{0\_PUSCH}(j)$——一个半静态设置的功率基准值，j 的取值为 0、1 或 2，$j=0$ 对应于半静态调度授权的 PUSCH 传输或重传；$j=1$ 对应于动态调度授权的 PUSCH 传输或重传；$j=2$ 对应于随机接入响应授权的 PUSCH 传输；

α——对路径损耗的补偿量，当 $j=0$ 或者 1 时，α 为针对一个 eNodeB 由上层配置的 3 个比特的半静态数值，且 $\alpha\in\{0,0.4,0.5,0.6,0.7,0.8,0.9,1\}$，$\alpha(2)=1$；

PL——UE 估计得到的下行路径损耗；

$f(i)$——不同的 MCS 格式相对于参考 MCS 格式的功率偏置值。如果参数 DeltaMcsEnabled 设置为打开，需要考虑 $\Delta_{\mathrm{TF}}(i)$ 的影响；如果 DeltaMcsEnabled 设置为关闭 $\Delta_{\mathrm{TF}}(i)$ 为 0；

$f(i)$——第 i 子帧时 UE 的 PUSCH 发射功率的调整量，由 PDCCH 中的 TPC 信息映射获得。

2. eNodeB 设置 PUSCH 初始功率

在 UE 接入或切换入新小区之初，功率控制所需的各个测量量可能尚未准备好，这时根据为小区配置的标称功率 P_0 和路径损耗补偿因子 α 设置 PUSCH 初始发射功率谱，以保证小区边缘用户成功接入小区，并维持业务。

P_0 和路径损耗补偿因子设置过小，会影响用户的接入过程和业务速率，设置过大，会降低用户分配的资源数目，影响用户业务速率，并对邻区造成更大的干扰。

3. eNodeB 调整 PUSCH 初始功率

PUSCH 功率调整目的是在业务的持续过程中，跟踪大尺度衰落（路径损耗、阴影衰落），并周期性地动态调整发射功率谱，以满足业务质量的要求，节省发射功率，降低邻区干扰，提高系统容量。

基于 PUSCH 上所承载的业务类型不同，PUSCH 上的调度方式分为半静态调度和动态调度。针对这两种调度方式，PUSCH 功率调整采用不同策略。

PUSCH 承载 VoIP 业务时采用半静态调度，PUSCH 功率调整通过参数 UlPcAlgoSwitch 设置。当子开关 CloseLoopSpsSwitch 打开时，eNodeB 根据测量到的 IBLER 与 IBLERTarget 进行比较，周期性地调整 PUSCH 发射功率，以适应信道环境的变化。

当 PUSCH 上承载其他单业务流、混合业务以及重传业务时，调度方式采用动态调度。PUSCH 功率调整通过参数 UlPcAlgoSwitch 设置，具体功率调整过程如下：当内环子开关 InnerLoopPuschSwitch 打开时，eNodeB 估计用户的发射功率谱值，然后根据用户的发射功率谱

估计值与发射功率谱目标值的差异，周期性地调整 PUSCH 发射功率，以适应信道环境、业务负载的变化。

如果发射功率谱估计值大于发射功率谱目标值，eNodeB 向 UE 发送降低功率 TPC 命令。如果发射功率谱估计值小于发射功率谱目标值，eNodeB 向 UE 发送增大功率 TPC 命令。当存在系统外干扰时，可以将参数 UlPcAlgoSwitch 的 CloseLoopOptPUSCHSwitch 设置为打开，保证存在系统外干扰时的上行峰值吞吐量。

第6章 TD-LTE系统无线资源管理

本章介绍 TD-LTE 系统无线资源管理，其目的主要是在网络话务量分布不均匀、信道特性因信道衰落和干扰而起伏变化等情况下，灵活分配和动态调整无线传输部分和网络的可用资源，最大限度地提高无线频谱利用率，防止网络阻塞，并保持尽可能小的信令负荷。

6.1 调度

TD-LTE 系统中采用共享信道传输，时频资源在 UE 之间动态共享。调度是 LTE 系统的基本功能，调度是选择小区中合适的 UE，并为该 UE 分配合适的系统资源以便发送和接收数据。LTE 调度功能实体属于 MAC 子层，其基本功能是每个子帧为 UE 分配上行业务信道和下行业务信道的时频资源，选择合适的 MCS 调制编码方案，根据 HARQ 信息决定是否进行数据重传，保证数据的正确发送和接收。调度的基本资源单元是 RB，频域上包含 12 个子载波（180 kHz），时域上为 1 个子帧（普通 CP 下，1 个子帧时域为 1 ms，1 ms = 14 个 OFDM 符号），同一个 UE 在一个 TTI 里可以分配多个资源块，资源块个数与系统带宽有关。

调度支持 DL/UL QPSK、DL/UL 16QAM 以及 DL 64QAM，根据信道条件提供不同的调制方式，对于信道质量好的场景提供高阶的调制方式，例如，DL 64QAM 来提高系统的吞吐量和频谱效率。QPSK 是将 2 个信息比特调制成一个调制符号；16QAM 是将 4 个信息比特调制成一个调制符号；64QAM 是将 6 个信息比特调制成一个调制符号。调制阶数越高，即每个调制符号上的信息比特数越高，传输效率越高。为保证相同的误块率（BLER），需要的信噪比也越高。

自适应调制和编码（AMC）是调度中的基本特性之一，它根据当前信道质量为系统自适应选择最优的调制、编码方式，提高整个系统的频谱效率。AMC 包括上行链路根据 eNodeB 测量的 SINR 选择最优的 MCS，下行链路根据 UE 上报的 CQI 选择最优的 MCS。

LTE 系统中，每个用户会配置有其独有的无线网络临时标识（Radio Network Temporary Identifier，RNTI），eNodeB 通过用 UE 的 RNTI 对授权指示 PDCCH 进行掩码来区分用户，对于同一个 UE 的不同类型的授权信息，可能会通过不同的 RNTI 进行授权指示。如对于动态业务，eNodeB 会用 UE 的小区无线网络临时标识（C-RNTI）进行掩码，对于半静态调度业务，使用半静态小区无线网络临时标识（SPS-C-RNTI）等。

6.1.1 下行调度

下行调度位于 LTE 系统的 MAC 层，主要负责为 UE 分配物理下行共享信道（PDSCH）上的资源，并选择合适的 MCS 用于系统消息或用户数据的传输。下行调度支持基本的调度算法、最大载干比调度算法（Max C/I）、轮询调度算法（RR）和比例公平算法（PF）。

调度器调度用户并给用户分配资源时会考虑信道质量信息，包括 RI/PMI/CQI。RI/PMI/CQI 都是 UE 基于瞬时的下行信道质量估计的。

RI（Rank Indication，秩指示）在空间复用传输模式下，由 UE 上报给 eNodeB，为 eNodeB 提供信道的秩信息（最优的空间传输层数），供下行调度器使用。

PMI（Precoding Matrix Indication，预编码矩阵指示）在闭环空分复用传输模式下，由 UE 上报给 eNodeB，为 eNodeB 提供建议使用的预编码矩阵，供下行调度器使用。

CQI（Channel Quality Indicator，信道质量指示）是一个索引指示，由 UE 上报给 eNodeB，它为 eNodeB 提供下行的信道质量信息，供下行调度器做链路自适应使用。

HARQ 的 ACK/NACK 反馈是调度器的输入之一，指示新传数据和重传数据的传输正确性。在 HUAWEI 实现中，HARQ 重传有最高的调度优先级，仅次于信令传输和半静态业务传输。

下面介绍的是 LTE 中常用的几种动态资源调度算法。

（1）轮询调度算法

轮询调度算法（Round Robin，RR）假设所有用户具有相同的优先级，保证以相等的机会为系统中所有用户分配相同数量的资源，使用户按照某种确定的顺序占用无线资源进行通信。其主要思想是，以牺牲吞吐量为代价，公平地为系统内的每个用户提供资源。由于轮询调度算法不考虑不同用户无线信道的具体情况，虽然保证了用户时间公平性，但吞吐量是极低的。通常 RR 调度算法的结果被作为时间公平性的上界。

（2）最大载干比调度算法

最大载干比调度算法（Maximum Carrier to Interference，Max C/I）保证具有最好链路条件的用户获得最高的优先级。

无线信道状态好的用户优先级高，使得数据正确传输的几率增加，错误重传的次数减少，从而使整个系统的吞吐量得到了提升。通常 Max C/I 的结果被作为系统吞吐量的上界。

（3）比例公平算法

比例公平算法（Proportional Fair，PF）给小区内每个用户分配一个相应的优先级，小区中优先级最大的用户接受服务。该算法中，第 i 个用户在 t 时刻的优先级 $R_i(t)$ 定义如下：

$$R_i(t) = \frac{(C/I)_i(t)}{\lambda_i(t)} \tag{6-1}$$

这里 $(C/I)_i(t)$ 指第 i 个用户在 t 时刻的载干比，而 $\lambda_i(t)$ 指该用户在以 t 为结尾的时间窗内的吞吐量。显然，在覆盖多个用户的小区中，当用户连续通信时，$\lambda_i(t)$ 逐渐变大，从而使该用户的优先级变小，无法再获得服务。比例公平算法是用户公平性和系统吞吐量的折中，但是没有考虑业务的 QoS 信息，无法保证用户的业务感受。

下行 CQI 调整可实现下行调度功能增强，其中包括根据下行信道质量及 HARQ 反馈调整下行的 MCS 选择，提升下行的容量，增强下行业务 QoS 的保证。当 UE 上报的 CQI 不能真实反映调度时的信道质量，系统按照 UE 上报的 CQI 进行数据包 MCS 的选择，初传误块率（IBLER）不能收敛于最优值：CQI 上报至少存在 N 个 TTI 的时延（N 和 eNodeB 处理能力、空口传输时延及 CQI 上报周期有关）。当 CQI 上报时延超过信道的相干时间，将导致上报时刻的 CQI 与调度时的信道质量不能匹配。

CQI 的上报周期远大于调度周期，上报时刻的 CQI 与调度时的 CQI 已经有了差距，所以需要根据 HARQ－ACK 判断上报的 CQI 与实际信道质量的偏离程度，对上报的 CQI 进行调整。

下行CQI调整算法控制下行数据包MCS选择的过程如下：当调度器选择的MCS高于当前信道质量传输能力时，数据包的误块率会增加，根据反馈的NACK下调调整后的CQI；当调度器选择的MCS低于当前信道质量传输能力时，数据包的误块率会降低，根据反馈的ACK上调调整后的CQI，使系统初传误块率收敛于设定的目标值，提升系统的吞吐量。

6.1.2 上行调度

上行调度算法位于LTE系统的MAC层，主要负责为用户分配物理上行共享信道（PUSCH）上的资源，并选择合适的MCS用于用户数据的传输。上行调度算法和下行调度类似，不同的是，下行调度输入的信道质量信息为UE上报的CQI信息，上行调度输入的信道质量信息为系统测量的上行SINR。

上行调度器调度用户并给用户分配资源时需要考虑用户的信道质量信息（SINR），上行的信道质量信息通过SRS（Sounding Reference Signal，探测用参考信号）和DMRS（Demodulation Reference Signal，解调参考信号）测量获得。

PHR（Power Headroom Report，功率余量报告）指示UE功率的使用率，指示UE上行最大发送功率和UE上行已经使用的发射功率的差值，并上报给eNodeB，包括周期和事件上报两种模式。

BSR（Buffer Status Report，缓存状态报告）指示上行数据缓存区包含的数据的大小，并上报给eNodeB。

SR（Scheduling Request，调度请求）通过1 bit信息通知eNodeB，UE有数据需要发送，需要为数据信道分配上行资源。

1. 上行调度的基本功能

上行调度的基本功能主要包括：

优先级计算（Priority Calculation）：基于调度的输入信息，完成调度的Radio Bearer优先级、调度用户的确定，保证用户QoS的同时，最大化系统吞吐量。

MCS选择（MCS Selection）：基于调度的输入信息，确定要调度用户的MCS。

资源分配（Resource Allocation）：根据用户数据量和信道质量，确定要调度用户需要的RB数，并为用户确定RB位置。

2. 上行TTI调度流程

eNodeB首先对Msg3用户进行资源分配；当上行TTIBundling和上行半静态调度功能打开时，上行调度器首先为TTI Bundling和上行半静态调度预留资源；当有上行可用PUSCH资源时，依次调度处理HARQ重传、有控制平面数据的用户、上报调度请求（SR）的用户、GBR速率未满足的用户及未达到AMBR的用户；最后进行上行CoMP模式的判决。

3. 上行调度资源获取

获取上行调度资源主要是获得上行PUSCH可用的资源。由于PUSCH、PUCCH、PRACH共享上行带宽，上行可用PUSCH资源即扣除PUCCH和PRACH占用的资源。其中，PUCCH占据整个频带的最低端和最高端，其实际占用的RB个数受下行动态调度ACK/NACK反馈、下行CQI反馈、系统半静态调度用户数和SRI（Scheduling Request Indication，调度请求指示）资源的影响，PRACH的周期可通过参数进行设置，PRACH占用上行6个RB资源。

4. 上行调度用户 MCS 的确定

上行调度用户 MCS 的选择分为 SINR 调整、MCS 初选和 MCS 调整三个部分，具体流程及输入输出如图 6-1 所示。

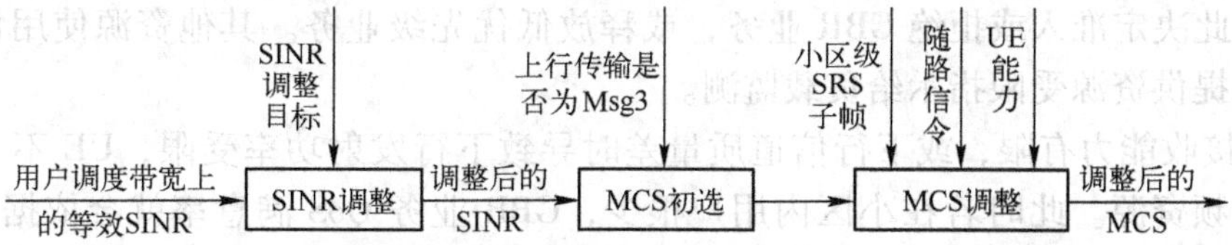

图 6-1　上行调度用户 MCS 选择

SINR 调整算法通过 UlSchSwitch 进行设置。当 UE 移动时，由于信道衰落的影响，上报时刻的 SINR 和调度时刻的 SINR 相比，可能已经有较大的变化，因此建议默认打开 SINR 的调整功能。基站通过统计上行数据的 ACK/NACK 来调整 SINR，从而纠正 SINR 的测量误差，使用户的 IBLER 收敛于目标值，保证系统吞吐量。上行 IBLER 的收敛目标值由参数 SinrAdjustTargetIbler 设置。系统默认 IBLER 的目标值为 10%，不同的场景最优 IBLER 可能不同，用户可以根据场景进行配置。

MCS 初选主要根据用户带宽上测量的 SINR 和 eNodeB 的解调性能进行比较，选择合适的调制编码阶数进行传输。为了保证初始接入的性能，华为采用静态低阶进行 Msg3 的传输。

MCS 调整，eNodeB 完成上行 MCS 的初选后，根据 UE 调度上行 RB 是否遇到小区级 SRS 子帧、随路信令及根据 UE 能力进行 MCS 的调整。调整的原因如下：小区级 SRS 子帧符号发送 SRS 信号，随路信令占据数据信道资源进行传输，都将导致 PUSCH 实际的数据传输码率提升，进而导致数据初传误码升高，因此系统需要对这两种情况进行 MCS 的调整，保证当前调度数据的正确解调。调整后的 MCS 将根据 UE 能力进行 MCS 的调整（不同 UE 能力，支持的最高 MCS 不一致），输出最终选择的 MCS。

6.2　准入拥塞控制

TD-LTE 系统中的准入拥塞控制包括准入控制和拥塞控制两部分。准入控制是指 eNodeB 根据 PRB 利用率和 GBR 业务 QoS 满意率来决定是否允许 GBR 业务（新业务或切换业务）准入。拥塞控制是指 eNodeB 根据拥塞控制算法对系统负载进行控制，确保业务整体 QoS 满意度得到保证和系统稳定。

负载控制的目的在于最大化资源利用率的同时，通过拒绝业务或释放业务保持系统稳定。负载控制通过控制小区的负载来保证已接入业务的 QoS，为独立的连接提供系统要求的 QoS 和保证系统容量的最大化。

6.2.1　负载监测

负载监测是对小区各类资源进行检测，如 PRB 利用率、GBR（Guaranteed Bit Rate，保证比特率）业务 QoS 满意率以及各类资源受限指示，以此评估小区当前的状态，为准入控制和拥塞控制决策提供重要依据和参考。负载监测通过数据测量，跟踪无线承载的激活、修改和释放情况，估计系统时频资源消耗情况，进而评估系统负载状态。

1. PRB 利用率监测

eNodeB 通过监测 PRB 利用率和 GBR 业务 QoS 满意率来判断小区负载高低，准入控制和拥塞控制据此决定准入或拒绝 GBR 业务，或释放低优先级业务。其他资源使用情况由各资源分配算法提供资源受限指示给负载监测。

当 UE 接收能力有限，或下行信道质量差时导致下行发射功率受限，UE 不一定能够使用所有的时频资源。此时若在小区内用户很少，GBR 业务 QoS 满意率就会依据这些 UE 得出。这样就容易误判，导致下行有很多空闲 PRB 而新业务无法准入的情况。因此补充进行下行 PRB 利用率检查。当下行 PRB 利用率低且发射功率不受限时，直接准入；当下行 PRB 利用率低且发射功率受限时和当下行 PRB 利用率高，采用基于 QCI 的 GBR 业务满意率来进行准入判决。

通过监测高调度优先级业务的 PRB 利用率可以了解小区时频资源的使用情况，初步判断系统负载高低情况。高调度优先级业务包含 GBR 业务以及调度优先级高于 GBR 业务的其他业务或信令，例如，重传、SRB（Signaling Radio Bearer，信令无线承载）、SR（Schedule Request，调度请求）。PRB 利用率计算是由 MAC 统计完成。

计算所得的 PRB 利用率分别与上/下行 PRB 利用率门限 DlRbHighThd、DlRbLowThd、UlRbHighThd 和 UlRbLowThd 进行对比，从而判定 PRB 利用率的高低。如下行方向，PRB 利用率若高于下行 PRB 利用率高门限 DlRbHighThd，则表明下行 PRB 利用率高；低于下行 PRB 利用率低门限 DlRbLowThd，则表明下行 PRB 利用率低。通过设置高低门限，可以避免乒乓效应。

2. GBR 业务 QoS 满意率监测

GBR 业务 QoS 满意率反映了小区已接入 GBR 业务的 QoS 是否得到保证，可作为判断小区负载高低的依据之一。

QCI 反映了业务 QoS 等级，不同 QCI 有不同的 QoS 参数，通过协议得出 LTE QoS 机制中的各种业务特点及其 QoS 满意度评价标准。

对于下行，是基于 QCI 对应的逻辑信道的满意率进行评价。

由于上行发送的数据缓存在 UE 侧，eNodeB 不能估计 UE 侧每个逻辑信道的发送数据缓存，同时为了节省信令资源，减少 BSR（Buffer Status Report，缓存状态报告），因此对于上行，采用和下行不同的满意率评价标准：按逻辑信道分组评价满意率。逻辑信道分组定义为一组 QoS 属性类似的无线承载。

在上下行方向根据 QCI 计算 GBR 业务满意率，同时为每个 QCI 设置不同的准入门限。即 QCI 之间的差异化准入通过为每个 QCI 设置不同的准入门限来体现。

（1）下行满意率评价

对于 QCI = 1 承载的 VoIP 语音，QCI = 1 业务的满意率为小区内 VoIP 业务的平均下行满意率，即小区内各 VoIP 业务的下行满意率之和与小区内 VoIP 业务总数的比例。

QCI = 2 ~ 4 对应 GBR 业务，其满意率评价需要考虑数据量和 GBR 速率，即 QCI = x（x = 2 ~ 4）的所有业务已调度的数据总量占此 QCI 所有业务需要传输的数据总量的比例。被调度的数据越多，或缓存中的数据量越少，则表明满意率越高。

（2）上行满意率评价

对于 QCI = 1 承载的 VoIP 语音，QCI = 1 业务的满意率为小区内 VoIP 业务的平均上行满意率，即小区内各 VoIP 业务的上行满意率之和与小区内 VoIP 业务总数的比例。

上行 QCI = 2 ~ 4 的 GBR 业务按照逻辑信道分组进行满意率的评价。即逻辑信道分组的满意率是由已传输的数据与需要传输的数据进行比较得出，已传输的数据越多，则满意率越高。

QCI = 1 ~ 4 可映射到对应的逻辑信道分组，即若 QCI = 2 ~ 4 映射到逻辑信道分组 2，则 QCI = 2 ~ 4 的满意率都由逻辑信道分组 2 的满意率表示。

3. 资源受限指示

对于准入算法中需要用到的其他资源，负载监测收集资源受限指示并反馈到准入控制，然后进行准入的判断。下面是准入控制算法中收到的一些资源受限指示。

（1）下行功率受限

当 eNodeB 下行发射功率很高时，易引起功率受限。这种情况不一定代表小区拥塞，因此 eNodeB 不会直接拒绝准入。eNodeB 是否还允许新业务准入还需结合 QoS 满意率来判断。

功率是否受限的判断可以由调度和功率控制算法决定。当下行功率都被用完，但是下行 RB 还有剩余（如用户都在小区边缘时候），说明下行功率受限。当下行功率没有被用完，但是下行 RB 已经没有剩余，说明下行功率不受限（如用户都在小区中心）。功率不受限且 RB 利用率低则足以说明系统有充足的下行资源。

（2）PUCCH 资源受限

PUCCH 资源是根据已经接入网络的业务数和 QoS 需求来进行分配的。一旦 PUCCH 现有资源不足以分配而又无法获得更多的 PUCCH 资源，则发出指示给准入控制，不再准入任何业务。

（3）传输层资源受限

传输层（如 S1 接口可用带宽）资源拥塞时，则根据传输资源是否允许抢占进行相应处理。

（4）小区拥塞指示

系统拥塞指示由拥塞控制发出，指示 Uu 接口资源（即 PRB 和下行功率资源）拥塞。拥塞指示有“上行拥塞，下行不拥塞”、“下行拥塞，上行不拥塞”、“上下行同时拥塞”，以及“拥塞解除”四种指示。

若当前请求业务为 GBR 业务，则根据拥塞指示，只要有上下行任一方向发生拥塞，就不准入 GBR 业务（新业务或切换业务）。

若当前请求接入的业务为 Non - GBR 业务，则按 Non - GBR 业务准入规则进行判断。

若小区开启了抢占开关，则新业务可执行抢占。

6.2.2 拥塞控制

拥塞控制用于处理传输资源拥塞和空口资源拥塞，通常情况下，准入控制可保证已接入用户的 QoS，防止系统拥塞。但如下两种情况可能导致拥塞：

1）业务多样且某些业务速率不是恒定的，而是时高时低，因此业务数据量变化对负载必然产生影响。

2）由于用户移动所导致的无线信道条件变化，同一个业务，相同的数据速率，在不同的时刻对于无线资源的影响是不同的。

因此，即使无线通信系统内的用户数不发生任何变化，仅凭上述两个因素也会导致小区负载变化，进而影响已建业务的 QoS。当上述情况出现导致小区拥塞时需要拥塞控制进行处理。

系统拥塞时，释放低优先级 GBR 业务作为拥塞控制的第一选择。通过释放 GBR 业务，系统可以释放一部分资源，使接入系统的其他业务的 QoS 可以得到保证。

通过释放低优先级 GBR 业务可以释放该部分业务所占用的资源，达到降低系统负载的目的。为保证紧急呼叫的连续性和稳定性，eNodeB 不会释放紧急呼叫。

1. 负载状态判断

通过监控 PRB 利用率、QoS 业务满意率和下行功率，可评估系统负载状态。小区有两个状态：拥塞状态和正常状态。

（1）拥塞状态

当一个或多个 QCI 对应业务的下行 QoS 满意率低于拥塞门限值时，则判定小区处于下行拥塞状态。

当一个或多个 QCI 对应业务的上行 QoS 满意率低于拥塞门限值且小区上行 PRB 利用率高时，或者当一个或多个 QCI 对应业务的上行 QoS 满意率低于拥塞门限值且 VoIP 上行调度等待时间过长时，则判定小区处于上行拥塞状态。

小区处于拥塞状态时，将通知准入控制，禁止业务准入，并触发拥塞控制来降低负载。当所有 QCI 对应业务 QoS 满意率恢复时，即满意率高于业务拥塞门限与 CongRelOffset 之和，则小区恢复正常状态。业务拥塞门限按 QCI = 1 ~ 4 来定义，即 Qci1CongThd、Qci2CongThd、Qci3CongThd 和 Qci4CongThd。

每个 QCI 对应的 QcixCongThd 加上 CongRelOffset 必须小于 QcixHoThd（$x=1\sim4$）。

（2）正常状态

当所有 QCI 对应业务的 QoS 满意率均高于各自对应的拥塞门限值，即 QcixCongThd（$x=1\sim4$）时，小区处于正常状态。

2. 释放低优先级 GBR 业务

当小区拥塞时，拥塞控制从当前已接入的业务中选择低优先级 GBR 业务集合中排序最前的业务进行释放。若该业务所在 UE 拥有的唯一的 GBR 业务被释放且开启重定向时，系统将重定向 UE 到其他频点或者异系统，提升其重新接入的成功率。

释放 GBR 业务后，系统将等待并判断 GBR 业务满意率是否恢复。若 GBR 业务满意率没有恢复，将重新进行以上 GBR 业务释放过程，直到系统拥塞解除。

第7章 TD-LTE无线参数优化

LTE 无线网络设备的参数庞大而繁杂，真正影响网络性能、用户感知且日常优化需要用到的参数相对较少，本章对于 3GPP 规范中出现的参数进行梳理，结合组网策略、网络结构、信令流程对网络优化中较重要的参数进行介绍。

7.1 TD-LTE 无线参数分类

无线参数数目众多，为了便于深入理解以及更好地将参数优化手段应用到实际优化工作中，需要归类进行标签化整理，同时以便于日常参数管理。从主流设备厂家的实现角度分类，可以分为3GPP 公共参数以及厂家私有参数实现，3GPP 公共参数相对较常见，而后者更多地结合了厂家的私有算法以及功能实现；从性能评估的角度分类，可以划分为影响性能的参数（例如，功率、接入类、功率类等）和评估性能的参数（例如，干扰带电平设置）两类；从参数功能的角度，可以划分为功率类、接入类、寻呼类、重选类、切换类、定时器类参数等，而在这些类别参数中，有些需要差异化设置以契合不同的网络场景，而有些（例如，定时器类）则可考虑在建网初期进行统一化的设置，杜绝美化网络指标情况出现。

LTE 3GPP 无线参数大致分七类，分别为功率配置及功率控制类参数、小区选择类参数、系统内移动性管理类参数、系统间互操作类参数、定时器和常量类参数、小区标识类参数以及与资源调度相关的参数，其中前五类参数与无线网络优化相关，是本章的研究重点。

7.2 TD-LTE 主要公共参数

7.2.1 功率配置及功控类参数

功率类参数是开网优化阶段，乃至后续优化调整阶段中较重要的一类参数，由于该类参数变动直接导致网络覆盖、干扰的变化，因此需要根据不同的网络结构规划，以及射频设备能力，对该类参数进行统筹考虑。

1. 下行功率配置类参数

下行功率配置类参数主要包括{p_a, p_b, referenceSignalPower}三个参数，协议中规定这三个参数取值范围如下。

1）referenceSignalPower：取值范围为整型（-60，…，50），为下行小区级参数，该参数定义为在带宽内所有小区级参考信号功率的线性平均，可以认为是参考信号的每 RE 能量（Energy Per Resource Element，EPRE），该参数具体取值与射频设备支持能力息息相关。

2）p_b：取值范围为整型（0，…，3），为下行小区级参数。该参数本身取值代表索引值，见表5-1 。

3）p_a：取值范围为枚举型｛dB -6，dB -4dot77，dB -3，dB -1dot77，dB0，dB1，dB2，dB3｝，其中 dB -6 意味着 -6 dB，dB -4dot77 意味着 -4.77 dB 等，为下行用户级参数。

因此，通过以上三个参数的组合就可以得到 PDSCH 中非 RS 信号的 EPRE 以及同一个 OFDM 符号中 CRS 信号的 EPRE，二者比例（非 RS 信号 EPRE/CRS EPRE）既可以是 ρ_B 也可以是 ρ_A，具体由 OFDM 符号索引确定，详见表 7-1。

表 7-1 PDSCH EPRE/CRS EPRE 取值为 ρ_A 或者 ρ_B 时所对应的时隙中 OFDM 符号索引

天线端口数量	PDSCH EPRE/CRS EPRE 取值为 ρ_A 时所对应的时隙中 OFDM 符号索引		PDSCH EPRE/CRS EPRE 取值为 ρ_B 时所对应的时隙中 OFDM 符号索引	
	普通循环前缀	扩展循环前缀	普通循环前缀	扩展循环前缀
1 或者 2	1，2，3，5，6	1，2，4，5	0，4	0，3
4	2，3，5，6	2，4，5	0，1，4	0，1，3

在信令交互中参数配置的具体逻辑关系如下：

SystemInformationBlockType2 → RadioResourceConfigCommonSIB → PDSCH_ConfigCommon：(referenceSignalPower；p_b)

PhysicalConfigDedicated→ConfigDedicated→PDSCH→ConfigDedicated：p_a

MobilityControll Info→RadioResourceConfigCommon→PDSCH_ConfigCommon：(referenceSignalPower；p_b)

现网一般宏站都是双端口情况，因此如果 p_b 取值为 0、2、3，则理论上都会或多或少地造成 PDSCH 的功率冗余或者不足，因此现网推荐 p_b 取值为 1，同时为了避免宏站间 PDSCH 与 CRS 信道的互扰以及提高功率利用效率，p_a 建议取值为 dB -3，即 -3 dB。对于室分系统中，如果是双天线端口的，设置原则同宏站。如果是单天线端口的，p_b 取值为 0，p_a 建议取值为 dB0，即 0 dB。根据各个主设备厂家的射频能力，以及综合与 3G 共 RRU 升级等现网情况，推荐 referenceSignalPower 设置值为 15.2 dBm。

2. 上行功率类参数

由于 LTE 主要采用同频组网，小区内不同用户占用频率资源不同，因此 LTE 下行信道不涉及功率控制，只有上行信道有功率控制。功率控制随着用户容量的攀升，对于邻小区干扰进行有效的规避，因此对于不同上行信道的功率控制策略以及设置值需要进行特别的关注，由于涉及上行功率类参数众多，本书只对一些对网络优化较重要的参数进行介绍，有兴趣的读者可以进一步参考相关资料。

3. PRACH 信道随机接入

（1）P_Max

消息块 P_Max 用来限制 UE 在载波频率最大上行发射功率，同时用来计算参数 Pcompensation 值（详见 TS36.304 中定义）。该消息块等同于 P_{EMAX} 和 $P_{EMAX,c}$（详见 TS36.101）。UE 在服务小区中的上行传输功率不应该超过该服务小区配置最大 UE 传输功率（详见 TS36.101），该消息块分别由系统消息 SIB1、SIB3、SIB5、SIB6、SIB7 进行下发。

1）由 SIB1 下发：参数名称为 p_Max，取值范围为整型（-30，…，33），单位为 dBm，标识限定驻留 UTRA 小区上行最大发射功率，如果该值不配置，则最大发射功率取决于终端射频能力；

2）由 SIB3 下发：参数名称为 p_Max，取值范围为整型（ –30，…，33），单位为 dBm，标识限定同频 UTRA 邻区上行最大发射功率，如果该值不配置，则最大发射功率取决于终端射频能力；

3）由 SIB5 下发：参数名称为 p_Max，取值范围为整型（ –30，…，33），单位为 dBm，标识限定异频 UTRA 邻区上行最大发射功率，如果该值不配置，则最大发射功率取决于终端射频能力；

4）由 SIB6 下发：参数名称为 p_MaxUTRA，取值范围为整型（ –55，…，33），单位为 dBm，标识限定 3G 邻区上行载波最大发射功率；

5）由 SIB7 下发：参数名称为 p_MaxGERAN，取值范围为整型（0，…，39），单位为 dBm，标识限定 2G 邻区上行载波最大发射功率，如果该值不配置，则最大发射功率取决于终端射频能力；

6）当前协议规定终端都是功率等级 3 的终端，因此根据终端发射能力，建议 p_Max 取值设为 23 dBm。

（2）初始前导码接收功率

初始前导码接收功率（preambleInitialReceivedTargetPower），单位为 dBm，协议规定取值范围为枚举型{dBm – 120, dBm – 118, dBm – 116, dBm – 114, dBm – 112, dBm – 110, dBm – 108, dBm – 106, dBm – 104, dBm – 102, dBm – 100, dBm – 98, dBm – 96, dBm – 94, dBm – 92, dBm – 90}，该参数可以用来与其他参数协同进行随机接入前导码组的选择，开网建议值 –100 ~ –104 dBm。

（3）功率坡度因子

功率坡度因子（powerRampingStep），单位为 dB，协议规定取值范围为枚举型{dB0, dB2, dB4, dB6}。

以上该两参数（初始前导码接收功率和功率坡度因子）结合在一起表征上行随机接入时需要的目标接收功率，即 PREAMBLE_RECEIVED_TARGET_POWER = preambleInitialReceivedTargetPower + DELTA_PREAMBLE +（PREAMBLE_TRANSMISSION_COUNTER – 1）* powerRampingStep，开网建议值为 dB4。

（4）前导码最大传输次数

前导码最大传输次数（preambleTransMax），取值为整数，协议规定取值范围为枚举型{n3, n4, n5, n6, n7, n8, n10, n20, n50, n100, n200}，开网建议值为 n10。

（5）随机接入响应窗长度

随机接入响应窗长度（ra_ResponseWindowSize），取值单位为子帧，协议规定取值范围为枚举型{sf2, sf3, sf4, sf5, sf6, sf7, sf8, sf10}，开网建议值为 sf8。

以上五个参数结合在一起决定着随机接入响应的成功率，与功控不同的是，每次的随机接入都是以 powerRampingStep 为固定的步长将功率向上抬升的，直到成功接收随机接入响应（TS36.321.5.1.4），如果在随机响应窗内没有接收到随机响应或者接收到的随机响应前导码标识与发送的随机接入前导码不匹配，则随机接入响应不成功，UE 会继续以固定步长抬升功率直到前导码传输计数器（PREAMBLE_TRANSMISSION_COUNTER）达到前导码最大传输次数（preambleTransMax）+1 终止。如果初始前导码功率与功率坡度因子设置过大的话，可能导致在业务量密集区域用户在随机接入过程中产生较大的干扰，反之，如果设置过小可能导致随机接入响应成功率变低，或者增加不必要的随机接入尝试次数，潜在也可能带来干扰的抬升；另外前导码最大传输次数以及随机接入响应窗长也会间接影响随机接入响应成功率与其他网络指标的关系，例如，如果前导码最大传输次数设置过大，可能导致随机接入功率抬升过大，增加网内干扰；设置次数过小则可能导致随机接入响应不成功。随机接入窗长设置过大可能导致随机接入时延过大，反之设置过小则可能带来随机接入响应成功率的降低。由于这四个参数与 LTE 开网放号之后的业务容量及用户行为息息相关，因此初期给出经验值，后续应随着网络结构以及用户容量的改变而进行同步更新。

这四个参数在信令协议栈中逻辑关系如下：

RadioResourceConfigCommon→rach - ConfigCommon→(preambleInitialReceivedTargetPower; powerRampingStep; preambleTransMax; ra_ResponseWindowSize)。

上行功率控制实际控制着各个上行物理信道的发射功率。

4. PUCCH 功率控制

参数 p0_NominalPUCCH 为 PUCCH 标称功率 P_0，单位为 dBm，协议规定取值范围为整型（-127，…，-96）。

对于 UE 在子帧 i 中的上行物理控制信道（PUCCH）发射功率 P_{PUCCH} 定义如下：

$$P_{PUCCH}(i)=\min\{P_{CMAX},P_{0\_PUCCH}+PL+h(n_{CQI},n_{HARQ})+\Delta_{F\_PUCCH}(F)+g(i)\}[\text{dBm}]$$

其中：

P_{CMAX}——UE 配置传输最大功率 P_Max；

$\Delta_{F\_PUCCH}(F)$——由高层提供，对应这 PUCCH 的不同格式的功率补偿，其中 PUCCH 不同格式具体见表 7-2；

表 7-2 PUCCH 不同格式功率补偿情况列表

参数英文名	中文含义	功能含义	协议规定取值范围（单位：dB，类型：枚举型）	建议取值 /dB
deltaF_PUCCH_Format1	PUCCH 格式 1 的偏置	该参数表示 PUCCH 格式 1 的 Delta 值	{deltaF -2，deltaF0，deltaF2}	0
deltaF_PUCCH_Format1b	PUCCH 格式 1b 的偏置	该参数表示 PUCCH 格式 1b 的 Delta 值	{deltaF1，deltaF3，deltaF5}	3
deltaF_PUCCH_Format2	PUCCH 格式 2 的偏置	该参数表示 PUCCH 格式 2 的 Delta 值	{deltaF -2，deltaF0，deltaF1，deltaF2}	1
deltaF_PUCCH_Format2a	PUCCH 格式 2a 的偏置	该参数表示 PUCCH 格式 2a 的 Delta 值	{deltaF -2，deltaF0，deltaF2}	2
deltaF_PUCCH_Format2b	PUCCH 格式 2b 的偏置	该参数表示 PUCCH 格式 2b 的 Delta 值	{deltaF -2，deltaF0，deltaF2}	2

$h(n_{CQI},n_{HARQ})$——与 PUCCH 不同传输格式相关，n_{CQI} 意味着表征信道质量的信息比特个数，n_{HARQ} 意味着 HARQ 的比特个数，其中对于 PUCCH 格式 1、1a 和 1b，$h(n_{CQI},n_{HARQ})=0$，而对于正常循环前缀的 PUCCH 格式 2、2a 和 2b，$h(n_{CQI},n_{HARQ})=\begin{cases}10\log_{10}\left(\frac{n_{CQI}}{4}\right), & n_{CQI}\geqslant 4\\ 0 & \text{其他}\end{cases}$；

PL——是终端侧计算的下行路径损耗预估，PL = referenceSignalPower - higher layer filtered RSRP，其中 referenceSignalPower 由高层提供；

P_{0_PUCCH}——分别由高层提供的小区级参数 $P_{0\_NOMINAL\_PUCCH}$ 及用户级参数 $P_{0\_UE\_PUCCH}$ 之和决定；

δ_{PUCCH}——是用户级的校正值，结合 PDCCH 中的 TPC 命令标识获取。该参数决定着 $g(i)$ 取值，详见 TS. 36. 213 5. 1. 2. 1。

现网中 $P_{0\_NOMINAL\_PUCCH}$、Δ_{F_PUCCH}（F）等参数决定着功控过程中的起始发射功率，如果值设置过大，在建网初期业务量较小的情况下，可能提升单用户的 PUCCH 上行起始发射功率，从而提升该用户以及该小区内的上行吞吐量，但是随着网络用户规模的提升，可能对周边邻区边缘用户带来干扰，因此建议在满足小区边缘用户功控基本需求前提下，尽量将该值设置低一些，目前建议该值设置在 -100 ~ -105 dBm 左右，PUCCH 不同格式的功率补偿建议值参见表 7-2 。另外，为了使得上行发射功率收敛，从而达到降低网内干扰的目的，应建议现网各设备厂家结合该参数设置并打开闭环功控开关。

5. PUSCH 功率控制

（1）p0_NominalPUSCH

该参数为 PUSCH 标称功率 P_0，单位为 dBm，协议规定取值范围为整型（-126，…，24）。

（2）Alpha

该参数为计算系数，协议规定取值范围为枚举型｛al0，al04，al05，al06，al07，al08，al09，al1｝，例如，al08 意味着该参数取值为 0. 8，al1 意味着该参数取值为 1。

（3）deltaMCS_Enabled

该参数为计算系数，协议规定取值范围为枚举型｛en0，en1｝，en0 对应着取值 0，意味着状态关闭，en1 对应着取值 1. 25。

对于 UE 在子帧 i 中的上行物理控制信道（PUSCH）发射功率 P_{PUSCH} 定义如下：

$$P_{PUSCH}(i) = \min\{P_{CMAX}, 10\log_{10}(M_{PUSCH}(i)) + P_{0\_PUSCH}(j) + \alpha(j) \cdot PL + \Delta_{TF}(i) + f(i)\} \; [\mathrm{dBm}]$$

其中，

P_{CMAX}——UE 配置传输最大功率 P_Max；

$M_{PUSCH}(i)$——指在子帧 i 中分配给用户的 PUSCH 信道所占的资源块（RB）数量；

$P_{0\_PUSCH}(j)$——对于 j 为 0 和 1，该变量分别由高层提供的小区级参数 $P_{0\_NOMINAL\_PUSCH}$（j）及用户级参数 $P_{0\_UE\_PUSCH}$（j）之和决定。当 $j=0$ 时，PUSCH 传输对应半静态调度模式，当 $j=1$ 时，PUSCH 传输对应动态调度模式，当 $j=2$ 时，PUSCH 对应随机接入响应模式，此时，$P_{0\_UE\_PUSCH}$（2）=0 并且 $P_{0\_NOMINAL\_PUSCH}$（2）$= P_{0\_PRE} + \Delta_{PREAMBLE\_Msg3}$，这里初始前导码接收功率（$P_{0\_PRE}$）以及 $\Delta_{PREAMBLE\_Msg3}$ 均由高层提供；

$\alpha(j)$——当 j 为 0 或者 1 时，该参数为一由高层提供的 3 bit 的小区级参数，且按协议规定取值范围为 $\alpha \in \{0, 0.4, 0.5, 0.6, 0.7, 0.8, 0.9, 1\}$，当 $j=2$ 时，$\alpha(j)=1$。

PL——终端侧计算的下行路径损耗预估，PL = referenceSignalPower - higher layer filtered RSRP，其中 referenceSignalPower 由高层提供；

$\Delta_{TF}(i)$——当 $K_S = 1.25$ 即 deltaMCS - Enabled 置为 en1 时，$\Delta_{TF}(i) = 10\log_{10}((2^{MPR \cdot K_S} - 1)\beta_{offset}^{PUSCH})$，当 $K_S = 0$ 即 deltaMCS - Enabled 置为 en0 时，$\Delta_{TF}(i) = 0$；

$f(i)$——涉及具体的功控算法，具体由 TPC 命令标识以及 PDCCH 下发的 DCI 格式决定，详见 TS. 36. 213 5. 1. 1. 1。

现网中 p0 – NominalPUSCH、Alpha 以及 deltaMCS_Enabled 等参数决定着功控过程中的起始发射功率，如果这些参数设置值过大，在建网初期业务量较小的情况下，可能提升单用户PUSCH 的上行起始发射功率，从而显著提升该用户以及该小区内的上行吞吐量，但是随着网络用户规模的提升，可能对周边邻区边缘用户带来干扰，因此建议在满足小区边缘用户吞吐量基本需求的前提下，尽量将这些值综合考虑，并设定在合理范围内，建议的一组取值为(– 87，al08，en0)，同时建议各设备厂家应开启闭环功控开关以达到功率控制收敛的目的。

7.2.2 小区选择类参数

小区选择类参数通过系统消息下发，该类参数涉及终端接入网络的门限，因此调整该类参数直接影响用户接入网络的体验，同时对于网络指标也会有影响。该类参数在进行网络优化时可以根据特殊场景进行局部调整，但是站在参数管理的角度，该类参数应该进行统一设置管理，避免由于参数设置的千差万别，导致美化指标以及掩盖网络问题的情况出现。

小区选择准则（S 准则）的介绍如下。

如果进行小区选择，类似 UMTS，首先需要满足 S 准则，即

$$S_{\text{rxlev}} > 0 \text{ 并且 } S_{\text{qual}} > 0$$

其中

$$S_{\text{rxlev}} = Q_{\text{rxlevmeas}} - (Q_{\text{rxlevmin}} + Q_{\text{rxlevminoffset}}) - P_{\text{compensation}}$$

$$S_{\text{qual}} = Q_{\text{qualmeas}} - (Q_{\text{qualmin}} + Q_{\text{qualminoffset}})$$

其中各参数含义见表 7–3。

表 7–3 小区选择 S 准则参数含义

S_{rxlev}	小区选择接收电平值（dB）
S_{qual}	小区选择质量值（dB）
$Q_{\text{rxlevmeas}}$	测量小区接收电平值（RSRP）
Q_{qualmeas}	测量小区质量值（RSRQ）
Q_{rxlevmin}	小区最小接收电平（dBm）
Q_{qualmin}	小区最小接收质量（dB）
$Q_{\text{rxlevminoffset}}$	当驻留 VPLMAN 时，对于更高优先级 PLMN 进行周期搜索时的 Q_{rxlevmin} 的偏移量
$Q_{\text{qualminoffset}}$	当驻留 VPLMAN 时，对于更高优先级 PLMN 进行周期搜索时的 Q_{qualmin} 的偏移量
$P_{\text{compensation}}$	$\max(P_{\text{EMAX}} - P_{\text{PowerClass}}, 0)$ (dB)
P_{EMAX}	小区内上行终端最大发射功率（dBm），详见 TS 36. 101
$P_{\text{PowerClass}}$	根据终端功率等级定义在最大射频功率（dBm），详见 TS 36. 101

（1）q_RxLevMin

该参数由系统消息 SIB1、SIB3、SIB5、SIB6、SIB7 分别下发，下面针对不同系统消息块中下发的该参数进行分别说明。

1）SIB1 消息下发：该参数适用于本系统小区选择时的驻留门限，取值范围为整型（ – 70，…， – 22），实际值 = 消息块(IE)值 * 2[dBm]。

2）SIB3 消息下发：该参数适用于同频邻区，取值范围为整型（ – 70，…， – 22），实

际值 = 消息块(IE)值 * 2[dBm]。

3）SIB5 消息下发：该参数适用于异频邻区，取值范围为整型（-70，…，-22），实际值 = 消息块(IE)值 * 2[dBm]。

4）SIB6 消息下发：该参数适用于3G 小区选择，取值范围为整型（-60，…，-13），实际值 = 消息块(IE)值 * 2 + 1[dBm]，该值与3G 中的 $Q_{rxlevmin}$ 的取值保持一致。

5）SIB7 消息下发：该参数表示 GSM 小区中的最小接收电平，取值范围为整型（0，…，45），实际值 =(消息值 * 2) - 115。

（2）q_RxLevMinOffset

该参数由系统消息块 SIB1 下发，类型为可选，取值范围为整型（1，…，8），实际值 = 消息块值 * 2[dB]，如果缺省时，则终端默认该值为 0 dB，该偏置影响小区允许最小接收电平。

（3）q_QualMin

该参数由系统消息 SIB1、SIB3、SIB5、SIB6 分别下发，下面针对不同系统消息块中下发的该参数进行分别说明。

1）SIB1 消息下发：该参数用来指示 E - UTRA 小区选择/重选中所需要的最小接收 RSRQ，取值范围为整型（-34，…，-3）。如果消息块 cellSelectionInfo - v920 没有出现，UE 默认该参数取值为负无穷。

2）SIB3 消息下发：该参数适用于同频邻区，取值范围为整型（-34，…，-3），如果该参数没在系统消息里出现，则 UE 默认 $Q_{qualmin}$ 为负无穷。

3）SIB5 消息下发：该参数适用于异频邻区，取值范围为整型（-34，…，-3），如果该参数没在系统消息里出现，则 UE 默认 $Q_{qualmin}$ 为负无穷。

4）SIB6 消息下发：该参数与 TS 25. 304 中定义的 $Q_{qualmin}$ 一致，只适用于 FDD UTRA 小区，实际值 = 消息块（IE）值［dB］，取值范围为整型（-24，…，0）。

（4）q_QualMinOffset

该参数由系统消息块 SIB1 下发，类型为可选，取值范围为整型（1，…，8），实际值 = 消息块值(dB)，如果消息块 cellSelectionInfo - v920 没有出现，UE 默认该参数取值为 0 dB。

由于终端芯片测量计算 RSRQ 的能力差别很大，因此一般接入门限的选取均与 RSRP 相关联，这里可以不配置 q_Qualmin，UE 默认该参数取值为负无穷。为了尽量使得 UE 驻留在 LTE 网络，可以将 q_RxLevmin 适当调低。对于一些局部地区网内干扰较严重的特殊场合，可以适当将该接入门限提高以保证部分用户接入感知，但进行该参数调整不能作为网络优化的常规手段，更不能通过接入门限的参数调整美化网络指标，剥离用户真实感知。现网该参数一般取值 -120 ~ -124 dBm，对应配置在 SIB1 下发的消息块值为 -60 ~ -62。

7. 2. 3 系统内移动性管理参数

在通信网络中由于用户的移动性，因此系统内涉及对用户进行移动性管理，包括空闲态下的重选以及业务连接态下的切换，与之相关的重选参数以及切换参数需要进行研究。同时，由于 LTE 系统内存在不同频段，对于组网策略的不同，移动性管理参数的选择也有所不同，系统内异频之间的移动性管理也是重要的一个考量维度，因此本节按照同频或相同优先级异频移动性管理和不同优先级异频移动性管理两部分进行阐述。

1. 同频或相同优先级异频空闲态重选相关的参数

（1）$S_{IntraSearchP}$

同频起测门限，该值表征 UE 对同频邻区的起测门限，该参数由系统消息 SIB3 下发，类型为可选，取值范围为整型（0，…，31），实际值 = 消息块（IE）值 * 2[dB]，如果不配置该参数或者与之相关的 s_IntraSearchP 也不配置，则该值默认为无穷。

（2）$S_{nonIntraSearchP}$

异频（异系统）起测门限，该值表征 UE 对异频（或异系统）邻区的起测门限，该参数由系统消息 SIB3 下发，类型为可选，取值范围为整型（0，…，31），实际值 = 消息块（IE）值 * 2[dB]，如果不配置该参数或者与之相关的 $S_{nonIntraSearchP}$ 也不配置，则该值默认为无穷。

（3）CellReselectionPriority

区别于 3G 系统中终端仅靠电平门限差异进行重选，LTE 引入了小区选择绝对优先级的概念辅助进行重选。不同频率之间以及异系统之间都可以引入不同优先级。对于系统内重选，该参数分别由 SIB3（服务小区）、SIB5（异频小区）下发，类型为可选，取值范围为整型（0，…，7），0 意味着优先级最低。

（4）q_OffsetCell

小区偏置，该参数表示两个小区的偏置，分别由 SIB4（同频邻区）、SIB5（异频邻区）下发，取值范围为枚举型{dB -24, dB -22, dB -20, dB -18, dB -16, dB -14, dB -12, dB -10, dB -8, dB -6, dB -5, dB -4, dB -3, dB -2, dB -1, dB0, dB1, dB2, dB3, dB4, dB5, dB6, dB8, dB10, dB12, dB14, dB16, dB18, dB20, dB22, dB24}，单位为 dB。

（5）q_OffsetFreq

频率偏置，该参数表示相同优先级的频率之间的偏置，由 SIB5 下发，取值范围为枚举型{dB -24, dB -22, dB -20, dB -18, dB -16, dB -14, dB -12, dB -10, dB -8, dB -6, dB -5, dB -4, dB -3, dB -2, dB -1, dB0, dB1, dB2, dB3, dB4, dB5, dB6, dB8, dB10, dB12, dB14, dB16, dB18, dB20, dB22, dB24}，单位为 dB。

（6）q_Hyst

小区重选迟滞，该参数由系统消息块 SIB3 下发，取值范围为枚举型{dB0, dB1, dB2, dB3, dB4, dB5, dB6, dB8, dB10, dB12, dB14, dB16, dB18, dB20, dB22, dB24}，单位为 dB。

（7）t_ReselectionEUTRA（T_Reselection）

小区重选时长，对于系统内的重选，该参数分别由 SIB3（系统内同频重选）、SIB5（系统内异频重选）下发，取值范围为整型（0，…，7），单位为秒。该参数可基于系统内不同频率进行分别设置。

2. 同频或相同优先级异频小区重选准则（R 准则）

由于不同优先级的异频重选流程以及涉及的参数与相同优先级的异频重选不同，而与异系统重选是一套参数，因此本节针对相同优先级的异频重选进行说明，不同优先级的异频重选在下面小节进行说明。这里 R 准则适用于同频小区以及相同优先级的异频小区重选，R 准则如图 7-1 所示。

$$R_s = Q_{meas,s} + Q_{Hyst}$$
$$R_n = Q_{meas,n} - Qoffset$$

图 7-1　小区重选 R 准则

其中，R 准则所涉及的参数含义见表 7-4。

表 7-4　小区重选 R 准则参数含义

Q_{meas}	用于小区重选的平均 RSRP 测量值（分别对服务小区以及邻区进行测量）
Qoffset	对于同频邻区：如果小区偏置 $Qoffset_{s,n}$，在系统消息进行了配置，则该值等于小区偏置值，否则为 0 对于异频邻区：如果频率偏置 $Qoffset_{frequency}$ 在系统消息进行了配置，则该值等于小区偏置 $Qoffset_{s,n}$ + 频率偏置值 $Qoffset_{frequency}$，否则该值只等于频率偏置值 $Qoffset_{frequency}$

当 $S_{rxlev} < S_{IntraSearchP}$（$S_{rxlev} < S_{nonIntraSearchP}$）时，对于同频（同优先级异频）邻区的测量 $Q_{meas,n}$ 将开始启动，因此，起测门限不能设置过低，否则将会引发重选不及时导致的接续或者寻呼失败，为了保证测量及时以及准确性，一般建议 $Q_{rxlevmeas} < -82$ dBm 时启动测量，即 $S_{IntraSearchP}$ 或 $S_{nonIntraSearchP}$ 设置为 $-82-(Q_{rxlevmin}+Q_{rxlevminoffset})-P_{compensation} \approx 38 \sim 42$ dB（协议 IE 值 $=19 \sim 21$）。

对于同频邻区以及相同优先级异频邻区，终端根据 R 准则对本小区以及邻区进行计算，并将计算值进行小区排序列表，列表中计算值最高的最好小区将作为待重选的备选小区，如果该小区在小区重选时长内（$Treselection_{RAT}$）始终高于服务小区基于 R 准则的计算值，则终端执行向该小区的重选，值得注意的是终端每次的重选触发至少要保证在原服务小区驻留 1 s 以上。对于系统内小区重选，目的是既要保证触发重选的及时性，同时也要确保重选的准确性，即避免盲目重选带来的乒乓效应。另外由于重选参数的设置与不同小区的实际网络覆盖情况紧密结合，因此对于基于小区的个性参数 Qoffset 建议在实际网络优化予以体现，综合上述原则，并结合现网测试结果，建议 Q_{Hyst} 设置为 1 ~ 2 dB，Qoffset 设置为 1 ~ 2 dB，同时 $Treselection_{EUTRA}$ 建议设置为 1 ~ 2 s。

3. 同频或相同优先级异频连接态下的切换

系统内的切换都是基于测量事件上报的，测量命令通过 RRC 连接重配置消息下发，EUTRA 测量报告事件如下：

Event A1：服务小区电平优于绝对门限。

Event A2：服务小区电平差于绝对门限。

Event A3：邻小区电平高于服务小区电平一定的偏置。

Event A4：邻小区电平高于绝对门限。

Event A5：服务小区电平差于绝对门限同时邻小区电平优于绝对门限。

Event A6：邻小区电平高于辅小区电平一定的偏置。

这里并不对每个测量报告事件进行逐一详细介绍，根据前面介绍的系统内同频或者同优先级异频重选的策略，建议与之对应的切换策略保持一致，即采取基于“最优小区”的测量报告事件（Event A3）方式进行上报。涉及 A3 事件的参数如下。

（1）a3_Offset（Off）

该偏置值作为触发 A3 事件的条件，实际值 = 消息块值(IE 值) ×0.5 dB，取值范围为整型（-30，…，30），该参数表示同频或同优先级异频切换中邻区电平（RSRP）高于服务小区的偏置值，用来确定邻近小区与服务小区的边界，该值越大，表示需要目标小区有更好的服务电平才会发起切换。

（2）offsetFreq（Ofp）

频率偏置，与 Q_OffsetRange 取值范围保持一致，即取值范围为枚举型{dB-24,dB-22,dB-20,dB-18,dB-16,dB-14,dB-12,dB-10,dB-8,dB-6,dB-5,dB-4,dB-3,dB-2,dB-1,dB0,dB1,dB2,dB3,dB4,dB5,dB6,dB8,dB10,dB12,dB14,dB16,dB18,dB20,dB22,dB24}，单位为 dB，默认值为 dB0。

（3）cellIndividualOffset（Ocp）

小区偏置，与 Q_OffsetRange 取值范围保持一致，即取值范围为枚举型{dB-24,dB-22,dB-20,dB-18,dB-16,dB-14,dB-12,dB-10,dB-8,dB-6,dB-5,dB-4,dB-3,dB-2,dB-1,dB0,dB1,dB2,dB3,dB4,dB5,dB6,dB8,dB10,dB12,dB14,dB16,dB18,dB20,dB22,dB24}，单位为 dB。

（4）Hysteresis（Hys）

A3 事件中的迟滞值，该参数作为事件触发的起始以及终止条件，实际值 = 消息块值(IE 值) ×0.5 dB，取值范围为整型（0，…，30）。作为切换事件的迟滞，该参数可减少由于无线信号波动（衰落）导致的对小区切换评估的频繁解除与触发，降低乒乓切换以及误判，该值越大越容易防止乒乓切换和误判。

（5）timeToTrigger

触发测量报告需要满足 A3 事件准则的持续时间，该参数表示同频切换测量事件的时间延迟。当 A3 事件满足触发条件时并不立即上报，而是该参数在指定的时间内始终满足事件触发条件才上报该事件，取值范围为枚举型{ms0,ms40,ms64,ms80,ms100,ms128,ms160,ms256,ms320,ms480,ms512,ms640,ms1024,ms1280,ms2560,ms5120}，单位为毫秒。

对于 UE 开始 A3 事件测量，需满足如下公式定义的条件：

$$M_n + O_{fn} + O_{cn} - Hys > M_s + O_{fs} + O_{cs} + Off$$

同样，对于 UE 终止 A3 事件测量，则需满足如下公式定义的条件：

$$M_n + O_{fn} + O_{cn} + Hys < M_s + O_{fs} + O_{cs} + Off$$

其中，Mn、Ms 分别为邻小区与服务小区的电平值（RSRP）。A3 测量事件迟滞 Hys 在开始事件测量以及终止事件测量条件中算术符号不同，表明开始与终止 A3 测量事件门限不同。随着迟滞的增加，表明进入 A3 事件测量的条件越苛刻，而一旦进入后离开 A3 事件测量的条件也并不宽松，这其实说明测量上报的精准性、鲁棒性随之提高，避免由于快衰等小概率因素对于测量事件上报的影响，有效降低切换误判以及乒乓切换。但另一方面，如果该值过大，则有可能增加切换的难度，导致切换不及时，从而影响用户感知。同时，对于触发测量事件上报难易程度同时要结合偏置（Off）来进行考量，该值与迟滞结合用于事件触发和取消的评估，增加该参数，将增加 A3 事件触发的难度，延缓切换；减小该参数，则降低 A3 事件触发的难度，提前进行切换。另外，对于切换指标的影响而言，触发 A3 事件的持续时间也相当重要，延迟触发时间的设置可以有效减少平均切换次数和误切换次数，防止不必要切换的发生，延迟触发时间越大，平均切换次数越小，但延迟触发时间的增大会增加掉话的风险。结合现网情况，在没有特殊场景需要特别优化调整频率偏置以及小区偏置的情况下，建议这组影响现网切换性能的参数｛Off，Ofp，Ocp，Hys，timeToTrigger｝建议取值为｛1～2 dB，0 dB，0 dB，1～2 dB，320～640 ms｝。

4. 不同优先级异频空闲态重选相关的参数

涉及不同优先级异频空闲态重选的参数，除了之前定义的 $S_{\text{nonIntvaSearch}}$，CellReselectionPriority，对于从高优先级的频点重选到低优先级的频点，还有如下相关参数，这些参数其实与异系统重选是一套参数，这里对异频重选设置进行介绍，异系统重选放在下一节进行说明：

（1）threshServingLow（ThreshServing，LowP）

本系统门限值，该值表示对异频重选中的本系统判决门限，该参数由系统消息 SIB3 下发，取值范围为整型（0，…，31），实际值＝消息块(IE)值×2[dB]。

（2）threshX_Low（ThreshX，LowP）

低优先级异频门限值，该值表示对异频重选中的低优先级异频判决门限，该参数由系统消息 SIB5 下发，取值范围为整型（0，…，31），实际值＝消息块(IE)值×2[dB]。

（3）t_ReselectionEUTRA（T_Reselection）

小区重选时长，对于系统内的重选，对于异频重选由 SIB5 下发，取值范围为整型（0，…，7），单位为秒。该参数可基于系统内不同频率进行分别设置。

当 $S_{\text{rxlev}} < S_{\text{nonIntraSearchP}}$ 时，启动异频小区的测量，如果本小区的 S_{rxlev} < ThreshServing，LowP 并且低优先级异频小区的 S_{rxlev} > threshX_Low，且持续了 t_ReselectionEUTRA，同时 UE 在当前服务小区已经至少驻留了 1 s 以上，则 UE 将执行当前服务小区向低优先级小区的重选。对于这类参数的设置值应结合现网具体的组网以及驻留策略来制定。例如，一般认为 LTE 室分系统需要尽量承载吸收业务，因此室分系统 40 频段在建网初期可设置为高优先级，相对而言，LTE 的宏站 35、38 频段可设置为低优先级，因此 ThreshServing、LowP 可设置为－116 dBm（系统消息下发 IE 值为4），ThreshX、LowP 可设置为－106～－108 dBm（系统消息下发 IE 值 8 或 9），TreselectionEUTRA 可设置为 1～2 s。

（4）threshX_High

高优先级异频门限值，该值表示对异频重选中的高优先级异频判决门限，该参数由系统消息 SIB5 下发，取值范围为整型（0，…，31），实际值＝消息块(IE)值×2[dB]。由于协议规定，对于高优先级的异频 UE 会始终测量，一旦当测量满足条件 S_{rxlev} > ThreshX，HighP，且持续 T_Reselection 时长，则触发向高优先级的重选。为了预防重选到高优先级频率的乒乓重选，该值不能设置过低，一般可比 ThreshServing，LowP 设置稍高 2～4dB。

5. 不同优先级异频连接态下的切换

不同优先级异频连接态下的切换参数与切换事件的选择密切相关，而切换事件的选取又与组网策略联系紧密。具体切换事件的下发由 RRC 连接重配下发，逻辑关系为：

RRC Connection Reconfiguration → MeasConfig → ReportConfigToAddModList → ReportConfigEUTRA

与切换事件相关的参数如下。

（1）gapOffset

GAP 偏置，该参数对应不同 GAP 格式（GAP Pattern 0/1）下的偏置，UE 通过 measGap-

Config 消息块下发进行配置。例如，每个测量 GPA 开始的 SFN 号以及子帧号要满足如下条件：

SFN mod$T$ = FLOOR(gapOffset/10)；

子帧号 = gapOffset mod 10；

其中，T = MGRP/10

GAP 测量是 eNB 在 UE 连接态配置周期性的空闲时间，让 UE 去测量指定频率上的小区信号质量。分为模式 1 和模式 2。模式 1 测量时间为 6 ms，周期为 40 ms；模式 2 测量时间为 6 ms，周期为 80 ms，在测量 GAP 期间，UE 不发送任何数据，并且在此期间并不调整回原服务小区频率，即下行数据也无法接收，该参数的改变对测量 GAP 周期造成波动，进而影响测量精度，具体 GAP 格式配置参见表 7-5。

表 7-5 当前 UE 支持的 GAP 不同格式配置说明

GAP 格式标识	测量 GAP 长度（MGL，个）	测量 GAP 循环周期（MGRP）/ms	每 480 ms 中最小可用于异频/异系统测量时间（Tinter1）/ms	测量目标
0	6	40	60	异频 E-UTRAN FDD、TDD，异系统 UTRAN FDD，GERAN，LCR TDD，HRPD，CDMA2000 1x
1	6	80	30	异频 E-UTRAN FDD、TDD，异系统 UTRAN FDD，GERAN，LCR TDD，HRPD，CDMA2000 1x

（2）Hysteresis（Hys）

切换事件中的迟滞值，该参数作为不同事件触发的起始以及终止条件可以分别单独配置，实际值 = 消息块值(IE 值) ×0.5 dB，取值范围为整型（0，…，30）。作为切换事件的迟滞，该参数可减少由于无线信号波动（衰落）导致的对小区切换评估的频繁解除与触发，降低乒乓切换以及误判，该值越大越容易防止乒乓切换和误判。

（3）timeToTrigger

触发测量报告需要满足切换事件准则的持续时间，该参数作为不同切换测量事件的时间延迟可以分别单独配置。当切换事件满足触发条件时并不立即上报，而是该参数在指定的时间内始终满足事件触发条件才上报该事件，取值范围为枚举型{ms0，ms40，ms64，ms80，ms100，ms128，ms160，ms256，ms320，ms480，ms512，ms640，ms1024，ms1280，ms2560，ms5120}，单位为毫秒。

（4）a1_Threshold(Thresh)

该门限作为触发 A1 测量事件的条件，取值范围为整型（0，…，97），实际值(RSRP) = 消息块值(IE 值) - 140 dBm。开始 A1 事件条件：M_s - Hys > Thresh，终止 A1 事件条件：M_s + Hys < Thresh。

（5）a2_Threshold（Thresh）

该门限作为触发 A2 测量事件的条件，取值范围为整型（0，…，97），实际值(RSRP) = 消息块值(IE 值) - 140 dBm。开始 A2 事件条件：M_s + Hys < Thresh，终止 A2 事件条件：M_s - Hys > Thresh。

（6） a4 - Threshold(Thresh)

该门限作为触发 A4 测量事件的条件，取值范围为整型（0，…，97），实际值(RSRP) = 消息块值(IE 值) - 140 dBm。开始 A4 事件条件：$M_n + O_{fn} + O_{cn} - Hys > Thresh$，终止 A4 事件条件：$M_n + O_{fn} + O_{cn} + Hys < Thresh$。

（7） a5 - Threshold1(Thresh1)/a5 - Threshold2(Thresh2)

这两个门限作为触发 A5 测量事件的条件，取值范围为整型（0，…，97），实际值(RSRP) = 消息块值(IE 值) - 140dBm。开始 A5 事件条件：$M_s + Hys < Thresh1$ 和 $M_n + O_{fn} + O_{cn} - Hys > Thresh2$，终止 A5 事件条件：$M_s - Hys > Thresh1$ 和 $M_n + O_{fn} + O_{cn} + Hys < Thresh2$。

对于触发切换的事件选取协议并没有严格规定，目前主要取决于各个设备厂家的实现机制。不同于空闲态重选测量流程，协议没有在连接态对于启动异频或者异系统测量的条件进行明确定义，对于基于覆盖电平的异频以及异系统测量的触发条件，普遍选取 A1 和 A2 事件进行触发。异频或者异系统测量不同于同频测量，在测量期间 UE 会停止与基站间的数据交互，测量门限如果设置不合理，可能会造成测量过于频繁或者测量时间较长，影响小区吞吐率，同时也会增加 UE 的功耗开销。因此，一般选择基于服务小区频率测量的 A2 事件作为异频或异系统测量的触发条件，选择基于服务小区频率测量的 A1 事件作为异频或异系统测量的终止条件。综合以上情况，对于具体 Thresh 值的设置可遵循如下原则：

1）对于网内干扰较小的同优先级异频测量应适当降低 A1 和 A2 的门限（如 D1、D2 异频组网）。

2）对于网内干扰较大的同优先级异频测量应适当提高 A1 和 A2 的门限（如 F、D 异频插花组网）。

3）对于不同优先级的双层网，A1 和 A2 的门限应结合高优先级网络的性质进行设定(如 F、D 双频组网，D 频段如果配置为高优先级，则 A1 和 A2 门限可以适当降低；F 频段如果配置为高优先级，则 A1 和 A2 门限可以适当提高)。

对于作为切换触发条件的测量事件选取可遵循如下原则：

1）测量事件的选取应与不同优先级的异频重选策略保持对应关系。

2）作为低优先级频率向高优先级频率切换的触发条件可以选择 A4 测量事件，门限应适当降低，且为了避免乒乓效应，A4 Thresh 应略大于 A5 Thresh1。

3）作为高优先级频率向低优先级频率切换的触发条件可以选择 A5 测量事件，A5 Thresh1 可以适当降低，另为了避免优先触发异系统互操作，A5 Thresh2 不建议调整过高。

7.2.4 系统间互操作参数

由于在网络建设初期，4G 网络由于网络覆盖不足需要和现网（2G、3G 网络）进行互操作，从而使得用户获得无缝业务体验，因此，异系统互操作是 LTE 网络优化中相当重要的内容。如图 7-2 所示，2G、3G、4G 互操作中涉及的互操作参数需要根据实际网络覆盖、干扰、结构、容量等需求的变化进行调整以保证网络性能和用户体验最佳。本节分别对空闲态以及连接态下的互操作参数进行介绍。

1. 系统间空闲态重选参数

涉及系统间空闲态的重选参数与系统内异频重选参数以及重选策略很相似，很多参数名

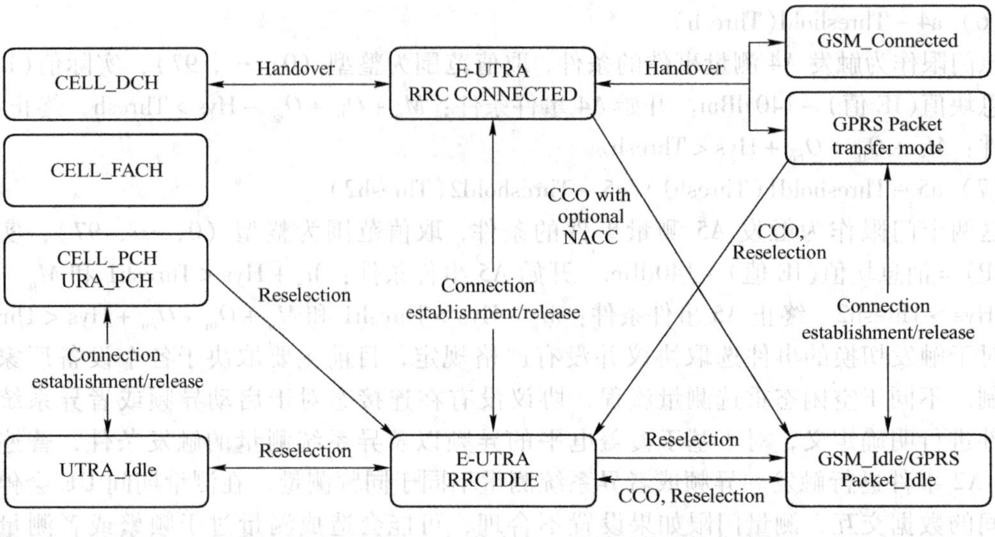

图 7-2　3GPP E-UTRA 状态图以及异系统互操作流程

称几乎一致，甚至就是一套参数，如 $S_{nonIntraSearch}$、threshServingLow，对于从高优先级向低优先级的重选，除了这两个参数，还有 threshX_High 和 t_ReselectionRAT，这两个参数取值范围与异频一样，只不过对于向 3G 和 2G 重选的门限可以单独配置，并分别在 SIB6、SIB7 中下发。对于从低优先级向高优先级重选，则分别存在如下参数。

（1）QrxlevminEUTRA（3G）

该参数为 EUTRA 小区选择时的驻留门限，该参数可根据不同频率分别进行配置并由扩展系统消息 SIB19 下发，取值范围为步长为 2 的整型（-140，-138，…，-42、-44），单位［dBm］。

（2）$Thresh_{x,high}$（3G）

EUTRA 重选测量触发门限值，该值表示对异系统重选中的高优先级的 EUTRA 判决门限，该参数可根据不同频率分别进行配置并由扩展系统消息 SIB19 下发，取值范围为整型（0，…，31），实际值=消息块(IE)值×2［dB］。

（3）$t\_Reselection_s$（3G）

该参数为小区重选时长，对于系统间的重选，对于异频重选由 SIB3 下发，取值范围为整型（0，…，31），单位为秒。

（4）E-UTRAN_QRXLEVMIN（2G）

该参数为 EUTRA 小区选择时的驻留门限，该参数可根据不同频率分别进行配置并由系统消息 SI2quater 下发，取值范围为整型（0，…，31），对应取值为(-140，-138，…，-80，-78)［dBm］。

（5）THRESH_EUTRAN（2G）

该参数为 EUTRA 重选测量触发门限值，该值表示对异系统重选中的高优先级的 EUTRA 判决门限，该参数可根据不同频率分别进行配置并由系统消息 SI2quarter 下发，取值范围为整型（0，…，31），实际值=消息块(IE)值 * 2［dB］。

（6）T_reselection（2G）

该参数为触发异系统小区重选的时间迟滞，该参数可根据不同频率分别进行配置并由系统消息 SI2quater 下发，取值范围为整型（0，1，2，3)，对应的时间为（5，10，15，20）s，默认值为0，即5 s。

系统间重选机制与系统内不同优先级异频重选一致，即高优先级向低优先级重选的触发条件需要同时满足服务小区低于某门限以及目标小区高于某门限，而低优先级向高优先级重选的触发条件只需要满足目标小区高于某一门限即可，因此对于系统间空闲态重选参数门限的设定需要结合异频重选的参数设置整体考虑，可遵循以下原则：

1）终端优先驻留4G网络，室内场景中优先驻留室分小区。

2）为避免引起乒乓重选，低优先级小区向高优先级小区重选的目标门限 Threshx、high 应比从高优先级小区重选至低优先级小区的服务小区门限 ThreshServing、Low 略高。

3）为了确保终端在室内场景中优先驻留4G室分小区，可将室分E频段设置为最高优先级7，同时为了在E频段室分边缘弱场（如窗户边、大堂门口）仍尽量使得终端驻留4G网络（宏站F、D频段小区），可以将 ThreshX、LowRAT 尽量设置高一些（由于 ThreshServing、Low 对于不同优先级异频重选以及异系统重选是一套参数）。

4）对于4G宏站双层网组网策略（室外为D+F共址建设双层网/D连续覆盖单层网/F连续覆盖单层网），可以将低优先级的宏站频率，如F频段网络配置异系统（3G/2G）邻区，而D频段网络只配置F频段作为异频邻区，基于这样配置，F频段的 ThreshServing、Low 可以比D频段 ThreshServing、Low 设置略低一些。

2. 系统间连接态互操作参数

根据图7-2，严格意义上3GPP的异系统间的互操作流程只有切换或者小区改变命令（Cell Change Oder，CCO），该流程只涉及与2G系统间互操作，由于现网大量设备涉及改造升级，改造工程复杂，且终端芯片支持能力有待进一步成熟，因此，现网选择另一种系统间流程支持连接态下的系统间互操作，即小区重定向，值得注意的是2G连接态到4G则采用基于 NC0 的小区重选流程。从4G向2/3G的重定向同样也是基于测量事件上报触发的，测量命令通过 RRC 重配置命令中的测量控制消息下发（RRC Connection Reconfiguration→MeasConfig→ReportConfigToAddModList→ReportConfigInterRAT），4G 重定向测量报告事件如下。

Event B1：邻小区电平高于绝对门限。

Event B2：主小区电平差于绝对门限同时邻小区电平高于绝对门限。

从4G向3G或2G重定向涉及的参数如下：

（1）offsetFreq（O_{fn}）

频率偏置，与 Q_OffsetRange 取值范围保持一致，即取值范围为枚举型{dB－24，dB－22，dB－20，dB－18，dB－16，dB－14，dB－12，dB－10，dB－8，dB－6，dB－5，dB－4，dB－3，dB－2，dB－1，dB0，dB1，dB2，dB3，dB4，dB5，dB6，dB8，dB10，dB12，dB14，dB16，dB18，dB20，dB22，dB24}，单位为 dB，默认值为 dB0，该参数可基于不同频率进行配置。

（2）Hysteresis（Hys）

切换事件中的迟滞值，该参数作为不同事件触发的起始以及终止条件可以分别单独配置，实际值＝消息块值（IE 值）＊0.5 dB，取值范围为整型（0，…，30）。作为切换事件的迟滞，该参数可减少由于无线信号波动（衰落）导致的对小区切换评估的频繁解除与触发，降低乒乓切换以及误判，该值越大越容易防止乒乓和误判，该参数可基于不同事件进行配置。

(3) timeToTrigger

触发测量报告需要满足切换事件准则的持续时间，该参数作为不同切换测量事件的时间延迟可以分别单独配置。当切换事件满足触发条件时并不立即上报，而是该参数在指定的时间内始终满足事件触发条件才上报该事件，取值范围为枚举型{ms0,ms40,ms64,ms80,ms100,ms128,ms160,ms256,ms320,ms480,ms512,ms640,ms1024,ms1280,ms2560,ms5120}，单位为毫秒，该参数可基于不同时间进行配置。

(4) b1_ThresholdUTRA

该门限作为触发 B1 测量事件（3G）的条件，取值范围为整型（-5，…，91），实际值(RSCP)=消息块值(IE 值)-115 dBm。开始 B1 事件条件：$M_n + O_{fn} - Hys > Thresh$，终止 B1 事件条件：$M_n + O_{fn} + Hys < Thresh$。

(5) b1_ThresholdGERAN

该门限作为触发 B1 测量事件（2G）的条件，取值范围为整型（0，…，63），实际值(RxLev)=消息块值(IE 值)-110 dBm。开始 B1 事件条件：$M_n + O_{fn} - Hys > Thresh$，终止 B1 事件条件：$M_n + O_{fn} + Hys < Thresh$。

(6) b2_Threshold1 (Thresh1)

该门限作为触发 B2 测量事件（EUTRA）的条件，取值范围为整型（0，…，97），实际值(RSRP)=消息块值(IE 值)-140 dBm。

(7) b2_Threshold2UTRA (Thresh2)

该门限作为触发 B2 测量事件（3G）的条件，取值范围为整型（-5，…，91），实际值(RSCP)=消息块值(IE 值)-115 dBm。

(8) b2_Threshold2GERAN (Thresh2)

该门限作为触发 B1 测量事件（2G）的条件，取值范围为整型（0，…，63），实际值(RxLev)=消息块值(IE 值)-110 dBm。

开始 B2 事件条件：$M_s + Hys < Thresh1$ 和 $M_n + O_{fn} - Hys > Thresh2$，终止 B1 事件条件：$M_s - Hys > Thresh1$ 或 $M_n + O_{fn} + Hys < Thresh2$，满足其一即终止。

对于重定向的方式，主设备厂家一般提供盲重定向以及基于测量的重定向。顾名思义，盲重定向仅关注本系统覆盖电平情况，而基于测量的重定向则要兼顾本系统覆盖电平和异系统覆盖电平。由于 B1、B2 事件分别涉及异系统测量，主流设备厂家一般采取前面提到的 A2 事件作为触发异系统测量的条件，即触发测量 B1、B2 事件的条件，同时既可以选择 B1 事件也可以选择 B2 事件作为触发测量重定向的判决门限。一般推荐选择 B2 事件，通过调整 b2_Threshold1 可使得 UE 尽量驻留 4G 网络。对于采取 B1 事件作为触发测量重定向的判决门限，可以适当将 A2 事件门限降低以达到同样的目的。对于盲重定向，可以采取 A2 事件作为触发判决门限，触发盲重定向的 A2 事件本系统判决门限可比 B2 事件本系统判决门限略低，但需高于 4G 网络下最小接入电平（$Q_{rxlevmin}$），以防止用户在 4G 网络下脱网。

对于从低优先级（3G）向高优先级（4G）的重定向方式，现网建议采取基于测量的重定向方式，相比盲重定向而言可以有效地避免乒乓效应。现网 3G 主设备厂家可以基于 3A 或 3C 事件作为触发测量重定向的判决门限，见表 7-6。

表 7-6　3G→4G 测量重定向事件说明

类　型		计 算 公 式	建议门限	参　　数
3C	触发重定向判决门限（3C 事件）	LTE 邻区 RSRP > thresholdOtherSystem + Hysteresis/2 - CIO	RSRP：-116 dBm	thresholdOtherSystem Hysteresis CIO TimeToTrigger
3A	触发重定向判决门限（3A 事件）	LTE 邻区 RSRP > thresholdOtherSystem + Hysteresis/2 - CIO 且 3G 服务小区 RSCP < thresholdOwnSyste - Hysteresis/2	RSRP：-116 dBm，RSCP 取最大值	thresholdOwnSystem thresholdOtherSystem Hysteresis CIO TimeToTrigger

系统间重定向的参数具体设置可以参考系统间重选参数设置，例如，B2 事件本系统判决门限可与 4G 到 3G/2G 重选的本系统判决门限保持一致，3C 事件的异系统判决门限，与 3G 到 4G 重选的异系统判决门限保持一致。若 3G 到 4G 重定向测量事件采用 3A，3A 事件参数中异系统判决门限同 3C 事件异系统判决门限，本系统判决门限可取最大值。

7.2.5　定时器和常量类参数

定时器类参数和常量类参数在网络优化中的意义相当重要，本书仅仅对层三信令涉及的定时器以及常量类参数进行讨论，如涉及一些底层参数，请参阅相关文献。

信令的启动、交互、传递、终止都是靠一系列的定时器以及常量类参数进行组合控制的，因此，在微观层面，这一类型参数决定着某一信令的起止时刻，或者重复传递的频次。宏观层面，某一参数的调整，对于整个网络的性能，网络优化的效果都可能产生巨大的影响。熟悉此类型参数是网络优化的重要手段之一。此类型参数分为两部分，一部分是定时器（timer）参数，一部分是常量（constant）参数，下面分别进行介绍。

定时器类参数顾名思义就是确定时间长度的参数。这类参数辅助信令进行开始以及终止的定时，3GPP EUTRA 中该类参数共 12 个，具体参数名称以及描述请参见表 7-7 所示。

表 7-7　3GPP 相关定时器描述

定时器	起　始	终　止	超时后的行为
T300	传输 RRC Connection Request	当接收到 RRC Connection Setup 或者 RRC Connection Reject 消息时，小区重选以及上层放弃连接建立时	① 重置 MAC 层，释放 MAC 层配置以及对于所有 RLC 层建立的 RB 进行重新建立 ② 通知上层 RRC 连接建立失败，基于该连接的终端过程终止（详见 36. 331 5. 3. 3. 6）
T301	传输 RRC Connection Reestablishment Request	当接收到 RRC Connection Reestablishment 或 RRC Connection Reestablishment Reject 消息或者选择小区变为不可用	变为 RRC_IDLE 状态
T302	在执行 RRC 连接建立时，接收到 RRC Connection Reject	当进入 RRC_CONNECTED 状态或者终端进行小区重选	通知上层终端被叫访问禁止撤销（详见 36. 331 5. 3. 3. 7）

（续）

定时器	起　始	终　止	超时后的行为
T303	在小区访问被禁止，且当终端做主叫时建立连接	当进入 RRC_CONNECTED 状态或者终端进行小区重选	通知上层终端主叫访问禁止撤销（详见 36.331 5.3.3.7）
T304	接收到包含 MobilityControl 信息的 RRC Connection Reconfiguration 消息，或者接收到包含 Cell Change Order 的 MobilityFromEUTRACommand 消息	对于 EUTRA 切换或者小区改变命令（Cell Change Order）的准则得以满足（在异系统互操作中，该准则由目标系统小区进行规定）	在 E-UTRA 系统间小区改变命令以及系统内切换中，发起 RRC 连接重建过程；在切换入 E-UTRA，执行源 RAT 中适用的规范
T305	当为终端主叫信令建立 RRC 连接时禁止访问	当进入 RRC_CONNECTED 状态或者终端进行小区重选	通知高层禁止消除
T306	当为终端 CSFB 主叫时建立 RRC 连接时禁止访问	当进入 RRC_CONNECTED 状态或者终端进行小区重选	通知高层禁止消除
T310	当检测到物理层的问题。例如，当接收到来自底层的 N310 个连续的 out-of-sync 指示	当接收到来自底层的 N311 个连续的 in-sync 个指示，当触发切换流程和初始化连接重建流程	如果安全认证不被激活，则 UE 转为 RRC 空闲态；否则会发起连接重建流程
T311	当初始化 RRC 连接重建流程	选择一个合适的 E-UTRA 小区或者异系统小区	进入 RRC 空闲态
T320	当接收到 T320 或者当 UE 从异系统选择/重选到 E-UTRA，附带着为了特定优先级配置的有效定时器（剩余的有效定时仍然适用）	当进入 RRC_CONNECTED 状态，且已通过 NAS 请求执行 PLMN 选择或者当小区（重）选择到异系统（该类情况下定时器会被继承到异系统）	放弃专属信令提供的小区重选优先级
T321	当接收到 measConfig 包括为了设置 reportCGI 的信息块 reportConfig	当获得需要对需求小区中 cellGlobalID 所有字段进行设置的相关信息，或当接收到包含原因值为 reportCGI 的消除 reportConfig 的 measConfig 消息	发起测量上报过程，停止执行相关测量并且消除相应的 measID
T330	当接收到 LoggedMeasurementConfiguration 消息	当日志容量超过了合适的 UE 存储，当触发 LoggedMeasurementConfiguration 流程的释放	释放 VarLogMeasConfig 消息。UE 允许丢弃日志测量。例如当 T330 超时停止 48 h 之后，释放 VarLogMeasReport，详见 36.331 5.6.6.4

在这些名目繁多的定时器中，本书着重撷取几个与日常网络优化息息相关的定时器参数进行说明。

1. T300

如图 7-3 所示，T300 定时器由系统消息 SIB2 下发（参见 36.331 5.2.2.9），值存在名为 UE-TimersAndConstants 的信息块中（IE），当 UE 的上层要求处于 RRC_ IDLE 状态的 UE 发起 RRC 连接请求时，T300 开始启动。值得一提的是，当连接态下（RRC_CONNECTED），SIB2 消息下发后，存储于该消息块中其他的定时器及常量是不做更新的，但是 T300 需要进行同步更新。当收到了 RRC 连接建立、RRC 连接拒绝、小区重选或者高层主动释放连接时，该定时器终止。除了正常 RRC 连接建立导致 T300 的终止，其他原因导致 T300 终止后，MAC 层相关配置都需要进行重置并释放掉。小区重选和高层还需要 RLC 层重建。如该定时器超时，则会重置 MAC 层，释放掉 MAC 配置以及重建 RBs(Radio Bears)已有的 RLC 实体。3GPP 协议中规定 T300 的取值范围为枚举值，分别可以为{ms100, ms200, ms300, ms400, ms600, ms1000, ms1500, ms2000}，其中 ms100 代表定时器时长可以设为 100 ms。

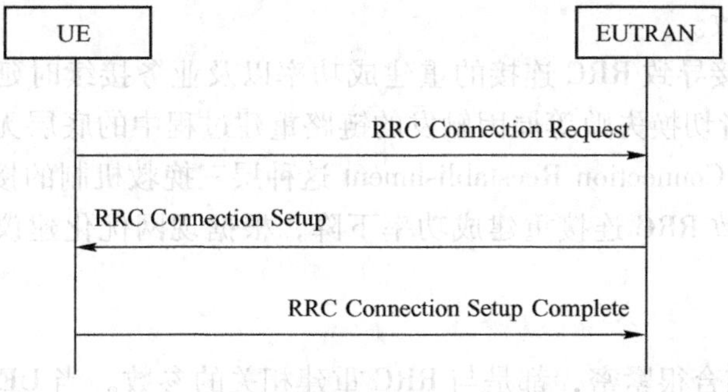

图 7-3　RRC 连接建立成功

该定时器设置的长短决定了网络中 RRC 连接建立的成功率以及资源的合理利用情况，如果设置过长，可以提升 RRC 连接建立成功率，但是可能会导致无谓的消耗资源，例如，在小区覆盖边缘地区或者高干扰区域，信号质量已经恶化的情况下，层三信令并不释放连接，而是等待底层进行不断地重传尝试，这样不仅导致个体用户接续时延的增加，可能还会带来对网络资源整体的消耗以及导致的拥塞发生，同时还可能由于底层不断地重传导致网络干扰的抬升。反之，如果该定时器设置过短，可能导致 RRC 连接建立成功率过低，从而进一步影响 CS 域或者 PS 域业务接通率。

在无线网络优化中，设置参数的目的不是为了单纯地提升统计 KPI，而是在适配网络结构的基础上，使得 KPI 尽量贴近用户感知，既不能恶化 KPI 使用户感知受到影响，也不能单纯地提升了某项 KPI，而使得其与用户感知完全脱节，最佳合理的策略是正向同步优化 KPI 作为评估手段的基础，提升用户感知。根据现网测试结果以及优化经验的基础，同时考虑到 LTE 网络主要承载 PS 域业务以及 CSFB 的用户接续时延感知（CSFB 用户拨叫接续时延将会是 LTE 话音业务中衡量用户感知的重要标准之一，因此需要从信令流程、参数设置以及新功能影响各个层面逐一进行优化设置，以期效果达到最佳），建议 T300 现网设置为 400 ms。

2. T301

定时器 T301 的获取途径有两种，其一如同 T300、T310、N310、T311、N311 等一样，从系统消息 SIB2 中的信息块 ue - TimersAndConstants 中获取；另一种则是通过信息块 rlf - TimersAndConstans 获取，取值范围为{ms100, ms200, ms300, ms400, ms600, ms1000, ms1500, ms2000}，取值类型为枚举型，单位为毫秒。一般在驻留到一个合适的 LTE 小区后，与上传 RRC Connection Reestablishment Request 同时启动，在收到 RRC Connection Reestablishment 后终止。另外如果收到 RRC Connection Reetablishment Reject 后该定时器也会终止，UE 会从 RRC_CONNECTED 转为 RRC_IDLE，重置 MAC，释放掉所有无线资源（包括 RLC 实体、MAC 配置和相应 PDCP 实体）。当该定时器超时，UE 会从 RRC_CONNECTED 转为 RRC_IDLE。

UE 可以检测到无线链路失败、切换失败、移动出 E - UTRA 失败（异系统互操作）、来自底层指示的完整性保护失败以及 RRC 连接重配失败，该定时器启动如果链路重建原因值（reestablishmentCause）为 reconfigurationFailure，则可能该重建过程是由于重配失败触发；如果链路失败原因值为 handoverFailure，则可能该重建过程是由于系统内切换或者异系统互操作导致（从 LTE 网络切换出或者 CCO 重定向）；如果链路失败原因值为 otherFailure，则重建过程由其他原因导致。

该参数的取值直接导致 RRC 连接的重建成功率以及业务接续时延，设置值过高可能导致 UE 在链路失败或者切换失败等原因触发的链路重建过程中的底层无谓随机接入尝试次数过多，从而影响 RRC Connection Reestablishment 这种层三挽救机制的接续感知，反之，如果该值设置过低，会导致 RRC 连接重建成功率下降，根据现网优化建议及测试情况，建议该值设置为 600 ms。

3. T311

该参数与 T301 结合很紧密，都是与 RRC 重建相关的参数。当 UE 检测到无线链路失败或切换失败或移动出 E－UTRA 失败或收到来自底层的完整性保护失败指示或 RRC 连接重配失败，则 UE 启动 T311，同时挂起除 SRB0 的一切 RB，并进行相关默认配置。同时执行小区选择（详见 TS36.304 规定的小区选择流程）。T311 是在 T301 之前进行触发的，一旦当 UE 选择到了合适的 E－UTRA 小区，T311 即被终止，同时启动 T301。一旦 T311 超时后，终端会从 RRC 连接态转为 RRC 空闲态，同时释放原因值为“RRC connection failure”。T311 取值为枚举型，取值范围为｛ms1000，ms3000，ms5000，ms10000，ms15000，ms20000，ms30000｝。3GPP 协议 36.311 9.2.5 规定默认值为 ms1000。

该值设置与由于无线链路失败、切换失败等原因引起的 RRC 重建成功率息息相关，RRC 连接重建本身就是对于链路失败的一种挽救机制。将该值设置放宽可以挽救由于无线链路失败等原因带来的掉线风险，但同时也增加了无谓的小区选择等待，对于用户感知带来潜在的风险，现网建议值为 1000 ms。

4. T302

该参数并不由网络侧系统消息实际下发，而是随着网络侧下发的 RRC 连接拒绝消息中附带着的一个名为 RRCConnectionReject－r8－IEs 的消息块中的 waitTime 参数值进行设置，如图 7-4 所示。当接收到网络侧下发的 RRC Connection Reject 时，UE 侧同步启动 T302，在 T302 运行过程中，终端主被叫以及 RRC 信令建立都是被禁止，从 UE 侧来看，在这段时间内，小区好像是被“禁止”了一样（Cell Barring）。值得一提的是，当 T302 超时后，会通知上层终端被叫访问禁止被解除了，但是主叫语音、信令访问、主叫 CSFB 仍有可能还处于“禁止”状态，需要分别和定时器 T303、T305、T306 组合使用（即等到这些定时器也失效后），才可能将主叫“禁止”状态撤销（36.331.5.3.3.7）。

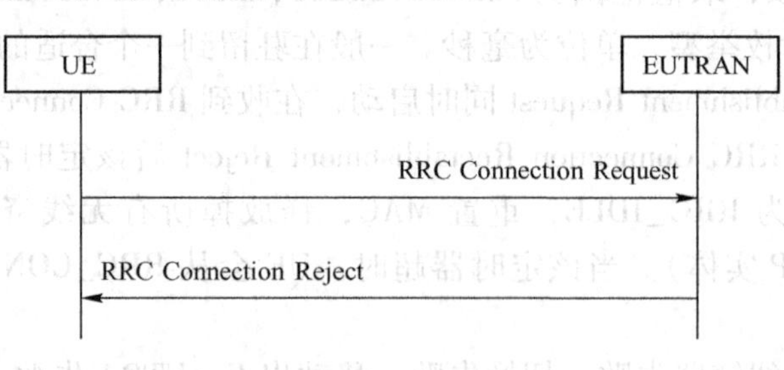

图 7-4　RRC 连接建立，网络拒绝

3GPP 协议中规定该参数值取值和 waitTime 取值应该一样，为整型，单位为秒，范围为｛1，…，16｝。该值取值决定着网络上层发起业务请求时，RRC 层的响应“灵敏”程度。如果该值设置过大，可能导致 RRC 连接拒绝后限制时间过长，无法快速响应上层的业务请求，使本该再次迅速建立的 RRC 不能及时被建立，影响用户感知，且该次 RRC 连接建立如果由主叫发起被拒后，网络侧由于未收到相关信令，无法被统计为未接通。除去 T302 设置过大的这些缺点，在某些特殊场合，可能会有些应用，例如，在重大集会、演出及话务突发地区，如果该值设置过小可能会导致业务请求频繁出现，导致资源调度冲突甚至引发大规模的拥塞，因此该定时器在 RRC 层面起到了类似对上层业务请求进行调度缓冲的作用，根据现网测试结果，该值设置为 2 s，在特殊场景下可以进行适度的局部调优。

5. T304

该定时器是个与 LTE 系统内、异系统切换或者 CCO（Cell Change Order，小区改变命令）辅助异系统重定向相关的参数。T304 的设置由 RRC Connetion Reconfiguration 消息中所携带的信息块 mobilityControlInfo 中的 toEUTRA 获取，取值为枚举型，包括{ms50, ms100, ms150, ms200, ms500, ms1000, ms2000, spare1}，单位毫秒。另外，在 UE 执行 CCO 到 GERAN 时，T304 的设置值可以从 MobilityFromEUTRACommnad 消息中 CellChangeOrder 信息块中获取，取值为枚举型，包括{ms100, ms200, ms500, ms1000, ms2000, ms4000, ms8000, spare1}，单位毫秒。

当 UE 收到 RRC Connection Reconfiguration 消息时同时检查该消息携带了信息块 mobilityControlInfo，可判定为切换执行命令，同时启动 T304 计时，如图 7-5 所示。当 UE 向下层提交了 RRC Connection Reconfiguration Complete 消息并且 MAC 层已经成功完成了新小区的随机接入后，T304 停止。当 T304 超时，意味着 LTE 系统内切换或者切换入 LTE 失败，当系统内切换失败时，除了信息块中 physicalConfigDedicated、mac - MainConfig 和 sps - Config 中的配置，其他配置回退到源主小区的设定，同时在一系列消息参数中进行切换失败记录更新（详见 36.331.5.3.5.6）；当切换入 LTE 失败时，重置 MAC 层，同时执行异系统中切换失败的后续操作。

当 UE 收到 MobilityFromEUTRACommnad 消息时，如果原因是切换（handover），则不启动 T304，而如果原因值是小区改变命令（Cell Change Order），则启动 T304，同时 UE 利用 GSM 小区获得的系统消息（System Information）尝试接入 GSM 目标小区，并由信息块 Cell Change Order 辅助指示在目标 GSM 小区中建立连接。当 GSM 小区关于 CCO 的接入准则得以满足的时候（具体准则详见 TS44.060），即 UE 离开 RRC_ CONNECTED 状态，重置 MAC 层，T304 终止（实际上除了 T320 和 T330，其他定时器都会终止），随后释放一切无线资源，包括基于已建立 RB 的 RLC 实体、MAC 配置和相应 PDCP 实体。如果异系统小区接入失败时，T304 也会被终止。除了信息块中 physicalConfigDedicated、mac - MainConfig 和 sps - Config 中的配置，其他配置回退到源主小区的设定，同时建立连接重建（Connection Reestablishment）流程。

由此可见，当该定时器用于 LTE 系统内切换、切换入 LTE 以及异系统小区改变命令（CCO）到 GSM，只有操作成功时候才会终止该定时器，该定时器超时则意味着相应互操作的失败，以及会引发一系列后续的重配置。该值如果设置过大，尽管会增加切换成功概率，但是同样会使本该及时进行链路重建的 UE 不能及时重建，从而严重影响用户感知。同理，设置过小则很容易触发切换失败，不仅影响切换成功率，在一定程度上也会妨碍用户感知，经过现网测试，该值建议设置为 200 ms。

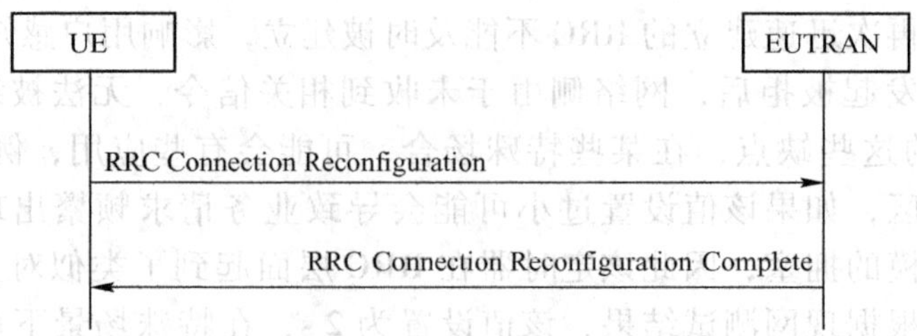

图 7-5　RRC 连接重配置成功

6. T310

该定时器与检测无线链路失败有关。当 UE 检测连续 N310 个“out - of - sync”，即下行失步时，并且 T300、T301、T304 和 T311 均不在运行时，则启动该定时器。在该定时器运行中，如果 UE 从底层收到了 N311 个连续“in - sync”指示，该定时器会被终止。当该定时器超时时（或 MAC 层指示随机接入异常或 RLC 层指示已达到最大重传次数），UE 则认为无线链路失败，同时将相应的测量值更新进 VarRLF - Report 参数中（详见 36.331.5.3.11.3）。此时，如果接入层安全认证未被触发，则 UE 从连接态转为空闲态，否则触发 RRC 重建流程。

T310 取值定义在系统消息 SIB2（SystemInformationBlockType2）中的 ue - TimersAndConstants 信息块，取值设置范围为{ms0，ms50，ms100，ms200，ms500，ms1000，ms1500}，3GPP 36.331 规范中给出的默认取值为 1000 ms。

该值与常量 N310、N311 共同影响了网络中掉线率的情况，如果该值设置过小，则网络环境一旦发生快衰，随即拆线，导致影响用户感知。而如果该值设置过大，则当网络环境恶化时，业务很难维持的情况下会导致资源一直不被释放，通过该参数设置可能会造成 KPI 与用户感知的分离，同时会掩盖一些网络中内在的问题，例如干扰、弱覆盖等。

常量类参数：在 E - UTRA 里的常量类参数很简单，只有 N310 和 N311 两个，见表 7-8，该类参数没有单位，只有数值。在 3GPP 规范定义中，常量类参数不是独立存在的，而是辅助某些计时器参数对信令点进行统计的。

表 7-8　常量类计数器描述

常　量	用　途
N310	从低层收到的最大连续“out - of - sync”指示的个数
N311	从低层收到的最大连续“in - sync”指示的个数

N310：该常量类参数取值范围为{n1，n2，n3，n4，n6，n8，n10，n20}，3GPP 36.331 给出的默认值为 n1，N310、N311 由 SIB2 系统消息获取。该常量与 T310、N311 结合起来影响掉线，如果在 T310 取值一定的情况下，该值设置较大，N311 设置较小，意味着一旦出现覆盖边缘、干扰等因素导致的链路失步较难触发 T310，同时一旦由于信号波动或恢复，导致物理层链路快速地恢复同步，在极端情况下使得用户已经无法进行业务，但是 UE 并未检测出 Radio Link Failure。如果设置相反，即 N310 设置较小，N311 设置较大，则会造成 UE 较易检测到 Radio Link Failure，导致失步重建。

N311：该常量类参数取值范围为{n1,n2,n3,n4,n5,n6,n8,n10}，3GPP 36.331 给出的默认值为 n1，该常量的取值应结合 N310、T310 共同设置。

7.3 TD－LTE 私有参数

主流设备厂家私有参数主要与设备功能相结合，主要涉及一些功能的开关参数以及相应的门限参数，由于涉及的参数数量众多，这里并不进行详细列举，选取一些共性的功能参数进行说明。

1. RRU 级联

对于分布式宏站而言，BBU 容量一般较大（3 个 RRU 以上），对于隧道、公路及多楼层等线性分布的场景，若 RRU 可支持级联（如图 7-6 所示，远端 RRU 通过近端 RRU 与 BBU 相连，不与 BBU 直接相连）功能，可大大降低光纤部署的难度，提高建设效率，如图 7-6 所示。

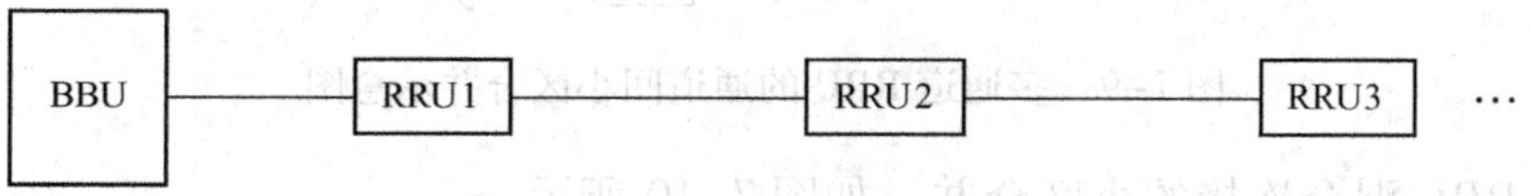

图 7-6　RRC 级联示意图

厂家 A 参数见表 7-9。

表 7-9　RRU 级联私有参数

参数名	描述	取值范围	默认值	对应的 3GPP 参数（如果存在）	何时生效
RadioUnitCascading	激活或关闭合 RRU 级联的 license feature	TRUE/FALSE	FALSE	NA	立即

2. 小区合并

小区合并用于室内或室外高速公路、铁路场景等场景，能扩大一个逻辑小区的覆盖范围，从而减少小区间切换，避免过多切换影响网络性能。

小区合并的部署方式有四种：

1）多个 RRU 串型连接的小区合并，如图 7-7 所示。

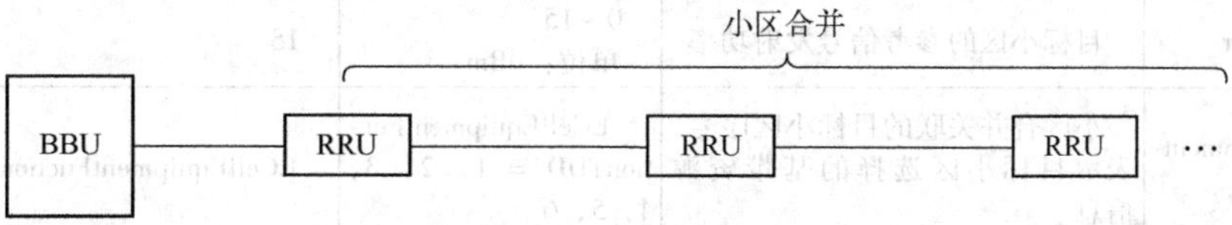

图 7-7　小区合并示意图

2）多个 RRU 星形连接的小区合并，如图 7-8 所示。

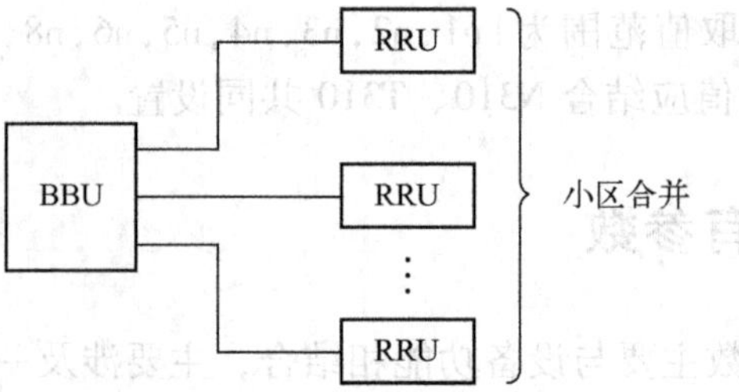

图 7-8　多个 RRU 星形连接的小区合并示意图

3）多通道 RRU 的通道间小区合并，如图 7-9 所示。

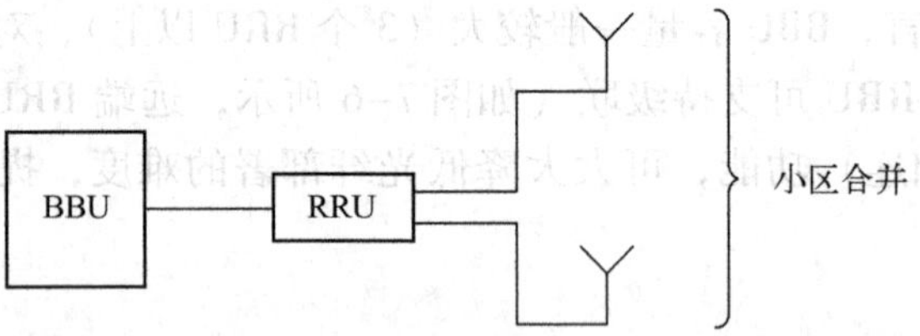

图 7-9　多通道 RRU 的通道间小区合并示意图

4）多个 RRU 混合连接的小区合并，如图 7-10 所示。

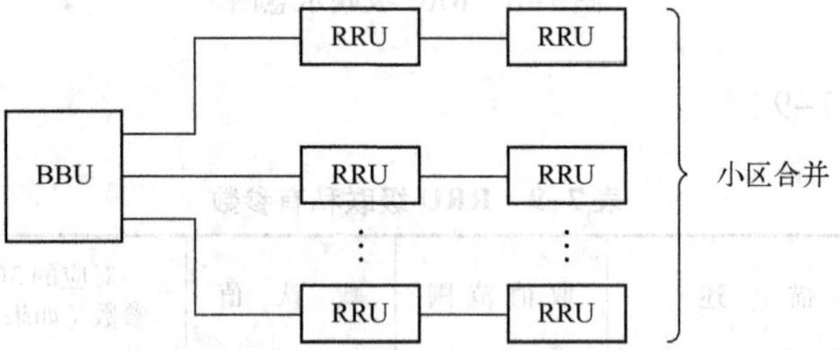

图 7-10　多个 RRU 混合连接的小区合并示意图

厂家 B 参数见表 7-10。

表 7-10　小区合并私有参数

参数名（OMC 命名）	描　述	取 值 范 围	默 认 值
cpId	小区 CP ID：本参数表示目标小区的小区合并 RRU 索引	0，1，2，3，4，5	0
upActAntBitmap	上行使用天线个数	3（2 天线）	3
cpSpeRefSigPwr	目标小区的参考信号发射功率	0 ~ 15 单位：dBm	15
refECellEquipment-FunctionTDD	小区合并关联的目标小区序号，表示目标小区选择的基带资源信息	ECellEquipmentFuc-tionTDD ＝ 1，2，3，4，5，6	ECellEquipmentFuctionTDD = 1

3. 负载均衡

负载均衡用于均衡多小区间的业务负载分布，通过某种方式改变业务、用户负载分布，使各小区无线资源均保持较高的利用效率，同时保证已建立的 QoS，其参数见表 7-11。当判定某个小区负载（这里负载指的是基于协议规定的小区 PRB 利用率）较高时，将触发负载均衡过程，通过将部分用户转移至周围负载较轻的邻区或者同覆盖小区，从而达到将负载从高的小区重新分布至低的小区的目的。

表 7-11 负载均衡参数

参数名	描述	取值范围	默认值	何时生效
loadbalancing	开关类参数；标识负载均衡功能打开	ALLOWED/NOT ALLOWED	NOT ALLOWED	立即
lbThreshold	重点取值类参数；负载均衡触发门限，用目标基站与源基站之间的负载差值衡量，无量纲。当差值达到 lbThreshold 时，启动负载转移	0~1000	70	立即
lbCeiling	重点取值类参数；一次负载转移所能转移的最大负载	10~1000	400	立即

4. 下行小区间干扰协调（ICIC）功能

TD-LTE 同频组网时，由于小区间的干扰导致小区边缘用户的下行性能下降较大（相比于异频组网，边缘性能下降约 80%）。基站侧通过小区间资源协调以规避干扰，在保证小区吞吐量不下降的前提下，实现小区边缘用户性能的提升。ICIC 主要有以下实现方式：

1）部分频率复用（FFR）：有一个子频带被所有小区等功率使用，而其余子频带的功率分配在相邻小区间协调，从而在每个小区创造一个小区间干扰较低的子频带，成为小区边缘频带。

2）软频率复用（SFR）：将单个小区的所有资源分成 3 份，与相邻两个小区约定好，每个小区仅在彼此错开的一部分资源上进行全功率发射，其余部分降低功率发射；降低功率发射的资源分给小区中心用户使用，以降低对邻区边缘用户的干扰；全功率发射的资源分给小区边缘用户使用，以保证边缘用户的性能。小区间干扰协调参数见表 7-12。

表 7-12 小区间干扰协调参数

参数名（OMC 命名）	描述	取值范围	默认值
LteCellTDD::fICICModeSelDl	下行频域 ICIC 使能及算法选择开关	0:下行频域 ICIC 不使能(同频组网){Disable Downlink Frequency Domain}, 1:下行静态频域 ICIC{Downlink Static Frequency Domain ICIC}, 2:下行动态频域 ICIC{Downlink Dynamic Frequency Domain ICIC}, 3:集中式干扰协调{CIC-ICIC}	默认值取 0
LteCellTDD::rbByteMapDl	下行 RBG 激活位图初始值	下行 ICIC 打开时调度的 RBG 位图，0 表示 IC 资源，1 表示 OC 资源，2 表示禁用资源。用 25 个 BYTE 表示，每个 BYTE 表示一个 RBG 的配置	
ICICTDD::paIndexCcu	中心用户的初始 PA 值	0:-6{-6},1:-4.77{-4.77},2:-3{-3},3:-1.77{-1.77},4:0{0},5:1{1},6:2{2},7:3{3} 单位为 DB	默认值取 0，表示 -6 dB
PowerControlDLTDD::paForDTCH	边缘用户的初始 PA 值	0:-6{-6},1:-4.77{-4.77},2:-3{-3},3:-1.77{-1.77},4:0{0},5:1{1},6:2{2},7:3{3} 单位为 DB	默认值取 2，表示 -3 dB

7.4 参数与无线优化

7.4.1 分场景参数设置原则

无线参数设置是需要适配实际地理环境，同时随着网络覆盖、结构的变化进行动态调整，在参数调整过程中，应该秉持基于实际的网络场景，以期促使网络性能、用户感知达到最佳的原则，杜绝盲目追求网络指标而使得指标与用户感知分离。

以往的场景划分基本依赖于地理建筑及区域的划分（例如，学校、写字楼、火车站、机场、医院等），该类场景过分依赖于工参的准确性，同时在操作层面难以量化，具有不确定性。场景划分可依赖于小区级的量化数据（例如，RSRP、SINR、RIP、重叠覆盖等），容易实现，同时结合具体组网策略，可以使得无线参数优化工作更加准确合理。

见表7–13，对于不同的重叠覆盖情况，系统内小区重选或者切换的时延可能设置不同，对于重叠覆盖度较高的区域，建议时延设置稍长，以期使得UE避免后续乒乓重选。而对于网络覆盖边缘，且重叠覆盖度较低的区域，可以适当缩短时延，使得UE快速重选或者切换到更好的小区，避免脱网以及掉线的风险。

表7–13　分场景的参数设置

参数英文名	3GPP协议规定的取值范围	室　分	一般宏站			高　速
			重叠覆盖度			
			>8%以上	5%~8%	<3%	
Time－to－trigger	{0,40,64,80,100,128,160,256,320,480,512,640,1024,1280,2560,5120} ms	320~640ms	480~640ms	256~640ms	100~320ms	320~640ms

以往对于参数的优化只需要关注单独参数网络性能的影响，而忽视了参数组合的关联性。由于在LTE无线优化中，参数对性能的影响不是独立出现的，越来越多以参数对、或者参数组合的形式出现，因此在日常LTE优化工作实践中，不仅要了解单个参数设置对于网络性能的影响，同时需关注这些参数组合对于性能的影响，力求输出不同场景下最优参数组合的设置方案。

7.4.2 现网案例

案例一：现网LTE核心网MME已经开启CSFB功能，而eNodeB的CSFB开关参数没设置开启，导致终端被叫接续异常。

CSFB手机能够正常在LTE驻留，在进行主叫时，能够回落至TD－S建立通话，部分厂家设备下无法进行被叫（华为、中兴设备无法进行被叫，爱立信、贝尔设备可以进行被叫）。

1）CSFB手机作为主叫时，华为、中兴、爱立信、贝尔设备下会回落TDS进行主叫，接续时延普遍超过20s，前期现网实测结果表明，CSFB手机拨打GSM手机平均时延约21.1s，如图7–11所示。

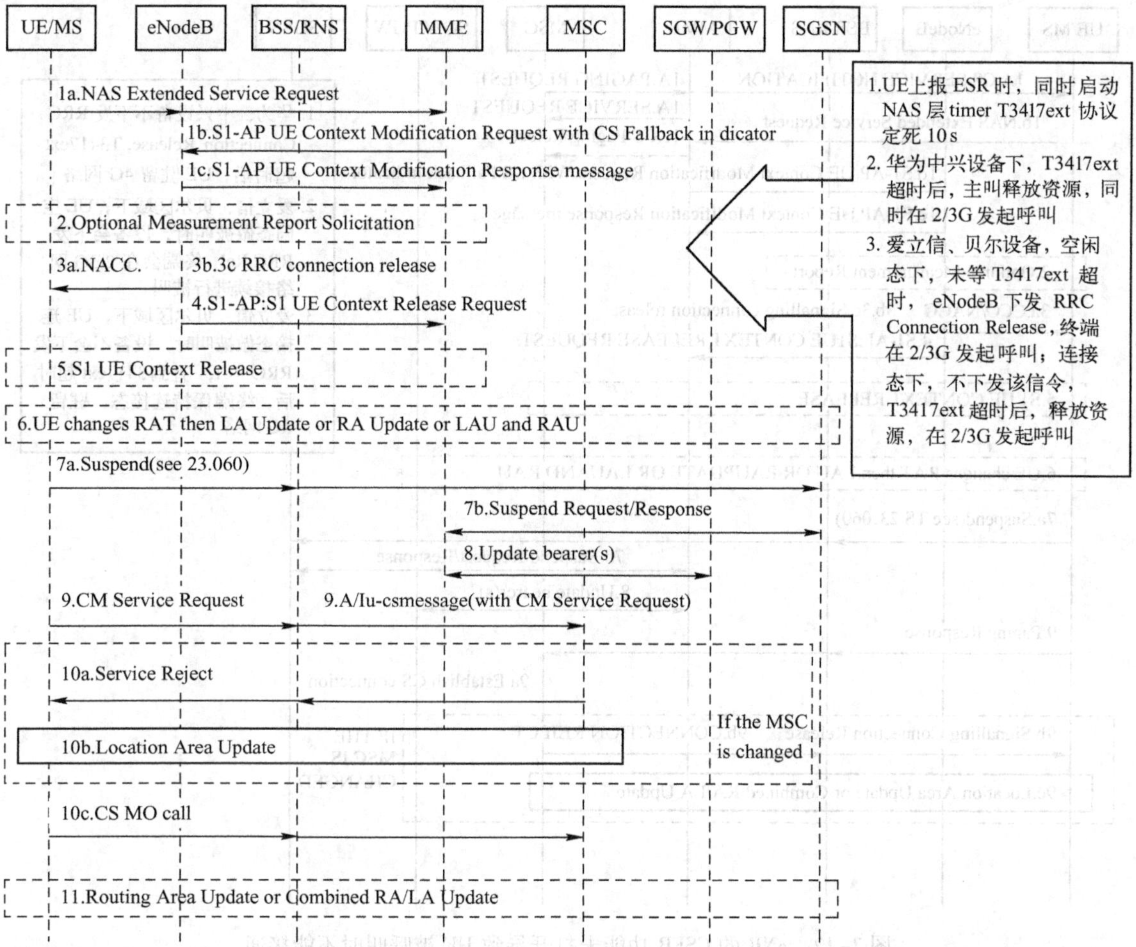

图 7-11　eNB 的 CSFB 功能未打开导致 UE 回落到 TD－SCDMA

2）CSFB 手机作为被叫时，华为、中兴设备下无法接通；爱立信、贝尔设备下空闲态做被叫可以接通，接通时延较长（前期实测，终端会回落 2/3G 网络，不同终端接续时延不同，平均约 13 s 左右），连接态下做被叫无法接通，如图 7-12 所示。

案例二：3G、4G 互操作参数设置不合理导致 CSFB 手机被叫接续失败。

问题现象及定位：测试中在 4G 覆盖边缘地区（4→3G 本系统重选门限 －114 dBm），终端做被叫无法接续，由于前期测试经验表明 LTE 弱场寻呼成功率并不低，因此排除由于网络弱覆盖导致。后经定位表明由于 3→4G 重选门限设置过低（RSRP = －140 dBm），导致频繁 3G、4G 乒乓重选，从而导致被叫接续失败。

解决方案：调整 3→4G 重选门限，现网建议比 q_RxLevMin 高 4 dB。

案例三：上行高发射功率占比较高。

问题现象及定位：某些城市拉网测试中发现 UE 高发射功率占比较高，而连续弱覆盖里程占比并不特别高，疑似上行功控参数设置有误。经检查发现，厂家所属城市测试区域下的 eNodeB 没有打开上行 PUCCH、PUSCH 信道闭环功控开关，且 p0_NominalPUSCH 设置高达 －67 dBm，导致 UE 高发射功率占比较高，见表 7-14。

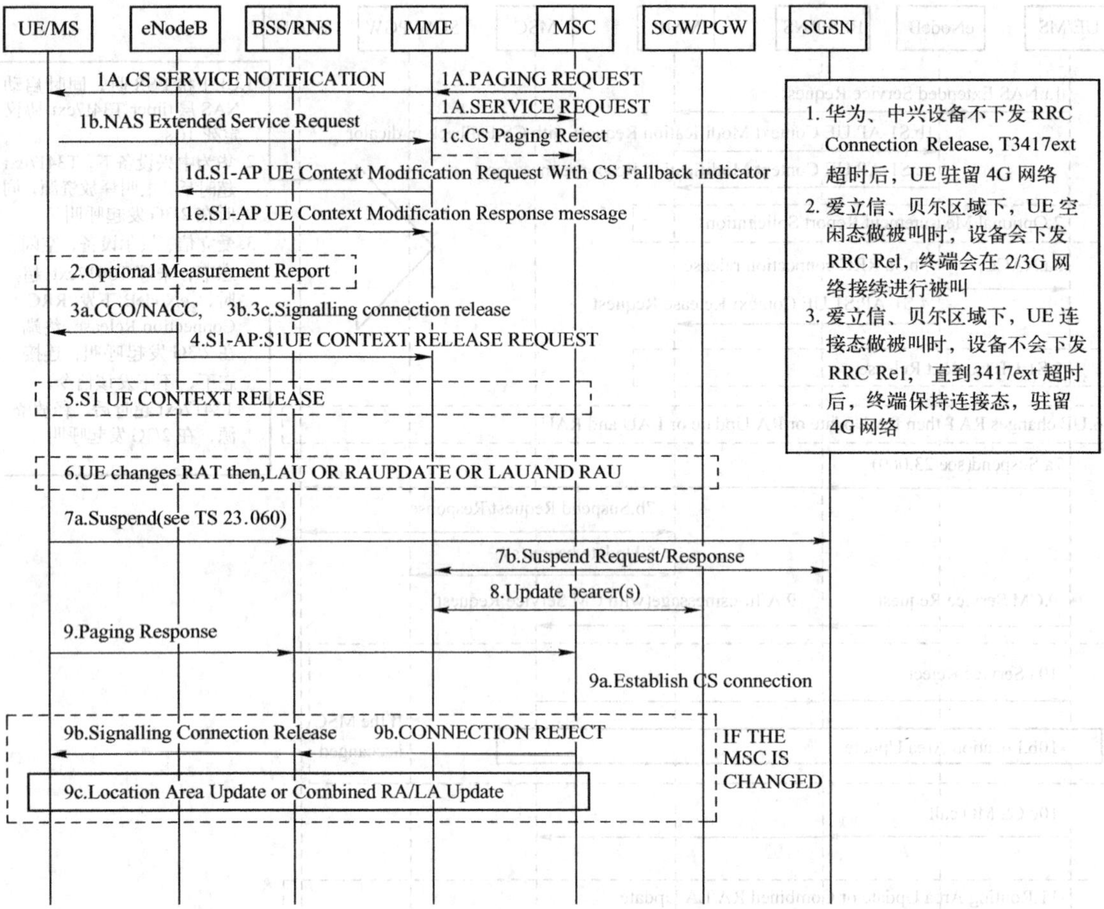

图 7-12　eNB 的 CSFB 功能未打开导致 UE 被呼叫时不能接通

表 7-14　上行发射功率占比高

	边缘 RSRP /dBm	覆盖率	RSRP 连续弱覆盖里程占比	脱网里程 /km	连续 UE 高发射功率里程占比
城市 A	-124	73.7%	53.2%	67.9	95.9%
城市 B	-103	96.2%	5.7%	8.3	46.9%
城市 C	-112	89.6%	18.4%	3.1	72.3%

解决方案：打开上行闭环功控开关，并将相应上行信道期望功率门限设置在合理范围内。

第 8 章 TD - LTE 系统性能指标

本章介绍 TD - LTE 系统无线侧关键性能指标，包括覆盖类、网管类、质量类、测试类指标，从实际应用的角度展开对关键指标的介绍。通过本章的介绍，工程师可以很快掌握评估 TD - LTE 网络性能的各类指标，为网络的优化分析提供指导。

8.1 覆盖类指标

8.1.1 参考信号接收功率

参考信号接收功率（Reference Signal Received Power，RSRP），由于 LTE 下行控制信道和业务信道接收时的信道估计主要参考小区公共参考信号（Common Reference Signal，CRS），所以 LTE 系统中的 RSRP 定义为小区公共参考信号的接收功率。

RSRP 是资源颗粒（Resource Element，RE，带宽 15 kHz）级别的功率。一般取值范围为 -120 ~ -70 dBm。当 TD - LTE 系统只配置一个天线端口（如单通道室分系统）发射时，RSRP 定义为 port0 端口参考信号接收功率的平均值；当 TD - LTE 系统采用两个天线端口（室外宏站基本都采用此配置）传输时，RSRP 定义为 port0 和 port1 两个天线端口参考信号接收功率的最大值，即 $\mathrm{RSRP}=\mathrm{Max}(R_{x_0},R_{x_1})$，如图 8-1 所示。

RSRP 是衡量系统无线网络覆盖率的重要指标。RSRP 是一个表示接收信号强度的绝对值，一定程度上可反映移动台距离基站的远近，因此这个 KPI 值可以用来度量小区覆盖范围大小。RSRP 是承载小区参考信号 RE 上的线性平均功率。

RSRP 的覆盖指标：设定 RSRP 的门限为 A，则 RSRP 的覆盖指标为路测过程中 RSRP≥A 的点数之和与总的路测统计点数之和的百分比。计算之前首先排除测试中的异常点，异常点指的是 RSRP 的取值远远超出正常范围之外。

在单站条件下，影响 RSRP 的因素包括 CRS 功率、工作频段。

1. CRS 发射功率

在相同站间距情况下，信源发射功率越大，RSRP 也越高；但在同频组网下，相应的对邻区的干扰也会增加，因此 TD - LTE 网络的 CRS 发射功率通常是多轮优化后的结果。常见 TD - LTE CRS 单端口发射功率范围为 9.2 ~ 15.2 dBm，考虑到深度覆盖原因，建议采用 15.2 dBm 为发射功率配置基准。对于新建站址，满足室内覆盖的前提下尽量降低室外重叠覆盖；对于 TD - S 共站而言，可参考 TD - SCDMA 功率进一步优化。

2. 工作频段

TD - LTE 目前室外主要使用 F 频段和 D 频段，不同频段的传播损耗存在差异，并且和环境相关。正常情况下，F 频段的传播损耗相比于 D 频段在视距场景下约低 2.9 dB，在非视距场景下约低 4.5 dB；室内浅覆盖场景约低 4.9 dB，深度覆盖场景约低 7.8 dB。以 8 通道 FA/D 天线为例，典型 D 频段天线增益为 16 dB，F 频段天线增益为 13.5 dB，D 频段天线增

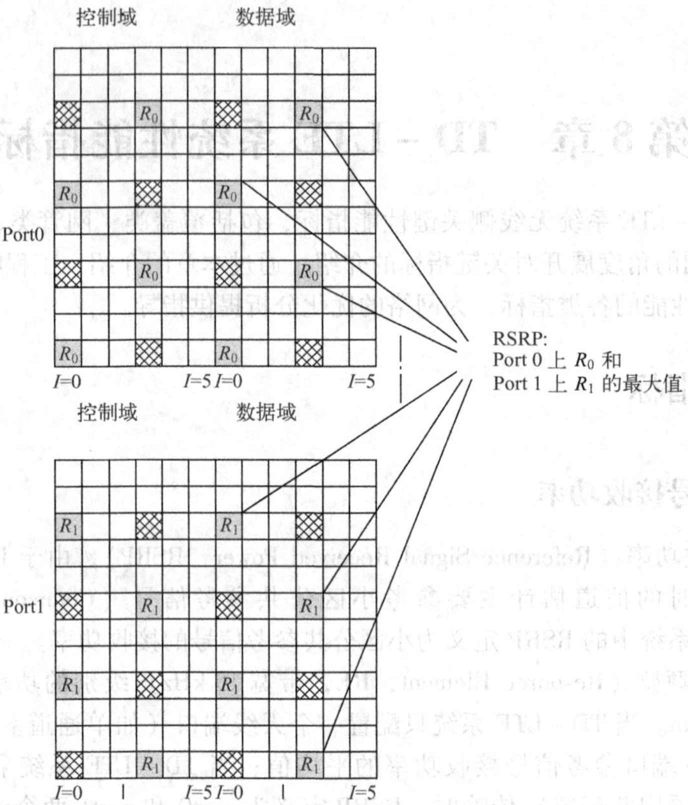

图 8-1　CRS RSRP 信号示意图

益比 F 频段高约 2.5 dB，相同发射功率下，F 和 D 频段差异减小为 2 ~ 3 dB。

在真实组网场景下，F/D 频段 TD - LTE 在低矮居民区、小型酒店、底层商铺以及低矮写字楼等类型的穿透损耗测试结果显示：F 频段高穿透损耗为 13 dB 左右，低穿透损耗为 10 dB 左右。

8.1.2　信号与噪声和干扰之和的比值

信号与噪声和干扰之和的比值（Signal to Interference & Noise Ratio，SINR），简称信噪比，指 UE 在 RS 信道上测量的载干噪比，用于衡量信号质量。同 RSRP 一样，TD - LTE 系统规划指标中使用的 SINR 也是小区公共参考信号的 SINR，即 CRS_SINR。

CRS_SINR 在终端定义为 RS 有用信号与干扰（或噪声或干扰加噪声）相比强度，由 UE 测量得到，CRS_SINR = 服务小区 RSRP/（邻接小区 RSRP + N），N 为热噪声功率。

当系统配置单天线端口情况时，由终端接收到的端口 0 参考信号经过两天线接收合并计算得出 CRS_SINR；当系统配置两天线端口情况时，发送端口 0 和端口 1 参考信号分别经过 2 个接收天线合并计算出 Rx0_SINR 和 Rx1_SINR，然后由这两个 SINR 值取平均作为 CRS_SINR。

SINR 一般取值范围为 -5 ~ 25 dB，目前 TD - LTE 规划指标要求小区边缘 SINR 为：大于 -3 dB 的概率超过 95%。

由于计算 SINR 涉及有用信号和干扰信号、噪声三方面。首先，影响 RSRP 的网络参数配置都会影响到 SINR；其次，噪声是相对固定而且无法控制（大自然热噪声为 -174 dBm/Hz，计算设备的噪声水平还需要加上噪声系数，一般基站侧该参数取值为 4 dB 左右，终端侧取值为 7 dB 左右）；因此，本小节重点分析与干扰相关的影响因素。根据干扰类型可划分成系统内干扰和系统间干扰，其中，系统内干扰的影响因素还可细分为 PCI 规划、子帧配比、过覆盖和重叠覆盖、组网方式、加载水平等。各影响因素分析如下：

1. PCI 规划

相邻小区 CRS 在频域上的位置可以偏移，其偏移量和 PCI 相关。当系统配置成单端口传输的时候，CRS 在频率上的偏移量为 PCI mod（6）；当系统配置成两端口传输的时候，CRS 在频率上的起始位置为 PCI mod（3），此时当相邻小区 PCI 模 3 相同时，其 CRS 之间将存在同频干扰。

在小区 PCI 规划时，应尽量将有可能存在较强信号交叠区域的两小区 PCI 设置成模 3 不同。

2. 子帧配比

TD-LTE 系统采用同频组网时，各小区子帧配比应配置成相同，并且无线帧起始位置应严格对齐。然而实际操作中，可能会存在因为错误操作而错配个别小区子帧。此外，部分站点 GPS 失锁也会导致该站点下的 TDD 时隙和周围站点不同步。由于 TD-LTE 系统通过上下行子帧来区分上下行传输，如果同频邻区的子帧配比不同或者上下行子帧不同步，将会导致上下行交叉时隙干扰，即产生严重的终端干扰终端或基站干扰基站现象，导致信号质量变差。

3. 过覆盖和重叠覆盖

当网络中存在结构不合理的站点（如高站，超近/远站），或者基站天线的方向角/下倾角没有进行很好的优化，容易造成一些地理区域 SINR 较差。典型原因包括过覆盖和重叠覆盖。

过覆盖：在本小区覆盖范围内，存在一个或者两个较强邻区，造成信号质量较差，如超近站、高站以及部分天馈调整不合理的站点。

重叠覆盖：在本小区覆盖范围内，存在三个或以上与本小区信号强度差异不大的邻区（如 6 dB 以内），导致信号质量较差。

4. 组网方式

TD-LTE 目前可用频段包括 F、E、D 频段，因此，将存在多频段异频组网以及同频段不同频点异频组网的可能性。对于同频组网来说，邻区信号将对本小区产生干扰，信号质量也会受影响；而对于异频组网来说，邻区信号将不会干扰本小区，信号质量也会有所提升。

5. 加载水平

虽然 CRS 均匀分布在整个频带上，其干扰情况在一定程度上可以表征业务信道受扰情况，但由于 LTE 系统相邻小区 CRS 在频率上的位置可以偏移，其所受干扰和业务信道真实干扰之间还是存在差异。因此，CRS 受干扰情况和网络加载水平有关：当网络空载时，本小区 CRS 所在的频率位置，在邻区有可能还没被使用，因此不会受到邻区干扰；当网络加载后，这部分频率资源位置在邻区有可能会分配给 PDCCH 或 PDSCH 使用，从而造成对本小区 CRS 的干扰。在 100% 加载时，CRS 受到的干扰情况与业务信道基本一致。

6. 系统间干扰

多个无线通信系统共存时，当系统间隔离度不够时，容易产生系统间干扰。造成系统间干扰的原因有很多种。其中，产生同频、邻频、杂散、互调等干扰的原因，主要是其他通信系统的信号或者衍生产物落入本系统工作频带内，造成了本系统底噪的抬升，导致信号质量的下降；产生阻塞干扰的原因，主要是由于本系统信号接收时，工作带宽外的干扰信号强度超过了接收机的抑制能力，造成系统底噪的抬升，降低了接收机性能。

对于 F 频段来说，可能会受到 DCS1800 杂散、互调和阻塞干扰，GSM900 二次谐波干扰以及 PHS 系统的杂散和阻塞干扰；对于 E 频段来说，可能会受到 2.4GWLAN 的杂散干扰；对于 D 频段来说，可能会受到 MMDS 和 WiMAX 系统的同频干扰。

8.2 KPI 网管指标

8.2.1 呼叫接入类指标

1. RRC 连接建立成功率

RRC 连接建立成功率反映 eNB 或者小区的 UE 接纳能力，RRC 连接建立成功意味着 UE 与网络建立了信令连接，是进行其他业务的基础。RRC 连接建立成功率用 RRC 连接建立成功次数和 RRC 连接建立尝试次数的比来表示，对应的信令分别为：eNB 收到的 RRC Connection Setup Complete 次数和 RNC 收到的 RRC Connection Req 次数。

2. E－RAB 建立成功率

E－RAB 建立成功率指 eNB 成功为 UE 分配了用户平面的连接，反映 eNB 或小区接纳业务的能力。E－RAB 是指用户平面的承载，用于 UE 和 CN 之间传送语音、数据及多媒体业务。E－RAB 建立由 CN 发起。当 E－RAB 建立成功以后，一个基本业务即建立，UE 进入业务使用过程。

E－RAB 建立主要在两个过程中：在 eNB 对 UE 进行初始上下文建立的时候；在 MME 发起 E－RAB Setup Request 的时候。

8.2.2 呼叫保持类指标

1. E－RAB 掉话率

E－RAB 掉话率反映系统的业务保持能力，是用户直接感受的重要性能指标之一。

一般情况下，eNB 由于某些异常原因会向 MME 发起 E－RAB 释放请求，请求释放一个或多个无线接入承载（E－RAB）。当 UE 丢失、不激活、或者 eNB 异常原因，eNB 会向 MME 发起 UE 上下文释放请求，这也会导致释放 UE 已建立的所有 E－RAB。这里的 E－RAB 异常掉话，主要是指 eNB 发起的、非用户未激活原因的 E－RAB 释放请求次数，同时也包括因异常 eNB 发起 UE 上下文释放中 E－RAB 释放数目。

2. RRC 连接异常掉话率

RRC 连接异常掉话率对处于 RRC 连接状态的用户，存在由于 eNB 异常释放 UE RRC 连接的情况，这种概率表示基站 RRC 连接保持性能，一定程度上反映用户对网络的感受。

其中：异常原因导致的 RRC 连接释放次数指除所有正常释放原因以外的 RRC 连接释放

次数。RRC 连接正常释放的原因包括三种：核心网正常释放、因负载均衡原因核心网主动发起 LOADBALANCE 释放、核心网发起的 Reset。信令流程包括 RRC 重建立成功、RRC 连接建立成功、RRC 连接释放。

8.2.3 移动性指标

1. eNB 内切换成功率

eNB 内同频切换成功率反映了 eNB 内小区间同频切换的成功情况，保证用户在移动过程中使用业务的连续性，与系统切换处理能力和网络优化有关，用户可以直接感受。

需关注的是：基于非测量的切换是指通过负荷均衡等判断来触发切换，基于测量的切换是指通过上报测量报告来触发切换。

2. X2 口切换成功率

X2 口切换成功率反映了与其他 eNB 存在 X2 连接的情况下，UE 在基站间的切换成功情况，与系统切换处理能力和网络优化有关，是用户直接感受较为重要的指标之一。

X2 口切换包含同频切换和异频切换两种情况，对于每种情况，需要统计切换出和切换入两个指标。

3. S1 口切换成功率

S1 口切换成功率是指当 eNB 根据 UE 测量上报决定 UE 要切换，且目标小区与 eNB 无 X2 连接，就进行通过核心网的 S1 切换。S1 切换成功率反映了 eNB 与其他 eNB 通过核心网参与的 UE 切换成功情况，与系统切换处理能力和网络规划有关，是用户直接感受较为重要的指标之一。

S1 接口切换包含同频切换和异频切换两种情况，对于每种情况，需要统计切换出和切换入两个指标。

8.3 质量类指标

8.3.1 上下行误块率

1. 上行误块率

上行误块率，即 PUSCH 误块率，是反映无线接口信号传输质量的重要指标，是进行很多无线资源管理控制的依据，影响着系统的切换、功控、接纳等方面的性能。该指标体现了网络覆盖情况，还体现了组网干扰状况，是网络规划质量和相关算法质量的一个间接反映指标。

统计周期内收到的上行传输块 CRC 出错的比例。需关注的是此处传输块是指完整 TB，不是码块分割的块。

2. 下行误块率

下行误块率，即 PDSCH 误块率，是反映无线接口信号传输质量的重要指标，是进行很多无线资源管理控制的依据，影响着系统的切换、功控、接纳等方面的性能。该指标体现了网络覆盖情况，还体现了组网干扰状况，是网络规划质量和相关算法质量的一个间接反映指标。

统计周期内收到的下行传输块 CRC 出错的比例。需关注的是此处传输块是指完整 TB，不是码块分割的块。

8.3.2 上下行 MAC 层重传率

1. 上行 MAC 层重传率

上行 MAC 层重传率是分组业务的重要质量指标，也是分组业务网络优化的重要工作，表征 HARQ 性能。通过 eNodeB 接收到经过确认的 MAC PDU 数和接收到的 MAC PDU 总数计算上行 MAC 层重传率。同样，此处传输块是指完整 TB，不是码块分割的块。

2. 下行 MAC 层重传率

下行 MAC 重传率是分组业务的重要质量指标，也是分组业务网络优化的重要工作，表征 HARQ 性能。通过 UE 收到经过确认的 MAC PDU 数和接收到的 MAC PDU 总数计算下行 MAC 层重传率。

8.3.3 时延类指标

1. Attach 时延

Attach 时延表示 UE 完成网络注册需要的时间，是衡量用户网络接入时延感受的重要指标之一。定义该指标为从 UE 发送 RACH Preamble 码开始，到网络完成注册的时间。

2. UE 从 Idle 态到 Active 态转换时延

此指标表示 UE 从 Idle 态转换到 Active 态的时间，直接影响呼叫（E-RAB）建立、TAU 等过程的时延，是衡量用户网络接入时延感受的重要指标之一。从信令流程分析，UE 从 Idle 到 Active 状态转换时延为 UE 发送 RACH Preamble 码开始，到 RRC 重配完成，即 UE 收到网络侧下发的 RRC Connection Reconfiguration Complete 的时间。

3. 用户面时延

用户面时延包括空口时延、EPC 时延和 E2E 时延三部分，如图 8-2 所示。其中空口时延是在良好的信道质量和系统空载下测试。时延测试可采用 Ping 方法。在预调度情况下，空口时延（双向）<5 ms，E2E 时延 <10 ms。

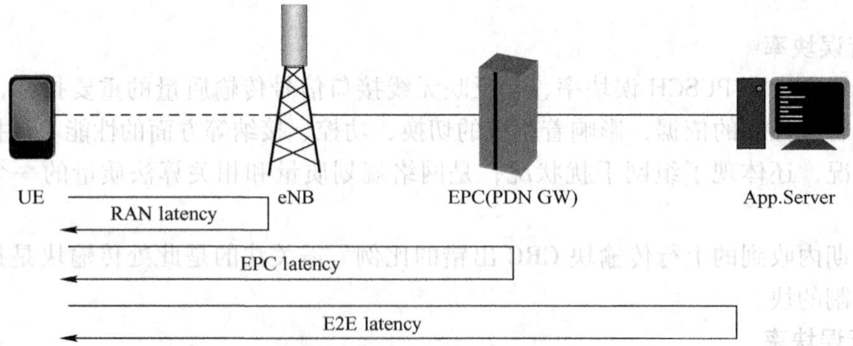

图 8-2 用户面时延

4. 系统内 X2 切换业务中断时间

此指标表示 UE 进行 LTE X2 切换过程中的用户面中断时间。中断时间过长，用户会明显感受到业务中断，特别对于实时性业务，如 voip。所以此指标是衡量用户感受网络服务质量的一个重要指标。

系统内 X2 切换时延包括两个指标，上行时延和下行时延。

上行时延 = X2 切换后目标基站收到第一个上行数据包的时间 - X2 切换前源基站收到最后一个上行数据包的时间；

下行时延 = X2 切换后目标基站发送第一个下行数据包的时间 - X2 切换前源基站发送最后一个下行数据包的时间。

5. 系统内 S1 切换业务中断时间

此指标表示 UE 进行 LTE S1 切换过程中的用户面中断时间。中断时间过长，用户会明显感受到业务中断，特别对于实时性业务，如 voip。所以此指标是衡量用户感受网络服务质量的一个重要指标。

系统内 S1 切换时延包括两个指标，上行时延和下行时延。

上行时延 = S1 切换后目标基站收到第一个上行数据包的时间 - S1 切换前源基站收到最后一个上行数据包的时间；

下行时延 = S1 切换后目标基站发送第一个下行数据包的时间 - S1 切换前源基站发送最后一个下行数据包的时间。

6. 异系统切换业务中断时间

此指标表示 UE 进行异系统切换过程中的用户面中断时间。中断时间过长，用户会明显感受到业务中断，特别对于实时性业务，如 voip。所以此指标是衡量用户感受网络服务质量的一个重要指标。

异系统切换时延包括两个指标，上行时延和下行时延。

上行时延 = 异系统切换后目标基站收到第一个上行数据包的时间 - 异系统切换前源基站收到最后一个上行数据包的时间；

下行时延 = 异系统切换后目标基站发送第一个下行数据包的时间 - 异系统切换前源基站发送最后一个下行数据包的时间。

8.4 测试类指标

TD - LTE 测试指标体系可分为覆盖类、干扰类、调度类、移动类，通过综合分析，可客观反映无线网络的性能指标。传统测试方法有两类。

DT 测试：驱车进行语音、数据（FTP 及其他热点业务）测试，其中语音采用互拨方式，数据业务采用 FTP 不间断下载，依照客户方式使用热点业务等方式开展，测试过程中仪表记录经纬度、参数、信令等信息，测试路线应尽可能遍历测试区域内的主干道、次主干道、支路等道路。

CQT 测试：选取热点楼宇，测试人员携带终端进行语音及数据业务（包括 WLAN）测试，测试范围涵盖窗边、走廊、办公室、楼梯口、电梯间等环境，每个测试点选高低楼层作为其测试地点。

8.4.1 覆盖类指标

TD－LTE 覆盖指标主要依据 CRS_RSRP 来衡量，在判断一个城市或区域的整体覆盖程度时，引入了平均 RSRP、边缘 RSRP。平均 RSRP 是所有测试采样点的平均值。影响用户使用感知的指标主要是边缘 RSRP。

边缘 RSRP 定义为：取 CRS_RSRP 中 CDF 等于5%的值。如果边缘 RSRP 太低，不能达到网络最低覆盖要求。如果边缘 RSRP 过高，小区间干扰也会严重。故 TD－LTE 更加重视利用边缘覆盖电平，来评估小区边缘的覆盖情况。

依据中国移动 TD－LTE 扩大规模试验网测试数据，当 CRS－RSRP 低于－110 dBm 时，UE 随机接入失败、RRC 连接建立请求失败的概率抬升，接入成功率低于95%。

在干扰情况相对复杂、干扰比较随机的场景下，例如，室外道路覆盖下，CRS_RSRP 与吞吐量相关性弱，影响吞吐率的直接因素为 SINR。在干扰情况简单、干扰相对收敛的场景下，例如，室分、孤站等场景，RSRP 与吞吐量相关性强。

8.4.2 干扰类指标

测试中反映干扰类的指标较多，与用户使用感知紧密关联的有：边缘 SINR、重叠覆盖度、MAC 层 BLRR。

边缘 SINR 是指 CRS_SINR 取 CDF（累计概率分布）为5%对应的值，用来描述各小区边缘的干扰强度；

重叠覆盖度指与最强信号电平差距在 6 dB 范围内的电平数，且最强信号大于－105 dBm，反映一片区域受到周围邻区的影响程度。在两个或多个小区共覆盖区域，由于小区边缘受同频邻区干扰影响，RS_SINR 会降低。随着重叠覆盖的邻区数增加，SINR 降低，重叠小区 RSRP 越相近，SINR 越低。

MAC 层 BLRR＝错误的传输块数/接收的传输块总数＊100%，用来描述数据传输的误码程度。

TD－LTE 系统自身存在的干扰现象还包括模3 干扰，实际网络中存在两邻区 PCI 模3 无法错开的情况，模3 会造成 CRS 信号相互干扰，使 RS_SINR 降低。在低负荷下，模3 对小区边缘 SINR 有一定影响，重叠覆盖和模3 干扰同时存在，以重叠覆盖影响为主，在低 SINR 区域，尽量避免模3 冲突的情况。

RS_SINR 与吞吐量具备强相关性，直接影响网络性能，相对2/3G 非全同频网络来说，同频组网的 LTE 网络，不能只关注 RSRP 指标，而应在满足 RSRP 要求的基础上，重点关注 RS_SINR 指标。

8.4.3 调度类指标

TD－LTE 系统中需考虑的调度种类有：时频资源、调整编码方案、单双流。影响时频资源调度的因素有小区用户数、用户信道质量指示（CQI）反馈和信道相关性 RI。

资源调度指标反映网络对用户资源的分配情况。

频域调度的有：下行平均每时隙 PRB 数，指已分配给用户的 PRB 总数/（已调度子帧数＊2），最大值100，较直观，但不能反映子帧的调度情况。

时域调度的有：下行每秒调度子帧个数，指已分配给用户的子帧总数/业务下载时长，与资源配比有关系，3:1（3:9:2），最大值600。

综合反映调度的指标是：下行每秒PRB个数，指已分配给用户的PRB总数/业务下载时长，与资源配比有关，3:1（3:9:2）最大值120000。

调制编码指标反映信息传输的编码速率和调制方式。下行平均MCS，指各下行子帧MCS求和/下行MCS上报次数；全带宽平均CQI，指全带宽CQI/全带宽CQI上报次数；调制方式占比指统计64QAM、16QAM、QPSK的调用次数占比。

单双流指标有：RANK=2占比、双流时长占比、双流流量占比。终端根据对信道相关性的检测，反馈秩指示RI（Rank Indicator）给eNB，当空间独立性较好时，反馈RANK=2；eNB根据RI的值决策是否使用双流发送；终端根据芯片上报的TB_Number来判断单双流的情况。

8.4.4 移动类指标

TD-LTE测试移动类指标主要指切换、重选、TAU类指标。指标要求需根据切换的类型来制定，对于网内切换，TDL在切换流程上与TDS相似，包含测量控制、测量报告、切换命令、切换执行、切换完成五个阶段。在路测指标体系中，以UE收到切换命令作为切换尝试，UE完成切换作为切换成功。

切换失败指UE在移动过程中收到切换命令后，如果切换到目标小区不成功，将尝试重建到源小区，极易造成指标恶化甚至脱网，此时吞吐量将陡降并持续较长时间，严重影响用户体验。

频繁切换，由于LTE采用硬切换方式，切换中业务会有短暂中断，如果过于频繁切换，同样会影响吞吐量和用户体验，需要避免不必要的切换。

第9章 TD-LTE系统专题优化

作为一种全新的4G技术，TD-LTE是纯IP网络。其优化与之前的GSM、TD-SCDMA网络优化有较大的不同，但在日常的覆盖优化、邻区优化、规避干扰等方面它们也存在一些相同的地方。本章详细介绍TD-LTE系统专题优化的工作内容，并结合一些实际案例使读者加强对优化分析的理解。

9.1 TD-LTE网络优化原则

TD-LTE网络优化的基本原则是在一定的运维成本下，在满足网络服务质量的前提下，建设一个容量和覆盖范围都尽可能大的网络，并适应未来网络发展和扩容的要求。LTE网络优化的工作思路是：首先做好覆盖优化，然后在覆盖能够保证的基础上进行业务性能优化，最后进行整体优化。整体网络优化的原则包含以下4个方面：最佳的系统覆盖、合理的邻区优化、系统干扰最小化、均匀合理的基站负荷。

合理的基站负荷需要在有一定用户使用的基础上进行优化调整，目前属于建网初期，暂不讨论。

9.1.1 覆盖优化

覆盖是优化环节中极其重要的一环。在系统的覆盖区域内，通过调整天线、功率等手段使业务最多地方的信号满足所需的最低电平的要求，尽可能利用有限的功率实现最优的覆盖，减少由于系统弱覆盖带来的用户无法接入网络或掉话、切换失败等。

工程建设期可根据无线环境合理规划基站位置、天线参数设置及发射功率设置，后续网络优化中可根据实际测试情况进一步调整天线参数及功率设置，从而优化网络覆盖。

在对TD-LTE覆盖规划时，可以为边缘用户指定速率目标，即在覆盖区域的边缘，要求用户的数据业务满足某一特定速率的要求，如64 kbit/s、128 kbit/s，甚至根据某些场景下的业务需要，可以提出512 kbit/s或1 Mbit/s更高的速率目标。只要不超过TD-LTE系统的实际峰值速率，TD-LTE系统通过系统资源的分配与配置就能满足用户不同的业务速率目标要求。

1. LTE系统强弱覆盖情况判定

通过扫频仪和路测软件可确定网络的覆盖情况，确定弱覆盖区域和过覆盖区域。弱覆盖区域指在规划的小区边缘的RSRP小于-110 dBm；过覆盖是在规划的小区边缘的RSRP高于-90 dBm。

2. 天线参数调整

调整天线参数可有效解决网络中大部分覆盖问题。天线对于网络的影响主要包括以下性能参数和工程参数。

天线性能参数：天线增益、天线极化方式、天线波束宽度。

天线工程参数：天线高度、天线下倾角、天线方位角。

一般在网络规划设计时已根据组网需求确定选择合适的天线，因此天线的性能参数一般不调整，只有在后期覆盖无法满足要求且无法增设基站，通过常规网络优化手段无法解决时，才考虑更换合适的天线，例如，选用增益较高的天线以增大网络覆盖。因此，在网络优化中，天线调整主要是根据无线网络情况调整天线的挂高、下倾角和方位角等工程参数。例如，弱覆盖和过覆盖主要通过调整天线的俯仰角以及方位角来解决，弱覆盖可通过减小俯仰角，过覆盖可通过增大俯仰角来改善。

3. 天线参数调整方法

在单站和簇优化时，需要保证对每个基站的天馈参数都进行现场核实，后续在不断优化的过程中，对天馈的调整，同时也要注意对基站数据资料的更新。同时，随着新加站的开启，仍需要对覆盖的合理性进行全方位的评估和优化调整。

9.1.2 邻区优化

邻区过多会影响终端的测量性能，容易导致终端测量不准确，引起切换不及时、误切换及重选慢等；邻区过少，同样会引起误切换、孤岛效应等；邻区信息错误则直接影响网络的正常切换。这两类现象都会对网络的接通、掉话和切换指标产生不利的影响。因此，要保证稳定的网络性能，就需要很好地来规划邻区。

1. LTE 邻区规划原则

做好邻区规划可使在小区服务边界的手机能及时切换到信号最佳的邻小区，以保证通话质量和整网的性能。合理制定邻区规划原则是做好邻区规划的基础。

TD－LTE 与 3G 邻区规划原理基本一致，规划时需综合考虑各小区的覆盖范围及站间距、方位角等因素。TD－LTE 邻区关系配置时应尽量遵循以下原则。

距离原则：地理位置上直接相邻的小区一般要作为邻区。

强度原则：在对网络做过优化的前提下，信号强度达到了要求的门限，就需要考虑配置为邻小区。

交叠覆盖原则：需要考虑本小区和邻小区的交叠覆盖面积。

互含原则：邻区一般都要求互为邻区，即 A 扇区载频把 B 作为邻区，B 也要把 A 作为邻区。此外，在一些特殊场合，可能需要配置单向邻区。

2. 系统内外邻区设置原则

1）宏站系统内邻区设置原则为：添加本站所有小区互为邻区，添加第一圈小区为邻区，添加第二圈正拨打小区为邻区（需根据周围站址密度和站间距来判断），宏站邻区数量建议控制在 8 条左右，单小区允许配置最大邻区数量为 32 条（无限制系统内和系统外）。

2）室分系统内邻区设置原则为：添加有交叠区域的室分小区为邻区（比如电梯和各层之间），将低层小区和宏站小区添加为邻区，保证覆盖连续性，高层如果窗户边宏站信号很强，可以考虑添加宏站小区到室分小区的单向邻小区。

3. 异系统邻区设置

除 TD－LTE 系统内部邻区规划外，还需做好 TD－LTE 与 TD－SCDMA、GSM 等异系统间的邻区规划。由于目前 LTE 主要针对热点进行覆盖，存在覆盖盲区，添加异系统邻区可保证业务连续。异系统邻区设置时一般优先考虑添加 TDS 邻区，其次考虑 GSM900 邻区。

1）宏站异系统邻区设置原则：添加同站址的同向 TDS/GSM 小区为邻区；添加正对 TDS/GSM 小区为邻区，以弥补覆盖盲区；处于规划区边缘的 LTE 宏站，可考虑添加相应的 TDS/GSM 小区为邻区，以保证业务连续，宏站异系统邻区数量建议控制在 3 条左右。

2）室分异系统邻区设置原则：不添加异系统室分邻区，除非处于高业务量保障点，可以考虑添加同覆盖异系统邻区，以达到负荷均衡效果；不添加异系统宏站邻区，除非是孤立室分点，添加周围 TDS/GSM 小区为邻区，以弥补覆盖盲区，保证业务连续。

9.1.3 干扰优化

干扰优化的目标是在保证正常通信服务的基础上，使 TD－LTE 系统干扰最小化。

一般干扰分为两大类，一类是系统内引起的干扰，例如，参数配置不合适、GPS 跑偏、RRU 工作不正常等；另一类是系统外干扰。这两类干扰均会直接影响网络质量。

通过调整各种业务的功率参数、功率控制参数、算法参数等，尽可能将系统内干扰最小化；通过外部干扰排查定位，尽可能将系统外干扰最小化。

1. 系统内干扰

LTE 有 6 种信道带宽配置，其中设备规范将 5 MHz、10 MHz、15 MHz、20 MHz 作为配置选项。配置大系统带宽优势明显，既可以获得更高的峰值速率，也可以获得更多的传输资源块，这样需要考虑选择同频组网方式。

相对异频组网，同频组网最明显的优势在于可以高频率、高效率地利用频率资源，但小区之间的干扰造成小区载干比环境恶化，使得 LTE 覆盖范围收缩，边缘用户速率下降，控制信令无法正确接收等。

对此，可采用 ICIC、功率控制、波束赋形及 IRC 等措施，可以有效解决系统内同频干扰问题。另外，通过 GPS 跑偏检测工具以及网元设备操作维护管理平台（OMC），可对网元设备运行状态和告警进行实时监控，一旦网元运行出现异常，可第一时间通知操作维护人员进行排障，确保将网元故障引起的系统内干扰降到最低。

2. 系统外干扰

对于系统外引的干扰，一旦发现后，应该及时通知客户协调解决。在无法明确干扰源的情况下，在网络初期优化的过程中，可先通过逐个关闭受干扰基站附近 1～2 圈的站点，逐个进行排查。外部干扰可通过使用八目天线进行测试位置选取，而通过天线方向以及极化方向进行定位，则过程周期较长，需要优化人员的细心和耐心排查。

9.1.4 新站开通入网流程

1. 新站规划

1）网优工程师根据设计院给出的开站清单，整网进行无线参数规划（含 PCI、PRACH、频点、频段、子帧配比、特殊子帧配比、TAC）。

2）基站开站工程师严格按照规划数据配置开站脚本。

2. 新站开通

1）基站开站工程师根据设计院规划指导工程队硬件施工安装。

2）设备加电后 OMC 工程师下发开站脚本。

3）基站工程师与 OMC 工程师配合检查站点状态、告警信息。

4）确认正常后，执行业务测试（接入、上/下载），确认业务正常后，通知 OMC 工程师闭塞站点。

5）当晚整理发出开站清单至网优接口人。

3. 单站验证

1）OMC 工程师核查基站工程师提供的开通站点状态、告警信息，确认无误后安排测试工程师现场测试，同时配置站内邻区和 CSFB 相关参数（GSM 频点/邻区、CSFB 开关）。

2）测试工程师上站完成站点勘察（工程参数核对，含方位角、下倾角、天线挂高、经纬度、隔离度）。

3）测试工程师上站完成业务测试（接入、Ping 时延、上传、下载、CSFB 主被叫），确认指标达标。

4）测试工程师站下绕站一圈完成覆盖/站内切换测试，完成测试后闭塞站点。

5）基于测试和勘察情况输出单站验证报告，交由网格负责人进行优化调整。

4. 参数优化、RF 优化

1）网格负责人收到单验工程师的单验报告后，现场测试确认站点周边邻区关系（宏站间、宏微间）、切换门限，通知 OMC 工程师添加并及时复测。

2）网格负责人根据覆盖需求，通知塔工进行天馈调整，并现场测试验证调整效果。

3）效果通过验证后，通知后台站点正常入网。

9.2 覆盖专题优化

移动通信网络中涉及的覆盖问题主要表现为四个方面：覆盖空洞、弱覆盖、越区覆盖和导频污染。无线网络覆盖问题产生的原因主要有如下五类：

1）无线网络规划准确性。无线网络规划直接决定了后期覆盖优化的工作量和未来网络所能达到的最佳性能。从传播模型选择、传播模型校正、电子地图、仿真参数设置以及仿真软件等方面保证规划的准确性，避免规划导致的覆盖问题，确保在规划阶段就满足网络覆盖要求。

2）实际站点与规划站点位置偏差。规划的站点位置经过仿真能够满足覆盖要求，但实际站点位置由于各种原因无法获取到合理的站点，导致网络在建设阶段就产生覆盖问题。

3）实际工参和规划参数不一致。由于安装质量问题，出现天线挂高、方位角、下倾角、天线类型与规划的不一致，使得原本规划已满足要求的网络在建成后出现了很多覆盖问题。虽然后期网优可以通过一些方法来解决这些问题，但是会大大增加项目的成本。

4）覆盖区无线环境的变化。一种是无线环境在网络建设过程中发生了变化，个别区域增加或减少了建筑物，导致出现弱覆盖或越区覆盖。另外一种是由于街道效应和水面的反射导致形成越区覆盖和导频污染。这种环境需要通过控制天线的方位角和下倾角，尽量避免沿街道直射，减少信号的传播距离。

5）增加新的覆盖需求。覆盖范围的增加、新增站点、搬迁站点等原因，导致网络覆盖发生变化。

实际的网络建设中，应尽量从上述五个方面规避网络覆盖问题的产生。

覆盖优化主要消除网络中存在的四种问题：覆盖空洞、弱覆盖、越区覆盖和导频污染。

覆盖空洞可以归入到弱覆盖中，越区覆盖和导频污染都可以归为交叉覆盖。所以，从这个角度和现场可实施角度来讲，优化主要有两个内容：消除弱覆盖和交叉覆盖。

覆盖优化目标的制定，就是结合实际网络建设，衡量最大限度地解决上述问题的标准。

9.2.1 覆盖优化指标

开展无线网络覆盖优化之前，首先要确定优化的 KPI 目标，TD－LTE 网络覆盖优化的 KPI 目标主要包括如下。

RSRP：在覆盖区域内，TD－LTE 无线网络覆盖率应满足 RSRP＞－100 dBm 的概率大于95%。

RS_SINR：在覆盖区域内，TD－LTE 无线网络覆盖率应满足 RS_SINR＞－3 dB 的概率大于95%。

RSRP 的测试建议采用反向覆盖测试系统或者 SCANNER 在测试区域的道路上测试，当测试天线放在车顶时，要求 RSRP＞－95 dBm 的概率大于95%；当天线放在车内时，要求 RSRP＞－105 dBm 的概率大于 95%。RS_SINR 建议采用 SCANNER 和专用测试终端路测获得，无论天线放在车内还是车外，均需满足上述要求。

1. RSRP 解读

RSRP（Reference Signal Received Power）在协议中的定义为在测量频宽内承载 RS 的所有 RE 功率的线性平均值。在 UE 的测量参考点为天线连接器，UE 的测量状态包括系统内、系统间的 RRC_IDLE 态和 RRC_CONNECTED 态。

在链路预算中，RSRP（RS 信号接收功率）＝RS 信号发射功率＋扇区侧天线增益－传播损耗－建筑物穿损－人体损耗－线缆损失－阴影衰落＋终端天线增益。

推导一：TD－S 语音下行的灵敏度是－106 dBm，实际终端在－100 dBm 能够做业务，但接通率和掉话率不能达标。为了保障覆盖道路上的网络性能，一般要求道路在－90 dBm 以上，即预留了 15 dB 的余量。

协议中 TD－LTE RS 的下行灵敏度在－124dBm，考虑 PDCCH 的 CCE 聚合度以信道质量实时调整，以 PDCCH 采用 8CCE 的链路预算对比，此时 PDCCH 最大路损比 RS 接收灵敏度少 1.5 dB，PRACH 采用 FORMAT1，最大路损与 RS 接收灵敏度相差约 1 dB。这种情况下，RSRP 在－122.5 dBm 以上可以工作，预留 15 dB 余量后，要求 RSRP 在－107 dBm 以上，在实际优化过程中，可以按照－105 dBm 来要求。

推导二：MCS0 的解调门限大概是－2 dB，RE 的底噪是－127 dBm（终端噪声系数 6～7 db）左右，因此 MCS0 的接收功率＝－127－2＝－129 dBm。在小区边缘室内要达到－129 dBm，链路预算中穿透损耗取值 10 dB，2 GHz 频段的阴影余量大概是 10 dB，因此要求路侧 RSRP≥－129＋20＝－109 dBm。考虑多小区下存在邻区间干扰的情况时，还需留至少 4 dB 干扰的余量，因此，小区边缘的 RSRP 应该大于－105 dBm。

RSRP 在道路上大于－95 dBm（天线放置车外）考虑了一定的阴影衰落余量和一定的穿透损耗。阴影衰落余量主要是为了在有阴影衰落情况下保证一定的无线接通率。而穿透损耗主要是考虑建筑物内的用户也能够得到服务。在优化道路时，优先考虑 RSRP 达到－100 dBm 以上的要求，如果－100 dBm 达不到，再考虑满足－105 dBm 的要求。在密集城区、一般城区和重点交通干线上，-100 dBm 以上是必须的。其他地方 -105 dBm 以上是必须的（RSRP 值均是天线在车内测得）。

2. SINR 解读

信号与干扰加噪声比（Signal to Interference plus Noise Ratio，SINR）是指接收到的有用信号的强度与接收到的干扰信号（噪声和干扰）的强度的比值。RS_SINR 在终端定义为 RS 有用信号与干扰（或噪声或干扰加噪声）相比强度。

在仿真工具 CNP 中，RS_SINR = 服务小区 RSRP/（邻接小区 RSRP 之和 + N），N 为热噪声功率。

RS_SINR 是指示信道覆盖质量好坏的参数，目前 TD - LTE 建设要求为 RSRP 大于 -100 dbm，以及 RS_SINR 大于 -3 db 比例高于 95%。

RS_SINR 与网络负荷相关，网路负荷越高，RS_SINR 越差。

因此，在不同的网络加载下的 RS_SINR 优化目标不同。

3. PDCCH SINR

PDCCH SINR 指示 PDCCH 信道质量的好坏。3GPP 36.101 中定义了 PDCCH 解调门限，见表 9-1。

表 9-1　PDCCH 解调门限

测试序号	LTE 带宽/MHz	聚合等级	SINR/dB
1	10	8CCE	-1.6
2	10	4CCE	1.2
3	10	2CCE	4.2

一般计算公式为：PDCCH SINR = 所属最佳服务小区的信道接收功率/覆盖小区信道在该处的干扰。

TD - LTE 系统中，PDCCH 的 CCE 聚合度是根据信道质量自适应的，在信道持续恶化时会采用 8CCE 的配置方式，那么 PDCCH SINR 大于 -1.6 dB 即可。

9.2.2　基于 RS 发射功率的覆盖优化

对于目前 2 通道的 RRU，单个通道 20 W，每个天线端口按照 20 W 的总功率计算。对于 8 通道 RRU，单个通道 5 W，在 2 天线端口配置下，每个天线端口对应的是 4 个通道阵元，总功率为 4 ×5 W = 20 W。RS 承载在不同的 RE 上，不承载 RS 的 RE 仍需承载业务数据，同样需要分享功率，因而 RS 的功率一般取总功率线性分布在频域上 RE 的均值。不同频率配置的情况下，RS 功率配置范围见表 9-2。

表 9-2　不同频率配置下 RS 功率配置范围

频宽/MHz	频域 RB 数目	RE 数目	天线端口功率/W	RS 建议最大功率
5	25	300	20	$10 \times \log(20 \times 1000) - 10 \times \log(300) = 18.2$ dBm
10	50	600	20	$10 \times \log(20 \times 1000) - 10 \times \log(600) = 15.2$ dBm
20	100	1200	20	$10 \times \log(20 \times 1000) - 10 \times \log(1200) = 12.2$ dBm

根据覆盖要求，RS 发射功率可在不超过表 9-2 的最大范围内调整。

在考虑 p_a 和 p_b 的时候，计算思路为先计算 A 类符号 PDSCH 每 RE 发射功率 E_A，再根据

P_A 值确定 RS 每 RE 发射功率 E_{CRS}，最后根据 P_B 值确定 B 类符号 PDSCH 每 RE 发射功率 E_B，如图 9-1 所示。

RS 发射功率设置方法如下：

1）参考 P_A 与 P_B 对应关系，见表 9-3。

表 9-3 P_A 与 P_B 对应关系

P_A	P_B
0	0
-3	1
-4.77	2
-6	3

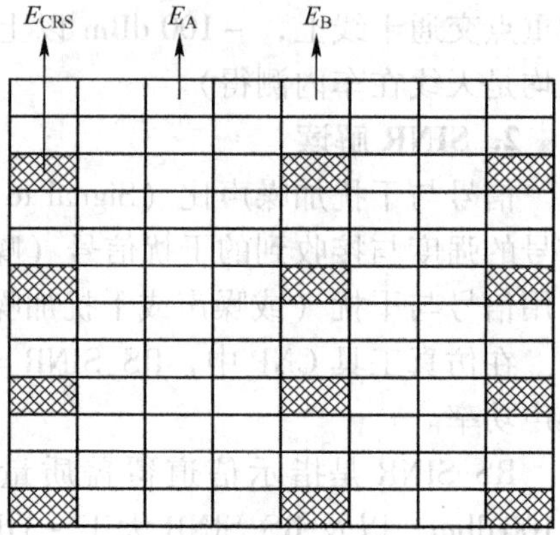

图 9-1 P_A、P_B 发射功率设置

2）单天线端口的发射功率。

一个天线端口发射功率 Tx_P = 小区最大发射功率 Tx − 10 × lg(天线端口数 P)　式 9-1

3）计算 A 类符号 PDSCH 发射功率。

$$PDSCH_{Tx\_Type\_A} = Tx_P - 10 \times \lg(12 \times N_{NL}^{DL}) \quad 式\ 9\text{-}2$$

4）计算 B 类符号 PDSCH 发射功率。

$$多端口：PDSCH_{Tx\_Type\_B} = PDSCH_{Tx\_Type\_A} + 10 \times \lg\left(\frac{5 - P_B}{4}\right) \quad 式\ 9\text{-}3$$

$$单端口：PDSCH_{Tx\_Type\_B} = PDSCH_{Tx\_Type\_A} + 10 \times \lg\left(\frac{5 - P_B}{5}\right) \quad 式\ 9\text{-}4$$

5）计算 RS 发射功率。

$$RS_{Tx} = PDSCH_{Tx\_Type\_A} - P_A \quad 式\ 9\text{-}5$$

RS 发射功率设置相关参数含义见表 9-4。

表 9-4 RS 发射功率相关参数

参 数 名	含 义
N_{RB}^{cell}	小区总 RB 数
P_{load}	小区负荷
RS_{TX}	RS 发射功率
$PDCCH_{Offset\ to\ Rs}$	PDCCH 每 RE 功率与 RS 功率的偏置值
$PDSCH_{Tx\_Type\_A}$	A 类符号 PDSCH 每 RE 功率
$PDSCH_{Tx\_Type\_B}$	B 类符号 PDSCH 每 RE 功率
$RSRP_{Serving}$	服务小区 RSRP
$RSRP_{Neighbor}$	邻接小区 RSRP
$N_{Allocate}^{RB}$	PDSCH 分配的 RB 数
$N_{Allocate}^{CCE}$	PDCCH 分配的 CCE 数

总结 RS 发射功率调整方法如下：

在覆盖优化过程中，当通过调整天线方位角、下倾角无法解决覆盖问题时才考虑增大或减小 RS 的发射功率来解决覆盖问题。

减小 RS 的发射功率常用于解决导频污染和越区覆盖问题，同样也会降低室外信号对室内的深度覆盖，在实际使用时需注意。

增大 RS 的发射功率则需要根据具体的信令流程判断是否是下行功率受限。

判断是下行受限还是上行受限，在业务状态下，可以通过判断是业务信道上行和下行的 BLER 谁先升高（参考门限 20%），也可以通过判断 UE 和 eNodeB 中哪个发射功率先达到上限。

9.2.3 弱覆盖优化

先优化 RSRP，后优化 RS_SINR。覆盖优化的两大关键任务是消除弱覆盖和消除交叉覆盖。优先优化弱覆盖、越区覆盖，再优化导频污染；优先调整天线的下倾角、方位角、天线挂高和迁站及加站，最后考虑调整 RS 的发射功率。

覆盖空洞是指在连片站点中间出现的完全没有 TD-LTE 信号的区域。UE 终端的灵敏度一般为 -124 dBm，考虑部分商用终端与测试终端灵敏度的差异，预留 5 dB 余量，则覆盖空洞定义为 RSRP < -119 dBm 的区域。

弱覆盖一般是指有信号，但信号强度不能保证网络能够稳定地达到要求的 KPI 的情况。天线在车外测得的 RSRP ≤ -95 dBm 的区域定义为弱覆盖区域，天线在车内测得的 RSRP < -105 dBm 的区域也定义为弱覆盖区域。

弱覆盖的判断，需利用测试 UE 测试数据，依据下述方法进行：

1）查看 RSRP < -95 dBm 所占的百分比。

2）根据 RSRP 的色标查看覆盖空洞的区域。

3）利用 SCANNER 测试数据（天线在车外），在 CNA 的导航栏 Menu 列表中选择 SCANNER1，查看 RSRP < -95 dBm 所占的百分比；根据 RSRP 的色标查看覆盖弱场的区域。

利用测试 UE 测试数据，如图 9-2 所示。

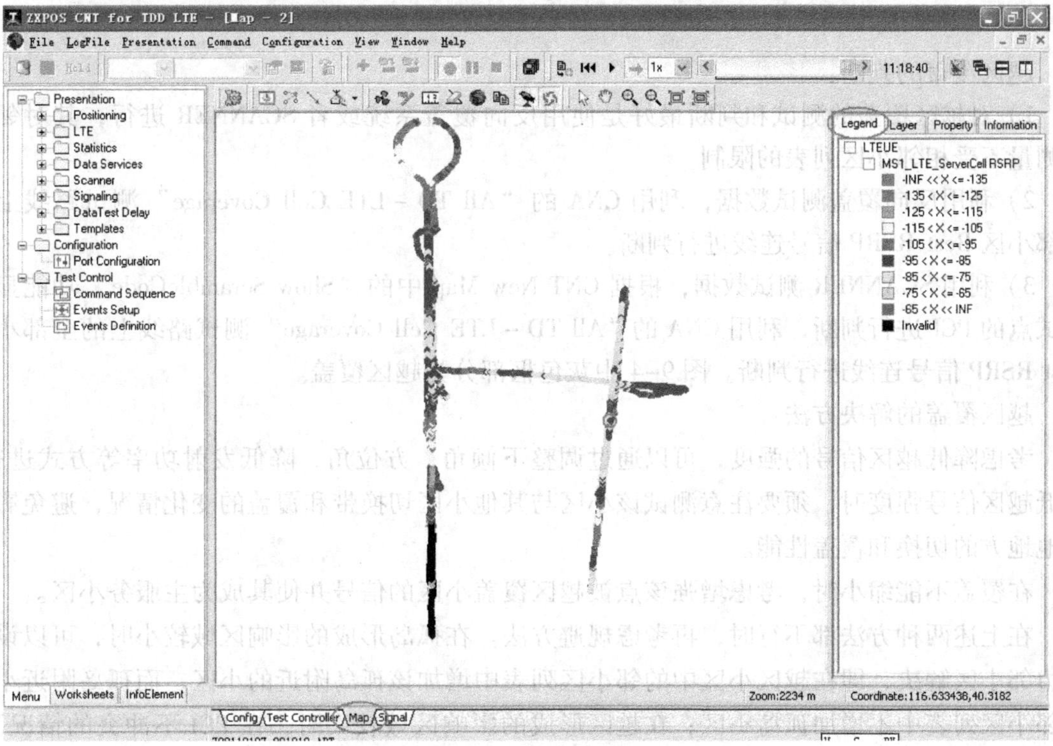

图 9-2 覆盖空洞和弱场显示图

UE 显示无网络或 RSRP 低于 – 119 dBm，呼通率几乎为 0；

UE 采集的 RSRP 数据，地理化显示 RSRP 路测场强分布情况，根据 RSRP 的色标 Legend 窗口查看覆盖空洞的区域。

弱覆盖的解决方法：

优先考虑调整信号最强小区的天线下倾角、方位角，增加站点或 RRU，增加 RS 的发射功率。一般的覆盖空洞都是由于规划的站点未开通、站点布局不合理或新建建筑阻挡导致。最佳的解决方案是增加站点或增加 RRU，其次是调整周边基站的工程参数和功率来尽可能地解决覆盖空洞。对于隧道，优先增加 RRU 解决。

9.2.4 越区覆盖优化

越区覆盖的定义：当一个小区的信号出现在其周围一圈邻区及以外的区域时，并且能够成为主服务小区，称为越区覆盖，如图 9-3 所示。

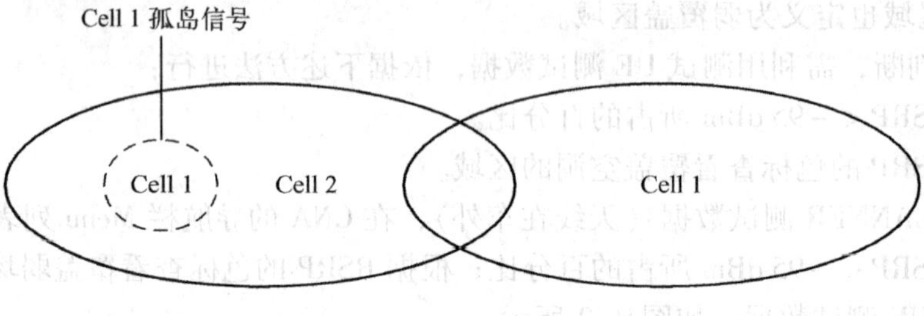

图 9-3　越区覆盖示意图

越区覆盖的判断：

1）对越区覆盖的测试和判断最好是使用反向覆盖系统或者 SCANNER 进行，其对邻区的测量不受相邻小区列表的限制。

2）利用反向覆盖测试数据，利用 CNA 的 “All TD – LTE Cell Coverage” 测试路线上的全部小区 Best RSRP 信号连线进行判断。

3）利用 SCANNER 测试数据，根据 CNT New Map 中的 “Show ScrambleCode” 功能显示测试点的 PCI 进行判断，利用 CNA 的 “All TD – LTE Cell Coverage” 测试路线上的全部小区 Best RSRP 信号连线进行判断。图 9-4 中灰色框部分为越区覆盖。

越区覆盖的解决方法：

考虑降低越区信号的强度，可以通过调整下倾角、方位角，降低发射功率等方式进行。降低越区信号强度时，须要注意测试该小区与其他小区切换带和覆盖的变化情况，避免影响其他地方的切换和覆盖性能。

在覆盖不能缩小时，考虑增强该点被越区覆盖小区的信号并使其成为主服务小区。

在上述两种方法都不行时，再考虑规避方法。在孤岛形成的影响区域较小时，可以设置单边邻小区解决，即在越区小区中的邻小区列表中增加该孤岛附近的小区，而孤岛附近小区的邻小区列表中不增加孤岛小区；在越区形成的影响区域较大时，在 PCI 不冲突的情况下，可以通过互配邻小区的方式解决，但须慎用。

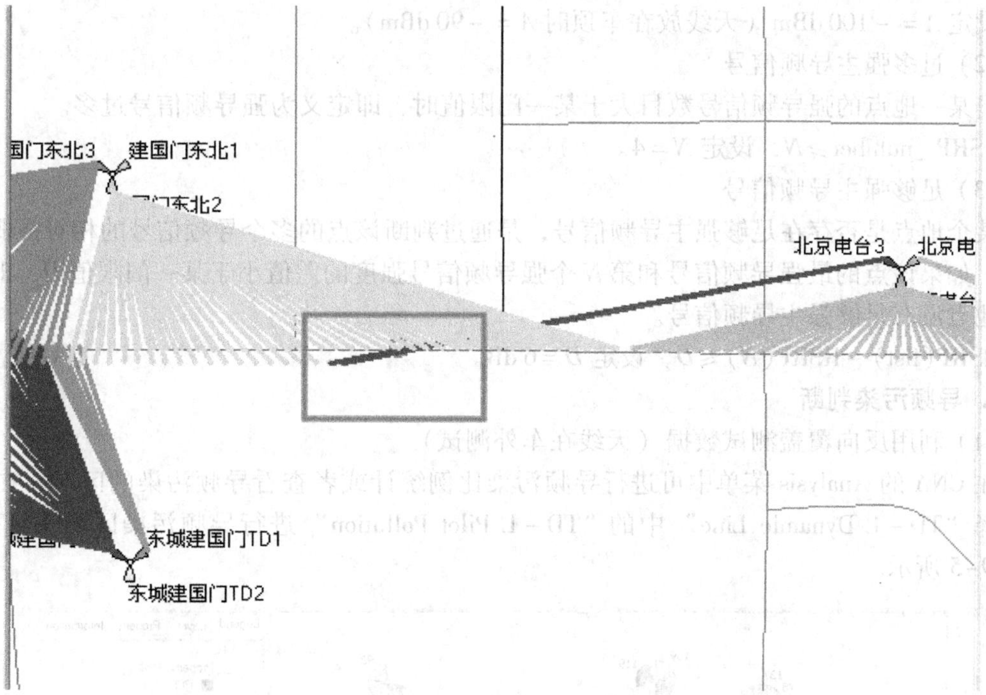

图 9-4　越区覆盖判断图

9.2.5　导频污染优化

1. 导频污染原因

RS_SINR <0 dB 的指标一般会出现在两种地方：弱覆盖区域和强干扰区域。在弱覆盖区域，由于有用信号很小，其功率很接近热噪声，所以热噪声和其他干扰（外部干扰和相邻小区的干扰）共同导致 RS_SINR <0 dB。在这种区域，热噪声是不能被忽略的。在强干扰区域，有用的功率和其他干扰(外部干扰和相邻小区的干扰)的功率都远远高于热噪声。这种情况下，热噪声可以被忽略，而导频污染就是定义了强场下的干扰导致 RS_SINR <0 dB 的情况。根据下面导频污染的定义，出现导频污染，并不一定出现理论 RS_SINR <0 dB，但是大部分情况下会导致理论 RS_SINR <0 dB。反过来，在强场理论 RS_SINR <0 dB的区域，肯定会出现导频污染的情况。所以消除了导频污染，即消除了强场下的大部分 RS_SINR <0 dB 情况。

消除导频污染，能够在很大程度上减少乒乓切换、净化切换带、改善业务的 KPI 指标。

2. 导频污染的定义

TD - LTE 中主要通过对 RSRP 的研究来定义其导频污染。TD - LTE 的导频污染中引入强导频和足够强主导频的定义。即在某一点存在过多的强导频却没有一个足够强的主导频的时候，即定义为导频污染。

下面给出强导频信号、过多强主导频信号和足够强主导频信号的判断标准，以及导频污染的定义。

(1) 强导频信号

在 TD - LTE 中，强导频信号定义为当 RSRP 大于某一门限值 A，即 RSRP > A。

设定 $A = -100$ dBm（天线放在车顶时 $A = -90$ dBm）。

（2）过多强主导频信号

当某一地点的强导频信号数目大于某一门限值时，即定义为强导频信号过多。

RSRP _number$\geq N$，设定 $N=4$。

（3）足够强主导频信号

某个地点是否存在足够强主导频信号，是通过判断该点的多个导频信号的相对强弱来决定的。如果该点的最强导频信号和第 N 个强导频信号强度的差值小于某一门限值 D，即定义为该地点没有足够强主导频信号。

RSRP(fist) − RSRP(N) $\leq D$，设定 $D=6$ dB。

3. 导频污染判断

（1）利用反向覆盖测试数据（天线在车外测试）

在 CNA 的 Analysis 菜单中可进行导频污染比例统计或者查看导频污染的区域；在 CNA 中选择“TD－L Dynamic Line”中的“TD－L Pilot Pollution”进行导频污染区域小区分析，如图 9-5 所示。

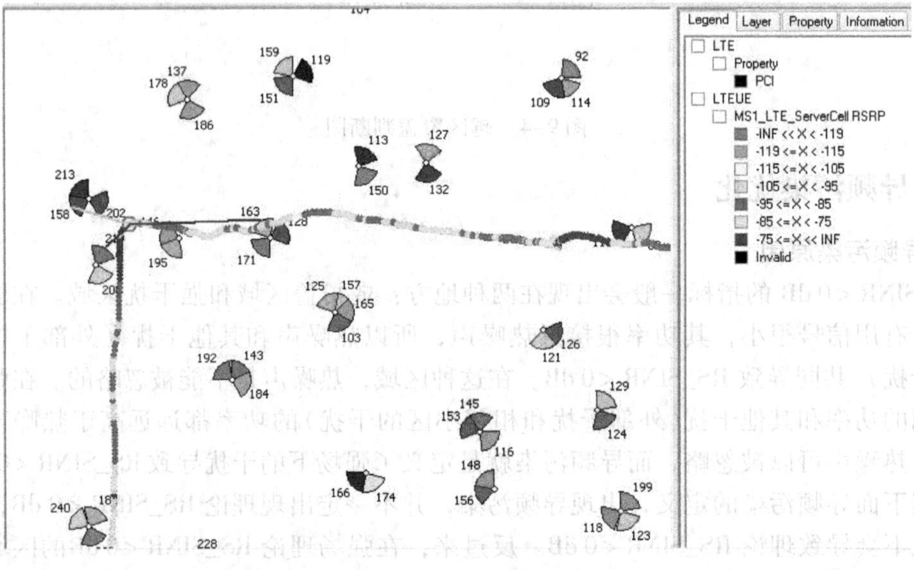

图 9-5　导频污染判断图

（2）利用 SCANNER 测试数据（天线在车外测试）

在 CNA 的 Analysis 菜单中具备导频污染比例统计或者查看导频污染的区域的功能；在 CNA 中选择“TD－L Dynamic Line”中的“TD－L Pilot Pollution”进行导频污染区域小区分析。

（3）利用测试手机数据

乒乓切换区域一般都存在导频污染，并且切换失败和掉话概率都容易发生在导频污染区域，可以通过 CNT 和 CNA 中切换事件、切换失败事件以及掉话事件的图标判断导频污染区域。

用 CNT 中的“Show PCI”功能显示测试点的 PCI 来判断，如图 9-6 所示。使用该方法时，两相邻小区之间只发生一次切换为理想状态。目前，利用这种方法优化覆盖最有效。

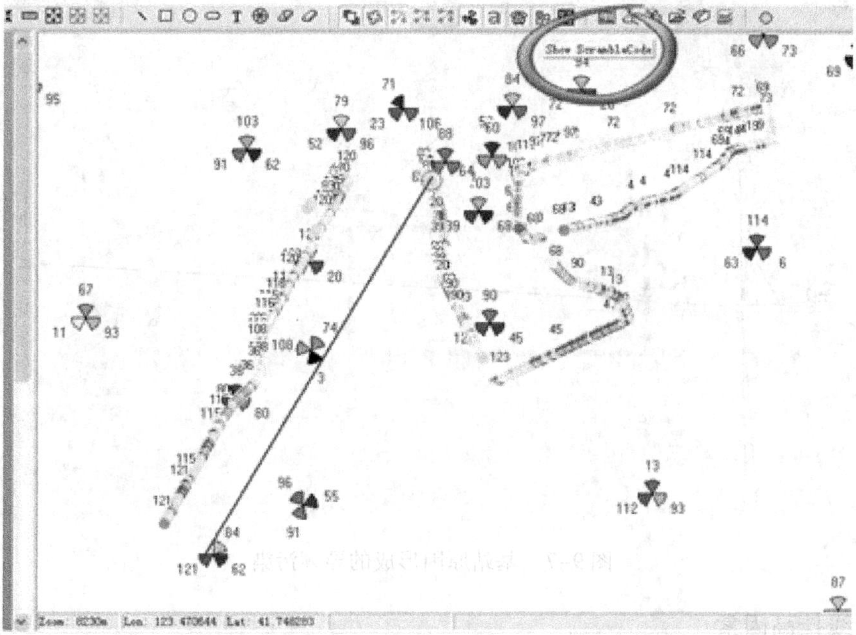

图 9-6　利用显示 PCI 功能判断乒乓切换区域

4. 导频污染的解决办法

发现导频污染区域后，首先根据距离判断导频污染区域应该由哪个小区作为主导小区，明确该区域的切换关系，尽量做到相邻两小区间只有一次切换。然后看主导小区的信号强度是否大于 -95 dBm，若不满足，则调整主导小区的下倾角、方位角、功率。然后增大其他在该区域不需要参与切换的相邻小区的下倾角或降低功率或调整方位角等，以降低其他不需要参与切换的相邻小区的信号，直到不满足导频污染的判断条件。

5. 导频污染产生原因及影响分析

TD - LTE 网络中导频污染产生的原因很多，影响因素主要有基站选址、天线挂高、天线方位角、天线下倾角、小区布局、RS 的发射功率及周围环境影响等。有些导频污染是由某一因素引起的，而有些则是受多个因素的影响。

下面根据实际的网络建设情况，给出相关的图示说明。

（1）基站位置因素影响

周围基站围成一个环形，在环形的中心位置，就会有周围的小区均对该地段有所覆盖，造成导频污染，如图 9-7 所示。

图 9-7 中所示的 5 个基站均对图中的矩形框所示区域有所覆盖，且场强较强。该地区的导频污染比较严重。

从基站分布图可以看出，矩形框所表示的地方为 5 个站点所构成的环形的中间地段，测试轨迹是国道。这是一个典型的基站位置因素影响的案例。同时由于周围的环境中阻挡较少，也是造成导频污染的一个原因。

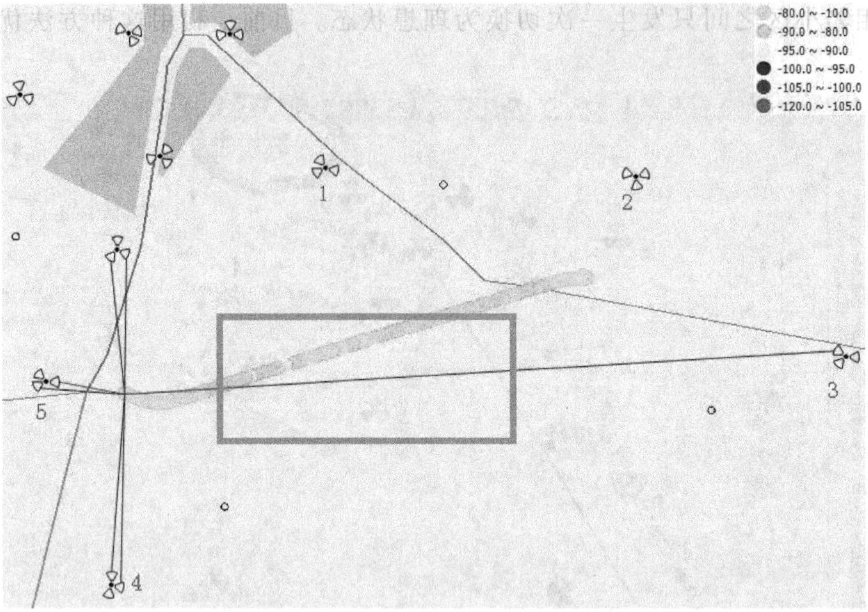

图 9-7　基站原因形成的导频污染

（2）天线挂高因素

在实际网络建设过程中，有可能出现相邻基站之间天线高度相差非常大的情况，会出现由于越区覆盖而导致导频污染的情况，如图 9-8 所示。

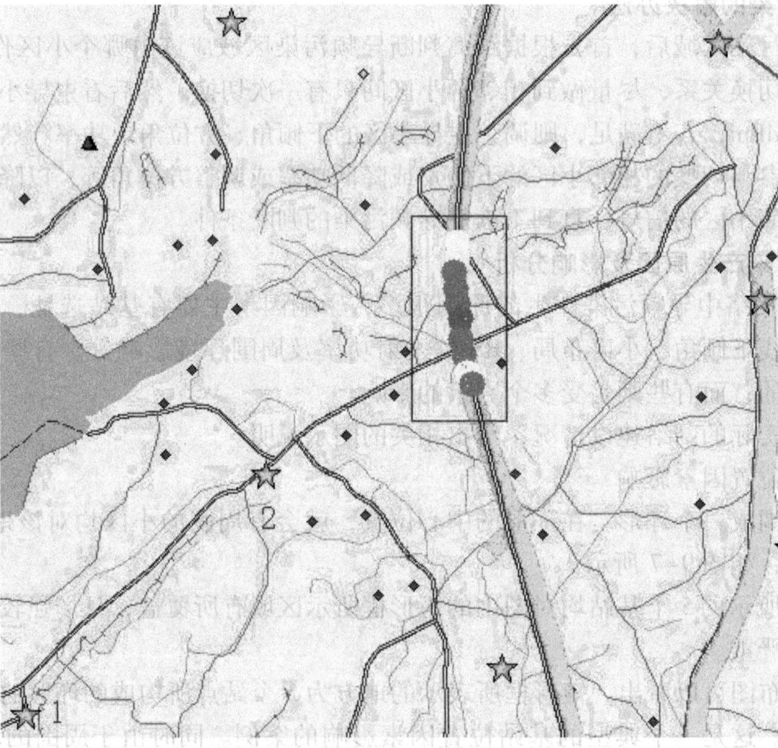

图 9-8　天线挂高原因形成的导频污染

基站 1 和基站 2 两个站点距离 2 km 左右。基站 1 站天线挂高 50 多米，是一个铁塔站。基站 2 站天线挂高 18 m，建在一农村的房子上。站 1 和站 2 高度差 35 m，两个基站海拔高度基本相同。这种情况下，天线的方位角和下倾角如果设置不合理，井头站点很容易形成过覆盖，可能在某一地方造成导频污染的情况。如图 9-8 中的黑色矩形框所标示的区域。该问题可以采用降低站 1 天线挂高的方法消除导频过覆盖区域。

（3）天线方位角、下倾角因素

天线下倾角、方位角因素的影响，在密集城区里表现得比较明显。站间距较小，很容易发生多个小区重叠的情况，如图 9-9 所示。

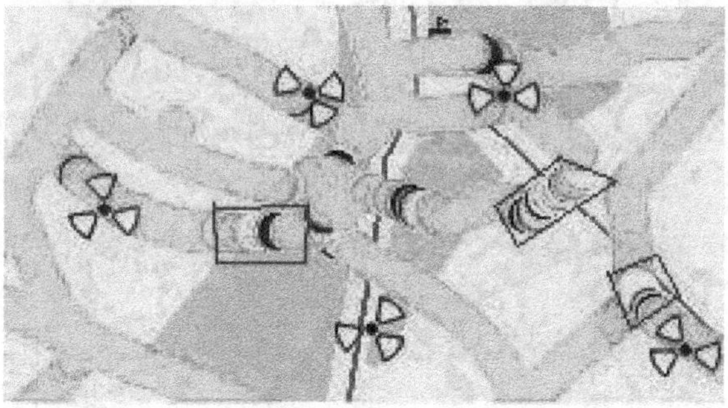

图 9-9　密集城区的天线方位角原因形成的导频污染

城区内站点分布比较密集，信号覆盖较强，基站各个天线的方位角和下倾角设置不合理，造成多小区重叠覆盖，导致导频污染的情况出现。

（4）覆盖区域周边环境影响

覆盖区域的环境，包括地形和建筑物阻挡等，如图 9-10 所示。

图 9-10 所示区域中，地域类型属于农村环境，建筑物不高，大部分地区是农田，且地形比较平坦。图中 1、2 站点较高，天线挂高也较高，分别为 53 m 和 60 m。图中黑色矩形框所示区域中有导频污染的情况出现。

6. 导频污染产生的影响

进行网络建设时，导频污染对网络性能有一定的影响，主要表现如下。

呼通率降低：在导频污染的地方，由于手机无法稳定驻留于一个小区，不停地进行服务小区重选，在手机起呼过程中会不断地更换服务小区，易发生起呼失败。

掉话率上升：出现导频污染的情况时，由于没有一个足够强的主导频，手机通话过程中，乒乓切换会比较严重，导致掉话率上升。

系统容量降低：导频污染的情况出现时，由于出现干扰，会导致系统控制信道和业务信道 SINR 降低，导致数据吞吐量降低，覆盖半径收缩。

高 BLER：导频污染发生时会有很大的干扰情况出现，这样会导致 BLER 提升，导致业务信道质量下降，数据速率下降。

7. 导频污染的优化方法分析

导频污染的优化，其根本目的是在原来的导频污染区域产生一个足够强的主导频信号，以提高网络性能。在进行站点规划时，避免出现几个站点的环形分布情况。因此，有可能在

图 9-10　覆盖区域的周边环境原因形成的导频污染

环形区域的中心出现导频污染的情况。

进行仿真的过程中，注意比较不同仿真条件下的结果，通过调整 RS 的功率实现最佳的 RSRP 覆盖和 RS_SINR 的覆盖。调整扇区方位角和下倾角，实现最佳的扇区仿真覆盖，避免多小区重叠覆盖区域。

8. 现网导频污染问题优化

（1）天线调整

天线调整内容主要包括天线位置调整、天线方位角调整、天线下倾角调整。

天线位置调整：可以根据实际情况调整天线的安装位置，以达到相应小区内具有较好的无线传播路径。

天线方位角调整：调整天线的朝向，以改变相应扇区的地理分布区域。

天线下倾角调整：调整天线的下倾角度，以减少相应小区的覆盖距离，减小对其他小区的影响。

（2）无线参数调整

调整扇区的发射功率，实现最佳的覆盖距离。

（3）双通道 RRU 拉远增强覆盖

在某些导频污染严重的地方，可以考虑采用双通道 RRU 拉远来单独增强该区域的覆盖，使得该区域只出现一个足够强的导频。

（4）邻小区参数优化

在实际的网络优化过程中，由于各种各样的原因，有时候没有办法或者无法及时地采用上述方法进行导频污染区域的优化。此时，应根据实际的网络情况，通过增删邻小区关系和调整 PCI（PCI 调整以模 3 为隔间，设计调整的邻区之间的 PCI 尽量不在相同模 3 内的 PCI）进行导频污染地区的网络性能的优化。

调整小区的个体偏移，即通过对小区个体偏移的调整来改善扇区之间的切换性能。将小区的个体偏移调整为正值，则手机在该服务小区是“易进难出”；调整为负值，则手机在该服务小区是“易出难进”。建议调整值为正负 3dB 以内。

调整小区内的重选参数，即通过修改小区的重选服务小区迟滞调整服务小区的重选性能。

须要强调的是，通过调整工程参数消除多个互相干扰的强导频，是进行导频污染优化的首要手段。上述方法只是在实际网络环境中，由于各种条件的限制无法消除导频污染时，而采取的一种优化网络性能的方法。

9.3 切换专题优化

移动性是无线网络用户所特有的。为了保证用户在移动过程中同样享有业务就必须使网络具备正确的切换。在 TD－LTE 系统优化工作中，切换问题主要是邻区优化。通过对 RF 参数的调整，可以对切换区的大小和位置进行控制，减少因为信号急剧变化导致的切换掉话，提高切换成功率。

切换优化主要体现于切换带的选择。因此，如何提高切换带的 SINR 值这个问题在多小区的时候显得尤为重要。当存在多个小区时，对于中心用户来说，应该是 RSRP 值越高越好；而对于切换带的用户，并不是该小区的 RSRP 值越高越好。若本小区的 RSRP 值很高，就会对邻小区的切换带用户产生干扰，使邻小区用户的 SINR 值急剧恶化，导致切换失败。因此在优化切换带的 SINR 值时，需要多个小区联合进行优化，在提升本小区用户 SINR 值的同时也要提升邻小区的 SINR 值。

9.3.1 切换专题的邻区优化

邻区优化包括邻区增加和邻区删除两种情况。漏配邻区的影响是使用户不能及时切换到信号强的小区，进而导致干扰增加、吞吐率降低，甚至掉话，这时需要增加必要的邻区；冗余邻区的影响是使邻区消息庞大，增加不必要的信令开销，而且在邻区满配时无法加入需要的邻区，这时需要删除冗余邻区。

为避免网络内出现过多的漏配邻区或冗余邻区，需要在网络规划阶段合理地规划邻区，根据邻区规划原则，完成对同频邻区、异频邻区及异系统邻区的规划。

1. 根据路测结果进行邻区优化

OMC 后台分析工具一般不能根据 UE 通话测试数据自动分析并生成漏配邻区，需要网络优化工程师逐个分析才能确定。漏配邻区可能导致掉话或者接入失败，但是也可能只是导致一段时期的 SINR 恶化或吞吐率下降，目前由于还没有专门的 Scanner，而且 UE 不能同时做业务和启动 Scanner 功能。因此，现在根据 UE 测试数据进行邻区漏配分析的方法比较原始一点，需要在信令里去找上报测量报告但没有进行切换的点，再结合之前下发的测量控制信息来确认是否邻区漏配。

下面是一个漏配邻区导致掉话的分析案例。

打开测量报告的内容，可以看到 UE 上报的 PCI 为 64 小区的 A3 报告，接下来就是要确认当前的小区及下发的测量控制是否包含此小区。如图 9-11 所示，UE 上报了多次测量报告，但没有进行切换，很有可能是邻区漏配。

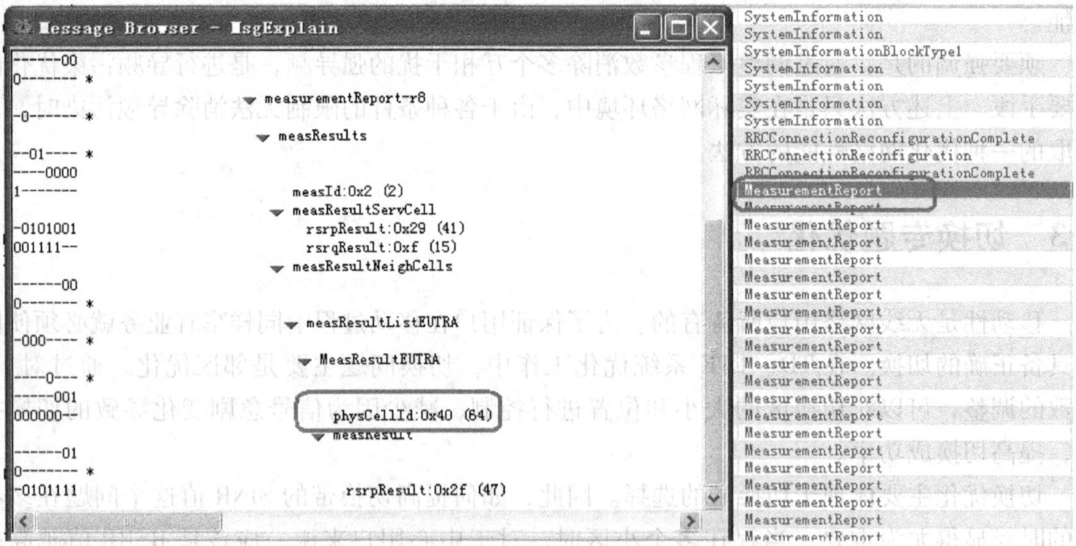

图 9-11 邻区漏配导致的 UE 多次上报测量但切换不成功

打开下发测量控制的那一条 RRCConnectionReconfiguration 消息，如图 9-12 所示，可以看到当前小区是 278（第一个小区就是当前的小区），下发的测量控制并没有包含 PCI 为 64 的小区，可以确认 278 和 64 漏配邻区。为保险起见，可以再检查现网邻区配置进行确认。

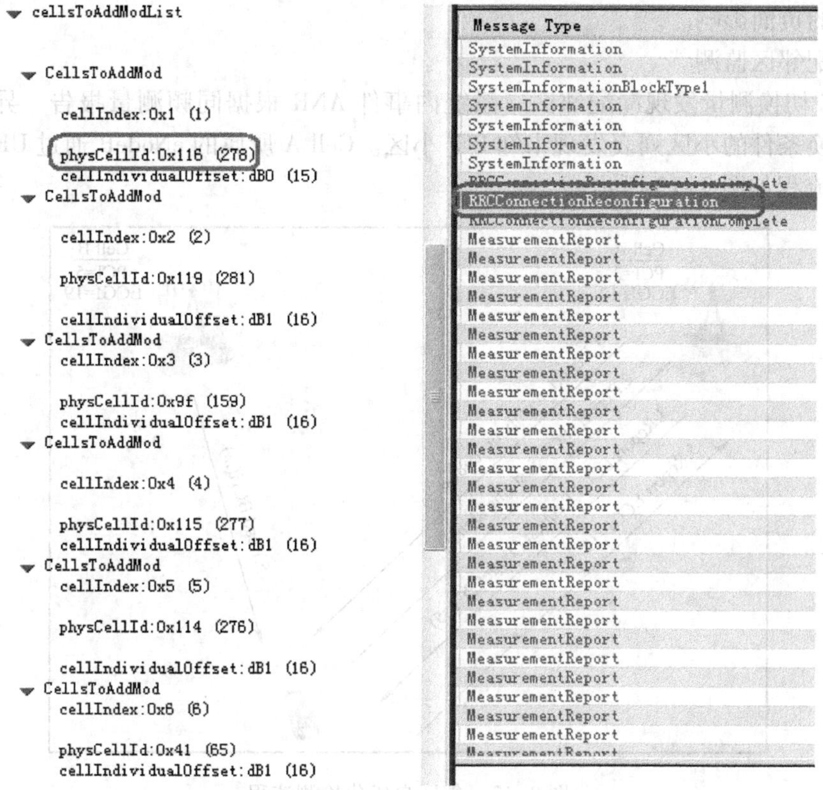

图 9-12　解析下发测量控制的 RRC 连接重配置消息

9.3.2　ANR 邻区自优化

TD-LTE 网络标准化阶段由移动运营商主导提出自组织网络（Self-Organized Network，SON）的概念，目的是要通过自动化运营维护，将现在需要人员参与的工作变得自动化，尽量不需要大量人工来参与，尽量地节约运营维护成本。SON 包括自配置（Self-Configuration）、自优化（Self-Optimization）、自诊断（Self-Healing）等方面。以自动邻区关系（Automatic Neighbour Relation，ANR）为核心的邻区自优化属于自优化功能之一，能够自动维护邻区关系的完整性和有效性，从而减少非正常邻区切换，提高网络性能；另外还可以减少人工操作，降低运维成本。

根据不同的系统类型，ANR 分为系统内 ANR 和异系统 ANR；根据邻区信息的不同测量方式，ANR 又分为事件 ANR 和快速（周期）ANR。系统内 ANR 能够自动维护 LTE 系统内邻区关系的完整性和有效性，从而减少非正常邻区切换，提高网络性能，主要解决 LTE 系统内自动生成和维护系统内邻区关系。系统间 ANR 能够自动维护 E-UTRAN 与 GERAN/UTRAN/CDMA2000 间邻区关系的完整性和有效性，从而减少非正常邻区切换，提高网络性能。

1. 邻区自优化算法

系统内事件 ANR 通过 UE 切换测量和 UE 历史信息来检测漏配邻区信息，并进行邻区关系维护和非正常邻区覆盖评估；系统内快速（周期）ANR，通过周期触发 UE 测量上报方式，尽快获取邻区信息并上报给 eNodeB，减少 UE 在切换时进行系统内事件 ANR 测量对切换性能带来的负面影响。

（1）漏配邻区监测

通过 UE 切换测量发现漏配邻区，系统内事件 ANR 根据同频测量报告、异频测量报告中的满足切换条件的小区列表发现未知 PCI 小区。Cell A 所属的 eNodeB 通过 UE 切换测量发现 Cell B 的流程如图 9-13 所示。

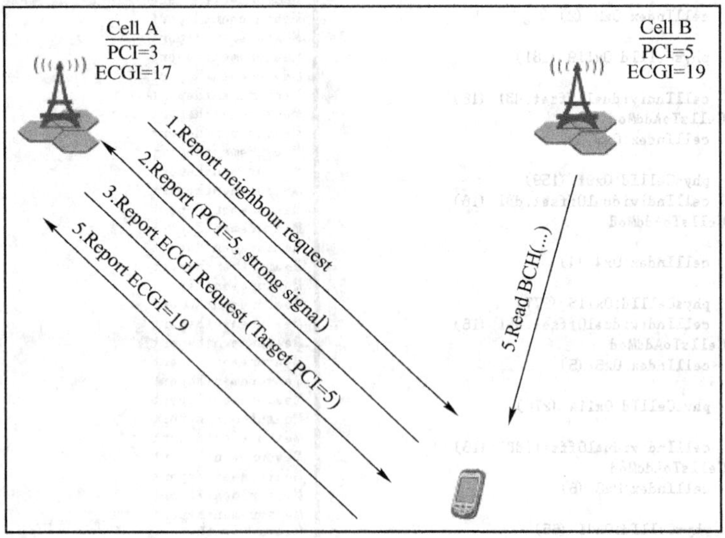

图 9-13　邻区自优化检测流程

（2）漏配邻区监测过程

源 eNodeB 下发 UE 测量配置信息，指示 UE 按照配置要求测量周边小区。

UE 以测量报告的方式上报满足测量配置要求的 Cell B 的 PCI 给源 eNodeB。UE 不会上报 RRC 黑名单中小区的测量报告。

源 eNodeB，即 Cell A 比较 Cell B 的 PCI 是否存在 Cell A 的系统内邻区列表（Neighbor Cell List，NCL）中。若存在，则退出该流程；若不存在，源 eNodeB 向 UE 下发测量配置，要求 UE 去读取 Cell B 的 ECGI、TAC（Tracking Area Code）、PLMNID list 等参数的请求。

源 eNodeB 允许 UE 通过 BCH（Broadcast Channel，广播信道）去读取 Cell B 的 ECGI、TAC、PLMNID list 等参数信息。

UE 将读取到的 Cell B 的 ECGI、TAC、PLMN ID list 等参数信息上报给源 eNodeB。

（3）异常邻区识别

非正常邻区覆盖是针对 LTE 同频网络而言的。非正常邻区覆盖引入的邻区关系不稳定，会对切换成功率产生负面影响，所以检测和排除非正常邻区覆盖是网络优化的重要工作之一。

系统内事件 ANR 算法开关（AnrSwitch 的子开关 IntraRatEventAnrSwitch）打开后，收到上触发非正常邻区查询时，会触发非正常邻区覆盖评估算法。根据服务小区和邻区的经纬度判定邻区是否为非正常邻区覆盖，并生成非正常邻区覆盖列表。

（4）邻区自优化对网络的影响

1）系统内事件 ANR 打开对性能的影响。系统内事件 ANR 打开时，eNodeB 指示满足切换条件的 UE 进行 ANR 测量会增加 UE 从服务小区切换到目标小区的时延。UE 在 DRX 期间读取未知小区 CGI 过程中，UE 不能被调度，因此影响 UE 吞吐率。

2）系统内快速 ANR 打开对性能的影响。在测量期间，UE 周期测量并上报同频最强邻区 PCI 的过程不会对 UE 的吞吐率造成影响。UE 通过 GAP 过程进行测量异频邻区和异系统邻区，GAP 模式下会影响 UE 吞吐率。UE 在 DRX 期间读取未知小区 CGI 过程。在 DRX 期间 UE 不能被调度，因此影响 UE 吞吐率。

快速 ANR 限制了每个小区同时选择 UE 的最大个数以及每个 UE 周期上报最强邻区 PCI 的最大次数，所以对整个系统性能的影响是可控和可接受的。

系统内 ANR 可以优化并有效维护系统内邻区关系，减少由于邻区关系问题引入的掉话或切换失败，从而降低掉话率并提升系统内切换成功率。因为影响切换成功率和掉话率的因素很多，所以无法具体量化 ANR 特性对于这两个指标的增益，支持 ANR 的终端数量、终端分布等因素都会影响 ANR 发现未知邻区的速度。

2. ANR 算法验证过程

为了验证 ANR 算法，特选取（公交公司、体育馆、国体商城、和合期货、菜园）临近 5 个基站作为验证算法的一个小区域，如图 9-14 所示，其参数配置如下：

（1）EnodeB 侧配置

EnodeB 侧主要进行 3 个方面的配置：ANR 功能开关、ANR 参数调整、DRX 功能开关及参数。开启“系统内事件 ANR 开关”“系统内快速 ANR 开关”“系统内 ANR 自动删除开关”；设置 ANR 相关参数：开启 DRX 功能开关并设置 ANR 专用 DRX 周期。

（2）终端侧配置

由于 ANR 需要终端侧支持 DRX 功能，部分终端并不支持该特性。

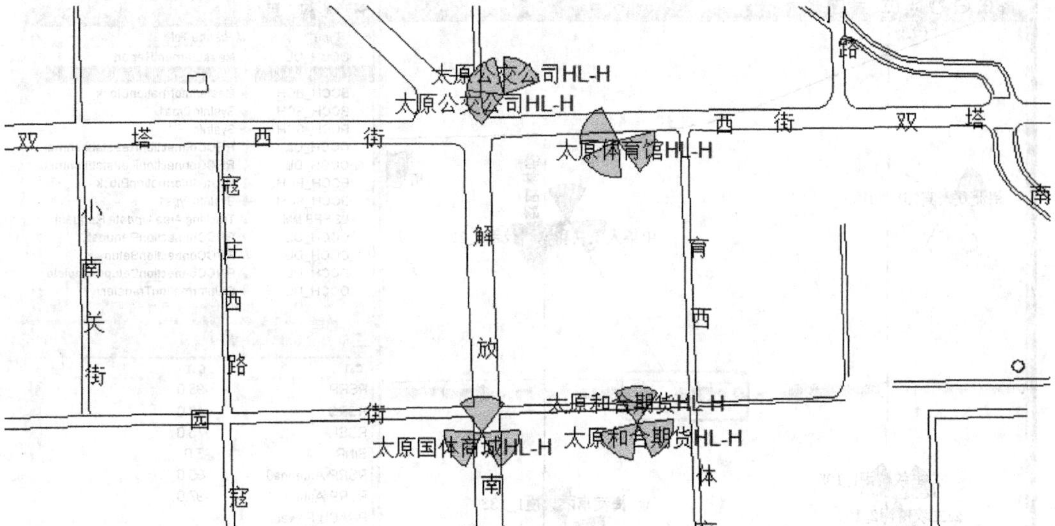

图 9-14　邻区自优化试验选取范围

3. 算法实施效果

通过后台对 Uu 口信令跟踪，可以断定 ANR 算法成功生效。ANR 算法实施步骤如下：

1）EnodeB 下发 RRC_CONN_RECFG 给 UE，要求 UE 对 PCI = 108 的小区信息进行读取并反馈。

2）终端上报测量报告，反馈 PCI = 108 的小区信息。

3）X2 链路核查：通过 MML 查询发现相邻基站间的 X2 口链路已经自动建立完成。

4）外部小区（NCL）核查：通过 MML 查询发现相邻基站间的外部小区已经自动添加完成。

5）邻区关系（NRC）核查：通过 MML 查询发现相邻小区间的邻区关系已经自动添加完成。

总结：ANR 可以实现同频站点/小区间 X2 链路、外部小区、邻区关系的自动添加。ANR 支持 DRX 特性的终端支持，目前现网中的部分终端不具备此功能。在建网初期邻区关系调整量较大阶段，需要开启快速 ANR 和事件 ANR；在建网后期邻区关系调整量较小阶段，需要开启事件 ANR，减少终端上报 MR 频次，延长终端待机时间。

9.3.3 切换优化实际案例

1. 邻区漏配

问题描述：测试车辆延长安街由东向西行驶，终端占用××基站（PCI = 211）2 小区进行业务，车辆继续向西行驶，终端开始频繁上发测量报告，并没有网络侧下发的切换命令，导致 UE 掉话，如图 9-15 所示，终端掉话后重选至 Z1 小区（PCI = 201）。

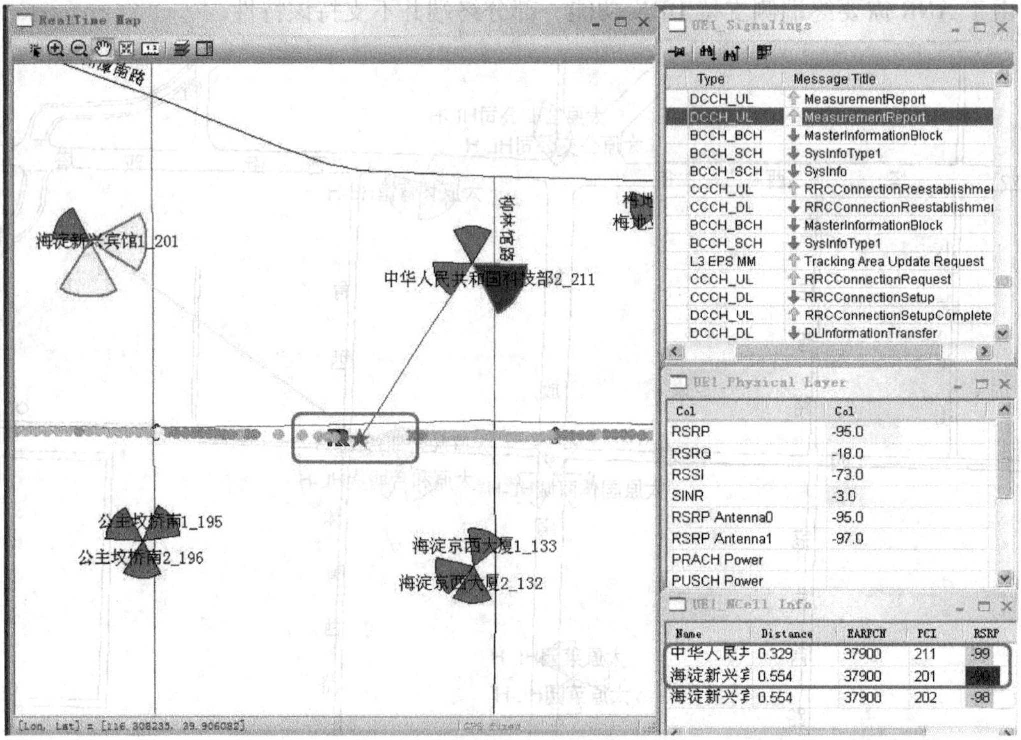

图 9-15　邻区漏配导致切换失败

问题分析：终端由 X2 小区（PCI＝211）开始正常业务，随后频繁上发测量报告，测量目标小区为 Z1 小区（PCI＝201），但始终没有收到网络侧下发的切换命令，最终导致 UE 拖死掉话。观察当时无线环境，掉话地点 X2 小区（PCI＝211）RSRP 为－99 dBm，测量目标小区为 Z1 小区（PCI＝201）RSRP 为－90 dBm，两小区 RSRP 相差 9 dBm，以满足切换判决条件，但未发生切换关系。怀疑导致该现象发生的原因为 X2 小区（PCI＝211）并未添加 Z1 小区（PCI＝201）的邻区关系。检查基站小区配置文件后，X2 小区（PCI＝211）与 Z1 小区（PCI＝201）并没有相互邻区关系，使终端无法切换导致掉话。

调整建议：添加 X2 小区（PCI＝211）与 Z1 小区（PCI＝201）双向邻区关系。

调整结果：调整后，X2 小区（PCI＝211）与 Z1 小区（PCI＝201）顺利进行切换。

2. 乒乓切换

问题描述：测试车辆延复兴门外大街由西向东行驶，发起业务后首先占用 Y3 小区（PCI＝128），车辆继续向东行驶，终端切换到 W2 小区（PCI＝130），随后又在 Y3 小区（PCI＝128）与 W2 小区（PCI＝130）乒乓切换一次，导致终端异常，如图 9-16 所示。

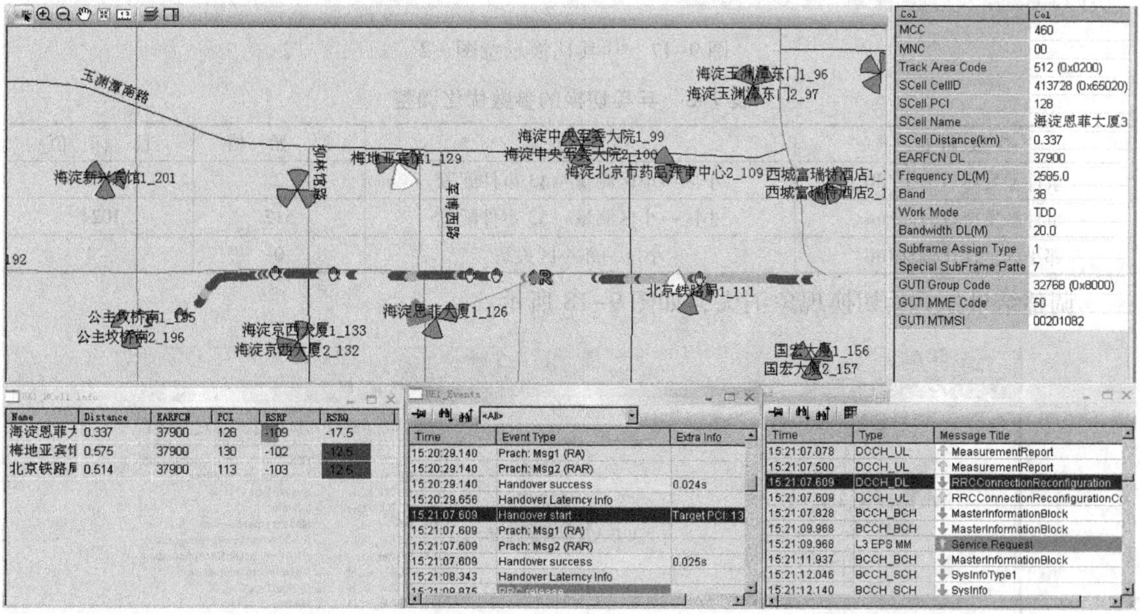

图 9-16　乒乓切换示意图－1

问题分析：观察该路段周围站点分布，正常站点间的切换顺序应为 Y3 小区（PCI 128）—W2 小区（PCI 130）—A3 小区（PCI 113）。在测试过程中出现 Y3 小区（PCI 128）与 W2 小区（PCI 130）回切情况，如图 9-17 所示。由于 Y 正北方向有高层建筑物遮挡，在建筑间缝隙会泄漏出较强的信号覆盖到长安街，形成尖峰覆盖，导致乒乓切换。

调整建议：Y 站点天馈系统被高层建筑物遮挡，若调整其天馈系统就会影响长安街覆盖，所以考虑调整 Y3 小区向 W2 小区切换相关参数值，避免乒乓切换情况。具体调整参数见表 9-5。

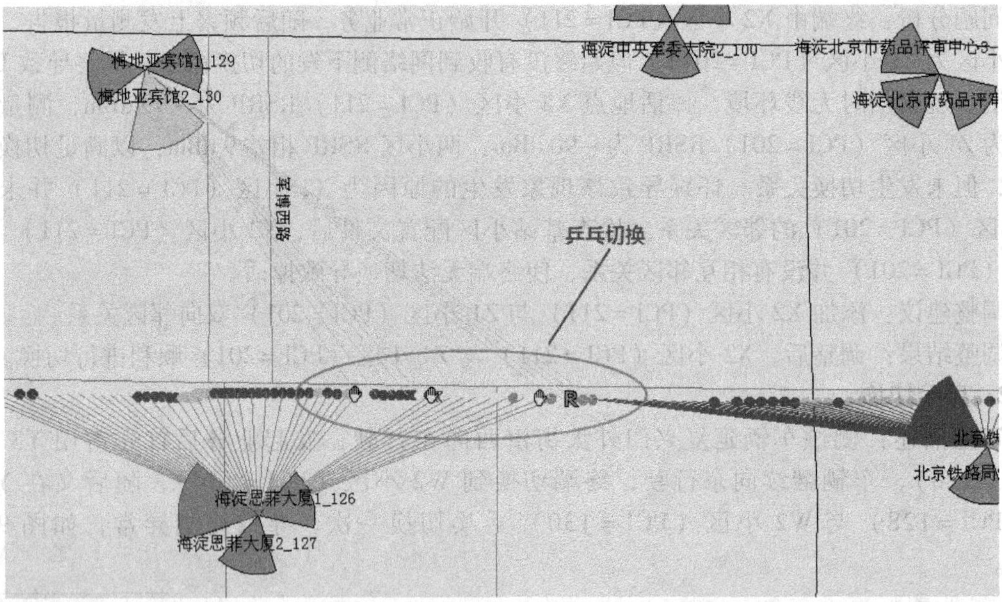

图 9-17　乒乓切换示意图 -2

表 9-5　乒乓切换的参数优化调整

参 数 名 称	参 数 位 置	原　始　值	目　标　值
事件触发滞后因子/dB	小区→小区测量→A3 事件配置	2	3
事件触发持续时间/ms	小区→小区测量→A3 事件配置	512	1024
邻小区个性化偏移/dB	小区→邻小区关系	0	-4

调整结果：乒乓切换现象消失，如图 9-18 所示。

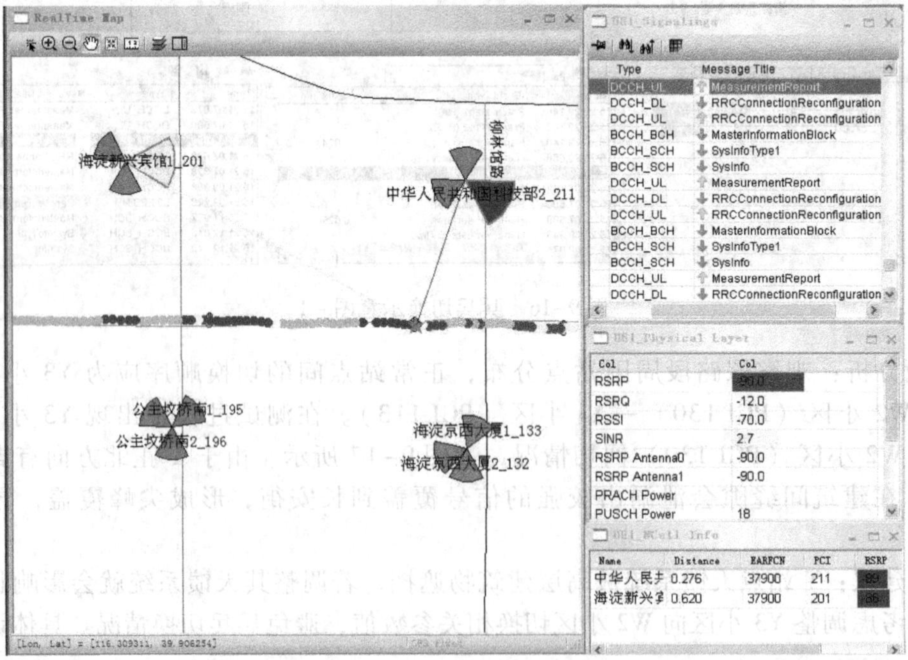

图 9-18　乒乓切换现象消失

3. 切换不及时

问题描述：测试车辆延长安街由东向西行驶，终端发起业务占用 B2 小区（PCI = 211），车辆继续向西行驶，RSRP 从 -90 dBm 降至 -100 dBm 以下，出现掉话，如图 9-19 所示。

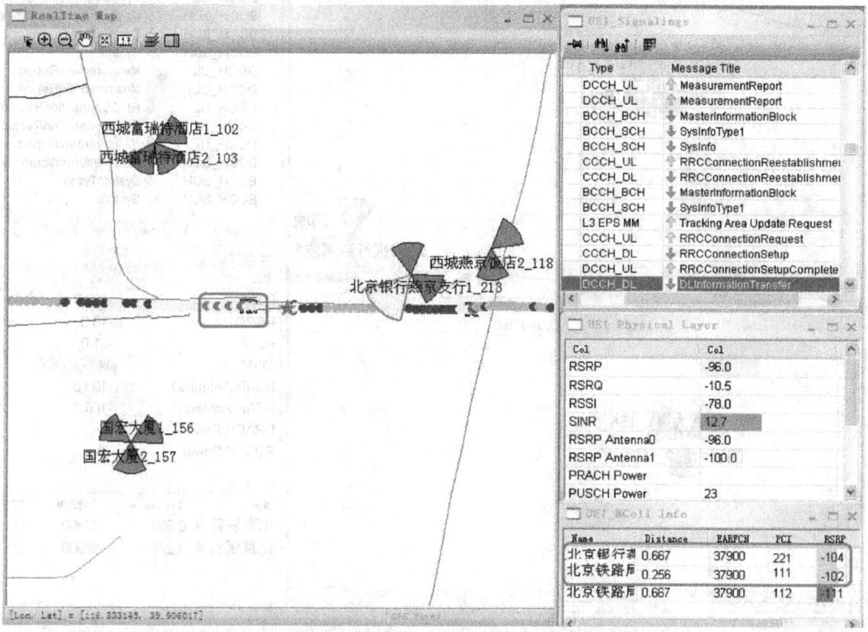

图 9-19　切换不及时示意图

问题分析：观察该路段 RSRP 值分布发现，B2 小区（PCI = 221）覆盖方向向西约200 m 后，出现黄色覆盖区域，RSRP 为 -100dBm 以下，邻区列表中测量到最强邻小区 A1 小区（PCI = 111）RSRP 也是 -100dBm 以下，且两小区的 RSRP 值相近，一直无法满足切换判决条件，当测试车辆继续向西行驶时，无线环境继续恶劣导致掉话。

B2 小区（PCI = 211）天线向西方向有高层建筑物遮挡天馈系统无法调整，另 A1 小区（PCI = 111）距离掉话区域 650 m 左右，调整其天馈系统不会产生太大的改善。所以建议调整 B2 小区（PCI = 211）向铁路局 1 小区（PCI = 111）切换的迟滞量，使其更容易向 A1 小区（PCI = 111）切换以避免掉话。

调整建议：具体调整参数见表 9-6。

表 9-6　切换不及时的参数优化调整

参数名称	参数位置	原始值	目标值
邻小区个性化偏移/dB	小区→邻小区关系	0	3

调整结果：调整完成后，使终端提早切换至 A1 小区（PCI = 111），避免了终端掉话的风险，如图 9-20 所示。

4. UE 未启动同频测量

问题描述：UE 从 D 的 446 小区向 E 的 449 移动过程中，切换失败即 UE 没有上报测量报告，直接失步回到 Idle 态，如图 9-21 所示。

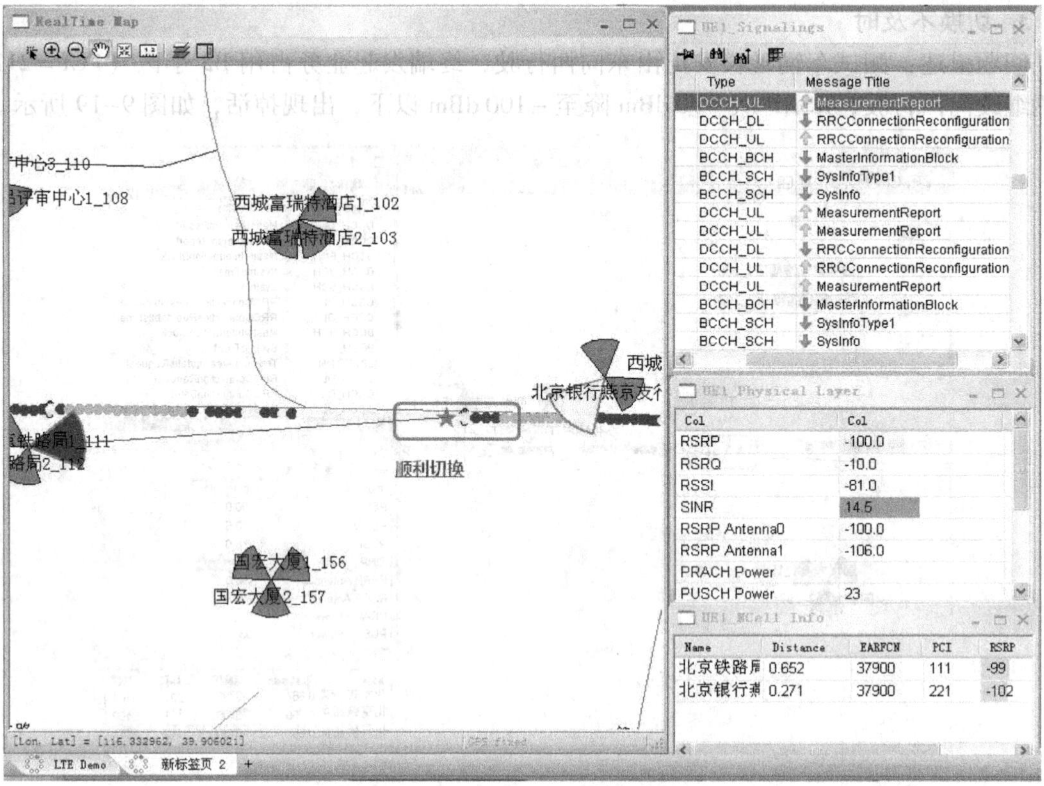

图 9-20　顺利切换示意图

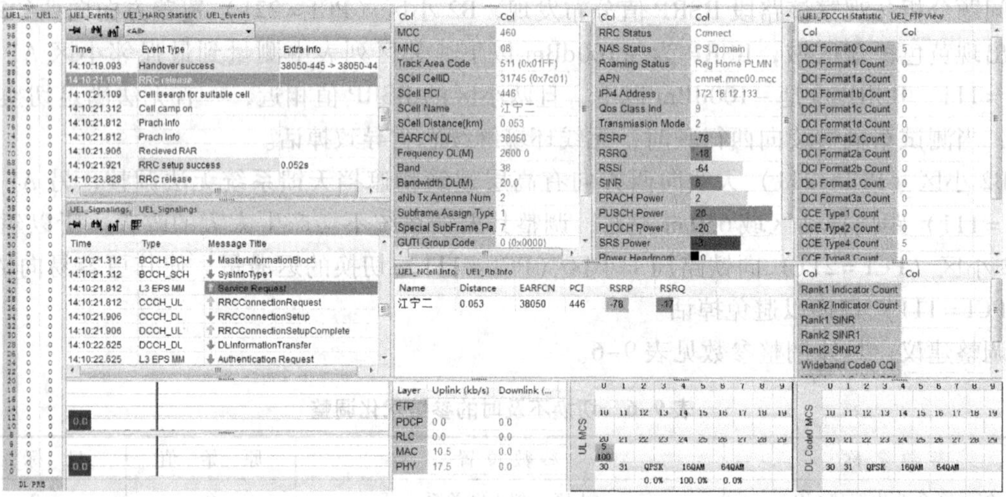

图 9-21　UE 未启动同频测量导致切换失败

问题分析：UE 的邻区测量列表中没有任何邻区的测量信息，因此应该是未测量到邻区；结合基站分布和扫频信息，该区域应该可以测量到邻区。查看重配置消息的邻区参数配置，正确；查看重配置消息中的 s－Measure 配置为 20（实际值为协议值 －141），UE 需要在 RSRP 小于 －121 dBm 以下才会启动测量；参数取值不合理。

解决措施：将小区 446 的 s－Measure 改为 97（最大值）。

处理效果：参数修改后，重新验证，问题解决。

9.4 干扰专题优化

按照干扰产生的起因可以将干扰分为系统内干扰和系统间干扰。

（1）系统内干扰

系统内干扰通常为同频干扰。由于数字技术相对于模拟技术的抗干扰能力强，可以实现同频组网。比如，TD－SCDMA 系统中，同一个小区内的不同用户使用的是相同的频率资源，它们之间是通过正交码来进行区分的。TD－LTE 系统中，虽然同一个小区内的不同用户不能使用相同频率资源（多用户 MIMO 除外），但相邻小区可以使用相同的频率资源。这些在同一系统内使用相同频率资源的设备间将会产生干扰，也称为系统内干扰。

（2）系统间干扰

系统间干扰通常为异频干扰。世上没有完美的无线电发射机和接收机。科学理论表明，理想滤波器是不可实现的。也就是说，无法将信号严格束缚在指定的工作频率内。因此，发射机在指定信道发射的同时将泄漏部分功率到其他频率，接收机在指定信道接收时也会收到其他频率上的功率，也就产生了系统间干扰。

系统间干扰可以分为阻塞干扰、杂散干扰、谐波干扰和互调干扰等类型，产生上述干扰的主要因素包括频率因素、设备因素和工程因素。

1）使用频率因素：干扰大小与干扰源系统和受害系统使用的频率有关。

当干扰源系统的发射频率与受害系统的接收频率距离较近时，可能产生带外杂散和阻塞干扰；

当干扰源系统的发射频率（f_1）与受害系统（如 TD－LTE 系统）的接收频率（f_2）有倍数关系时，可能产生谐波干扰，如 $f_2=2f_1$ 将可能产生二次谐波干扰；

当干扰源系统在多个频率上发射（如 f_1 和 f_2），且其多个发射频率的线性组合（如 f_1+f_2、f_1-f_2、$2f_1-f_2$、$2f_2-f_1$ 等）正好落入受害系统的接收频率范围之内，可能产生互调干扰。

2）设备能力因素。

当干扰系统发射机的杂散抑制能力较差时，可能产生杂散干扰；

当受害系统接收机的阻塞抑制能力较差时，可能产生阻塞干扰；

当干扰系统发射机或天线的谐波抑制能力较差时，可能产生谐波干扰；

当干扰系统发射机或天线的互调抑制能力较差时，可能产生互调干扰。

3）工程施工因素：当干扰系统和受害系统之间的工程隔离不足时，也可能产生系统间干扰。可以通过增加物理隔离距离、调整天线水平方向避免正对、调整天线下倾角、增加馈线损耗等措施增大系统间的工程隔离度。

9.4.1 干扰分类

1. 杂散干扰

由于发射机中的功放、混频器和滤波器等非线性器件在工作频带以外很宽的范围内产生辐射信号分量，包括热噪声、谐波、寄生辐射、频率转换产物和互调产物等落入受害系统接收频段内，导致受害接收机的底噪抬升，造成灵敏度损失，称之为杂散干扰，如图 9–22 所示。

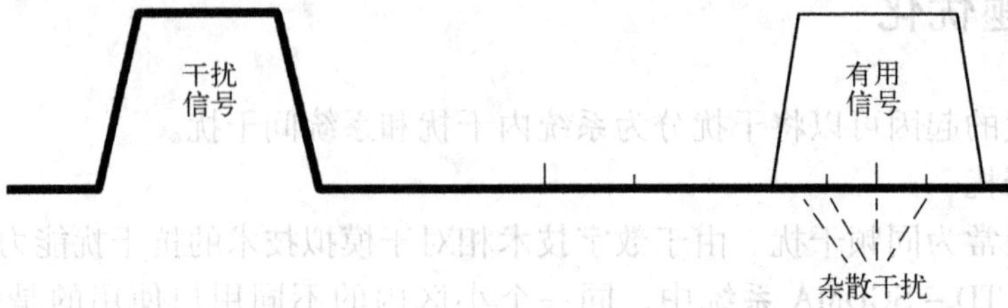

图 9–22　杂散干扰示意图

2. 阻塞干扰

由于强度较大的干扰信号在接收机的相邻频段注入，使受害接收机链路的非线性器件产生失真，甚至饱和，造成受害接收机灵敏度损失，严重时将无法正常接收有用信号，称之为阻塞干扰，如图 9–23 所示。

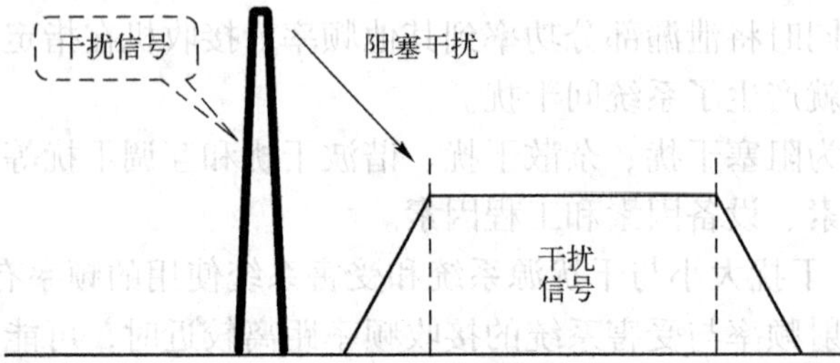

图 9–23　阻塞干扰示意图

3. 谐波干扰

由于发射机有源器件和无源器件的非线性，在其发射频率的整数倍频率上将产生较强的谐波产物。当这些谐波产物正好落于受害系统接收机频段内，将导致受害接收机灵敏度损失，称之为谐波干扰，如图 9–24 所示。

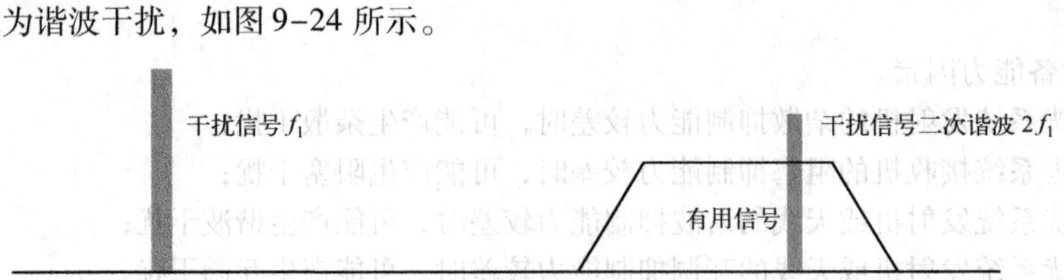

图 9–24　谐波干扰示意图

4. 互调干扰

当两个或多个不同频率的发射信号通过非线性电路时，将在多个频率的线性组合频率上形成互调产物。当这些互调产物与受害接收机的有用信号频率相同或相近时，将导致受害接收机灵敏度损失，称之为互调干扰，如图 9–25 所示。

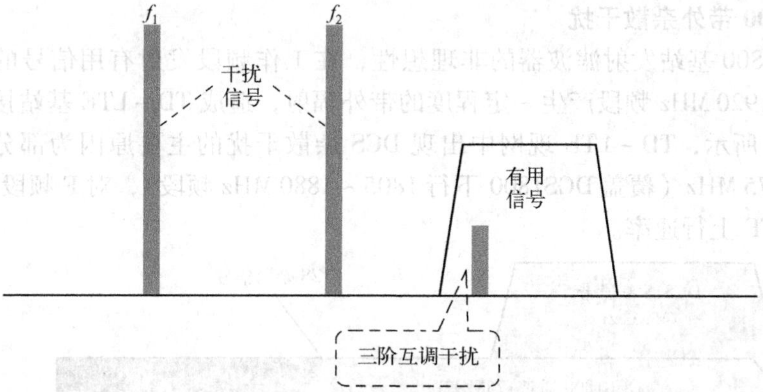

图 9-25　互调干扰示意图

9.4.2　TD - LTE F 频段系统间干扰汇总

3GPP 制定的 TDD 频谱中包含了第 38 段（2570～2620 MHz），即大家熟知的 D 频段；第 39 段（1880～1920 MHz），即 F 频段；第 40 段（2300～2400 MHz），即 E 频段。从无线传播特性来看，F 频段最低，绕射能力相对较强。使用 F 频段组网可比使用 D 频段节省成本。但 TD - LTE 是 TDD 系统，要求时钟严格同步，抗干扰能力较差。如果使用 F 频段建设 TD - LTE 网络，那么建设前的干扰排查将是非常重要的工作。

TD - LTE 系统的关键技术 OFDMA 可以将小区内的每一个用户使用正交码来区分，所以系统内干扰主要来自于小区间的同邻频干扰。合理的规划 LTE 基站站址，控制重叠覆盖可以有效规避小区间干扰。系统间干扰主要是由于理想滤波器是不可实现的，即无法将信号严格束缚在指定的工作频率内。因此，发射机在指定信道发射的同时将泄漏部分功率到其他频率，接收机在指定信道接收时也会收到其他频率上的功率，也就产生了系统间干扰。

当干扰源系统的发射频率与 TD - LTE 系统的接收频率距离较近时，可能产生带外杂散和阻塞干扰，如由 GSM1800M 和小灵通带来的杂散/阻塞干扰等。

1. DCS1800 带外阻塞干扰

由于 TD - LTE 基站接收滤波器的非理想性，在接收有用信号的同时，还将接收到来自邻频的 1805～1880 MHz 频段 DCS1800 基站的发射信号，造成 TD - LTE 基站接收机灵敏度损失，严重时甚至将无法工作，称为阻塞干扰。因为 DCS1800 干扰信号位于 F 频段接收机工作频段范围之外，也称为带外阻塞干扰。当 DCS1800 基站使用国家尚未分配频段中的 1865～1880 MHz 频率，且 F 频段 TD - LTE 基站的抗阻塞能力不足时，将产生严重的阻塞干扰，影响 TD - LTE 上行速率，严重时影响上行覆盖和接入成功率，如图 9-26 所示。

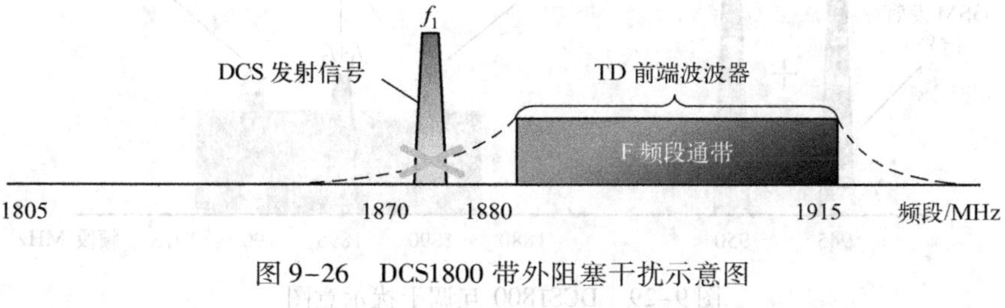

图 9-26　DCS1800 带外阻塞干扰示意图

2. DCS1800 带外杂散干扰

由于 DCS1800 基站发射滤波器的非理想性，在工作频段发射有用信号的同时，还将在邻频的 1880～1920 MHz 频段产生一定程度的带外辐射，造成 TD－LTE 基站接收机灵敏度损失。如图 9-27 所示，TD－LTE 现网中出现 DCS 杂散干扰的主要原因为部分厂家 DCS1800 双工器带宽为 75 MHz（覆盖 DCS1800 下行 1805～1880 MHz 频段），对 F 频段杂散抑制不足，将影响 TD－LTE 上行速率。

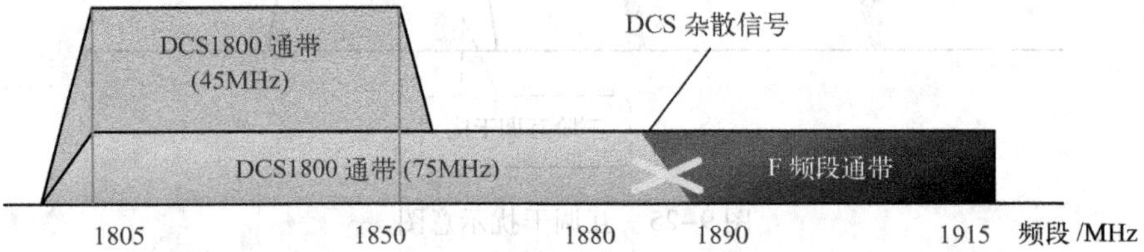

图 9-27　DCS1800 带外杂散干扰示意图

3. DCS1800 三阶互调干扰

当两个或多个 DCS 基站使用尚未分配的 1850～1880 MHz 频率时，或同时使用 1805～1830 MHz 和 1850～1880 MHz 频率时（即满足 $2f_1-f_2$ 或 $2f_2-f_1$ 落在 F 频段），将可能在 1880～1920 MHz 频段产生强度较高的三阶互调产物，造成 TD－LTE 基站接收机灵敏度损失，严重时甚至将无法工作，严重影响 TD－LTE 上行速率，如图 9-28 所示。互调干扰强度主要与 DCS 基站双工器在 F 频段的滤波能力及 DCS 天线在 F 频段的互调能力有关。

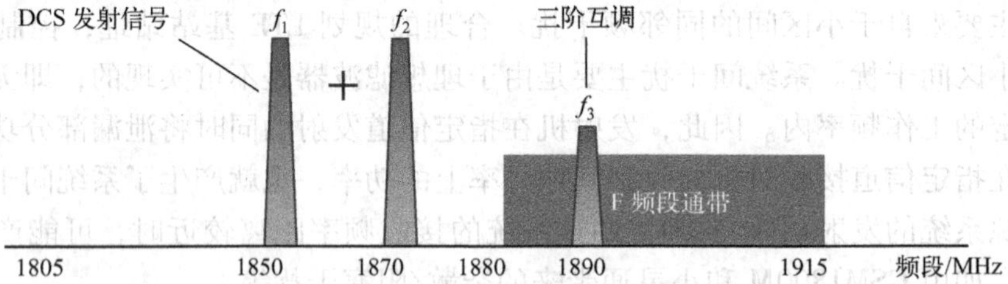

图 9-28　DCS1800 互调干扰示意图

4. GSM900 二次谐波/互调干扰

当满足特定频率关系（即满足 f_1+f_2、$2f_1$、$2f_2$ 落入 F 频段内）的两个或多个 GSM900 信号同时发射时，产生的二次谐波或二阶互调产物将落入 1880～1920 MHz 频段内，加之若 GSM900 天线互调指标较差时，将产生谐波或互调干扰，造成 TD－LTE 基站灵敏度损失，如图 9-29 所示。

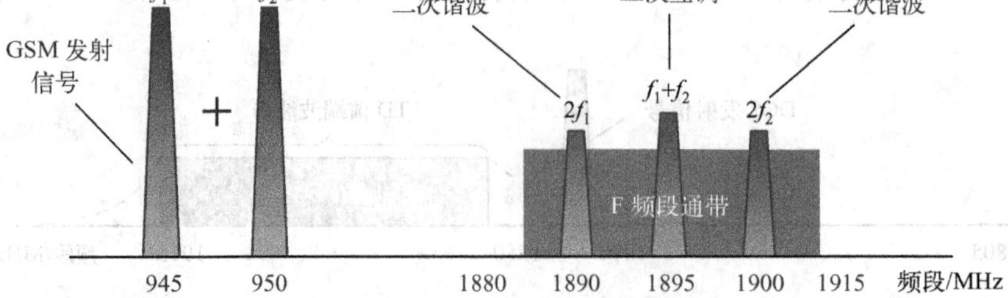

图 9-29　DCS1800 互调干扰示意图

考虑到天线是频率选择性器件，GSM900 的天线较难辐射落在 1800 MHz 频率附近的 GSM900 二次谐波/互调信号；而 DCS1800 天线易于辐射出去 DCS1800 的三阶互调产物，因为 DCS1800 天线的三阶互调产物落在 1800 MHz 附近；综上分析，GSM900 的二次谐波/互调对 F 频段的干扰影响要小于 DCS1800 三阶互调的影响。

5. PHS 带内阻塞/杂散干扰

工信部规定 PHS 必须在 2011 年底前无条件退频，但由于种种原因 PHS 仍然使用 1900 ~ 1915 MHz频率。PHS 信号位于 F 频段接收机带内，无法利用射频滤波器抑制，存在带内阻塞干扰和杂散干扰。当 PHS 和 F 频段基站天线隔离较小时，存在干扰风险，将影响 TD - LTE 上行速率，严重时影响上行覆盖和接入成功率。

总结：

当存在 DCS1800 使用高端频率、F 频段设备阻塞指标较差、DCS1800 设备杂散指标较差、DCS1800/GSM900 天线互调指标较差、PHS 基站距 F 频段基站距离较近等情况时，F 频段 TD - LTE 基站存在阻塞、杂散、互调/谐波等干扰风险。这些干扰影响 TD - LTE 上行速率，干扰严重时还会显著影响上行覆盖、接入成功率。

9.4.3 TD - LTE 系统 F 频段干扰排查案例

TD - LTE 网络 F 频段的干扰排查工作可通过道路扫频、ISCP（干扰信号码功率）测量统计的方法开展。扫频测试集中在道路，可反映 LTE 的频率占用情况，但不能完全反映 LTE 频段天面的干扰情况。如果 TD - LTE 与 TD - SCDMA 共站址［4］，可在 TD - SCDMA 基站配置 F 频点进行 ISCP 测量。

需要注意的是：在扫频过程中，已经开启的 LTE 基站须关闭；在进行 ISCP 测量时，TD - SCDMA 基站的 RRU 设备需升级到支持 F 频段，在收集测量统计期间，已开启的 LTE 基站须关闭。

1. 基于扫频测试的干扰排查

在扫频测试中，发现某个区域的一个较小带宽的频点电平值相对较高，对 TD - LTE 无线网络造成干扰。详情如图 9-30 所示。

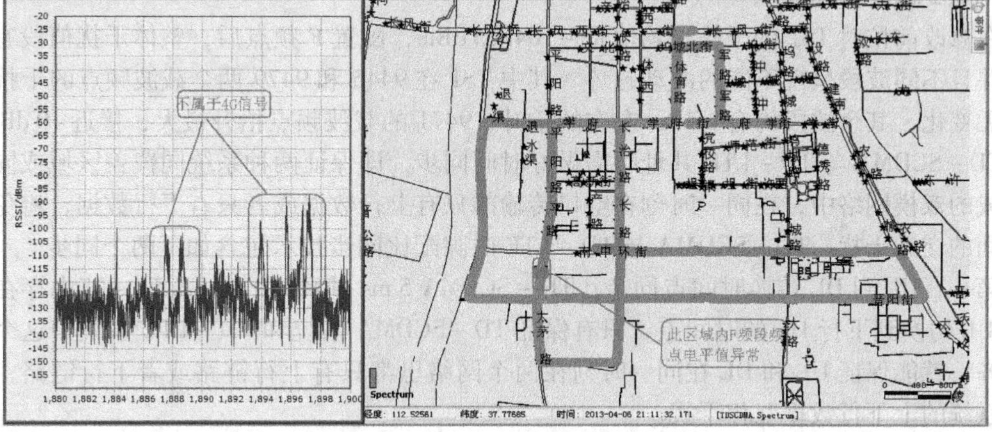

图 9-30　TD - LTE 扫频测试中发现的干扰

发现该处 F 频段干扰后，使用扫频仪对图 9-30 的地点进行详细地多角度扫频，经过多次尝试发现，当八木天线指向此处基站天线时干扰最强，在天线正对基站天线时系统底噪大幅抬升至 -80 dBm 左右，其中 1884 ~ 1886 MHz、1890 和 1894 底噪抬升更突出。

该基站为 GSM900、TD-SCDMA 和 TD-LTE 共站，在通过对 TD-SCDMA 站点闭塞处理时低噪无明显变化；在闭锁 GSM900 基站的频点时扫频仪显示干扰明显回落，基本维持在 -110 dBm，此时干扰消除，由此可确定干扰来自共站的 GSM 站点。

GSM900 站点对 TD-LTE 的 F 频段可能带来二次谐波干扰，查询该基站的 GSM900 载频配置，见表 9-7。

表 9-7　GSM900 基站使用的频点信息

××基站 GSM900 使用的频点					
		载波 1	载波 2	载波 3	载波 4
1 小区	频点	29	66	57	52
	波段/MHz	940.8	948.2	946.4	945.4
2 小区	频点	49	70	74	79
	波段/MHz	944.8	949	949.8	950.8
3 小区	频点	25	91		
	波段/MHz	940	953.2		

通过计算可得该基站 1 小区使用的 29 和 52 号频点相加的频率值为 1885.4 MHz，正是在扫频仪中测试得到的受干扰非常严重的 1884 ~ 1886 MHz 区间。将 GSM900 基站的较小频点（如 25、29、49）修改为较大频点，再次使用扫频仪测试，发现 F 频段前半部分波段的干扰明显减弱，至 -106 dBm 左右，底噪降低了 20 dBm，而后半部分波段干扰则继续保持较高。由此确定该基站的 F 频段干扰来自 GSM900 的二次谐波干扰。

2. 基于 ISCP 的干扰测量统计

将上述发现干扰的基站恢复原状，在 TD-SCDMA 系统逐步配置 F 频段前 20 MHz（1880 ~ 1900 MHz）的 12 个频点（见图 9-31 中的横坐标），进行上行底噪干扰的测量统计。如图 9-31 所示，配置 F 频点后时隙 1 的 ISCP 测量统计可见配置 F 频点后受到的干扰明显抬升。时隙 2 也是如此。

在修改前忙时 TS1 的干扰平均值是 -104.15 dBm，配置 F 频点后，整体干扰值段有所提升，并且不同波段呈现不同的波动趋势。其中 TS1 在 9445 和 9479 两个载波频点的干扰水平几乎无变化，其余波段均有 6 dBm 左右的抬升，9471 的载波频点抬升最大，接近 10 dBm。

TD-SCDMA 与 TD-LTE 共址时需做好时间同步，即保证两种系统同覆盖区域或同频组网形成的双模网络中，在同一时刻在空口传输的只有上行数据或者只有下行数据，避免两种系统间的交叉干扰。TD-SCDMA 与 TD-LTE 时隙配比同步技术包含如下两个同步。

第一，UL 到 DL 转换时间点同步：TD-SCDMA 5 ms 帧和 TD-LTE 5 ms 帧中存在一次上行 UL 切换到下行 DL 的时间点，只有保证 TD-SCDMA 系统和 TD-LTE 系统中这个转换点对齐，就能保证 UL 和 DL 在同一时刻在两个网络里都只有上行链路或者下行链路，避免不同系统的上下行数据互相干扰。

第二，GP 同步：TD-SCDMA 5 ms 帧和 TD-LTE 5 ms 帧中存在一次 DWPTS 和 GP 之后

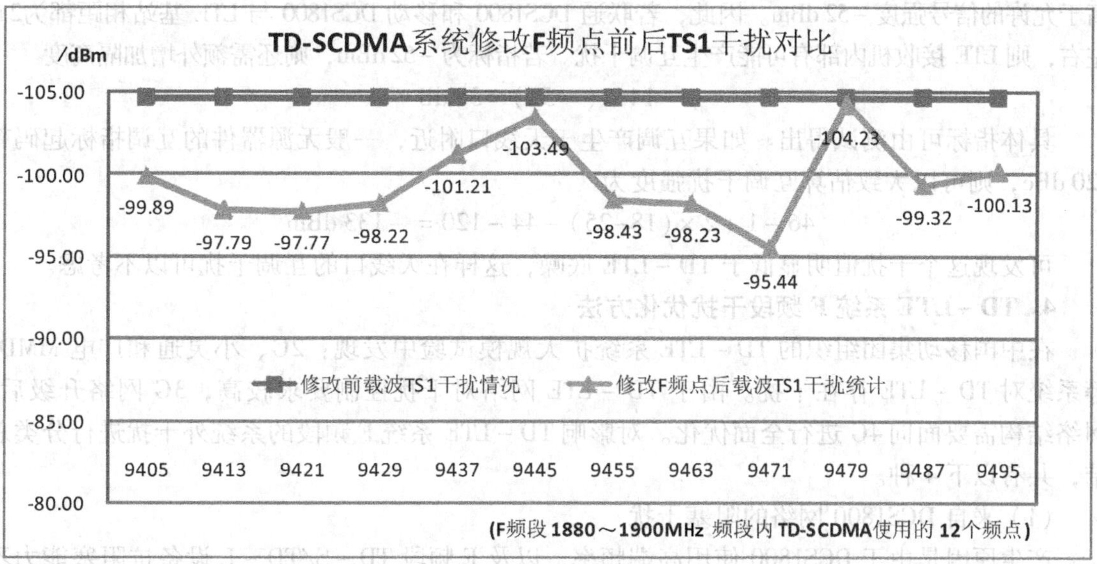

图 9-31　共址基站 TD－SCDMA 系统的 ISCP 干扰测量

切换到 UPPTS 的时间点，TD－LTE 系统的 GP 与 TD－SCDMA 系统的 GP 不能完全对齐，因此要调整 TD－LTE 系统或者 TD－SCDMA 系统的数据帧头，保证这个转换点处在对方的保护间隔 GP 内，才能保证两种不同系统的收发调度不冲突。

TD－SCDMA 采用 4DL∶2UL 时隙配比时，TD－LTE 采用 3DL∶1UL 配比，同时特殊子帧采用 SSP5（3∶9∶2），即可实现 TD－SCDMA 与 TD－LTE 系统时间同步。如果 TD－LTE 对现有的共址 TD－SCDMA 基站产生干扰，需要 TD－SCDMA 基站开启 UP－shifting 将 UpPTS 时隙进行偏移来保证两个系统的时间同步，规避干扰。

3. 联通 1800 MHz 的互调干扰排查

中国联通的 DCS1800 下行频段为 1840～1850 MHz，中国移动的 DCS1800 下行频段为 1805～1820 MHz，计算三阶和五阶交调，三阶落在带内的主要是联通 DCS1800 的 1850 MHz 频点。互调计算见表 9-8。

表 9-8　DCS1800 互调干扰计算表

互调计算		3 阶互调分量		5 阶互调分量	
移动 DCS 频点 f_1	联通 DCS 频点 f_2	$2f_2-f_1$	$2f_1-f_2$	$3f_2-2f_1$	$3f_1-2f_2$
1820	1840	1860	1800	1880	1780
1805	1840	1875	1770	1910	1715
1820	1850	1880	1790	1910	1760
1805	1950	1895	1760	1940	1715

三阶互调干扰可能产生于天线口，也可能产生于接收机内部。3GPP 中，TD－LTE 的接收机互调指标为－52 dBm，考虑到 DCS1800 的功率为 46 dBm，2 m 的空间隔离（MCL 约为 44 dB），两边的馈线接口损耗共 2 dB，天线增益 18 dB，天线 90°增益－25 dBi，则理论算出来的干扰信号强度为

$$46-2+2\times(18-25)-44=-14\ \text{dBm}$$

高于允许的信号强度 -52 dBm。因此，若联通 DCS1800 和移动 DCS1800 与 LTE 基站相距都为2 m 左右，则 LTE 接收机内部有可能产生互调干扰。若指标为 -52 dBm，则还需额外增加隔离度

$$-14-(-52)=38\ \text{dB}$$

具体指标可由测试得出。如果互调产生于天线口附近，一般无源器件的互调指标起码有 120 dBc，则可以大致估算互调干扰强度为

$$46-1+2\times(18-25)-44-120=-133\ \text{dBm}$$

可发现这个干扰值明显低于 TD-LTE 底噪，这样在天线口的互调干扰可以不考虑。

4. TD-LTE 系统 F 频段干扰优化方法

在中国移动集团组织的 TD-LTE 系统扩大规模试验中发现：2G、小灵通和广电 MMDS 等系统对 TD-LTE 存在干扰。由于 TD-LTE 网络对干扰控制要求较高，3G 网络升级后，网络结构需要面向4G 进行全面优化。对影响 TD-LTE 系统 F 频段的系统外干扰进行分类总结，共有以下 4 种。

（1）来自 DCS1800 网络的阻塞干扰

产生原因是由于 DCS1800 使用高端频率，以及 F 频段 TD-S/TD-L 设备抗阻塞能力不足，此类干扰带来 16～30 dB 的底噪抬升，严重时小区上行吞吐量降至 1 Mbit/s 以下，甚至无法建立连接。

如果 DCS1800 使用了 1850～1875 MHz，而且与 TD-LTE 共站址、共天面时，尤其是 DCS1800 基站的天线正对 TD-LTE 基站天线时，出现阻塞干扰的概率较大。

此类干扰的主要解决方法是增大系统间的隔离度，可通过天线方位角调整、天线更换抱杆以及 DCS1800 使用较低频段等办法增加系统间的隔离度。

（2）DCS1800 天线互调干扰

产生原因是 DCS1800 使用高端频率，此外 DCS1800 天线互调指标差，影响结果是给空载 TD-LTE 网络带来 8～16 dB 的底噪抬升，上行吞吐量损失超过30%。需关注使用 DCS 高端频率的城市以及天面距离近的联通基站。

此类干扰的解决办法是通过扫频仪测试到干扰后，需关注并排查共址的 DCS1800 基站的天线互调指标，互调指标不合格的天线要及时更换。此外，还需关注 DCS1800 基站天线的杂散指标。

（3）GSM900 天线二次谐波干扰

产生原因是 GSM900 天线二次谐波指标差，对 TD-LTE 系统带来约 5 dB 的底噪抬升，影响上行吞吐量，非共站时影响不大。在广州部分区域的站点抽样测试表明约 11% 的站点受到干扰影响。需关注二次谐波差的 GSM 天线与 F 频段设备共站。

目前 GSM900 基站存量最大，一般 TD-LTE 共址基站中都有 GSM900 基站，需做好两个系统同一方向天线的水平或垂直隔离，如发现 GSM900 二次谐波干扰，还可尝试使用更改 GSM900 频点来规避干扰。

（4）小灵通干扰

小灵通未退频，属于 F 带内干扰。严重时会导致 TD-SCDMA 或 TD-LTE 无法建立连接。在厦门、南京和杭州均发现了 PHS 干扰。需关注共址小灵通基站或天面距离很近的情况，均会有来自 PHS 的干扰风险。

如发现收到外部强且稳定的干扰信号，需要在天面处使用频谱仪连接定向天线来定位干

扰源；如发现是小灵通干扰，需及时提交无委会协调处理。

此外，TD－LTE 的 D 频段干扰可能会受到广电 MMDS 产生的干扰，在此不作介绍。

由于 TD－LTE 系统对网络结构要求高于 2G/3G 网络，TD－LTE 受重叠覆盖影响比 TD－SCDMA 更严重，对重叠覆盖的控制要求更加严格。实测数据表明，在相同重叠覆盖区域影响下，TD－LTE 的性能下降程度较 TD－SCDMA 高 10%～15%。所以，需要建立全面的网络结构优化思路，尽量减少重叠覆盖。

总结：

在已有的 GSM、TD－SCDMA 系统中都存在一个小区内有很多邻区信号干扰的情况。如果基于现网 TD－S 简单升级或共站建设 TD－LTE 网络，也会面临同频干扰的问题，网优工作就需关注如何控制和规避这些干扰，如何在 TD－LTE 与 TD－S 现网共站址、共 RRU、同天线的情况下进行 TD－LTE 网的优化等问题。

9.5 速率提升专题

9.5.1 影响 TD－LTE 系统速率的关键因素

TD－LTE 系统是全 IP 的移动通信系统，不同于以往的 CS 电路结构和性能，因此有多种因素会影响 TD－LTE 系统和用户的最终实际数据的传输能力。这些影响因素主要包括：TD－LTE 系统使用的带宽，帧结构和特殊子帧结构的选择，控制信道的开销，调制和编码方式，MIMO 模式以及信号质量和环境等因素。

1. 系统带宽

TD－LTE 系统可以灵活配置不同的系统带宽。根据香农公式计算最大信息传送速率 C：

$$C = B\log_2(1 + S/N)$$

式中，B 是信道带宽（赫兹）；S 是信号功率（瓦）；N 是噪声功率（瓦）。显然，信道容量与信道带宽成正比，在 S/N 不变的情况下，更大的系统带宽意味着更大的信道容量。目前 TD－LTE 系统的 Bandwidth 为 20 MHz（可以在 MIB 消息里查看）。

2. 常规子帧结构和特殊子帧结构

TD－LTE 系统可以灵活地配置各种子帧配比；不同的子帧配比适用于不同的场景，可以提供不同的下行/上行吞吐量；目前一般使用 CONFIG1 和 CONFIG2（分别指上行/下行转换点周期为 5 ms、10 ms，可以在 SIB1 消息的 TDD_CONFIG 查看），见表 9-9。

表 9-9 TD－LTE 系统常规子帧结构

上行/下行配置	下行/上行转换点周期/ms	子帧数									
		0	1	2	3	4	5	6	7	8	9
0	5	D	S	U	U	U	D	S	U	U	U
1	5	D	S	U	U	D	D	S	U	U	D
2	5	D	S	U	D	D	D	S	U	D	D
3	10	D	S	U	U	U	D	D	D	D	D
4	10	D	S	U	U	D	D	D	D	D	D
5	10	D	S	U	D	D	D	D	D	D	D
6	5	D	S	U	U	U	D	S	U	U	D

3. 特殊子帧结构

TD－LTE 系统的特殊子帧，目前一般使用配置 5（3:9:2）；配置 7（10:2:2）在 PCFICH 的 CFI 配置为 3 的时候，每个 Subframe 还可以提供 8 个 Symbol 传输数据，见表 9-10。表中的基本时间单位 $T_s = 1/(15000 \times 2048)$ s。

表 9-10　TD－LTE 系统特殊子帧结构

特殊子帧配置	下行常规循环前缀			下行扩展循环前缀		
	下行导频时隙	上行导频时隙		下行导频时隙	上行导频时隙	
		上行常规循环前缀	上行扩展循环前缀		上行常规循环前缀	上行扩展循环前缀
0	$6592 \cdot T_s$	$2192T_s$	$2560T_s$	$7680T_s$	$2192T_s$	$2560T_s$
1	$19760 \cdot T_s$	$2192T_s$	$2560T_s$	$20480T_s$	$2192T_s$	$2560T_s$
2	$21952 \cdot T_s$	$2192T_s$	$2560T_s$	$23040T_s$	$2192T_s$	$2560T_s$
3	$24144 \cdot T_s$	$2192T_s$	$2560T_s$	$25600T_s$	$2192T_s$	$2560T_s$
4	$26336 \cdot T_s$	$2192T_s$	$2560T_s$	$7680T_s$	$4384T_s$	$5120T_s$
5	$6592 \cdot T_s$	$4384T_s$	$5120T_s$	$20480T_s$	$4384T_s$	$5120T_s$
6	$19760 \cdot T_s$	$4384T_s$	$5120T_s$	$23040T_s$	$4384T_s$	$5120T_s$
7	$21952 \cdot T_s$	$4384T_s$	$5120T_s$	—	—	—
8	$24144 \cdot T_s$	$4384T_s$	$5120T_s$	—	—	—

4. 调制编码方式

TD－LTE 系统使用不同的调制编码方式，对于控制信道和业务信道，这里主要涉及 PDSCH，使用 TURBO 的编码方式，RATE = 1/3 − 1。

如图 9-32 所示，TD－LTE 系统使用不同的高阶调制方式 QPSK、16QAM 及 64QAM，这里所说的 modulation 实际上是做一个二进制到多进制的映射，产生 complex－valued modulation symbols；其中 k 代表高阶调制的数据传送能力；越高阶的调制方式传输数据能力越强，但是需要更好的信道质量和更高的信噪比。

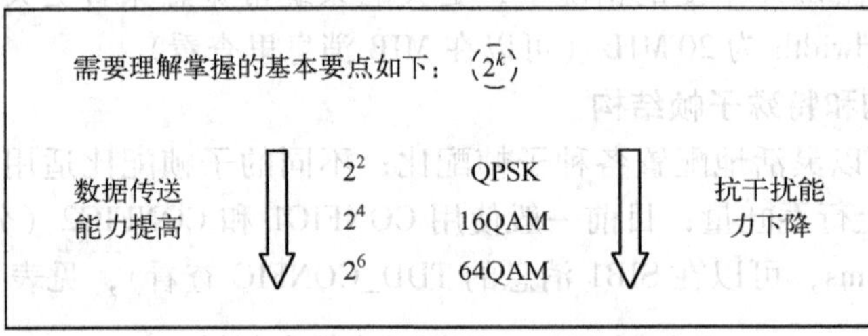

图 9-32　调制方式及传输能力

5. MIMO 方式

多输入多输出（Multiple Input Multiple Output，MIMO）技术作为 TD－LTE 系统的关键技术之一，通过在多个天线上分别发送多个数据流；利用多径衰落，在不增加带宽和天线发送功率的情况下，提高信道容量以及频谱利用率，或数据的传输质量。

MIMO 有多种模式，可以提供多种增益。空分复用是以提高发送效率为目的，每个发射天线发射信号所携带的信息可以不同，可以成倍地提高数据传送的能力，但是需要好的信道环境和信道质量；分集是以提高抗干扰能力为目的，通过对每个发射天线的发射信号格式和排列上的处理，获取相应的抗干扰能力，但是无论天线数量如何增加，对数据的传送能力并不会提高。波束赋形技术：利用波的干涉原理产生指向用户来波方向的波束提高接收信噪比，主要用于信道质量较差（如小区边缘），用户移动速度较低的环境。MIMO 传输模式及应用场景见表 9-11。

表 9-11 MIMO 传输模式及应用场景

传输模式	DCI 格式	应用场景
TM1	DCI 1A	室分单通道场景，可以通过进行 DCI 1A 单流 SFBC 发送
TM3	DCI 2A DCI 1A	信道环境好时，可以通过 2 * MIMO 方式进行 DCI 2A 双流开环发送，使终端吞吐量提升一倍；当信道环境恶化时，自动切换为 DCI 1A 单流 SFBC 方式发送
TM7	DCI 1A DCI 1	信道环境好时，可以通过进行 DCI 1A 单流 SFBC 发送；当信道环境恶化时（靠近小区边缘），DCI 1 调度进行波束赋形效果，带来吞吐量增益

6. AMC（自适应调制和编码方式）

AMC 是根据信道条件的变化来动态地选择适当的调制和编码方式（MCS），变化的周期一般为一个发送时间间隔（TTI），当信道质量较好时，采用高阶调制和较高的码率来实现高的传输速率，获得较高的吞吐量；当信道质量较差时，采用低阶的调制和较低的编码速率以保证传输链路的质量，从而实现多用户情况下进行系统资源的最优分配。

AMC 是基于信道质量指示（Channel Quality Indicator，CQI）信息反馈的。而 CQI 的测量过程是接受端根据信噪比测量的值（SINR 映射），找出 HARQ 第一次重传能够满足误块率小于 0.1 的 MCS，然后对应相应的 CQI index。eNodeB 接收到 CQI 后，修正（功率约束，等）、映射成合适的 MCS 等级，基站根据 MCS 等级选择合适的调制方式以及编码效率，见表 9-12。

表 9-12 AMC 调制方式 CQI 对应表

CQI 标识	调制方式	码率×1024	编码效率
0	超出范围		
1	QPSK	78	0.1523
2	QPSK	120	0.2344
3	QPSK	193	0.3770
4	QPSK	308	0.6016
5	QPSK	449	0.8770
6	QPSK	602	1.1758
7	16QAM	378	1.4766
8	16QAM	490	1.9141
9	16QAM	616	2.4063
10	64QAM	466	2.7305
11	64QAM	567	3.3223
12	64QAM	666	3.9023
13	64QAM	772	4.5234
14	64QAM	873	5.1152
15	64QAM	948	5.5547

在 PDSCH 信道上 MCS 等级及对应的 TBS 见表 9-13。

表 9-13　PDSCH 信道上 MCS 等级及对应的 TBS 块

调制编码方式 I_{MCS}	调制阶数 Q_m	TBS 块标识 I_{TBS}
0	2	0
1	2	1
2	2	2
3	2	3
4	2	4
5	2	5
6	2	6
7	2	7
8	2	8
9	2	9
10	4	9
11	4	10
12	4	11
13	4	12
14	4	13
15	4	14
16	4	15
17	6	15
18	6	16
19	6	17
20	6	18
21	6	19
22	6	20
23	6	21
24	6	22
25	6	23
26	6	24
27	6	25
28	6	26
29	2	保留
30	4	
31	6	

7. UE 能力等级

TD－LTE 系统的终端定义了不同的能力，不同的能力等级支持不同的传输速率，目前主要使用的 UE 等级为 CAT3（下行最大支持 100 Mbit/s 的峰值速率）、CAT4（下行最大支持 150 Mbit/s 的峰值速率），见表 9-14 所示。

表 9-14 下行 UE 能力

UE 能力等级	每 TTI 下行共享信道最大支持的传输块大小	每 TTI 下行共享信道最大支持的传输比特数	信道承载的总比特数	最大支持的空分复用层数
Category 1	10296	10296	250368	1
Category 2	51024	51024	1237248	2
Category 3	102048	75376	1237248	2
Category 4	150752	75376	1827072	2
Category 5	302752	151376	3667200	4

上行 UE 能力见表 9-15。

表 9-15 上行 UE 能力

UE 能力等级	每 TTI 上行共享信道最大支持的传输比特数	上行是否支持 64QAM
Category 1	5160	No
Category 2	25456	No
Category 3	51024	No
Category 4	51024	No
Category 5	75376	Yes

8. TD - LTE 系统速率的计算

通常人们谈论的 TD - LTE 数据传送能力，是指 DL - PDSCH 和 UL - PUSCH 的数据传送能力，这里应该是指纯粹的用户数据，不包括相应的控制信息和系统开销信息，通常可以使用的分析方法包括：计算理论的物理传送能力，计算扣除控制开销后的数据传送能力，计算 Transport channel 数据的传送能力。这些方法之间没有绝对的好坏优劣之分，可以根据需求自行选择所需的分析方法。以下简要介绍 TD - LTE 下行速率的计算方法：

假设：TD - LTE 帧结构和特殊子帧结构的配置为 congig1 （dsuud），特殊子帧（10:2:2），系统带宽为 20 MHz，采用 64QAM 调制方式，MIMO2 ×2，码率用 1 计算。

首先计算 1 个无线帧上可以用的资源块：

RE = 14 × 12 × 100 × 4 + 10 × 12 × 100 × 2 = 91200

然后计算控制信道的开销：

PDCCH（Phich + pcfich 已经包含）+ Cell reference signal + PBCH + PSS + SSS

RE = 3 × 12 × 100 × 4（4 个子帧的控制符号）+ 2 × 12 × 100 × 2（特殊子帧的控制符号）+ 12 × 100 × 4（4 个子帧 CRS）+ 8 × 100 × 2（特殊子帧 CRS）+ 6 × 4 × 12（PBCH）+（2 + 2）× 6 × 12（PSS + SSS）= 26176

除去控制信道的开销后剩余的 RE：91200 - 26176 = 65024

速率 = 65024（总的 PDSCH 资源）× 6（64QAM 调制）× 1（码率）× 2（2 × 2 MIMO）/0.01（时间）= 78028800 bit/s = 74 Mbit/s（这里码率是用 1 计算的，如果换成 CQI = 14 的码率对应于 CAT3 的终端，大约为 63 Mbit/s）。

9.5.2 速率异常的优化排查

1. 查询基站告警信息

通过 OMC 或 LMT 查询 eNB 是否有影响业务性能的异常告警（如小区降质、部分 RRU 通道异常等），如果有类似告警，先处理清除相应告警后查看业务峰速是否能达到正常。如果峰速测试任务比较紧急，某些告警清除短时间内不能快速清除，建议可通过复位基站直接排除相应告警后进行峰速测试。如果峰值速率仍然偏低，可进一步查询 eNB 的基本数据配置是否合理。

2. 参数配置核查

通过核查参数设置可以排除一些人为的操作失误导致的问题，建议主要检查如下峰值速率相关的参数。

1）查看 MAC 测试开关：AMC、MCS、CQI 修正、HARQ 都为打开。

2）确认 MIMO 方式设置为模式间自适应。

3）核查专用搜索空间启用开关，开启开关。

4）查看 CQI 与 ACK 同时传输指示，设为支持。

5）查看 DSR 上报周期默认为 20 ms，可以设置小一点试试，如 15 ms、5 ms，看能提高多少速率。

6）查看 DRX 配置有效指示：设为关闭，影响速率。

7）查看 GAP 配置：关闭（如果有异频邻小区存在，会影响终端的上下调度，从而影响峰值速率）。

8）查看上下行目标 BLER：BLER 的高低对终端速率影响比较大。

9）查看流控开关：打开了流控开关会按照 RRC 配置限制 UE 的总速率。

10）查看 PRB 及 MCS 限制：查看 LMT 上的 PRB 及 MCS 设置，限制两个参数就会影响 UE 的速率。

11）查看 PDCP 丢弃定时器有效指示：当空口质量不好时，配置对应的丢弃定时器会导致数据在 PDCP 层面丢弃，导致服务器窗口产生拥塞。

12）查看 RLC 发送端、接收端 ARQ 的最大重传次数，探询重传定时器、重排定时器：当空口质量不好时，配置定时器不合理会导致数据在 RLC 层面丢弃，导致服务器窗口产生拥塞。

3. 空口问题排查

空口问题排查包括告警、基本配置参数、接入信令、在线用户数、参数核查、空口信道质量排查。

4. 检查 RSRP、SINR 等参数

峰值测试中如果要使得实际峰值逼近理论峰值，要保证小区 RSRP 在 −85 dBm 以上，SINR26 以上。

5. 检查 CQI

CQI 主要通过 SINR 映射，这里具体的实现方法属于终端厂家自有，UE 上报的 CQI，基站通过一定策略修正后决定了下行调度的 MCS。CAT3 的终端 CQI 在 14，CAT4 会到 15 在极好点。

6. 检查 BLER

当速率低时首先关注 BLER，尤其是残留 BLER。由于 FTP 是双向的，因此上下行 BLER 都需要关注。如果初始 BLER 大于 10% 或者有残留 BLER，需重点关注。

对于下行 BLER，需要先确认终端侧是否也有 BLER。如果终端侧没有 BLER，则可能是基站 ACK 译码错误或终端没有检到 PDCCH，首先检查测试小区是否配置了异频临小区，如果终端侧的 BLER 与基站接近（TDD 反馈采用 bundling 模式，终端侧 BLER 比基站侧低一些也是合理的），需要确认是否空口环境较差，查看终端侧的 SNR 和 RSRP，好点 SNR 应大于 20；也可尝试基站关闭下行 AMC，固定 MCS 为较低等级，查看 BLER 是否消除，如果 BLER 随 MCS 的降低而降低，则可基本确认是环境问题。

如果 BLER 与 MCS 无关需查看是否有时钟相关告警，通过 LMT 查看 RRU 底噪、上下行增益等，需提取 RRU 的 65 号日志。

对于上行 BLER，通过 LMT 查询上行 IOT 信息确认是否有干扰，也可以通过关闭上行 AMC，固定 MCS 为较低等级，查看 BLER 是否消除，如果 BLER 随 MCS 降低而降低，则基本确认是环境问题。

7. CQI 与 MCS

如果存在 BLER，则 CQI 修正会将 MCS 修低，需要先解决 BLER 因素。

如果没有 BLER 但 MCS 较低，需要确认 MAC 测试开关中的 AMC 开关是否打开，是否限制最高 MCS 等级。

如果开关设置无异常，需要确认终端反馈的 CQI 是否正常，通过基站 ATP 画图“码字 0 CQI”可以查看。如果 CQI 值较低，需要确认终端上报值是否正常，还需检查“信道质量指示”参数中“与 ACK 同时上报指示”是否设为“支持”。

LTE 终端根据 ENB 的下行 CRS 信号进行测量，通过 PUCCH/PUSCH 反馈到 ENB 侧；ENB 根据 CQI 的上报数值，判断下一次调度业务使用的调制方式以及 MCS 等级；同时 ENB 根据终端上报的 CQI 数值，判断信道质量，确定终端工作的 MIMO 模式。

8. MIMO 模式

目前外场一般使用的天线模式为 MIMO 的模式间自适应；自适应的在 TM7（单流波束赋形）和 TM3（空分复用）之间切换；而切换门限取决于 CQI、RI，以及 BLER 的约束，如果切换门限设置不合理，会导致单双流比例异常，最终影响吞吐速率。

9. PRB 调度是否饱满

TD - LTE 系统采用的时频资源的特殊结构，决定了在相同的环境下（相同的调制方式。编码速率、MIMO 模式），基站给 UE 分配更多的 PRB 资源（LTE 系统最小的调度资源单位），对应 UE 更大的吞吐量；而在空口无线环境良好（SINR，CQI，BLER，MCS 等正常）的情况下，如果 UE 的调度不饱满，每 10 ms 帧调度仅为 600 RB（20 MHz 带宽，子帧配置 Config1 DSUUD 时，10 ms 满调度是 1200 RB），速率也会异常。这种情况可以在基站侧对下行开启 BO，检查调度是否饱满。如果 PHY 和 MAC 层的速率正常，但 PDCP 层和 RLC 层速率异常且比较稳定，说明空口正常不存在问题，问题一般出现在传输。

9.5.3 传输资源不足的速率优化案例

在 W 单站验证时，发现 W 基站在该站下路段上 SINR 较好的情况下，吞吐量偏低，速率仅能达到 20 Mbit/s，而同样的 RSRP 和 SINR 有些站点则能达到 45 Mbit/s。如图 9-33 所示，在该站点的近点路段上，RSRP 和 SINR 都较为理想，SINR 都为 21 dB 以上，但下载速率平均在 20 Mbit/s 左右。

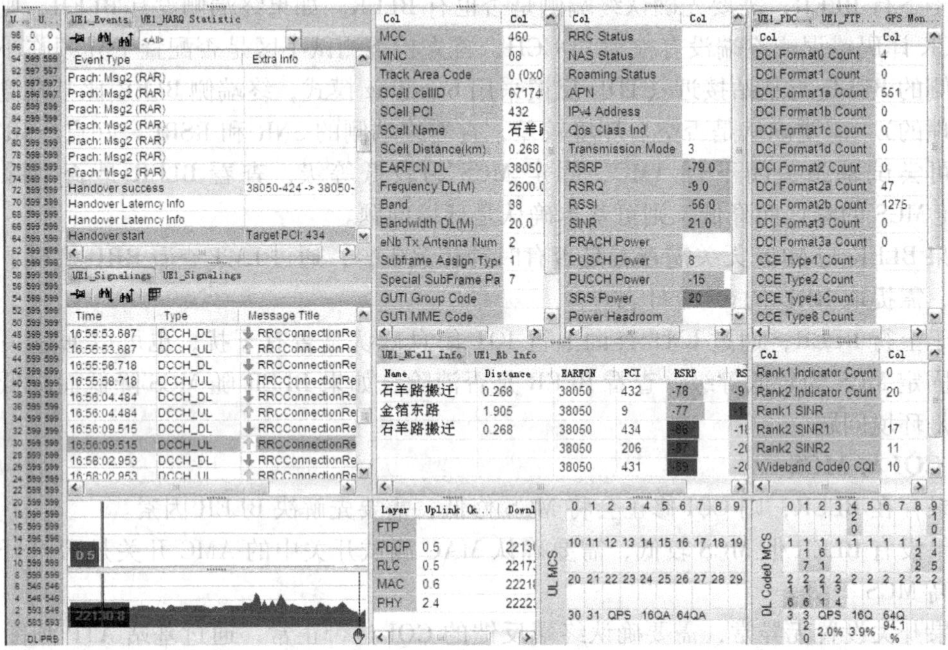

图 9-33　W 站单站验证速率差

分析过程如下：

发现下载速率低的问题，网优工程师需检查空口信号质量、调度是否饱满、单双流、调度的 PDSCH MCS。测试 log 具体分析显示：该问题区域覆盖较好，RSRP 均高于 -75 dBm，SINR 达到 25 dB 以上，可判断空口信号质量不存在问题。

如图 9-34 所示，DCI 格式窗口中，右边黑色圈选部分的调度次数为 278 次（由于是 2U2D 的子帧配置，调度次数最大为 600 次），下行资源调度次数严重不饱满，对该点的速率带来较大影响。从图中可以看出，SINR 达到 20 dB 以上，天线模式为 TM3（中间黑色圈选部分），CRS 的 SINR 基本反映 PDSCH 的信道情况，说明测试过程中无线环境较好且采用双流模式。但 DCI 格式中 format 2a 调度 278 次，下行资源调度严重不饱满，下载速率为 20 Mbit/s 左右，严重影响了下载速率。

如图 9-35 所示，远点无线环境较差，当时的天线模式为 TM7（中间黑色圈选部分），DCI 格式中 format 1 调度 591 次，采用单流模式，调度饱满；下载速率为 20 Mbit/s 左右，和环境相符；

通过近点和远点测试，终端在远点时，无线环境较差，受环境影响速率低，调度饱满；但是在近点时，无线环境较好，调度却不饱满，无法获取相应的下载速率，怀疑某个环节资源受限。

为了进一步分析，在基站侧进行测试，在调度变的饱满情况下，物理层和 MAC 层速率能达到 50 Mbit/s 以上且比较稳定，说明空口链路正常，不存在问题；但同时 PDCP 层和

RLC 层速率仅为 20 Mbit/s 左右，速率明显偏低，说明到达基站的数据量受限，影响下载速率，怀疑是基站带宽受限、传输带宽不足和核心网分配资源不足。进一步核查，发现基站侧业务面带宽配置为 280 MHz，完全能满足需求。而基站的 PTN 传输只配置了 30 MHz，传输带宽明显受限，进行传输带宽升级后，该问题解决。

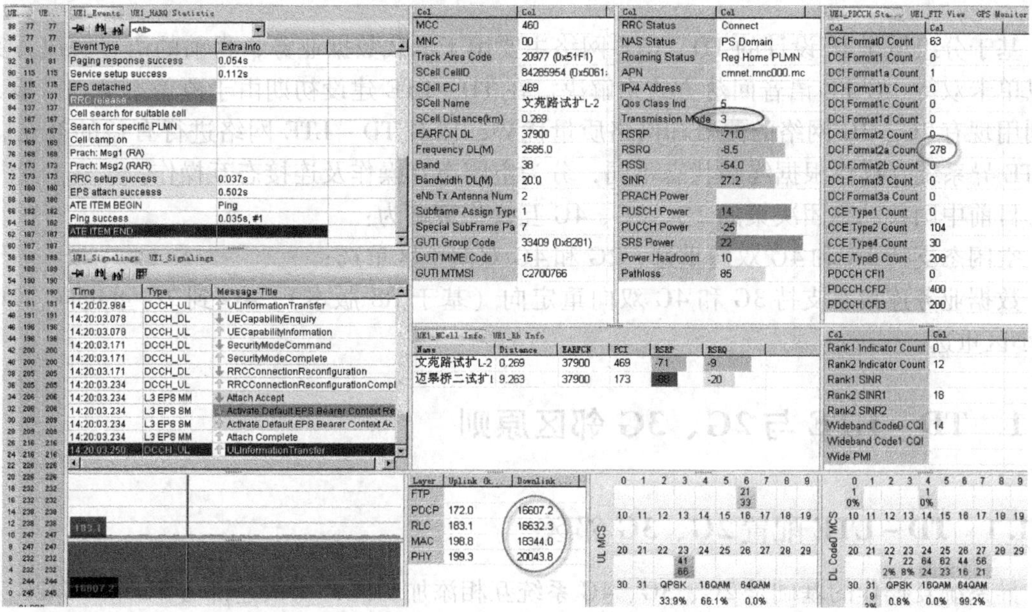

图 9-34　近点 UE 对应 DCI 格式的调度次数

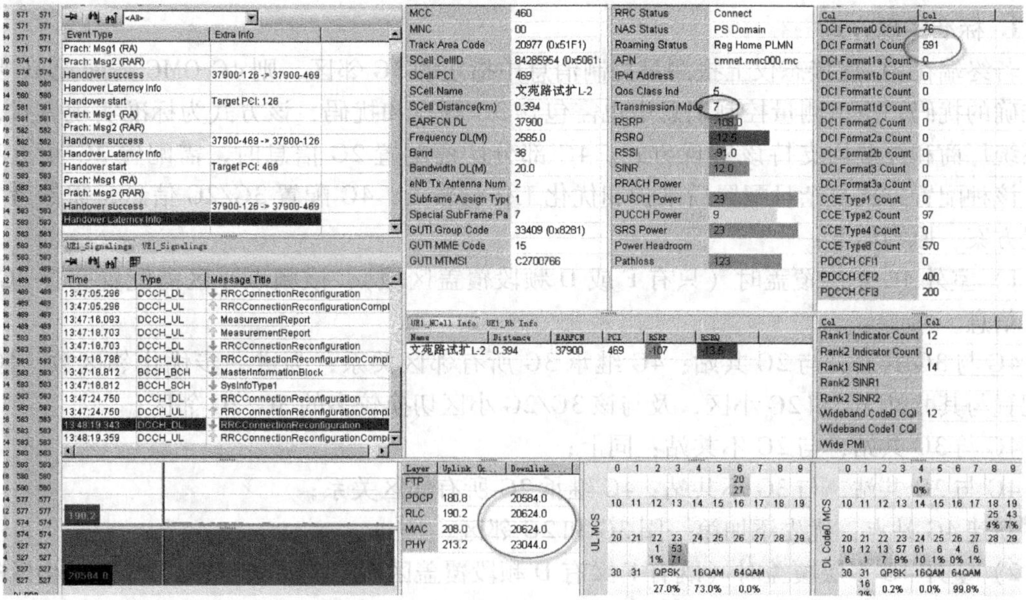

图 9-35　远点 UE 对应 DCI 格式的调度次数

第10章 TD-LTE异系统互操作

基于分组域全IP设计的TD-LTE网络主要用于承载数据业务，目前的语音解决方案主要以单卡双待、CSFB语音回落方式来解决。在TD-LTE建设初期由于覆盖不足，需最大化地利用现有2G、3G网络的覆盖和网络质量优势，以对TD-LTE网络进行有益的补充。TD-LTE异系统互操作根据终端状态不同，分为空闲态互操作及连接态互操作。

目前中国移动集团决策的2G、3G、4G互操作策略为：

空闲态支持3G和4G双向重选，2G和4G双向小区重选；

数据业务连接态支持3G和4G双向重定向（基于R8版本），4G到2G重定向，2G到4G小区重选。

10.1 TD-LTE与2G、3G邻区原则

10.1.1 TD-LTE配置2G、3G邻区

异系统互操作的基础是2G、3G、4G系统互相添加邻区，为快速部署4G和3G/2G互操作，初期系统间邻区配置遵照以下原则。OMC配置3G/2G信息和下发3G测量控制消息有如下2种方式：

1. 标准实现方式

若终端在4G连接态仅上报测量控制消息中指定的3G邻区，则4G OMC需配置3G频点和准确的扰码，空口测量控制消息中也需包含3G频点和扰码，该方式为标准实现方式，所有系统厂商和终端均支持该实现方式。4G部分厂商配置2G信息时，需配置2G频点和色码。该种配置方式复杂且配置后维护和优化工作量较大，4G配置3G/2G信息，需参考邻区配置方案。原则如下：

1）室外4G单层覆盖时（只有F或D频段覆盖区域），该频点小区需配置完整3G/2G小区信息。

4G与3G共站，与2G共站：4G继承3G所有邻区关系；为进一步优化邻区数，4G优先配置与其共站3G和2G小区，及与该3G/2G小区切换较多的3G/2G邻区；

4G与3G共站，与2G不共站：同上；

4G与2G共站，与3G不共站：4G继承2G所有邻区关系；

新建4G站点：优先添加第一圈3G和2G邻区。

2）室外4G多层覆盖时（既有F又有D频段覆盖区域），仅低优先级4G频点小区配置完整3G/2G小区信息，配置原则同1）；（4G不同频点优先级建议方案：室内频点优先级高于室外频点优先级，室外多频段分层覆盖时，不同频段采用不同优先级）。

3）4G室分站点参考3G/2G室分系统邻区关系配置室外3G/2G邻区，不配置3G/2G室分小区。

2. 简单配置方式

若终端在4G连接态可基于测控消息中的3G频点上报3G邻区测量报告，则4G OMC仅配置3G频点，不配扰码，空口测量控制消息和广播消息仅下发3G频点即可，不发扰码，除部分系统厂商外，均明确可以支持此实现方式，但终端支持情况待验证。4G部分厂商配置2G信息时可仅配频点，不配色码。该种方式仅配置3G/2G频点，配置简单，4G配置3G/2G信息，原则如下：

1）室外4G单层覆盖时（只有F或D频段覆盖区域），该频点小区仅需配置当前覆盖区域下的3G/2G频点。

2）室外4G多层覆盖时（既有F又有D频段覆盖区域），仅低优先级4G频点小区配置当前覆盖区域下的3G/2G频点；（4G不同频点优先级建议方案：室内频点优先级高于室外频点优先级，室外多频段分层覆盖时，不同频段采用不同优先级）。

3）4G室分站点参考3G室分系统邻区配置室外3G/2G频点，不配置3G/2G室分频点。

从中国移动GSM与TD－SCDMA异系统互操作的优化经验来看，在TD－LTE网络初期部署阶段，考虑到网络支持情况及与终端的兼容性，建议按照标准实现方式来进行配置。

10.1.2 2G、3G配置TD－LTE邻区

2G/3G OMC配置4G信息，从目前支持情况来看，各3G系统厂商设备都需要配置4G频点和PCI，部分2G设备厂商必须配置4G频点和PCI。从网络优化的角度来看，为2G/3G添加4G邻区完整的小区信息，包括频点与PCI，这样做有利于后期的小区信息的更新，可保证在小区信息发生变更时，网优工程师可以快速发现，准确地进行更新调整。

2G/3G配置4G信息，原则如下：

(1) 3G配置4G信息

3G室分系统小区配置与其共室分4G小区、周围室外一圈4G小区为邻区。

3G室外小区配置原则为3G与4G邻区互配，3G小区需再添加室外4G多层覆盖时的高优先级频点邻区。

(2) 2G配置4G信息

4G有覆盖3G无覆盖区域：配置4G邻区，配置原则同3G配置4G邻区原则；

4G有覆盖3G有覆盖区域：不配置4G邻区，多模终端通过3G桥接返回4G网络。

10.2 TD－LTE与2G、3G空闲态重选

10.2.1 TD－LTE空闲态重选原则

终端在空闲态下的互操作方案为小区重选，当终端处于空闲态时，需要持续检测服务小区和邻小区的信号质量，以便在满足重选条件时，驻留在优先级更高或者信道质量更好的小区。整个测量及重选判决过程都是由终端发起和执行的，不需要网络侧控制。

实现TD－LTE与GSM/TD－SCDMA系统之间的双向小区重选，如图10-1所示，无线网络需要系统消息支持相关异系统邻小区数据的配置及下发，同时为了支持LTE多模终端接入，3G核心网中与LTE有互操作关系的SGSN需进行软件升级改造，以支持与LTE网络

的 P－GW 融合，以及分别与 MME、HLR/HSS 间的 Gn、Gr 接口。

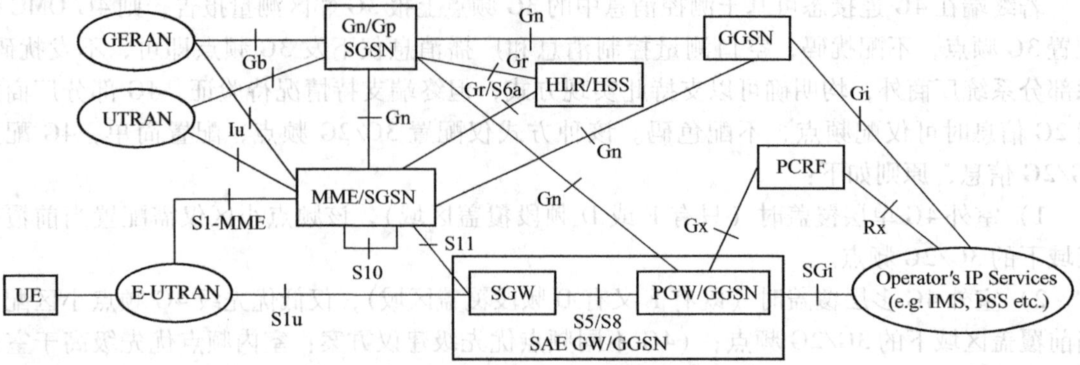

图 10-1　TD－LTE 空闲态与 2G、3G 重选网络架构

UE 通过读取系统广播消息，获知系统间的邻小区及重选的相关参数信息。LTE 系统引入优先级后，要求为不同系统邻区配置不同优先级，针对高优先级邻区和低优先级邻区分别采用不同的处理机制，从而使终端尽量接入高优先级系统小区驻留，避免接入低优先级系统。异系统小区重选主要包括三个步骤：测量启动、重选判决和重选执行，UE 根据基于优先级的测量启动及重选判决准则，发起并执行异系统小区重选。各系统重选执行过程基本类似，主要包括与目标小区同步、读异系统小区广播消息、在目标网络进行位置登记等过程。从开始重选执行过程起，至终端在目标网络完成位置登记前，用户均处于不可及状态，无法进行任何主被叫业务。测量启动和重选判决过程，因不同系统使用的判决门限等参数以及具体细节存在差异，下面将分别介绍 TD－LTE、GSM/TD－SCDMA 系统空闲态小区重选的测量启动、重选判决准则。

10.2.2　TD－LTE 向 2G、3G 重选

LTE 系统中引入绝对频点优先级的概念，LTE 与 2G/3G 的频点优先级需设置为不同，LTE 不同频点之间可以设置为相同或者不同的优先级。LTE 系统内异频点启测及判决门限与异系统间的参数是相同的。具体原理如下：

1. 启动异系统测量

若 LTE 异频频点或异系统频点优先级高于服务小区，则立即启动异频或异系统测量。

若 LTE 异频频点优先级低于或等于服务小区，或异系统频点优先级低于服务小区，服务小区在满足启动异频或异系统测量门限时启动测量，即服务小区 $S_{rxlev} \leqslant S_{nonIntraSearchP}$ 或者 $S_{qual} \leqslant S_{nonIntraSearchQ}$。其中：

$S_{rxlev} = Q_{rxlevmeas} - Q_{rxlevmin} - \max(P_{EMAX} - PPowerClass, 0)$，$Q_{rxlevmeas}$ 为服务小区当前测量的信号强度（RSRP），PPowerClass 为 UE 的最大发射功率，$Q_{rxlevmin}$ 和 P_{EMAX} 是 LTE SIB1 中广播的参数，见表 10-1。

$S_{qual} = Q_{qualmeas} - Q_{qualmin}$，$Q_{qualmeas}$ 为服务小区当前测量的信号质量（RSRQ），$Q_{qualmin}$ 是 LTE SIB1 中广播的参数。

通常情况下，LTE 频点的优先级高于 2G/3G 频点优先级，当服务小区当前信号强度 $Q_{rxlevmeas} \leqslant Qr_{xlevmin} + S_{nonIntraSearchP}$ 或者信号质量 $Q_{qualmeas} \leqslant Q_{qualmin} + S_{nonIntraSearchQ}$ 时，启动低优先级异

系统测量；也即启动低优先级异系统测量的门限等于（$Q_{rxlevmin}+S_{nonIntraSearchP}$）或者（$Q_{qualmin}+S_{nonIntraSearchQ}$）。LTE 不同频点之间的优先级可能相同也可能不同，当异频点优先级低于或等于服务小区优先级时，启动异频点测量门限和启动异系统测量门限相同。

表 10-1 LTE 到异频/异系统重选启动测量参数说明

参　数	LTE 消息位置	含　义	取值范围（IE Value）
$Q_{rxlevmin}$	SIB1	服务小区最低接收电平，用来控制 E - UTRA 小区选择的难易程度	INTEGER（-70，…，-22）
$Q_{qualmin}$	SIB1	服务小区最低接收信号质量，用来控制 E - UTRA 小区选择的难易程度	INTEGER（-34，…，-3）
P_{EMAX}	SIB1	UE 允许使用的最大发射功率	INTEGER（-30，…，33）
$S_{nonIntraSearchP}$	SIB3	本服务小区 S_{rxlev} 参数小于等于 $S_{nonIntraSearchP}$ 时，启动异频或异系统邻区测量，该值越高越容易启测	INTEGER（0，…，31）
$S_{nonIntraSearchQ}$	SIB3	本服务小区 S_{qual} 参数小于等于 $S_{nonIntraSearchQ}$ 时，启动异频或异系统邻区测量，该值越高越容易启测	INTEGER（0，…，31）

2. 重选判决

重选判决前，UE 至少在 LTE 当前服务小区驻留 1 s 以上。如果 LTE SIB3 中提供了 threshServingLowQ，则异频或异系统重选判决时，LTE 重选判决门限使用参考信号质量（RSRQ）的测量结果，否则使用参考信号强度（RSRP）的测量结果。

（1）使用参考信号强度（RSRP）测量结果时

1）若测量到高优先级异频或异系统小区（TD - SCDMA 系统）。

异频：邻区在一定持续时间 TreselectionEUTRA 内都满足 S_{rxlev} > ThreshX，HighP，则重选至高优先级异频邻区。其中，ThreshX，HighP 在 LTE SIB5 中定义。

异系统：TD - SCDMA 邻区信号强度在持续时间 TreselectionUTRA 内都满足 Srxlev > ThreshX，HighP，则重选至高优先级异系统邻区。其中，ThreshX，HighP 在 LTE SIB6 中定义。

2）若测量到低优先级异频或异系统小区（TD - SCDMA 系统）。

异频：在 TreselectionEUTRA 内，本服务小区 S 参数满足 S_{rxlev} < ThreshServing，LowP，且低优先级异频邻区 S 参数满足 S_{rxlev} > ThreshX，LowP ，则重选至低优先级 LTE 异频邻区。其中，ThreshServing，LowP 在 SIB3 中定义，ThreshX，LowP 在 LTE SIB5 中定义。

异系统：在 TreselectionUTRA 内，本服务小区 S 参数满足 S_{rxlev} < ThreshServing，LowP，且低优先级异频小区 S 参数满足 S_{rxlev} > ThreshX，LowP，则重选至低优先级 TD - SCDMA 小区。其中，ThreshServing、LowP 在 SIB3 中定义，ThreshX、LowP 在 LTE SIB6 中定义。

3）测量到同优先级异频小区。

小区重选判决准则采用 R 准则（与同频小区重选准则相同）：$R_n = Q_m$eas，n - Qoffset，$R_s = Q_{meas}$，s + QHyst ，即比较服务小区和同频点邻区的 R 值，如果在一段时间内（TreselectionEUTRA）邻区 R 值高于服务小区，则重选到邻区。其中 Q_{meas}，n 为邻区的 RSRP 测量结果，Qoffset 为频率和小区个性化偏置，Q_{meas}，s 是服务小区的 RSRP 测量值。

其中：

异频 $S_{rxlev}=Q_{rxlevmeas}-Q_{rxlevmin}-\max(P_{EMAX}-PPowerClass, 0)$，$Q_{rxlevmeas}$ 是异频邻区 RSRP 测量结果，$Q_{rxlevmin}$、P_{EMAX} 在 LTE SIB5 中定义，PPowerClass 为 UE 在 LTE 的最大发射功率。

异系统 $S_{rxlev}=Q_{rxlevmeas}-Q_{rxlevmin}-\max(PMAXUTRA-PPowerClass, 0)$，则重选到高优先级异系统邻区。其中 $Q_{rxlevmeas}$ 是 TD－SCDM 邻区 RSCP 测量结果，$Q_{rxlevmin}$、PMAXUTRA 在 LTE SIB6 中定义，PPowerClass 为 UE 在 TD－SCDMA 的最大发射功率。

（2）使用参考信号质量（RSRQ）测量结果时

1）若测量到高优先级异频邻区或异系统小区（TD－SCDMA 系统）。

高优先级异频邻区在一定持续时间 TreselectionEUTRA 内都满足 S_{qual} > ThreshX，HighQ，则重选至高优先级异频邻区。其中 $S_{qual}=Q_{qualmeas}-Q_{qualmin}$，$Q_{qualmeas}$ 是异频邻区 RSRQ 测量结果，ThreshX，HighQ、$Q_{qualmin}$ 在 LTE SIB5 中定义；

高优先级异系统邻区（TD－SCDMA 系统）在一定持续时间 TreselectionUTRA 内都满足 S_{rxlev} > ThreshX，HighQ，则重选至高优先级异系统邻区。

2）若异频点优先级低于服务小区，或异系统频点优先级低于服务小区。

在 TreselectionEUTRA 内，本服务小区当前信号强度 S_{qual} < ThreshServing，LowQ，且低优先级异频小区信号质量满足 S_{qual} > ThreshX，LowQ，则重选接入低优先级 LTE 异频小区。

在 TreselectionUTRA 内，本服务小区当前信号强度 S_{qual} < ThreshServing，LowQ，且异系统小区信号强度 S_{rxlev} > ThreshX，LowP，则重选接入低优先级 TD－SCDMA 小区。

3）若异频点优先级等于服务小区优先级，小区重选判决准则采用 R 准则，与参考 RSRQ 测量结果时的判决准则一致。

上述服务小区 S_{rxlev} 或 S_{qual} 的计算方法涉及参数，参见启动测量部分见表 10－1；涉及计算 LTE 异频 Srxlev 和 S_{qual} 的参数，见 SIB5 中广播消息，涉及计算 TD－SCDMA 异系统 S_{rxlev} 的参数，见 SIB6 中广播消息。如果测量过程中，有多个邻区满足重选条件，则选择优先级较高且 S 参数最大的小区接入。重选判决参数说明见表 10－2。

表 10－2　LTE 到异频/异系统重选判决参数说明

参　　数	LTE 消息位置	含　　义	取值范围（IE Value）
cellReselectionPriority	SIB3	LTE 服务小区优先级描述，该值越低，优先级越低	INTEGER(0,…,7)
$Thresh_{Serving, LowP}$	SIB3	判决重选到低优先级异频/异系统小区时，本服务小区 S 参数需小于等于 $Thresh_{Serving,LowP}$	INTEGER(0,…,31)
$Thresh_{Serving, LowQ}$	SIB3	如果广播消息中提供了该值，判决重选到低优先级异系统小区时，本服务小区 S 参数需小于等于 $Thresh_{Serving, LowQ}$	INTEGER(0,…,31)
cellReselectionPriority	SIB6	3G 系统优先级描述，该值越低，优先级越低，每个频点都可设置频率优先级	INTEGER(0,…,7)
$Thresh_{X, LowP}$	SIB6	判决重选到低优先级 UTRA 小区时，UTRA 小区 S 参数需大于 $Thresh_{X, LowP}$	INTEGER(0,…,31)

（续）

参　数	LTE 消息位置	含　义	取值范围（IE Value）
$Thresh_{X,HighP}$	SIB6	判决重选到高优先级 UTRA 小区时，UTRA 小区 S 参数需大于 $Thresh_{X,HighP}$	INTEGER(0,…,31)
$Q_{rxlevmin}$	SIB6	UTRA 邻区重选需要的最小接收电平，用于计算 UTRA 邻区的 S 参数	INTEGER(-60,…,-13)
p_MaxUTRA	SIB6	UTRA UE 允许使用的最大发射功率	INTEGER(-50,…,33)
$Treselection_{UTRA}$	SIB6	UTRA 邻区重选所需要满足的时间迟滞，用来控制 UTRA 小区重选的难易程度	INTEGER(0,…,7)
cellReselectionPriority	SIB5	LTE 异频点系统优先级描述，该值越低，优先级越低，每个频点都可设置频率优先级	INTEGER(0,…,7)
$Q_{rxlevmin}$	SIB5	LTE 异频邻区重选需要的最小接收电平，用于计算异频邻区的 S 参数	INTEGER(-60,…,-13)
$Q_{qualmin}$	SIB5	LTE 异频邻区重选需要的最小接收电平，用于计算 LTE 异频邻区的 S 参数	INTEGER(-34,…,-3)
$Thresh_{X,LowP}$	SIB5	判决重选到低优先级异频小区时，异频小区 S 参数需大于 $Thresh_{X,LowP}$	INTEGER(0,…,31)
$Thresh_{X,HighP}$	SIB5	判决重选到低优先级异频小区时，异频小区 S 参数需大于 $Thresh_{X,HighP}$	INTEGER(0,…,31)
$Thresh_{X,LowQ}$	SIB5	判决重选到低优先级异频小区时，异频小区 S 参数需大于 $Thresh_{X,LowQ}$	INTEGER(0,…,31)
$Thresh_{X,HighQ}$	SIB5	判决重选到低优先级异频小区时，异频小区 S 参数需大于 $Thresh_{X,HighQ}$	INTEGER(0,…,31)
p_Max	SIB5	EUTRAN UE 允许使用的最大发射功率	INTEGER(-30,…,33)

通常情况下，LTE 频点优先级高于 TD-SCDMA 优先级，当有 LTE 信号时，优先进行系统内同频/异频重选，只有当所有 LTE 频点的信号低于一定程度时，才重选到低优先级 TD-SCDMA 邻区。即异系统频点优先级较低时，TreselectionUTRA 时间内，TD-SCDMA 异系统频点优先级较低时，在当本服务小区信号质量 $Q_{qualmeas}$ < ThreshServing，LowQ 或信号强度 $Q_{rxlevmeas}$ <（$Q_{rxlevmin}$ + ThreshServing，LowP），且邻区信号强度 $Q_{rxlevmeas}$ > $Q_{rxlevmin}$ + ThreshX，LowP 时，进行异系统小区重选。也即，异系统频点优先级较低时，异系统重选的本服务小区门限为（$Q_{rxlevmin}$ + ThreshServing，LowQ）或（$Q_{rxlevmin}$ + ThreshServing，LowP），异系统邻区门限为（$Q_{rxlevmin}$ + ThreshX，LowP）。但需注意，当同时存在低优先级异频和异系统邻区时，异频和异系统的启测门限、重选判决的本服务小区门限都是相同的，因此在参数设置时，需同时考虑异频和异系统。

由重选判决原则可知，当 LTE 广播消息中提供了 threshServingLowQ 参数，则 LTE 的判决门限取决于 RSRQ 的测量结果。考虑到目前终端测量 RSRQ 的准确性还有待提高，LTE 网络中不建议配置 threshServingLowQ 参数。

3. 重选流程

UE 进行 4G 到 3G 重选判决后，执行重选流程。如图 10-2 所示，UE 在目标小区完成驻留后发起的路由区更新信令流程。

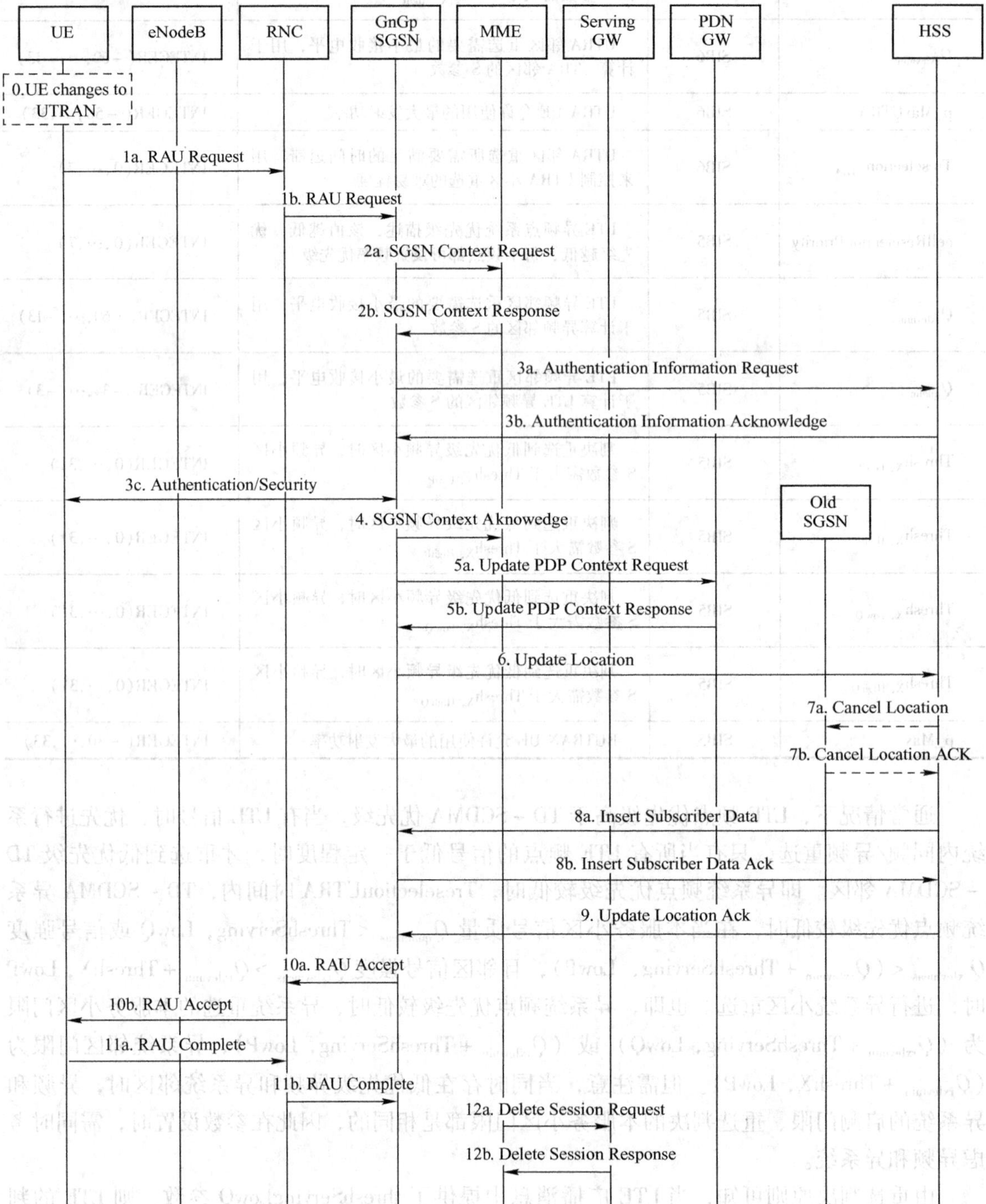

图 10-2　TD-LTE 向 2G、3G 重选流程

具体步骤说明如下：

1）UE 发送 RAU Request 消息给 GnGp SGSN，发起 RAU 流程。

2）GnGp SGSN 发送 SGSN Context Request 消息给老的 MME；老的 MME 返回 SGSN Context Response 消息，携带 MM 和 PDP 上下文，MME 启动一个定时器。

3）GnGp SGSN 向 HSS/HLR 发送 Authentication Info rmation Request（IMSI）消息；HSS/HLR 响应 Authentication Info rmation Ack nowledge 消息，携带 GPRS 安全向量；同时 GnGp SGSN 向 UE 发送鉴权和加密请求 Authentication and Ciphering Request；UE 将返回 Authentication and Ciphering Response（RES）到 SGSN。

4）GnGp SGSN 发送 SGSN Context Acknowledge 消息给 MME。

5）GnGp SGSN 向 PDN GW 发送 Update PDP Context Request 消息，更新 TEID 和 SGSN 的 IP 地址；PDN GW 返回 Update PDP Context Response 消息，更新成功。

6）GnGp SGSN 向 HSS/HLR 发送 Update Location 消息更新位置。

7）如果存在 Old SGSN 的信息，则 HSS/HLR 向 Old SGSN 发送 Cancel Location，并能收到 Old SGSN 的 Cancel Location ACK（IMSI）消息。

8）HSS/HLR 发送 Insert Subsciber Data 消息给 GnGp SGSN，插入签约数据，GnGp SGSN 返回 Insert Subsciber Data Ack 消息确认插入签约数据。

9）HSS/HLR 响应 Update Location Ack（IMSI）消息。

10）GnGp SGSN 发送 RAU Accept 响应 UE，并分配一个新的 PTMSI。

11）UE 响应 RAU Complete 消息。

12）MME 在第2 步启动的定时器超时之后向 Serving GW 发送 Delete Session Request 消息删除承载上下文；Serving GW 返回 Delete Session Response 消息，删除承载成功。

以上流程详细描述可参考 3GPP 23.401“D3.5 Routing Area Update”。

10.2.3 2G、3G 向 TD－LTE 重选

1. 异系统测量启动

若 TD－SCDMA 服务小区优先级低于 LTE 异系统邻区，则立即启动测量；若 TD－SCDMA 服务小区高于 LTE 异系统邻区，则服务小区在满足 $S_{rxlevServingCell} \leqslant S_{prioritysearch1}$ 时，UE 启动对低优先级异系统小区的测量。

其中，$S_{rxlevServingCell} = Q_{rxlevmeas} - Q_{rxlevmin} - \max(UE\_TXPWR\_MAX\_RACH - P\_MAX, 0)$，$Q_{rxlevmeas}$ 为本服务小区当前测量的信号强度（TD－SCDMA RSCP），P_MAX 为 UE 的最大发射功率，见表 10-3。

表 10-3　TD－SCDMA 启动低优先级 LTE 异系统的测量参数说明

参　数	3G 消息位置	含　义	取值范围（IE Value）
$Q_{rxlevmin}$	SIB3	本服务小区最低接收电平，用来控制 E－UTRA 小区选择的难易程度	INTEGER(－58,…,－13)
UE_TXPWR_MAX_RACH	SIB3	UE 允许使用的最大发射功率	INTEGER(－50,…,33)
$S_{prioritysearch1}$	SIB19	本服务小区 S 参数小于等于于 $S_{prioritysearch1}$ 时，启动异系统邻区测量，该值越高越容易启测	INTEGER(0,…,31)

当本服务小区当前信号强度 $Q_{rxlevmeas} \leqslant Q_{rxlevmin} + S_{prioritysearch1}$ 时，启动低优先级异系统测量；也即启动低优先级异系统测量的门限等于 $Q_{rxlevmin} + S_{prioritysearch1}$。但通常情况下，LTE 优先级比 TD－SCDMA 优先级高，因此如果有 LTE 邻区，TD－SCDMA 都会启动对 LTE 邻区的测量。

2. 重选判决

当 TD－SCDMA 系统广播消息 SIB19 中未提供 Threshx、high2 或 Threshx，low2 时，TD－SCDMA 重选到 TD－LTE 的 TD－LTE 异系统判决门限参考 RSRP 的测量结果，当 SIB19 中 Threshx，high2 和 Threshx，low2 都提供时，TD－LTE 的判决门限参考 RSRQ 的测量结果。

（1）TD－LTE 判决门限参考 RSRP 测量结果时

若测量到高优先级 TD－LTE 邻区在 Treselection 内持续满足 $S_{rxlevnonServingCell}$，x > Threshx，high，则重选到高优先级 TD－LTE 邻区；

若 TD－SCDMA 服务小区信号强度在 Treselection 内持续满足 $S_{rxlevServingCell}$ < Threshserving，low，并且低优先级 TD－LTE 异系统邻区信号强度持续满足 $S_{rxlevnonServingCell}$，x > Threshx，low，则重选至低优先级异系统小区。

其中，$S_{rxlevnonServingCell}$，$x = Q_{rxlevmeas} - Q_{rxlevminEUTRA}$ － max（PEMAX－P，0），$Q_{rxlevmeas}$ 为邻区 x 当前测量的信号强度，P 为 UE 的最大发射功率，$Q_{rxlevminEUTRA}$ 和 P_{EMAX} 是 TD－SCDMA SIB19 中广播的参数。

（2）TD－LTE 判决门限参考 RSRQ 测量结果时

若测量到高优先级 TD－LTE 邻区在 Treselection 内持续满足 $S_{qualnonServingCell}$，x > Threshx，high2，则重选到高优先级 TD－LTE 邻区；

若 TD－SCDMA 服务小区在 Treselection 内持续满足 $S_{rxlevServingCell}$ < Threshserving，low，并且低优先级 TD－LTE 异系统邻区信号强度持续满足 $S_{qualnonServingCell}$，x > Threshx，low2，则重选至低优先级异系统小区。

其中，$S_{qualnonServingCell}$，$x = Q_{qualmeas} - Q_{qualminEUTRA}$，其中 $Q_{qualmeas}$ 为 TD－LTE 邻区 x 的 RSRQ 测量结果，$Q_{qualminEUTRA}$ 是 TD－SCDMA SIB19 中广播的参数，见表 10-4。

通常情况下，在 Treselection 时间内，异系统频点优先级较高时，邻区信号强度 $Q_{rxlevmeas} > Q_{rxlevminEUTRA}$ + Threshx，high 或信号质量 $Q_{qualmeas} > Q_{qualminEUTRA}$ + Threshx，high2 时，进行异系统小区重选；异系统频点优先级较低时，在当本服务小区信号强度 $Q_{rxlevmeas} \leqslant Q_{rxlevmin}$ + Threshserving，low，且邻区信号强度 $Q_{rxlevmeas} > Q_{rxlevminEUTRA}$ + Threshx，low 或信号质量 $Q_{qualmeas} > Q_{qualminEUTRA}$ + Threshx，low2 时，进行异系统小区重选。也即，异系统频点优先级较高时，异系统邻区门限为（$Q_{rxlevminEUTRA}$ + Threshx，high）或（$Q_{qualminEUTRA}$ + Threshx，high2）；异系统频点优先级较低时，异系统重选的本服务小区门限为（$Q_{rxlevmin}$ + Threshserving，low），异系统邻区门限为（$Q_{rxlevminEUTRA}$ + Threshx，low）或（$Q_{qualminEUTRA}$ + Threshx，low2）。

表 10-4　TD－SCDMA 到异系统重选判决参数说明

参　　数	3G 消息位置	含　　义	取值范围（IE Value）
$Q_{rxlevmin}$	SIB3	本服务小区最低接收电平，用来控制 E－UTRA 小区选择的难易程度	INTEGER（－58，…，－13）

（续）

参　数	3G 消息位置	含　义	取值范围（IE Value）
Treselection	SIB3	EUTRA 邻区重选所需要满足的时间迟滞，该参数与 3G 到 2G 重选的时间迟滞为同一参数，用来控制 EUTRA 小区重选的难易程度	INTEGER(0,…,31)
$Thresh_{serving,low}$	SIB19	判决重选到低优先级 EUTRA 小区时所用的参数	INTEGER(0,…,31)
$Thresh_{x,high}$	SIB19	判决重选到高优先级 EUTRA 小区时所用的参数（RSRP）	INTEGER(0,…,31)
$Thresh_{x,high2}$	SIB19	判决重选到高优先级 EUTRA 小区时所用的参数（RSRQ）	INTEGER(0,…,31)
$Thresh_{x,low}$	SIB19	判决重选到低优先级 EUTRA 小区时所用的参数（RSRP）	INTEGER(0,…,31)
$Thresh_{x,low2}$	SIB19	判决重选到低优先级 EUTRA 小区时所用的参数（RSRQ）	INTEGER(0,…,31)
$Q_{rxlevminEUTRA}$	SIB19	EUTRA 邻区重选需要的最小接收电平，用于计算 EUTRA 邻区的 S_{rxlev} 参数	INTEGER(-70,…,-22)
$Q_{qualminEUTRA}$	SIB19	EUTRA 邻区重选需要的最小接收质量，用于计算 EUTRA 邻区的 S_{qual} 参数	INTEGER(-34,…,-3)
UTRA priority	SIB19	本服务小区频率优先级，取值越大优先级越高	INTEGER(0,,…,7)
E-UTRA priority	SIB19	EUTRA 频率优先级，取值越大优先级越高	INTEGER(0,,…,7)

3. 重选流程

终端进行 3G 到 4G 重选判决后，执行 TAU 流程。如图 10-3 所示，终端在目标小区完成驻留后发起的 TAU 信令流程。

具体步骤说明如下：

1）UE 发送 TAU Request 消息给 eNodeB，发起 TAU 流程；eNodeB 从 RRC 参数中得到 MME 的信息，把 TAU Request 消息发给相应的 MME。

2）MME 发送 SGSN Context Request 消息给 GnGp SGSN；GnGp SGSN 返回 SGSN Context Response 消息，携带 MM 和 PDP 上下文，并启动一个定时器。

3）MME 和 HSS/HLR 以及 UE 之间完成鉴权过程。

4）MME 发送 SGSN Context Acknowledge 消息给 GnGp SGSN。

5）MME 从 SGSN 得到 PDP 信息和 QOS 信息，转换为 bearer 上下文和 EPC 的 QOS，如果 MME 判断可以建立承载，则 MME 向选择好的 Serving GW 发送 Create Session Request 消息，携带 MME 的地址和 TEID 等信息。

6）Serving GW（SGW）创建上下文，并向 PDN GW 发送 Modify Bearer Request 消息，更新 RAT 等信息；如果动态部署了 PCC，PDN GW 与 PCRF 之间完成 IPCAN Session Modification 流程，通知 RAT 的改变；PDN GW 向 SGW 返回 Modify Bearer Response 消息。

7）SGW 向 MME 发送 Create Session Response 消息，更新上下文。

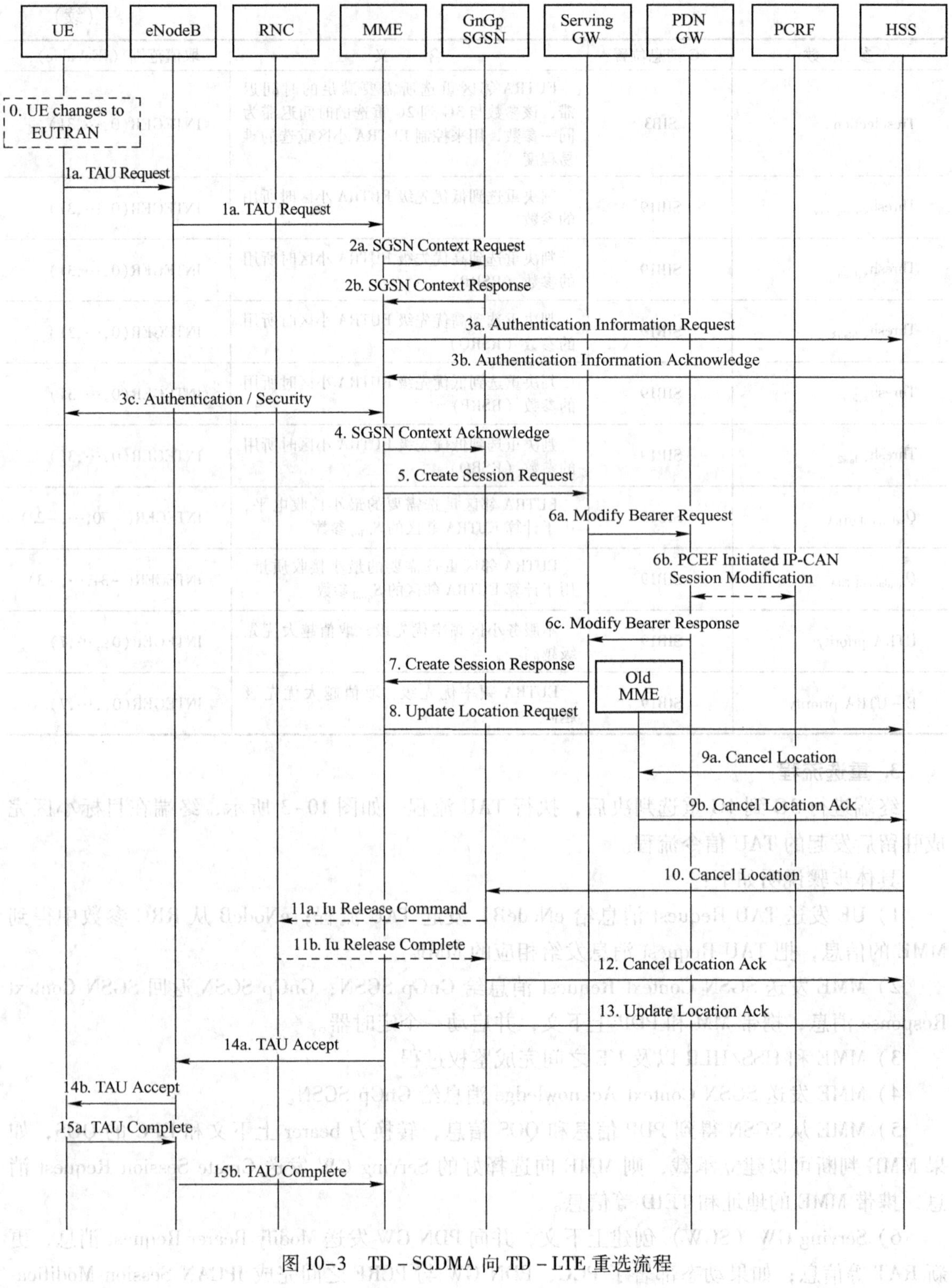

图 10-3 TD－SCDMA 向 TD－LTE 重选流程

8）MME 向 HSS/HLR 发送 Update Location Request 消息更新位置。

9）如果存在 Old MME，则 HSS/HLR 向 Old MME 发送 Cancel Location；old MME 删除上下文消息，并返回 Cancel Location ACK 消息。

10）HSS 向老的 SGSN 发送 Cancel Location（IMSI，Cancellation Type）消息。

11）（UE 处于 PMM CONNECTED 状态，SGSN 向 RNC 发起 Iu release Command 消息，释放 Iu 连接；RNC 返回 Iu release Complete 消息，Iu 连接释放成功）。

12）第 2 步中的定时器已经超时，则 Old SGSN 删除 MM 上下文；SGSN 向 HSS/HLR 响应 Update Location Ack 消息。

13）HSS 向 MME 发送 Update Location ACK 消息。

14）MME 向 UE 发送 TAU Accept 消息，并分配 GUTI。

15）UE 响应 TAU Complete 消息。

以上流程详细描述可参考 3GPP 23.401 “D3.6 Gn/Gp SGSN to MME Tracking Area Update”。

10.3 TD－LTE 与 2G、3G 连接态重定向

10.3.1 TD－LTE 连接态重定向原则

终端在数据业务连接态下的 3G 与 4G 互操作方案采用的是 RRC 重定向。当终端处于数据业务连接态时，收到网络下发的异系统测量控制消息后启动异系统测量；满足一定条件时上报测量报告，网络侧下发重定向消息后，终端执行重定向流程。重定向过程中异系统测量的启动和重定向的判决均由网络控制。

网络发起的重定向消息仅包含目标小区频点，如果终端在目标频点找不到合适的小区，返回原系统或者在指定的 RAT 上搜索其他频点接入。重定向消息下发的邻区频点信息可由网络根据测量上报结果选择，也可由网络直接配置，根据 UE 测量上报配置邻区频点方案，UE 接入目标网络成功率更高，但要求终端支持连接态下进行异系统测量。

由于 TD－LTE 网络能提供较高的业务速率体验，因此数据业务应尽可能由 TD－LTE 网络承载。当 TD－LTE 系统内无合适的同频或异频邻区，且服务小区的信号较差时才考虑重定向到 TD－SCDMA 网络。TD－LTE 到 TD－SCDMA 的重定向分为基于测量的重定向和盲重定向两种，其中盲重定向主要用于终端不支持 4G 连接态测量 3G 的情况，也可用于终端来不及上报异系统测量结果的快衰场景。TD－SCDMA 到 TD－LTE 的重定向主要采用基于测量的重定向，考虑到 TD－SCDMA 覆盖要优于 LTE 覆盖，对于 TD－SCDMA 到 LTE 的盲重定向功能，暂未要求设备进行相关功能的开发。

10.3.2 TD－LTE 到 TD－SCDMA 重定向

1. 重定向原理

（1）启动异系统测量

终端在 4G 网络进入数据业务连接态后，网络首先下发 LTE 系统内同频和异频测量控制消息。当多模终端上报系统内 A2 测量报告后，网络下发异系统测量控制消息（B1 或 B2 事件）以及盲重定向的 A2 测量控制消息，终端收到测量控制消息后启动异系统测量。

（2）重定向判决

多模终端未能满足系统内切换条件，且上报了 B1 或 B2 事件测量报告，eNodeB 根据测量报告中 TD－SCDMA 频点信息下发重定向命令。在以下两种情况下，eNodeB 随机选择邻区频点下发盲重定向命令。

终端不支持异系统测量，但上报了盲重定向的 A2 事件测量报告；

终端支持异系统测量，未上报 B1 或 B2 事件测量报告，但上报了盲重定向的 A2 事件测量报告。

满足 A2/B1/B2 测量事件上报的条件为：持续迟滞时间（TimeToTriger），服务小区、邻区测量值满足一定门限。不同测量事件的具体描述见表 10-5。

表 10-5　LTE 系统测量事件

事　件	事件描述	进入条件	离开条件
A2	服务小区测量值低于门限	$M_s + Hys < Thresh$	$M_s - Hys > Thresh$
B1	异系统邻区测量值高于门限	$M_n + O_{fn} - Hys > Thresh$	$M_s - Hys > Thresh$
B2	服务小区测量值低于门限 1，且异系统邻区测量值高于门限 2	$M_p + Hys < Thresh1$ 且 $M_n + O_{fn} - Hys > Thresh2$	$M_p - Hys > Thresh1$ 或 $M_n + O_{fn} + Hys < Thresh2$

M_s、M_p 为服务小区测量值，M_n 为邻区测量值；测量值可以是 RSRP 或 RSRQ，目前主要使用 RSRP，单位：dBm；H_{ys} 为事件迟滞（dB）；Thresh 为事件门限（单位同 M_s）；O_{fn} 是邻区的频率偏置（dB），一般为 0。

其中，A2 事件触发的测量控制消息如图 10-4 所示。

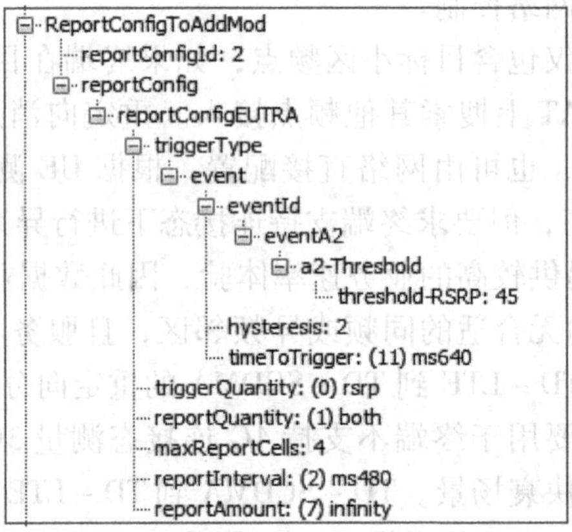

图 10-4　A2 事件触发测量控制消息

A2、B1、B2 测量事件分别有对应的迟滞时间；以上参数在测量控制消息（RRC Connection Reconfiguration 中的 reportConfigToAddModList）中下发。

终端收到重定向命令后，执行重定向流程。需要注意的是，eNodeB Release10 之前的版本在重定向命令中最多下发 1 个 TD－SCDMA 频点，Release10 及之后的版本可在重定向命令中下发 6 个 TD－SCDMA 频点。

A2 测量控制消息中的参数见表 10-6。

表 10-6　A2 测量控制消息中各值取值范围及含义

参数名称	参数含义	取值范围（IE Value）	实际取值（Actual Value）
a2_Threshold	对应 A2 事件中的 Thresh。门限可选择 RSRP 或 RSRQ	choice（threshold_RSRP，threshold_RSRQ）。如果是 threshold_RSRP，INTEGER（0，…，97），如果是 threshold_RSRQ，INTEGER（0，…，34）	threshold_RSRP：IE value - 140 dBm threshold_RSRQ，（IE value - 40）/2 dB
Hysteresis	门限迟滞	INTEGER（0，…，30）	IE value ＊ 0.5 dB
TimeToTrigger	迟滞时间	{ms0，ms40，ms64，ms80，ms100，ms128，ms160，ms256，ms320，ms480，ms512，ms640，ms1024，ms1280，ms2560，ms5120}	ms0 表示 0ms，ms40 表示 40 ms，其他依此类推
triggerQuantity	表明测试报告是按照 RSRP 还是按 RSRQ 触发，一般与 a2_Threshold 选择的类型一致	ENUMERATED {rsrp，rsrq}	0：表示 rsrp 1：表示 rsrq
reportQuantity	指示测量报告中包含的测量量，前者指示仅包含 triggerQuantity 中指示的测量量，后者表示上报 RSRP 和 RSRQ	{sameAsTriggerQuantity，both}	0：表示 sameAsTrigger_Quantity 1：表示 RSRP 和 RSRQ
maxReportCells	该值表示测量上报消息中包含的最大小区个数	INTEGER（1，…，8）	IE Value
ReportInterval	reportAmount 大于 1 时，该值表示 2 次测量上报的时间间隔	{ms120，ms240，ms480，ms640，ms1024，ms2048，ms5120，ms10240，min1，min6，min12，min30，min60，spare3，spare2，spare1}	ms120 指 120ms，min1 指 1 min，其他类推
reportAmount	该值表示需要上报几次测量结果	ENUMERATED {r1，r2，r4，r8，r16，r32，r64，infinity}	r1 指 1 次，r2 指 2 次，其他类推，infinity 指一直上报

其中，B2 事件触发的测量控制消息如图 10-5 所示。

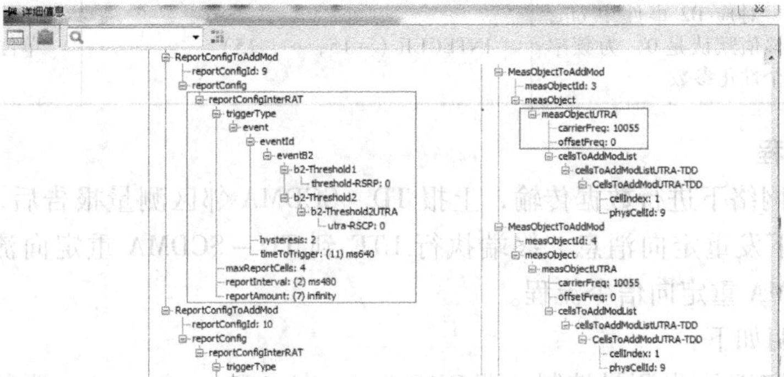

图 10-5　B2 事件触发测量控制消息

B2 事件触发的测量控制消息相关参数见表 10-7。

表 10-7 B2 测量控制消息中各值取值范围及含义

参 数	参数含义	取值范围（IE Value）	实际取值
b2_Threshold1	对应 B2 事件中的 Thresh1。门限可选择 RSRP 或 RSRQ	choice（threshold_RSRP，threshold_RSRQ）。如果是 threshold_RSRP，INTEGER（0，…，97），如果是 threshold_RSRQ，INTEGER（0，…，34）	threshold_RSRP：IE value -140 dBm threshold_RSRQ：（IE value -40）/2 dB
b2_Threshold2	对应 B2 事件中的 Thresh2。针对 TD-SCDMA 的测量，该值选择 b2_Threshold2UTRA	choice {b2_Threshold2UTRA ThresholdUTRA，b2_Threshold2GERAN ThresholdGERAN，b2_Threshold2CDMA2000 ThresholdCDMA2000}。 b2_Threshold2UTRA，ThresholdUTRA = choice {utra_RSCP INTEGER（-5，…，91），utra - EcN0 INTEGER（0，…，49）}	utra - RSCP：取值为 IE value - 115 dBm（针对 UTRA） utra - EcN0：取值为（IE value -49）/2 dB（针对 CDMA2000）
hysteresis	门限迟滞	INTEGER（0，…，30）	IE value * 0.5 dB
timeToTrigger	迟滞时间	{ms0，ms40，ms64，ms80，ms100，ms128，ms160，ms256，ms320，ms480，ms512，ms640，ms1024，ms1280，ms2560，ms5120}	IE value
maxReportCells	该值表示测量上报消息中包含的最大小区个数	INTEGER（1，…，8）	IE Value
ReportInterval	当 reportAmount 大于 1 时，该值表示 2 次测量上报的时间间隔	{ms120，ms240，ms480，ms640，ms1024，ms2048，ms5120，ms10240，min1，min6，min12，min30，min60，spare3，spare2，spare1}	ms120 指 120ms，min1 指 1 min，其他取值依此类推
reportAmount	该值表示需要上报几次测量结果	{r1，r2，r4，r8，r16，r32，r64，infinity}	r1 指 1 次，r2 指 2 次，其他类推，infinity 指一直上报
offsetFreq	对应 B2 事件中 ofn，该值默认是 0，为频率个性化参数	INTEGER（-15，…，15）	单位 dB

2. 重定向流程

终端在 LTE 网络下进行数据传输，上报 TD-SCDMA 邻区测量报告后，由 eNodeB 进行重定向判决，并下发重定向消息，终端执行 LTE 到 TD-SCDMA 重定向流程。图 10-6 是 LTE 到 TD-SCDMA 重定向信令流程。

具体步骤说明如下：

1）eNodeB 给 UE 下发测量控制，即 RRC Connection Reconfiguration 消息（携带异系统测量事件的配置）。

2）当测量的信号质量满足异系统事件门限时，UE 向 eNodeB 发送异系统测量报告。

3）eNodeB 进行重定向判决并向 UE 发送携带重定向信息的 RRC connection Release 消息。

4）第 4 步到第 16 步与 LTE 到 TD-SCDMA 重选流程相同。

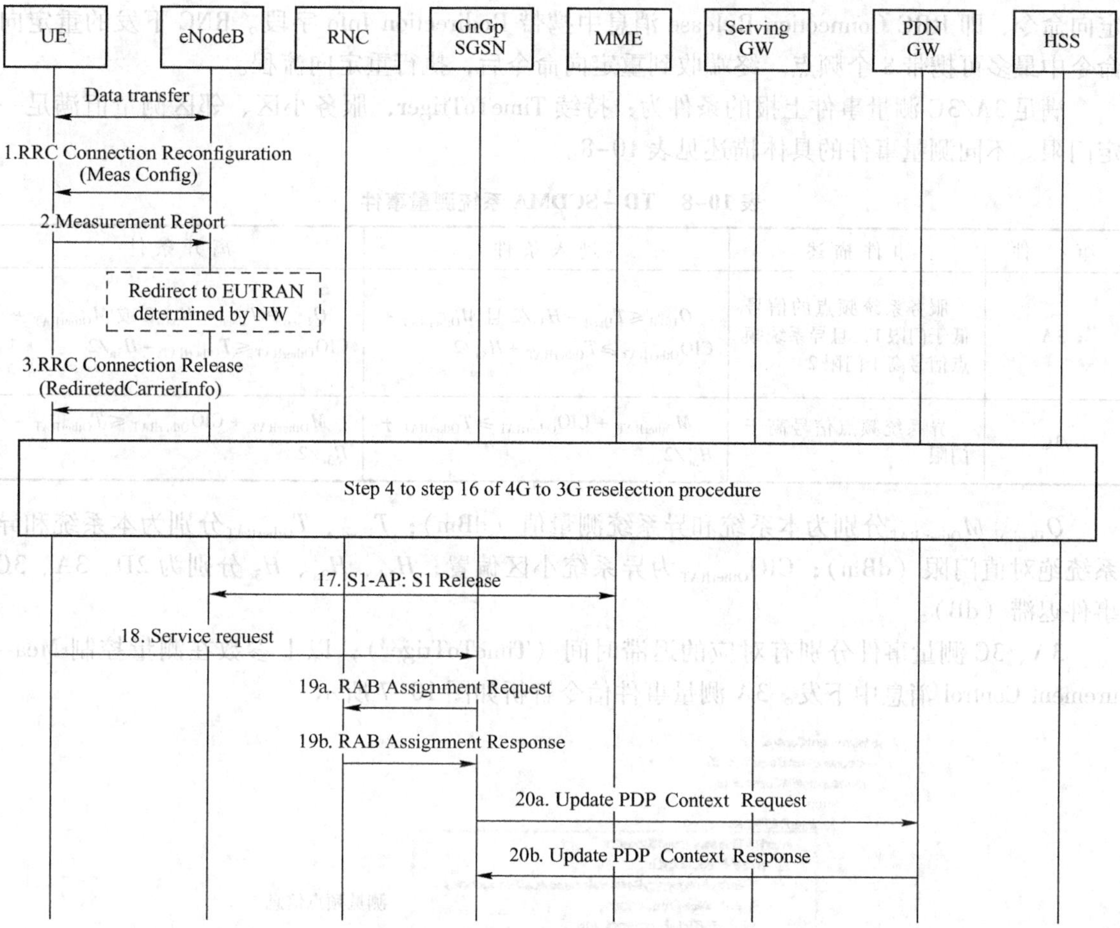

图 10-6　LTE 到 TD-SCDMA 重定向信令流程图

5）MME 向 eNodeB 发送 UE Context Release Command 消息，释放 S1 连接；eNodeB 返回 UE Context Release Complete，S1 连接释放成功。

6）路由更新结束后，UE 向 GnGp SGSN 发起 Service Request 消息。

7）GnGp SGSN 向 RNC 发起 RAB Assignment Request 消息；RNC 返回 RAB Assignment Response 消息：包括 RNC 与 UE 之间建立的无线承载。

8）RAB 建立以后，GnGp SGSN 向 PGW/GGSN 发起 Update PDP Context Request；PGW/GGSN 回复 Update PDP Context Response，更新 SGSN 的地址和 TEID 信息；重新建立数据传输隧道。

10.3.3　TD-SCDMA 到 TD-LTE 重定向

1. 启动异系统测量

终端在 TD-SCDMA 网络进入数据业务连接态后，网络给多模终端下发 3C 或 3A 异系统测量控制消息。终端收到异系统测量控制消息后，启动异系统测量。

2. 重定向判决

多模终端上报了 LTE 的 3A 或 3C 测量报告，RNC 根据测量报告中 LTE 频点信息下发重定向命令，即 RRC Connection Release 消息中携带 Redirection Info 字段。RNC 下发的重定向命令中最多可携带 8 个频点。终端收到重定向命令后，执行重定向流程。

满足 3A/3C 测量事件上报的条件为：持续 TimeToTriger，服务小区、邻区测量值满足一定门限。不同测量事件的具体描述见表 10-8。

表 10-8　TD-SCDMA 系统测量事件

事　件	事件描述	进入条件	离开条件
3A	服务系统频点的信号低于门限 1，且异系统频点信号高于门限 2	$Q_{Used} \leqslant T_{Used} - H_{3a}/2$ 且 $M_{OtherRAT} + CIO_{OtherRAT} \geqslant T_{OtherRAT} + H_{3a}/2$	$Q_{Used} \geqslant T_{Used} + H_{3a}/2$ 或 $M_{OtherRAT} + CIO_{OtherRAT} \leqslant T_{OtherRAT} - H_{3a}/2$
3C	异系统频点信号高于门限	$M_{OtherRAT} + CIO_{OtherRAT} \geqslant T_{OtherRAT} + H_{3c}/2$	$M_{OtherRAT} + CIO_{OtherRAT} \leqslant T_{OtherRAT} - H_{3c}/2$

Q_{Used}、$M_{Other\ RAT}$ 分别为本系统和异系统测量值（dBm）；T_{Used}、$T_{OtherRAT}$ 分别为本系统和异系统绝对值门限（dBm）；$CIO_{OtherRAT}$ 为异系统小区偏置；H_{2d}、H_{3a}、H_{3c} 分别为 2D、3A、3C 事件迟滞（dB）。

3A、3C 测量事件分别有对应的迟滞时间（TimeToTriger）；以上参数在测量控制 Measurement Control 消息中下发。3A 测量事件信令解析如图 10-7 所示。

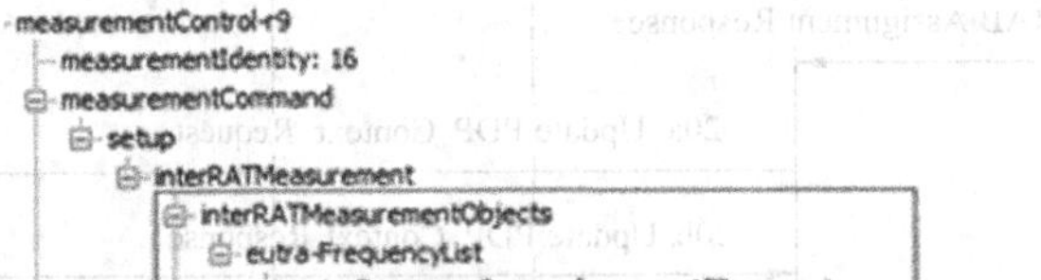

图 10-7　3A 事件触发的测量控制消息

3A 事件中的异系统门限及各参数取值范围见表 10-9。

表 10-9 3A 测量事件中各参数含义及取值范围取

参　数	参数含义	取值范围（IE Value）	实际取值
thresholdOwnSystem	UTRA 本系统门限，对应公式中的 T_{Used}	INTEGER（-115，…，0）	IE value dBm
thresholdOtherSystem	LTE 异系统门限。可以是 RSRP 门限，也可以是 RSRQ 门限，由参数 measurementQuantity 决定。对应公式中的 $T_{OtherRat}$	RSRP：INTEGER（-115，…，-19） RSRQ：INTEGER（-39，…，-6）	RSRP：（IE value-25）dBm RSRQ：IE value/2 dB
hysteresis	门限迟滞，对应公式中的 H_{3a}	INTEGER（0，…，15）	IE value/2 dB
timeToTrigger	时间迟滞	{ttt0，ttt10，ttt20，ttt40，ttt60，ttt80，ttt100，ttt120，ttt160，ttt200，ttt240，ttt320，ttt640，ttt1280，ttt2560，ttt5000}	0：ttt0 表示 0 ms 1：ttt10 表示 10 ms 其他取值依此类推
measurementQuantity	E-UTRAN 异系统测量量，决定由 RSRP 还是 RSRQ 测量结果判断异系统门限满足条件	{rrsp，rsrq}	0：根据 RSRP 判断门限满足条件 1：根据 RSRQ 判断门限满足条件
reportingQuantity	该值指示测量上报结果中所包含的测量量	{measurementQuantity，both}	0：上报 measurementQuantity 所指示的测量量 1：上报 RSRP 和 RSRQ

3. 重定向流程

终端在 TD-SCDMA 网络下进行数据传输，上报 LTE 邻区测量报告后，由网络进行重定向判决，并下发重定向消息，终端执行 TD-SCDMA 到 LTE 重定向流程。TD-SCDMA 到 LTE 重定向信令流程如图 10-8 所示。

具体步骤说明如下：

1）RNC 给 UE 下发 Measurement Control 消息（携带异系统测量事件的配置）。

2）当测量的信号质量满足异系统事件门限时，UE 向 RNC 发送异系统 Measurement Report 消息。

3）RNC 进行重定向判决并向 UE 发送携带重定向信息的 RRC Connection Release 消息。

4）第 4 步到第 19 步与 3G 到 4G 重选流程相同。

5）UE 向 MME 发起业务请求 Service Request 消息。

6）MME 向 eNodeB 发起 Initial Context Setup 消息；用于建立无线连接和 S1 连接。

7）eNodeB 向 UE 发送 RAB Bearer Estabilishment 消息，和 UE 之间建立无线承载。

8）UE 发送上行数据。

9）eNodeB 向 MME 回复 Initial Context Setup Complete 消息，携带 eNodeB 地址。

10）MME 向 Serving GW 发起 Modify Bearer Request（包含 eNodeB 地址）；Serving GW 向 PDN GW 发送 Modify Bearer Request 消息，更新 RAT 等信息。

11）如果动态部署了 PCC，PDN GW 与 PCRF 之间完成 IPCAN Session Modification 流程，

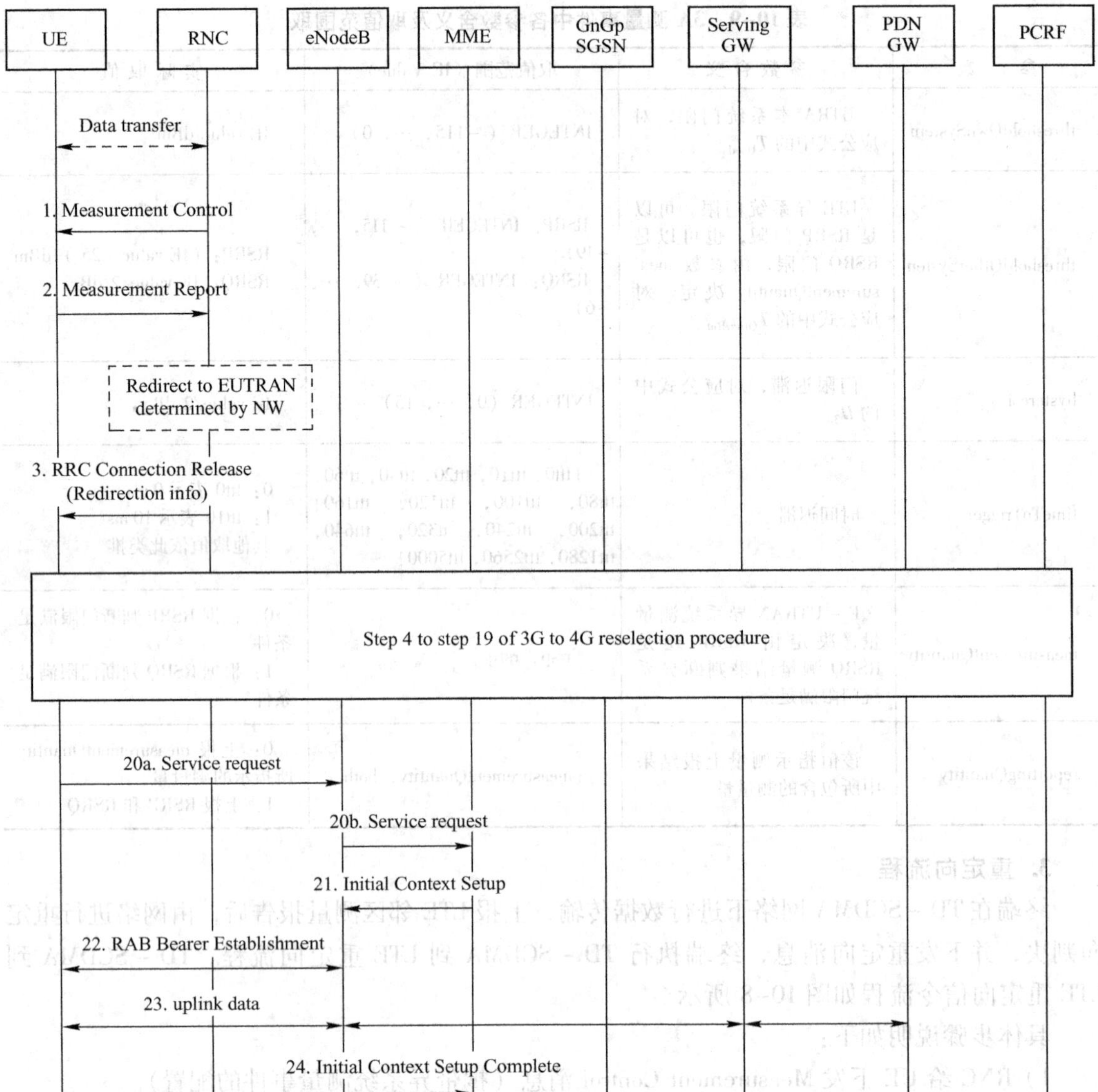

图 10-8　3G 到 4G 重定向信令流程

通知 RAT 的改变。

12）PDN GW 向 Serving GW 返回 Modify Bearer Response 消息；SGW 向 MME 回复 Modify Bearer Response 消息。

10.4 2G、3G、4G 互操作实地测试

测试目的是验证 TD－LTE、TDS－CDMA 与 GSM 网络互操作功能及性能，主要包括 3G、4G 的空闲态双向重选，3G、4G 网络的业务态双向重定向，2G、4G 的双向空闲态重选，2G、4G 的业务态双向重定向（业务态 GSM 回选 LTE）以及 CSFB 和终端自主的 FR。

分别选取 2G、3G、4G 的室分，宏站小区，其中 TD－LTE 各选用 E、D 频段，TD－SC-DMA 选用 F、A 频段，GSM 选用 900 MHz、1800 MHz 频段。

10.4.1 TD－LTE 空闲态重选出测试

测试场景下参数设置满足 LTE 和 TDS 双向频选要求，终端在 LTE 小区开机附着并保持正常驻留，统计手机侧信号由 LTE 变为 TDS 的时间和成功次数。

1. LTE 空闲态重选至 TD－SCDMA

终端在空闲态从 LTE 侧成功重选到 TDS 侧信令为：RRC 请求原因为异系统接入，即：interRAT－Cellreselection，如图 10-9 所示。

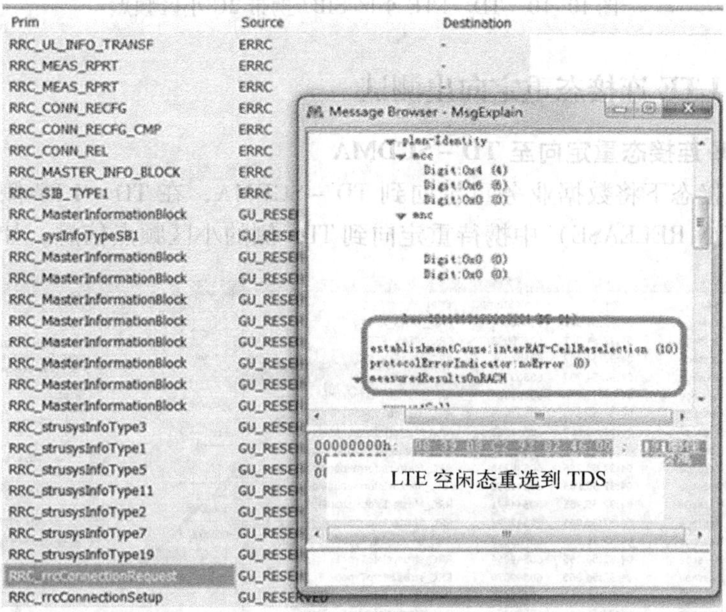

图 10-9 空闲态 LTE 重选至 TD－SCDMA

2. LTE 空闲态重选到 GSM

测试场景下参数设置满足 LTE 和 GSM 双向频选要求，终端在 LTE 小区正常驻留后，读取系统消息，在 SIB7 消息中读取 2G 小区频点，满足重选判决条件后，UE 重选至 GSM，如图 10-10 所示。UE 从 TD－LTE 重选至 2G 小区，发起位置区更新 LAU、路由区更新 RAU，驻留在 2G 小区。

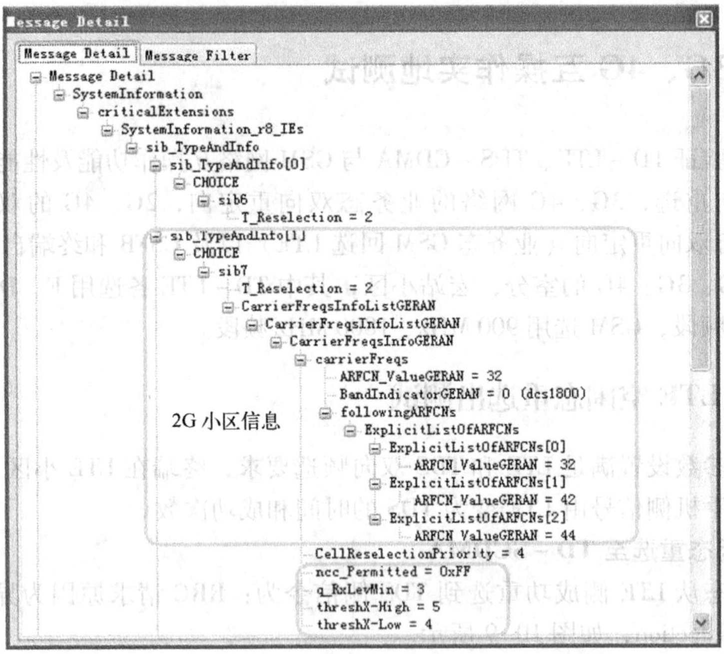

图 10-10　TD－LTE 小区 SIB7 携带 2G 小区频点

10.4.2　TD－LTE 连接态重定向出测试

1. TD－LTE 连接态重定向至 TD－SCDMA

TD－LTE 连接态下将数据业务重定向到 TD－SCDMA，在 TD－LTE 侧释放消息（LTE RRC CONNECTION RELEASE）中携待重定向到 TDS 侧的小区频点信息，如图 10-11 所示。

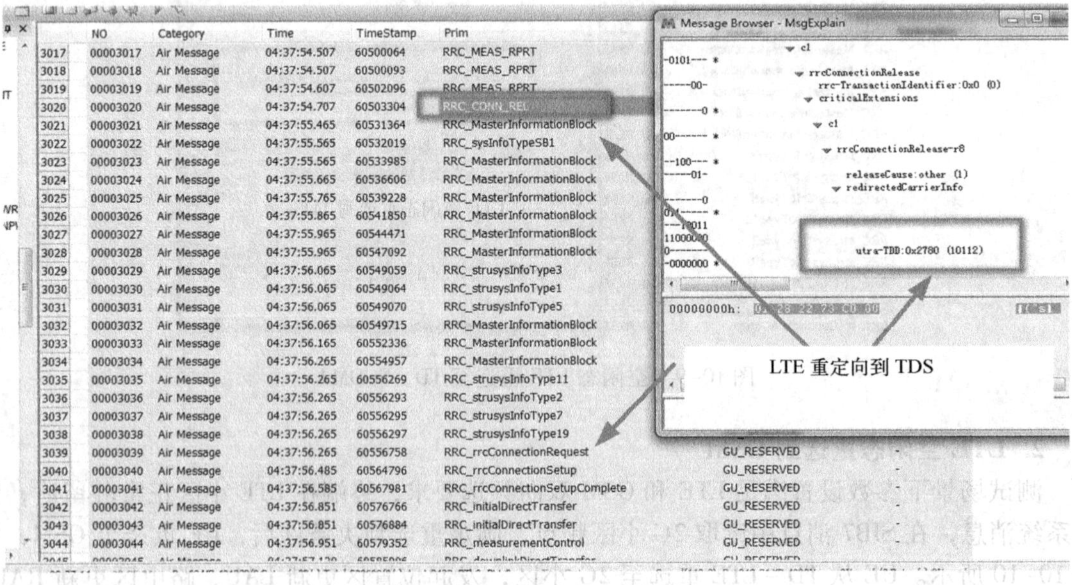

图 10-11　TD－LTE 侧释放消息中携待重定向到 TDS 侧的小区频点信息

2. TD - LTE 连接态重定向至 GSM

TD - LTE 业务态下成功重定向到 GSM，TD - LTE 侧释放消息中携待重定向到 GSM 侧的小区信息，如图 10-12 所示。

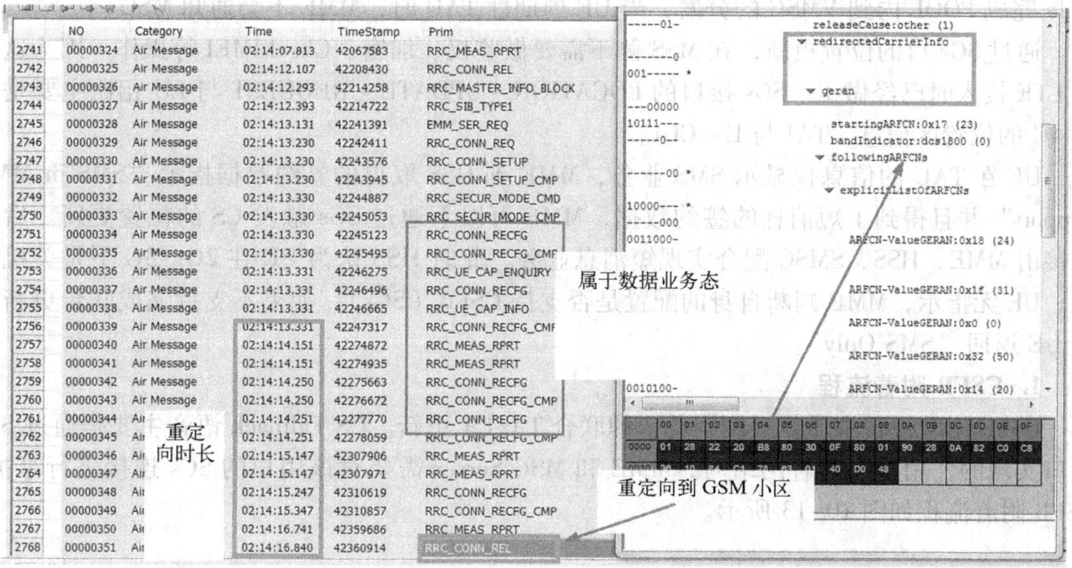

图 10-12　TD - LTE 侧释放消息中携待重定向到 GSM 侧的小区频点信息

空闲态 UE 由 GSM/TD - SCDMA 重选至 TD - LTE 的过程较为简单，在满足重选判决条件的基础上即可进行，在此不再阐述。

10.5　TD - LTE 系统语音解决方案 CSFB

当前 TD - LTE 系统有三种语音解决方案：语音回落（Circuit Switch Fall Back，CSFB）、单卡双待、单射频连续语音呼叫 IMS/SRVCC（Single Radio Voice Call Continuity）。目前使用较多的是 CSFB（苹果、Sony 终端）与单卡双待（三星、华为、中兴等终端）。

CSFB 方案为：LTE 终端空闲态下驻留在 LTE 网络上，用户发起呼叫或收到呼叫时，回落到 2G/3G 网络，呼叫结束后，再返回到 LTE 网络。

单卡双待方案为：单卡双待终端空闲态下同时驻留在 2G/3G 和 LTE 网络上，用户通过 2G/3G 的 CS 网络发起语音呼叫，用户通过 LTE 网络发起数据业务呼叫。

IMS/SRVCC 方案为：LTE 终端在同一时刻只能驻留在一个网络上，LTE 或者 2G/3G，LTE 覆盖区、数据和语音业务都承载在 LTE 网络中，离开 LTE 覆盖区，由 2G/3G 网络为其服务，支持 LTE 到 2G/3G 切换等互操作。

10.5.1　CSFB 关键流程

目前中国移动 CSFB 策略为在 TD - LTE 系统发起的语音呼叫回落到 2G 网络，所以，2G 核心网的 VMSC 需采用 POOL 组网，POOL 内所有 VMSC 均按照标准 CSFB 方式提供服务。HLR/HSS 的最终目标是，全网采用融合 HSS，2/3/4G 签约数据均保存在

HSS 中。

MME 中配置了 TA－LAI－MSC 的对应关系，VMSC 将 MME 看做接入侧完成位置更新，并记录对应关系。在 MSC 组 POOL 的情况下，MME 还需要具备 NNSF 功能，通过 IMSI hash table 完成 POOL 内到 VMSC 的分发，当 UE 周期性 TAU 时，MME 不会通知 MSC。

通过 SGs 口的位置更新，在 MSS 侧不需要做鉴权、加密、CheckIMEI 等操作。因为这些在 LTE 接入时已经做了。SGs 接口的 LOCATION－UPDATE－REQUEST 与 LU 相比主要是多了 4G 的位置区信息，TAI 与 E－CGI。

UE 在 TAU 的信息仅显示 SMS 业务，MME 到 HSS 取得的签约数据指示 “SMS in MME Support” 并且得到了短消息的签约数据，MME 可以不通过 SGs 触发 CS 的位置更新。后续直接由 MME、HSS、SMSC 配合实现短消息业务。此时 HSS 认为 UE 在 2G、3G 下是关机状态。UE 无指示，MME 判断自身的配置是否支持 CSFB（SGs），如果不支持完成联合更新后给 UE 返回 “SMS Only”。

1. CSFB 附着流程

CSFB 附着流程本质是双网附着，即联合 TA/LA 更新。CS Fallback 语音主要是通过 SGs 接口实现的，用户在附着网络时，MME 和 MSC Server 需要对该用户的 SGs 连接进行维护，CSFB 附着流程如图 10-13 所示。

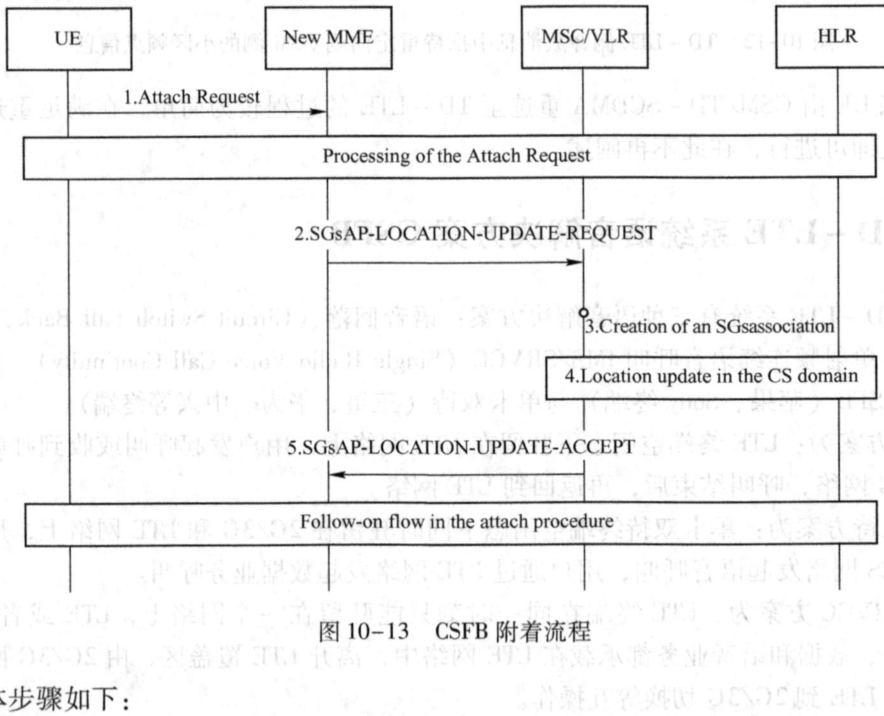

图 10-13　CSFB 附着流程

具体步骤如下：

1）UE（User Equipment）发起网络附着请求，向 MME 发送 Attach Request 消息。其中参数 Attach Type 指示这是一个联合的 EPS/IMSI 附着流程，并且参数指示 UE 具备 CS Fallback 能力。

2）MME 发送 SGsAP－LOCATION－UPDATE－REQUEST 消息给 VLR，消息中包括 new LAI、IMSI、MME name 和 Location Update Type 等参数，其中 MME name 是 MME 的域名。

3）VLR 存储 MME 信息，并创建与 MME 下此用户的 SGs 关联。

4）VLR 根据用户信息和位置区信息，发起到 HLR 的位置更新流程。

5）VLR 返回 SGsAP－LOCATION－UPDATE－ACCEPT 给 MME，如果 VLR 支持 TMSI 重分配，消息中包括参数 LAI 和 TMSI，否则消息中包括参数 LAI 和 IMSI。

6）如果支持 TMSI 重分配，MME 收到 TMSI－Reallocation－Complete 消息后，发送 TMSI 更新完成 SGsAP－TMSI－REALLOCATION－COMPLETE 消息给 VLR。

2. 基本呼叫回落流程

CSFB 的主要回落方式包括 R8 重定向/R9 重定向/PSHO。CSFB 呼叫相对传统的呼叫，会增加主叫或被叫回落过程的时延；

终端在 LTE 的数据业务回落的影响有以下几点：

1）PSHO 到 3G：回落后并行发起 RAU；目前网络侧大都不支持到 2G 的 PSHO，终端也不支持 PSHO 到 2G；

2）R8/R9 重定向到 3G：回落后并行发起 RAU，数据业务中断 <500 ms，业务中断 5 s 左右，中断时间为单边回落以及 RAU 过程的时长；

3）R8/R9 重定向到 2G（无 DTM）：回落后终端发起 Suspend 挂起数据连接，无 RAU 过程。

在 CS 的语音结束后，BSC/RNC 支持通过 Fast return 方式使终端快速返回 LTE 网络，如果在 CS 有数据业务连接，可以强制释放。

3. CSFB 主叫流程

如图 10-14 所示，UE 发起 CS Fallback 语音主叫业务，MME 指示 eNodeB（evolved No-

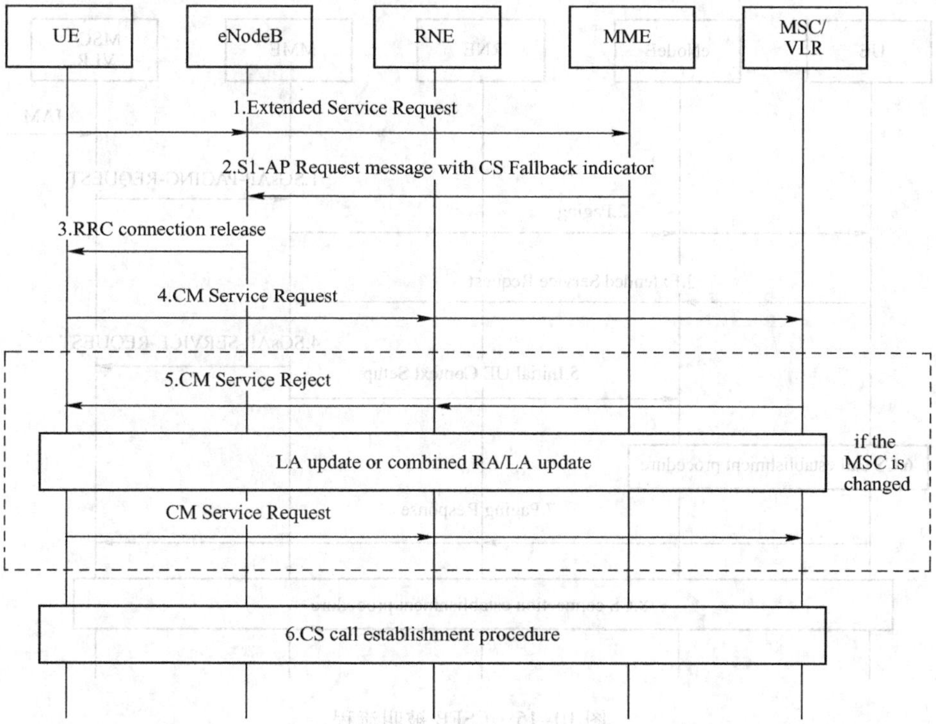

图 10-14　CSFB 主叫流程

deB）需要将 UE 回落到 GERAN/UTRAN 网络，eNodeB 指示 UE 回落到 GERAN/UTRAN 网络，UE 在 GERAN/UTRAN 网络发起主叫语音业务，在发起主叫语音业务之前有可能先发起位置更新流程。

具体步骤如下：

1）UE 发起 CS Fallback 语音业务请求。

2）MME 发送 S1 - AP UE CONTEXT MODIFICATION REQUEST 消息给 eNodeB，包含 CS Fallback Indicator。该消息指示 eNodeB，UE 因 CS Fallback 业务需要回落到 UTRAN/GERAN。

3）eNodeB 要求 UE 开始系统的小区测量，并获得 UE 上报的测量报告，确定重定向的目标系统小区。然后向 UE 发送目标系统具体的无线配置信息，并释放连接（R8 流程）。

4）UE 接入目标系统小区，发起 CS 域的业务请求 CM Service Request。

5）如果目标系统小区归属的 MSC Server 与 UE 附着 EPS 网络时登记的 MSC Server 不同，则该 MSC Server 收到 UE 的业务请求时，由于没有该 UE 的信息，可以采取隐式位置更新流程，接受用户请求。如果 MSC Server 不支持隐式位置更新，且 MSC Server 没有用户数据（即服务 MSC Server 与 EPS/IMSI 登记的 MSC Server 不同），则拒绝该用户的业务请求。如果 MSC Server 拒绝用户的业务请求会导致 UE 发起一个 CS 域位置更新流程。

4. CSFB 被叫流程

如图 10-15 所示，MSC Server 收到对 UE 的被叫语音请求，通过存在的 SGs 关联和 MME 信息，向该 MME 发起寻呼请求。MME 通过 eNodeB 在空口寻呼该 UE，并指示 UE 回落到目标 GERAN/UTRAN 网络。UE 接入到目标网络后，在电路域继续进行语音呼叫。

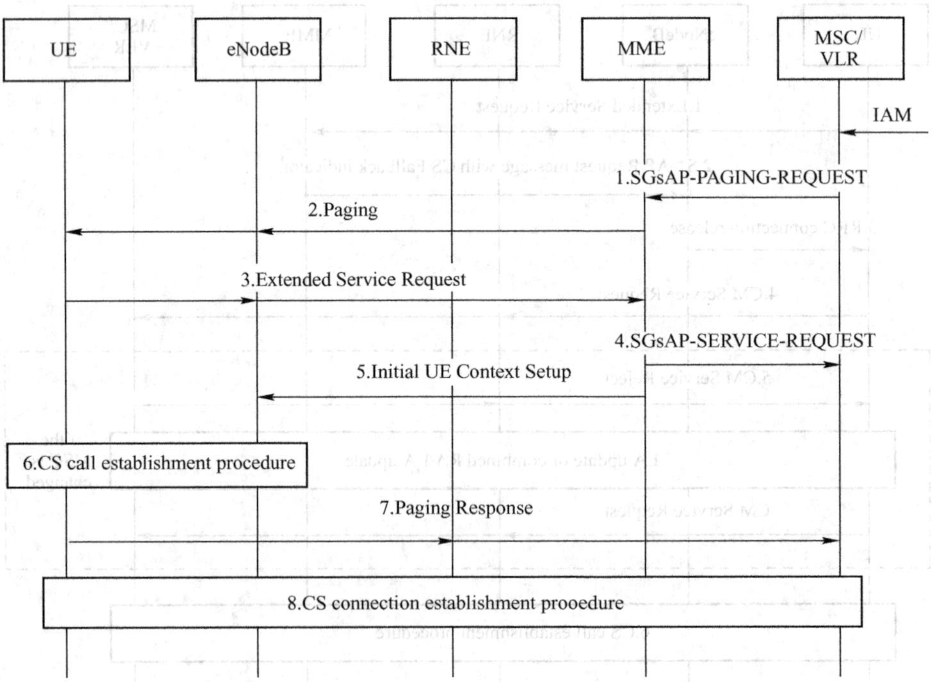

图 10-15　CSFB 被叫流程

具体步骤为：

1）MSC Server 收到 IAM 入局（例如中继 ISUP 入局）消息后，根据存在的 SGs 关联和 MME 信息，发送 SGsAP－PAGING－REQUEST（IMSI、TMSI、Service indicator、CLI、LAC）消息给 MME。

2）MME 发送 Paging 消息给 eNodeB。eNodeB 发起空口的 Paging 流程。

3）UE 建立连接并发送 Extended Service Request 消息给 MME。

4）MME 发送 SGsAP－SERVICE－REQUEST 消息给 MSC Server。MSC Server 收到此消息，不再向 MME 重发寻呼请求消息。为避免呼叫接续过程中，主叫等待时间过长，MSC Server 收到包含空闲态指示的 SGs Service Request 消息，先通知主叫，呼叫正在接续过程中。

5）MME 发送 Initial UE Context Setup 消息给 eNodeB，包含 CS Fallback Indicator。该消息指示 eNodeB，UE 因 CSFB 业务需要回落到 UTRAN/GERAN。

6）UE 从 E－UTRAN 切换到 UTRAN/GERAN。

7）伴随着空口、A/Iu－CS 接口连接的建立，UE 回 Paging Response 消息或者位置更新请求消息给 MSC Server（如果 UE 检测到位置区发生变化，会发送位置更新请求给 MSC Server，这种情况下，UE 不需要回 Paging Response 给 MSC Server，若软参 P1101Bit7 设置为 1，在位置更新成功后，MSC Server 停掉寻呼响应定时器并直接建立 CS 连接；如果位置区没有变化，直接回 Paging Response）。即使 BSC/RNC 没有向该 UE 发起过寻呼请求，这里的 BSC/RNC 需要能处理 UE 的寻呼响应。如果寻呼响应消息中的位置区信息和 VLR 中保存的不一致，则 VLR 在业务接入成功之后将 SGs 关联置为没有关联。

8）MSC Server 收到 UE 的寻呼响应后，停掉寻呼响应定时器并建立 CS 连接。

5. CSFB 始发短消息流程

如图 10-16 所示，当用户附着在 LTE 网络中，发起短消息业务时，触发 SGs 口始发短消息流程。SMS 直接在 SGs 口传递，通过 MME 和 eNodeB 透传给终端，不需要触发回落；MSC 与短消息中心之间的交互同现有 CS 的短消息流程。

具体步骤为：

1）UE 向 MME 发起始发短消息业务请求。

2）UE 打包短消息内容通过 NAS 消息发给 MME。

3）MME 将短消息打包在 SGsAP－UPLINK－UNITDATA 消息（等同 CS 域 CP_DATA 消息）中发给 VLR，为方便 VLR 计费，消息中同时可包含 IMEISV、the local time zone、the Mobile Station Classmark 2。

4）VLR 收到 MME 的 SGsAP－UPLINK－UNITDATA 消息，返回 SGsAP－DOWNLINK－UNITDATA 消息（等同 CS 域 CP_Acknowledge 消息），并向短消息中心转发短消息（同 CS 域）。

5）VLR 收到短消息中心的始发短消息响应，通过 SGsAP－DOWNLINK－UNITDATA 消息（等同 CS 域 CP_DATA 消息）透传给 MME。

6）MME 将短消息报告打包到 NAS 消息中发给 UE。

7）UE 通过 MME 将短消息报告接收响应 Uplink NAS Transport 发给 VLR，VLR 向 MME 发 SGsAP－RELEASE－REQUEST 消息结束始发短消息流程。

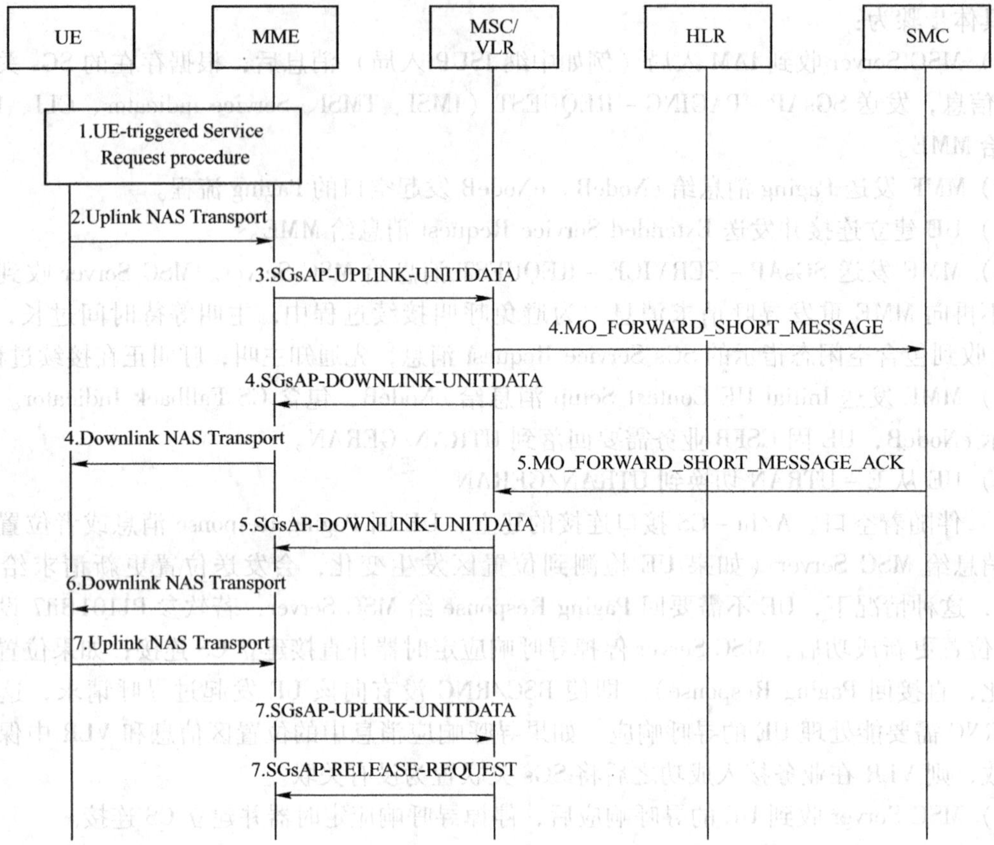

图 10-16　CSFB 始发短消息流程

6. CSFB 终结短消息流程

如图 10-17 所示，当用户附着在 LTE 网络中，VLR 收到短消息中心的终结短消息时，触发 SGs 口终结短消息流程。

具体步骤为：

1）短消息中心收到移动始发短消息以后，向 HLR 取路由信息。

2）短消息中心向 VLR 下发 MT_FORWARD_SHORT_MESSAGE 消息。

3）VLR 的用户数据中指示该用户在 LTE 网络，VLR 向该用户所在的 MME 下发寻呼请求，携带 IMSI、VLR TMSI、Location Information、SMS indicator。用户由于不支持 SMMT、当前已关机等原因不能被寻呼，则 MSC Server 向短消息中心返回终结短消息响应。

4）MME 通过 UE 所在 TA 下的 eNodeB 向 UE 下寻呼。

5）UE 向 MME 回 Service Request，MME 向 VLR 发 SGsAP－SERVICE－REQUEST，表示网络侧与 UE 的 NAS 信令连接已建立。

6）VLR 打包 SMS 消息，通过 SGsAP－DOWNLINK－UNITDATA 消息发送给 MME。

7）MME 将短消息发送给 UE，并将 UE 的响应消息通过 SGsAP－UPLINK－UNITDATA 发给 VLR。

8）MME 收到 UE 的结果通知消息，通过 SGsAP－UPLINK－UNITDATA 消息发送给 VLR。

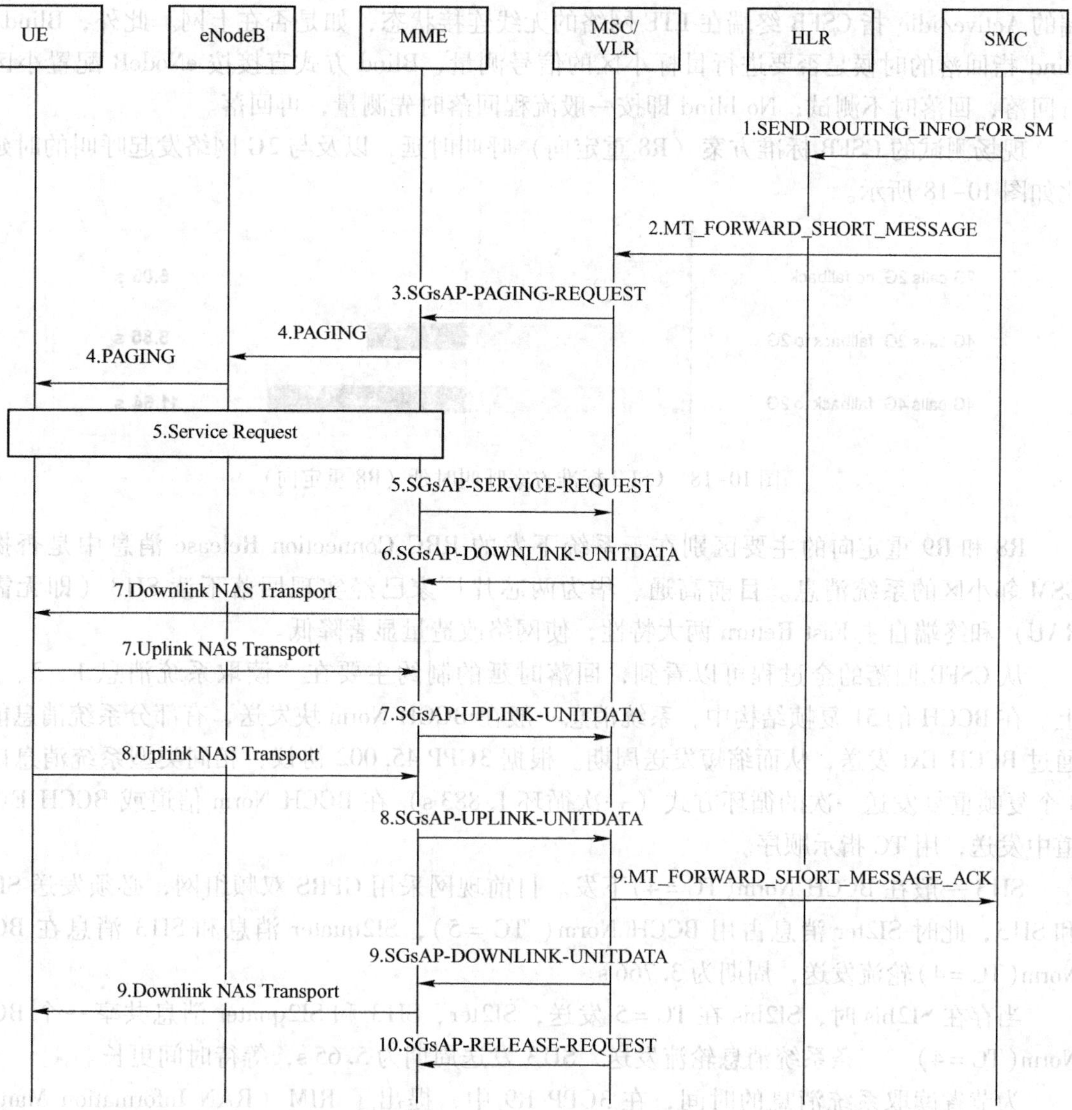

图 10-17　CSFB 终结短消息流程

9）VLR 发送结果通知消息给短消息中心，并发送 SGsAP - DOWNLINK - UNITDATA 消息给 MME。

10）短消息流程结束，VLR 向 MME 发送 SGsAP - RELEASE - REQUEST 消息。

10.5.2　CSFB 时延分析

TD - LTE 系统选用 CSFB 作为语音解决方案后，用户能感知到的时延体现在两个方面：语音建立时的回落时延，挂机后重选回 TD - LTE 系统的时延。

1. 语音建立时延（R8 重定向）

TD - LTE 系统定义语音建立时延 Call setup time 为 from call initiating to alerting。3GPP R9 规范中，使用 SIB 消息指定频点的 R9 重定向时延更小。标准部署方式时延比 PROXY 方式小（PROXY 方式存在额外的位置更新时延）；回落到 3G 的时延比回落到 2G 的时延小。终端的 Active/idle 指 CSFB 终端在 LTE 网络的无线连接状态，如是否在上网。此外，Blind/No blind 指回落的时候是否要进行目标小区的信号测量，Blind 方式直接按 eNodeB 配置小区进行回落，回落时不测试；No blind 即按一般流程回落时先测量，再回落。

现场测试的 CSFB 标准方案（R8 重定向）呼叫时延，以及与 2G 网络发起呼叫的时延对比如图 10-18 所示。

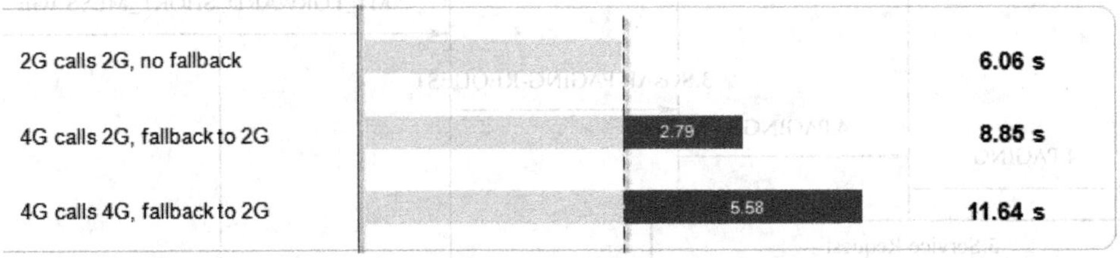

图 10-18　CSFB 标准方案呼叫时延（R8 重定向）

R8 和 R9 重定向的主要区别在于系统下发的 RRC Connection Release 消息中是否携带 GSM 邻小区的系统消息。目前高通、华为两芯片厂家已经实现回落不读 SI13（即无需做 RAU）和终端自主 Fast Return 两大特性，使网络改造量显著降低。

从 CSFB 回落的全过程可以看到，回落时延的制约主要在"读取系统消息 1、3、13"上。在 BCCH 的 51 复帧结构中，系统消息一般在 BCCH Norm 块发送，有部分系统消息能够通过 BCCH Ext 发送，从而缩短发送周期。根据 3GPP 45.002 协议，相同类型系统消息以每 8 个复帧重复发送一次的循环方式（一次循环 1.883 s）在 BCCH Norm 信道或 BCCH Ext 信道中发送，用 TC 指示顺序。

SI13 一般在 BCCH Norm(TC=4)下发。目前现网采用 GPRS 双频组网，必须发送 SI2ter 和 SI13，此时 SI2ter 消息占用 BCCH Norm(TC=5)，SI2quater 消息和 SI13 消息在 BCCH Norm(TC=4)轮流发送，周期为 3.766 s。

当存在 SI2bis 时，SI2bis 在 TC=5 发送，SI2ter、SI13 和 SI2quater 消息共享一个 BCCH Norm(TC=4)。三条系统消息轮流发送，SI13 发送周期为 5.65 s，等待时间更长。

为节省读取系统消息的时间，在 3GPP R9 中，提出了 RIM（RAN Information Management）解决方案。即通过 MME 和 SGSN 将 BSS 和 eNodeB 之间打通，使得 eNodeB 能够下发目标 GSM 小区的系统消息，从而省略这一过程，但是 RIM 功能需要大量网元的升级。

接下来比较 R8 回落时延的优化方案：

1）普通 R8：R8 下双端 CSFB 互拨时延增加在 7.5 ~ 8.7 s（用户面）。

2）扩展 BCCH：其本质是将 SI2quater 消息移走，缩小 SI13 的发送周期至 1.883 s。当存在系统消息 2 bis 的时候由 5.65 s 加快为 3.766 s。

3）目前部分芯片厂商（如高通和华为）实现回落不读 SI13 消息的功能。做优化之后，双端互拨增加时延平均基本在 4 s 左右，即单端平均增加 2 s 左右。扩展 BCCH 对回落不读 SI13 的终端没有回落时延的帮助。

2. 返回 LTE 时延

目前 TD-LTE 网络支持的返回方案比较如下。

1）重选：手机通过读取 SI2quater 消息（与 SI13 轮流发送，目前在华为设备下分 4 段，无 SI2bis 情况下每段之间间隔为 3.766 s）中的重选信息发起 GSM→LTE 测量。

2）Fast Return：手机根据 GSM 网络的 Channel Release 消息中携带的频点对 LTE 网络进行脱网重搜，如果搜索不到目标 LTE 频点，将开始全频段搜索，可能带来30s 以上的不可及时间。

3）终端自主的 Fast Return：目前部分芯片厂家已经实现终端级别的 FR，手机挂机之后优先返回之前驻留的频点，如果超过一定时间（比如 2 s）未接入 LTE 网络，手机将驻留在 GSM 网络上，避免不可及时间过长。

终端在 2G 侧挂机后，根据之前芯片记忆的 LTE 频点，在 2 s 之内直接返回 LTE 网络，如果 2 s 超时，则驻留 2G 网络，之后可通过标准的 2G→3G→4G 桥接重选方式返回 4G 网络。3G 侧需开通空闲态下重选以及连接态下重定向功能。在 TD－LTE 现网测试 2G→3G→4G 桥接重选方式返回 4G 网络的时间较长，其中 2G→3G 需 41.6 s，3G→4G 需 35.3 s。终端自主 FR 方案无需现网 2G 设备升级，Iphone5s 在 2/3G 网络起呼不会触发终端自主 FR。

10.5.3　CSFB 优化思路

CSFB 终端每次语音呼叫必须回落到 2G 网络，挂机后再重选回 TD－LTE 网络，每次通话都要做两次互操作，所以回落成功率、回落时延与挂机后重选回 TD－LTE 网络的时延是优化的重点，具体优化思路包括以下几点：

1. 2G 网络基础优化

对在网设备故障进行定位，减少带病设备器件对于网络质量的影响隐患，通过优化 2G 网络结构、频率等手段确保 CSFB 通话质量，加强室分建设，抑制室分外泄，避免出现为了保证道路测试而完全删除 2G 室分频点。

2. 做好 2G 邻区频点联动优化配置

联动做好 4G 侧的 2G 邻区频点配置工作，精细规划 2G 频点，优化终端接续时延。

如果 4G 与 2G 小区共站，4G 需要配置该 2G 小区频点，同时需要继承该 2G 小区的邻区频点；

如果 4G 仅与 3G 小区共站，4G 需要配置该 3G 小区的 2G 邻区频点；

如果 4G 站点为新建站，优先添加第一圈 2G 邻区频点。应重点核查以下两类漏配小区频点：第一，距离 4G 站点最近的 N 个 2G 站址小区频点 M；第二，4G 小区天线法向方向正面对打小区且两小区天线相对方向角度在 60°之内最近的 2 个候选邻区频点（该邻区距本小区不超过 1000 m），如该 2 小区频点被包含于前述 M 个小区频点，则需配邻区频点个数为 M，否则 $M+2$；

如果 4G 与 2G 共室分，4G 需要配置该 2G 室分频点，及该 2G 室分小区的邻区频点。

3. TAC 与 LAC 联合规划

为了降低 CSFB 时延，TAC 与 LAC 需联合进行规划，减少 TAC 与 LAC 交叠区域，初期 4G 用户较少，减少系统内寻呼量，降低信令负荷，一个 LAC 里可只包含一个 TAC，随着业务量上升，逐步进行 TAC 分裂。

4. TAU 信令风暴

CSFB 终端每次通话结束返回 4G 网络至少需要做一次 TAU，初期用户较少，随着业务量上升，应及早做好设备处理能力提升并进行负荷分担，避免信令风暴产生。

10.5.4 CSFB 优化中典型问题

1. MME 不支持 CSFB

如果 CSFB 手机设置为语音优先模式（Voice Centric），CSFB 手机在尝试 5 次联合附着失败后（高通芯片），将关掉 4G 能力，降级为 2G/3G 手机驻留在 2G/3G 网络，如图 10-19 所示。

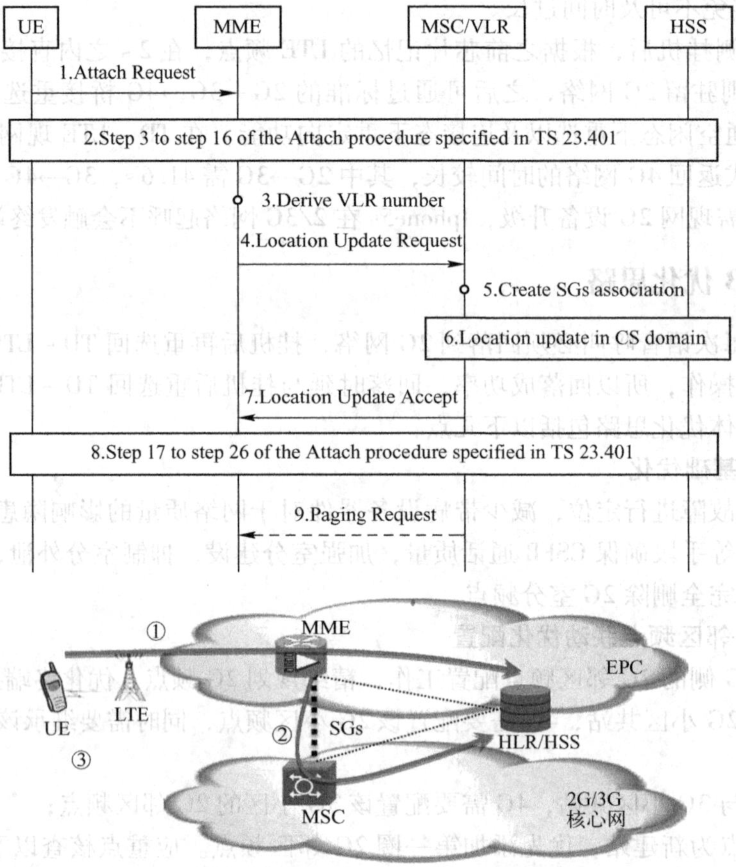

图 10-19　MME 不支持 CSFB

如果 CSFB 手机设置为数据优先模式（Data Centric），当驻留 LTE 网络时仅能进行数据业务，无法进行语音主被叫。

CSFB 手机降级为 2/3G 手机后，高通芯片周期性（周期可设置）开启 4G 能力，并尝试在 4G 搜网驻留；因尝试 4G 驻留会周期性（高通默认设置为 12 min）引入一定不可及时延（青岛、广州测试结果约 6 s）；若手机重新进入 CSFB 区域，CSFB 手机通过自主周期搜网，可在 4G 驻留，进行正常主被叫。

CSFB 手机降级为 2/3G 手机后，海思芯片将不开启 4G 周期搜网功能，始终驻留在 2G/3G 网络（在 CSFB 区域可通过重新开机方式返回 4G 网络）。

2. MME 支持 CSFB，eNodeB 不支持 CSFB（即 eNodeB 未开启 CSFB 功能）

CSFB 手机能够正常在 LTE 驻留，在进行主叫时，能够回落至 TD-S 建立通话，部分厂家设备下无法进行被叫。CSFB 手机作为主叫时，华为、中兴、爱立信、贝尔设备下会回落 TDS 进行主叫，接续时延普遍超过 20 s，前期现网实测结果表明，CSFB 手机拨打 GSM 手机平均时延约 21. 1 s。

UE 上报 ESR 时，同时启动 NAS 层 timer T3417ext，协议定死 10 s；华为、中兴设备下，T3417ext 超时后，主叫释放资源，同时在 2/3G 发起呼叫；爱立信、贝尔设备，空闲态下，未等 T3417ext 超时，eNodeB 下发 RRC Connection releaase，终端在 2/3G 发起呼叫；连接态下，不下发该信令，T3417ext 超时后，释放资源，在 2/3G 发起呼叫。

CSFB 手机作为被叫时，华为、中兴设备下无法接通；爱立信、贝尔设备下空闲态做被叫可以接通，接通时延较长（前期实测，终端会回落 2/3G 网络，不同终端接续时延不同，平均约 13 s 左右），连接态下做被叫无法接通。

3. eNodeB 未配置或未正确配置 2G 邻区

（1）eNodeB 未配置 2G 邻区

华为、中兴设备如未配置 2G 邻区，类似于 eNodeB 未开启 CSFB 开关，即 RRC Connection Release 信令不会下发，主叫可以在 2/3G 起呼，被叫则无法接续。爱立信、贝尔设备如未配置 2G 邻区，RRC Connetion Release 信令仍然下发，终端做主被叫时可能在 2/3G 正常接续，但接续时延较长。

（2）eNodeB 未正确配置 2G 邻区

前期在扩大规模试验网 16 城市与苹果公司联合测试过程中发现，有些 eNodeB 配置 2G 邻区过少，或未正确配置合适 2G 邻区，导致主被叫回落接续失败。

1）配置 2G 邻区由于弱覆盖或者干扰大等原因导致 2G 侧无法建立连接或者寻呼响应（paging response）失败。

2）配置 2G 邻区为伪基站。

3）由于 2G 载频故障原因导致分配 TCH 失败。

回落分配至 LAC 13752、CI：31553 的 2G 小区，发现该小区共 6 块载频，有合路告警，提示 BCCH 与另一路合路功率不匹配，与测试情况相符，将另一路的 3 个载频锁闭后重新测试，恢复正常。

4. 跨 MSC POOL 被叫失败

当 CSFB 终端回落跨 MSC POOL 时，主叫可以接续，但需多做一次 LAU，接续时延会变长；被叫无法接续，终端开机初始执行 LTE 联合附着/位置更新时，根据 MME 配置的 TA - LA 映射表，注册在 LA1 对应的 MSC1 上，MSC1 在 MSC POOL1 内。而因终端拨打时位置在 MSC POOL 边界，终端实际回落时选择接入的 GSM 小区为 LA2，对应的 MSC 为 MSC2，MSC2 在 MSC POOL2 内，由于现网 MSC POOL 间没开启 MTRF，导致 Paging 与 Paging response 不在同一个 MSC POOL，如图 10-20 所示。

无线侧解决方案：通过在跨 MSC POOL 4G 小区进行配置 R8 重定向的 2G 频点时，对于相邻 POOL 的 2G 同 BCCH 频点，4G 统一不做添加邻区关系；对于按照以上原则后增加 2G 频点小于 3 个的 2G/4G 共站站点，4G 保证增加同站 2G 邻频点。在处理过程中，应注意以下两点：

1）对于该配置方案，2G 室分频点不适用。

2）对于室外、室内频点混用的情况通过合理频点规划得以解决。

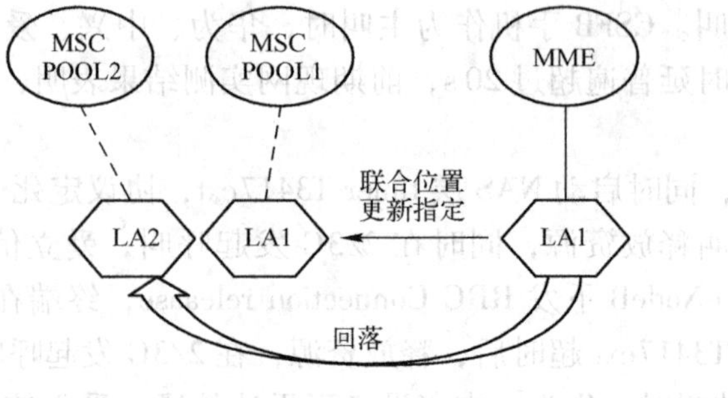

图 10-20　跨 MSC POOL 被叫失败

5. 寻呼丢失（Paging Missing）

（1）现网 TAC 划分过小，导致终端较频繁做 TAU

问题现象及定位：问题的现象是 CSFB 终端 A 主叫另一台 CSFB 终端 B，主叫能听到录音通知，但听不到振铃音，被叫侧无任何消息。终端 B 处于 TAC 边界时被叫，由于此时终端 B 正在做 TAU，MME 将 Paging 消息往原先的 TAC 下发，而终端 B 已经到新的 TAC，所以导致寻呼没有正确接收到。

解决方案：合理规划现网 TAC 区域，尽量避免 TAC 边界跨越话务密集区域。

（2）网络与终端 DRX 寻呼周期不一致导致被叫失败

问题现象及定位：该案例中被叫无法接续，但测试区域 LTE 为强覆盖区域，可排除因信号覆盖因素造成的被叫失败。此后，检查被叫失败的 CSFB UE LoG，发现 UE 一直未收到 LTE 网络侧下发的寻呼消息（Paging），检查 eNodeB Log 发现 eNodeB 已下发该 UE 的寻呼消息。进一步检查 eNodeB 配置，系统消息 System Information Block 2 中 defaultPagingCycle 配置为 1280ms，终端根据此周期侦听寻呼，但实际上 eNodeB 却以 320 ms 为周期下发寻呼，从而导致终端与网络间收发寻呼周期不匹配，导致被叫较大概率失败。通过进一步分析终端、网络侧各接口 Log，问题最终定位为由于不同厂家 MME（中兴设备）与 eNodeB（华为设备）对于协议理解差异，导致网络与终端 DRX（Discontinuous Reception，非连续性接收）寻呼周期不一致，空闲态终端不能正常接收寻呼消息，寻呼失败。

解决方案：修改中兴 MME 参数，不参考 eNodeB 通过 S1 setup 上报的 Default Paging DRX 值。

（3）4G 互操作参数设置不合理

问题现象及定位：前期测试中在 4G 覆盖边缘地区（4G→3G 本系统重选门限 -114 dBm），终端做被叫无法接续，由于前期测试经验表明 LTE 弱场寻呼成功率并不低，因此排除由于网络弱覆盖原因导致。后经定位表明由于 3G→4G 重选门限设置过低（RSRP = -140 dBm），导致频繁 3G、4G 乒乓重选，从而导致被叫接续失败。

解决方案：调整 3→4G 重选门限，现网建议比 q - RxLevMin 高 4 dB。

6. 服务拒绝（Service Reject）

现象描述：某城市外场测试过程中，4G UE 拨打 4G UE，L2L 共拨打了 60 次，出现 8 次呼叫不成功，主叫在 20～30 s 左右的时延后听到“被叫无法接通”的录音通知。

问题分析：检查终端侧和网络侧 MME（卡特设备）跟踪和记录的 log，发现以下问题。

1）在快速拨打的过程中，因 TA - LA 匹配，终端在呼叫前没有发起 LAU 流程，因此

SGs 接口状态在 MSC 依然保持为 associated；挂机后，终端支持自主快速返回功能，在 UE 返回 LTE 网络过程中，被拨打当被叫时，MSC 依然会在 SGs 接口下发寻呼消息。

2）虽然用户在 MME 状态设置为悬挂，但 MME 依然在空口下发寻呼。

3）UE 返回 LTE 网络，尚未发起 TAU 流程，但看到空口的寻呼消息后，会立即发起寻呼响应消息。

4）接收到 UE 的寻呼响应消息后，MME 给 MSC 返回 SGs－ServiceRequest 消息。但 MME 因 UE 尚在悬挂状态，立即给 UE 返回 Service Reject 消息，同时给 MSC 发送 SGs－IMSI－detach 消息。

5）因为接收到 Service Reject，UE 发起 Attach request 消息。

6）接收到 Attach 消息后，MME 在 SGs 接口发送 SGs－LAU request 消息。

7）MSC 因为内部实现的 bug，会一直悬挂入呼叫，直至超时（大约 20 s）释放呼叫。

解决方案：

方式 1），因用户悬挂，MME 直接给 MSC 返回 SGsAP－UE－UNREACHABLE 消息，这样的话，本次呼叫失败，因为寻呼无响应，但 MSC 中用户 SGs 接口和状态都不会被修改，不影响下次呼叫。

方式 2），MME 依然在 S1 接口寻呼用户，增加 LTE 网络寻呼量，寻呼后可能失败，也可能寻呼成功。若用户返回寻呼响应，MME 正常处理后续呼叫，呼叫正常。

7. 频点配置导致下发频点为空

问题现象：终端在做 CSFB 重定向至 2G 网络时，有时会出现 2G 邻区频点列表均为 0，有时显示正常，且 CSFB 均能够成功地重定向至 2G 网络。

问题分析：经过对比终端前台测试的 Log 及后台跟踪的信令，发现在做 CSFB 时，只要选择从 GSM900 的起始频点开始扫频，显示就正常，若选择从 DCS1800 的起始频点开始扫频，2G 邻区频点列表显示就为 0，如图 10-21 所示。

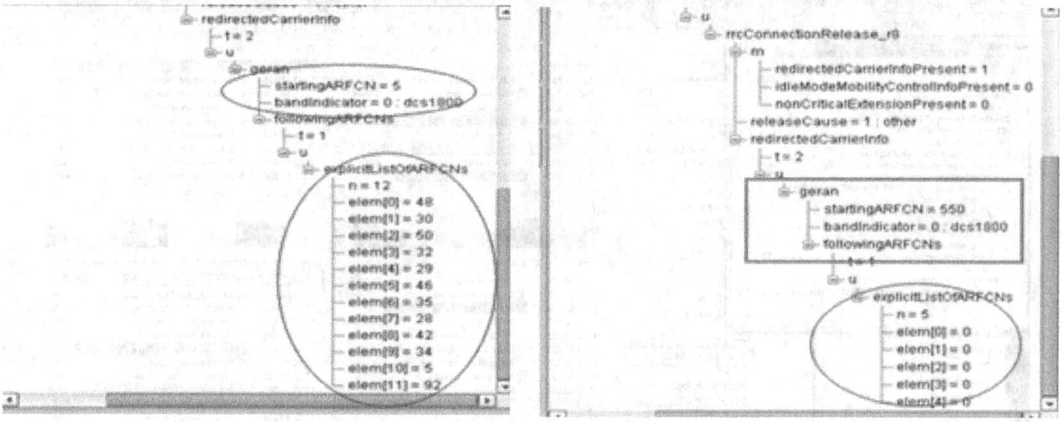

图 10-21　频点配置格式导致下发频点为空（左图正常、右图异常）

解决方案：

1）CSFB 配置 2G 邻区频点列表时，当频点数少于 32 个时，建议 GERAN 载频数目设置为 1（组），不区分 GSM900 或 DCS1800，并将最小的频点设置为起始频点。若要将 GERAN 载频数目设置为 2（组）时，应注意 ARFCN 频点详细列表与载频组的一致性。

2）CSFB 配置 2G 邻区频点列表时，当频点个数超过 32 个时，应该分组进行配置，即 GERAN 载频数目大于 1（组），且应该注意 ARFCN 频点详细列表与载频组的一致性。

8. IMSI 寻呼导致被叫失败

MSC A/Iu 接口一次寻呼采用 TMSI，二次寻呼采用 IMSI，部分厂家设备实现 SGs 接口寻呼方式与 A/Iu 接口相同，由于现网 MSC 组 POOL 方案，而用 IMSI 寻呼 UE 将导致 UE 寻呼响应失败。

前期测试中发现，由于诺西 MSC 中 Feature777 导致第一次寻呼时携带 IMSI，以致被叫接通率较低，目前临时解决方案可通过关闭 FN777 TRAFFIC_TERM_ON_LU 功能保证第一次寻呼携带 TMSI。

9. eNodeB ID 冲突导致终端大概率收不到寻呼消息

问题现象：根据测试 LOG 分析，在部分站点出现高概率 Paging 未抵达 MT 终端，4G 终端收不到寻呼，通过定点测试，核心网跟踪发现，上述站点存在 ENBID 冲突。因为 * * 省全省只配置了一台 TD－LTE 监控操作中心 OMC，发生 eNodeB ID 冲突的基站分别属于不同地市。由于 MME 将寻呼消息下发到其他基站，导致终端大概率收不到寻呼消息，整改后问题不再出现，同时，也规范了 TD－LTE 小区数据制作流程。

10. 2G 小区合路器故障导致分配信道失败

测试发现，CSFB 回落过程中一切信令都正常，但是在 2G 网络分配 TCH 信道（Assignment Command）时，发生了两次信道分配失败（Assignment Failure），最终导致本次 CSFB 回落中断。

由于 2G 站点 TCH 信道信号急剧下降，导致呼叫失败。经 2G 侧定位，问题是该小区的合路器存在故障，在回落过程中选定 BCCH：27 载波信号电平为 －63 dBm，如图 10-22 所示，但是，在 BCCH 将通话指定到 TCH：90 的载波过程中，UE 发生测量报告显示 TCH：90 载波的信号电平只有 －96 dBm，如图 10-23 所示。

由于信号相差太大，导致 TCH 分配失败，连续两次失败后，CSFB 回落中断。

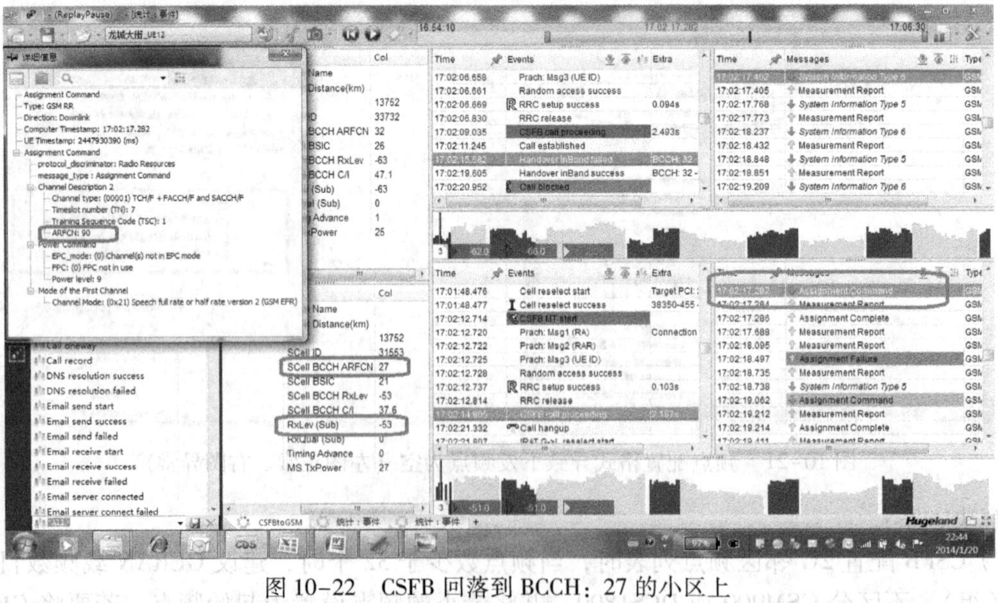

图 10-22　CSFB 回落到 BCCH：27 的小区上

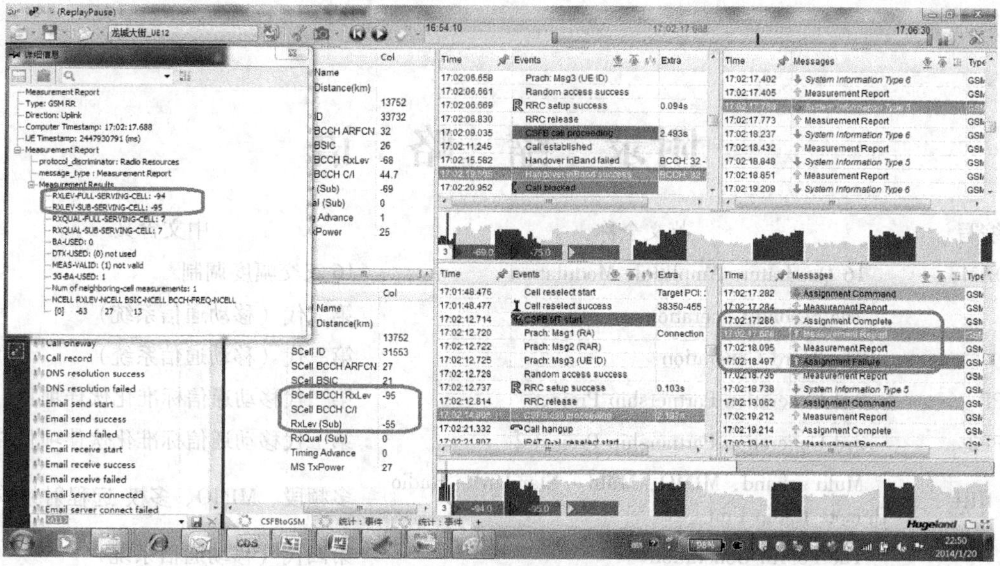

图 10-23　TCH：90 载波的信号电平若导致 TCH 分配失败

附录 缩 略 语

缩写	英文全称	中文含义
16QAM	16 Quadrature Amplitude Modulation	16 正交幅度调制
2G	The Second Generation	第二代（移动通信系统）
3G	The Third Generation	第三代（移动通信系统）
3GPP	3rd Generation Partnership Project	第三代移动通信标准化伙伴项目
3GPP2	3rd Generation Partnership Project 2	第三代移动通信标准化伙伴项目二
3M RRU	Multi - band, MIMO, Multi - Standard - Radio Remote Radio Unit	多频段、MIMO、多模 远程射频单元
4G	The Fourth Generation	第四代（移动通信系统）
64QAM	64 Quadrature Amplitude Modulation	64 正交幅度调制
AAA	Authentication Authorization and Accounting	认证、鉴权和计费
ACK	Acknowledgement	确认
ACK/NACK	Acknowledgement/Not - acknowledgement	应答/非应答
AF	Application Function	应用实体
AID	Access Description Data	接入表述数据
AM	Acknowledged Mode	确认模式
AMBR	Aggregate Maximum Bit Rate	合计最大比特率
AMC	Adaptive Modulation and Coding	自适应调制和编码
AMPS	Advanced Mobile Telephone System	先进移动电话系统
AMS	Adaptive MIMO Switching	自适应 MIMO 切换
ANR	Automatic Neighbor Relation	自动邻区关系
APN	access Point Name	接入点名称
ARP	Allocation and Retention Priority	接入保持优先级
ARPU	Average Revenue Per User	用户月均消费
ARQ	Automatic Repeat Request	自动重传请求
AS	Access Stratum	接入层
AWS	Advanced Wireless Services	高级无线服务，北美地区分配的 FDD 频段 B
B3G	Beyond 3G	后 3G
BBU	BaseBand Unit	基带处理单元
BCCH	Broadcast Control Channel	广播控制信道
BCH	Broadcast Channel	广播信道
BHSA	Busy Hour Session Attempt	忙时会话次数
BLER	Block Error Rate	误块率

BOSS	Business and Operation Support System	运营支撑系统
BPSK	Binary Phase Shift Keying	双相相移键控
CATT	China Academy of Telecommunications Technology	中国电信技术研究院
CC	Chase Combining	Chase 合并
CCCH	Common Control Channel	公共控制信道
CCE	Control Channel Element	控制信元
CDD	Cyclic Delay Diversity	循环延时发射分集
CDMA	Code Division Multiple Access	码分多址
CFI	Control Format Indicator	控制格式指示
CINR	Carrier – to – Interference and Noise Ratio	载干噪比
CP	Cyclic Prefix	循环前缀
CPC	Continuous Packet Connectivity	连续性分组连接
CPE	Customer – Premises Equipment	客户端设备
CPRI	Common Public Radio Interface	通用公共无线接口
CQI	Channel Quality Indication	信道质量指示
CRC	Cyclic Redundancy Check	循环冗余校验
C – RNTI	Cell – Radio Network Temporary Identifier	小区无线网络临时标识
CS	Circuit Switched	电路交换
CS	Cyclic Shift	循环移位
CSFB	Circuit Switch Fall Back	语音回落
CSG	Closed Subscriber Group	闭合用户组
DAI	Downlink Assignment Index	下行分配索引
D – AMPS	Digital – Advanced Mobile Phone System	数字先进移动电话系统
DBCH	Dynamic Broadcast Channel	动态广播信道
DC	Direct Current	直流
DCCH	Dedicated Control Channel	专用控制信道
DC – HSDPA	Dual Cell – HSDPA	双小区 HSDPA
DCI	Downlink Control Information	下行控制信息
DCS	Digital Cellular Service	数字蜂窝业务
DFT	Discrete Fourier Transform	离散傅里叶变换
DL	Downlink	下行
DL – SCH	Downlink – Shared Channel	下行共享信道
DMRS	Demodulation Reference Signal	解调参考信号
DRB	Dedicated Radio Bearer	专用无线承载
DRX	Discontinuous Reception	非连续性接收
DSSS	Direct Sequence Spread Spectrum	直接序列扩频
DT	Direct Tunnel	直连通道
DTCH	Dedicated Traffic Channel	专用业务信道

DTX	Discontinuous Transmission	非连续性发射
DwPTS	Downlink Pilot Timeslot	下行导频时隙
E3G	Evolved 3G	演进型 3G
EARFCN	E – UTRA Absolute Radio Frequency Channel Number	E – UTRA 绝对无线频率信道号
EDGE	Enhanced Data Rates for GSM Evolution	GSM 演进增强型数据业务
E – GSM	Extended GSM	扩展 GSM
EIRP	Equivalent Isotropic Radiated Power	等效全向辐射功率
EMM	EPS Mobility Management	EPS 移动管理
eNodeB	E – URTA Node B	演进型网络基站
EPC	Evolved Packet Core	演进型分组核心网
EPLMN	Equivalent HPLMN	等价 HPLMN
EPRE	Energy Per Resource Element	每 RE 能量
EPS	Evolved Packet System	演进型分组系统
E – RAB	EPS Radio Access Bearer	EPS 无线接入承载
ESM	EPS Session Management	EPS 会话管理
ETACS	Extended Total Access Communication System	扩展全接入通信系统
ETSI	European Telecommunications Standards Institute	欧洲电信标准协会
ETWS	Earthquake and Tsunami Warning System	地震海啸预警系统
E – UTRA	Evolved – Universal Terrestrial Radio Access	演进型通用陆地无线接入
E – UTRAN	Evolved UMTS Terrestrial Radio Access Network	演进 UMTS 陆地无线接入网
EV – DO	Evolution – Data Optimized	演进数据优化
FDD	Frequency Division Duplex	频分双工
FDM	Frequency Division Multiplexing	频分复用
FDMA	Frequency Division Multiple Access	频分多址
FEC	Forward Error Correction	前向纠错
FFR	Fractional Frequency Reuse	部分频率复用
FFT	Fast Fourier Transform	快速傅里叶变换
FHSS	Frequency Hopping Spread Spectrum	跳频扩频
FM	Frequency Modulation	调频
FSTD	Frequency Switched Transmit Diversity	频率切换发射分集
FSTD	Frequency Shift Time Diversity	频移时间分集
FTP	File Transport Protocol	文件传输协议
GBR	Guaranteed Bit Rate	保证比特率
GERAN	GSM/EDGE Radio Access Network	GSM/EDGE 无线接入网
GGSN	Gateway GPRS Support Node	GPRS 网关支持节点
GIS	Geographical Information System	地理信息系统
GP	Guard Period	保护间隔
GPRS	General Packet Radio System	通用分组无线系统

GSM	Global System for Mobile communication	全球移动通信系统
GSMA	GSM Association	GSM 协会
GTP - C	Control plane part of GPRS Tunneling Protocol	GPRS 隧道协议控制面部分
GTP - U	GPRS Tunneling Protocol for User Plane	GPRS 用户平面隧道协议
GUTI	Globally Unique Temporary Identifier	全球唯一临时标识
HARQ	Hybrid Automatic Repeat Request	混合自动重传请求
HI	HARQ Indicator	HARQ 指示
HPLMN	Home PLMN	归属 PLMN
HSDPA	High Speed Downlink Packet Access	高速下行分组接入
HSPA	High Speed Packet Access	高速分组接入
HSS	Home Subscriber Server	归属用户服务器
HS - SCCH	High Speed - Shared Control Channel	高速共享控制信道
HSUPA	High Speed Uplink Packet Data	高速上行分组接入
HTTP	Hyper Text Transport Protocol	超文本传输协议
ICI	Inter Carriers Interference	载波间干扰
IDEA	Integrated Data Environment of Applications	综合营销平台
IDFT	Inverse Discrete Fourier Transform	离散傅里叶反变换
IEEE	Institute of Electrical and Electronics Engineers	电气和电子工程师学会
IFFT	Inverse Fast Fourier Transform	快速傅里叶反变换
IMEI	International Mobile Equipment Identity	国际移动台设备标识
IMS	IP Multimedia Subsystem	IP 多媒体子系统
IMSI	International Mobile Subscriber Identity	国际移动用户识别码
IMT Advanced	International Mobile Telecommunications Advanced	国际移动通信 Advanced
IMT2000	International Mobile Telecommunications - 2000	国际移动通信 2000
IP	Internet Protocol	因特网协议
IR	Incremental Redundancy	增量冗余
IRC	Interference Rejection Combining	干扰消除
IS - 136	Interim Standard 136	过渡性标准 136
ISI	Inter Symbol Interference	符号间干扰
ITU	International Telecommunication Union	国际电信联盟
LCID	Logical Channel Identifier	逻辑信道标识
LCR	Low Chip Rate	低码片速率
LDPC	Low - Density Parity - Check code	一种信道编码
LNA	Low Noise Amplifier	低噪声放大器
LS	Least Squares	最小二乘法
LSTI	LTE SAE Trial Initiative	LTE SAE 测试联盟
LTE	Long Term Evolution	长期演进
MAC	Medium Access Control	媒质接入控制

MAPL	Maximum Allowed Path Loss	最大允许路径损耗
MBMS	Multimedia Broadcast Multicast Service	多媒体广播多播业务
MBSFN	Multicast/Broadcast Singal Frequency Network	多播/广播单频网
MBSFN	MBMS over Single Frequency Network	多播广播单频网
MCS	Modulation and Coding Scheme	调制和编码方式
MCW	Multiple Code Word	多码字
MDSC	Mobile Data Service Center	移动数据业务中心
MGW	Media Gateway	多媒体网关
MIB	Master Information Block	主信息块
MIMO	Multiple Input Multiple Output	多入多出
MM	Multimedia Message	多媒体消息
MME	Mobility Management Entity	移动性管理实体
MMSE	Minimum Mean Square Error	最小均方误差
MP	Modification Period	修改周期
MRC	Maximum Ratio Combining	最大比合并
MSC	Mobile Switching Centre	移动交换中心
MSR	Multi Standard Radio	多制式无线电
MU – MIMO	Multi User – MIMO	多用户 MIMO
NACK	Negative Acknowledgement	非确认
NAS	Non Access Stratum	非接入层
NDI	New Data Indicator	新数据指示
NGMN	Next Generation Mobile Network	下一代移动网组织
OFDM	Orthogonal Frequency Division Multiplexing	正交频分复用
OFDMA	Orthogonal Frequency Division Multiple Access	正交频分多址
OOK	On – Off Keying	开关键控
OPEX	Operating Expenditure	运营费用
OSS	Operation Support System	运营支撑系统
PAPR	Peak to Average Power Ratio	峰值平均功率比
PBCH	Physical Broadcast Channel	物理广播信道
PCC	Policy and Charging Control	策略与计费控制
PCCH	Paging Control Channel	寻呼控制信道
PCFICH	Physical Control Format Indication Channel	物理控制格式指示信道
PCH	Paging Channel	寻呼信道
PCRF	Policy Control and Charging Rules Function	策略控制和计费规则功能单元
PCS	Personal Communications Service	个人通信业务
PDCCH	Physical Downlink Control Channel	物理下行控制信道
PDCP	Packet Data Convergence Protocol	分组数据汇聚协议
PDN	Packet Data Network	分组数据网

PDN - GW	Packet Data Network - Gateway	PDN 网关
PDSCH	Physical Downlink Shared Channel	物理下行共享信道
PF	Paging Frame	寻呼帧
P - GSM	Primary GSM	主 GSM
PGW	PDN SAE GW	分组数据网关
PH	Power Headroom	功率余量
PHICH	Physical Hybrid ARQ Indicator Channel	物理 HARQ 指示信道
PHR	Power Headroom Report	功率余量报告
PHY	Physical Layer	物理层
PLMN	Public Land Mobile Network	公共陆地移动网
PMCH	Physical multicast channel	物理多播信道
PMI	Precoding Matrix Indication	预编码矩阵指示
PMI	Precoding Matrix Index	预编码矩阵的码本号
PMIP	Proxy Mobile IP	移动 IP 代理
PO	Paging Occasion	寻呼时刻
PON	Passive Optical Network	无源光网络
PRACH	Physical Random Access Channel	物理随机接入信道
PRB	Physical Resource Block	物理资源块
PRS	Pseudo - Random Sequence	伪随机序列
PS	Packet Switched	分组交换
P - S	Parallel to Serial	并串转换
PSCH	Physical Shared Channel	物理共享信道
PSS	Primary Synchronization Signal	主同步信号
PTM	Point - To - Multipoint	点到多点
PTP	Point - To - Point	点到点
PUCCH	Physical Uplink Control Channel	物理上行控制信道
PUSCH	Physical Uplink Shared Channel	物理上行共享信道
QAM	Quadrature Amplitude Modulation	正交幅度调制
QCI	QoS Class Identifier	业务质量级别标识
QoS	Quality of Service	业务质量
QPP	Quadratic Permutation Polynomial	二次置换多项式
QPSK	Quadrature Phase Shift Keying	四相相移键控
RA	Random Access	随机接入
RACH	Random Access Channel	随机接入信道
RAN	Radio Access Network	无线接入网络
RAPID	Random Access Preamble Identifier	随机接入前导指示
RA - RNTI	Random Access - RNTI	随机接入 RNTI
RB	Resource Block	资源块

RB	Radio Bearer	无线承载
RBG	Resource Block Group	资源块组
RE	Resource Element	资源粒子
REG	Resource Element Group	资源粒子组
RFU	Radio Frequency Unit	射频单元
R - GSM	Railways GSM	铁路 GSM
RI	Rank Indication	秩指示
RIV	Resource Indication Value	资源指示值
RLC	Radio Link Control	无线链路控制
RNC	Radio Network Controller	无线网络控制器
RNTI	Radio Network Temporary Identity	无线网络临时标识
RRC	Radio Resource Control	无线资源控制
RRU	Remote Radio Unit	远端射频单元
RS	Reference Signal	参考信号
RSRP	Reference Signal Received Power	参考信号接收功率
RSRQ	Reference Signal Received Quality	参考信号接收质量
RSSI	Received Signal Strength Indicator	接收信号强度指示
RV	Redundancy Version	冗余版本
S1	S1	LTE 网络中 eNodeB 和核心网间的接口
SAE	System Architecture Evolution	系统结构演进
SAW	Stop And Wait	停止等待
SC - FDMA	Single Carrier - Frequency Division Multiple Access	单载波频分多址
SS	Synchronization Signal	同步信号
SCTP	Stream Control Transmission Protocol	流控制传输协议
SFBC	Space Frequency Block Coding	空频块编码
SFM	Shadow Fading Margin	阴影衰落余量
SFM	Slow Fading Margin	慢衰落余量
SFN	System Frame Number	系统帧号
SFR	Soft Frequency Reuse	软频率复用
SGIP	Short Message Gateway Interface Protocol	短消息网关接口协议
SGW	Serving Gateway	服务网关
SI	System Information	系统信息
SIB	System Information Block	系统消息块
SINR	Signal - to - Interference plus Noise Ratio	信干噪比
SI - RNTI	System Information - Radio Network Temporary Identifier	系统消息无线网络临时标识
SM	Spatial Multiplexing	空间复用
SMS	Short Message Service	短消息业务

SMSC	Short Message Service Center	短消息业务中心
SNR	Signal to Noise Ratio	信噪比
SON	Self Organization Network	自组织网络
SP	service provider	业务提供商
S - P	Serial to Parallel	串并转换
SR	Scheduling Request	调度请求
SRB	Signaling Radio Bearer	信令无线承载
SRI	Scheduling Request Indication	调度请求指示
SRS	Sounding Reference Signal	探测用参考信号
SRVCC	Single Radio Voice Call Continuity	单射频连续语音呼叫
SSS	Secondary Synchronization Signal	辅同步信号
STC	Space Time Coding	空时编码
SU - MIMO	Single User - MIMO	单用户 MIMO
TA	Tracking Area	跟踪区
TA	Timing Alignment	定时校准
TAC	Tracking Area Code	跟踪区码
TACS	Total Access Communications System	全接入通信系统
TAI	Tracking Area Identity	跟踪区标识
TB	Transport Block	传输块
TBS	Transport Block Set	传输块集合
TBS	Transport Block Size	传输块大小
TCO	Total Cost of Operation	运作总成本
TD	Transmit Diversity	发射分集
TD - CDMA	Time Division CDMA	时分码分多址
TDD	Time Division Duplex	时分双工
TD - LTE	Time Division Long Term Evolution	时分长期演进
TDMA	Time Division Multiple Access	时分多址
TD - SCDMA	Time Division Synchronous CDMA	时分同步码分多址
TF	Transport Format	传输格式
TFT	Traffic Flow Template	业务流模板
TM	Transparent Mode	透明模式
TMA	Tower Mounted Amplifier	塔顶放大器
TPC	Transmit Power Control	发射功率控制
TPMI	Transmitted Precoding Matrix Indicator	发射预编码矩阵指示
TSTD	Time Switched Transmit Diversity	时间切换发射分集
TTI	Transmission Time Interval	发送时间间隔
TX	Transmit	发送
UCI	Uplink Control Information	上行控制信息

UDP	User Datagram Protocol	用户数据报协议
UDPAP	User Datagram Protocol Application Part	用户数据报协议应用部分
UE	User Equipment	用户设备
UL	Uplink	上行
UL－SCH	Uplink Shared Channel	上行共享信道
UM	Unacknowledged Mode	非确认模式
UMB	Ultra Mobile Broadband	超移动宽带
UMTS	Universal Mobile Telecommunications System	通用移动通信系统
UP	User Plane	用户面
UpPTS	Uplink Pilot Time Slot	上行导频时隙
URL	Universal Resource Locator	统一资源定位器
USIM	Universal Subscriber Identity Module	用户业务识别模块
USSD	Unstructured Supplementary Service Data	非结构化补充业务数据
VMIMO	Virtual MIMO	虚拟 MIMO
VoIP	Voice over IP	IP 语音业务
VP	Video Phone	视频电话
VRB	Virtual Resource Block	虚拟资源块
WAP	Wireless Application Protocol	无线应用通信协议
WAP GW	Wireless Application Protocol Gateway	无线应用协议网关
WCDMA	Wideband CDMA	宽带码分多址
WiMAX	Worldwide Interoperability for Microwave Access	全球微波互联接入
X2	X2	X2 接口，LTE 网络中 eNodeB 之间的接口 Y Z
ZC	Zadoff－Chu	一种正交序列

参考文献

[1] 沈嘉，索世强，全海洋，等．3GPP 长期演进（LTE）技术原理与系统设计[M]．北京：人民邮电出版社，2008.

[2] 李世鹤．TD－SCDMA 第三代移动通信系统标准[M]．北京：人民邮电出版社，2003.

[3] 李小文，李贵勇．TD－SCDMA 第三代移动系统、信令及实现[M]．北京：人民邮电出版社，2003.

[4] 张新程．LTE 空中接口技术与性能[M]．北京：人民邮电出版社，2009.

[5] 曾召华．LTE 基础原理与关键技术[M]．西安：西安电子科技大学出版社，2010.

[6] 啜钢，王文博，常永宇，等．移动通信原理和系统[M]．北京：人民邮电出版社，2009.

[7] 李建东，郭梯云，邬国扬，等．移动通信[M]．4 版．西安：西安电子科技大学出版社，2006.

[8] 唐海．LTE－Advanced 标准技术发展[J]．通信技术与标准，2011(1)．

[9] 吴志忠．移动通信无线电波传播[M]．北京：人民邮电出版社，2002.

[10] 胡宏林，徐景．3GPP LTE 无线链路关键技术[M]．北京：电子工业出版社，2008.

[11] 王映民，孙韶辉，等．TD－LTE 技术原理与系统设计[M]．北京：人民邮电出版社，2010.

[12] 王文博，郑侃．宽带无线通信 OFDM 技术[M]．2 版．北京：人民邮电出版社，2007.

[13] 李三江．LTE 物理层下行关键技术研究 [D]．成都：电子科技大学，2009.

[14] 武岳，鲜永菊．LTE 系统中的混合自动重传请求技术研究 [J]．数字通信，2010 (4)．

[15] 陶根林，陈发堂．LTE 系统中自适应调制编码技术的研究 [J]．现代电信科技，2009 (9)．

[16] 黄宗治，郑建宏．多用户 MIMO 技术及其在 LTE 系统中的应用 [J]．现代电信科技，2009(2)．

[17] 李青云．多用户 MIMO 上行关键技术研究 [D]．成都：电子科技大学，2009.

[18] 董宇，张健飞，等．大唐移动 TD－LTE 创新技术——双流波束赋形 [Z]．C114 中国通信网，2010

[19] 吴承承，白炜，桑林．LTE 小区间干扰抑制技术介绍及比较 [J]．邮电设计技术，2008 (6)．

[20] 弓丞．移动通信系统的发展历程和展望 [J]．科技资讯，2007(26)．

[21] 孙天伟．3GPP LTE/SAE 网络体系结构和标准发展 [J]．广东通信技术，2007.

[22] 徐景，胡宏林，周婷．3GPP LTE 标准化进展 [J]．中兴通讯技术，2007，13(12)．

[23] 文志成，亓新峰．FDDLTE 无线性能与影响因素分析 [J]．信息通信技术，2013 (2)．

[24] 杨军，毕丹宏，董健，等．TD－LTE 优化组网策略分析 [J]．通信与信息技术，2012 (2)．

[25] 周艳，李方伟，韩玮．LTE 系统调度技术 [J]．移动通信，2008(23)．

[26] 张天魁，曾忠民．3G LTE 动态资源分配机制研究 [J]．移动通信，2007(12)：58－61.

[27] 苏光．TD－LTE 制式 4G 移动通信网络应用研究 [J]．信息通信，2013(7)．

[28] 区林波．TD－LTE 无线网络规划及性能分析 [J]．中国新通信，2014(2)．

[29] 韩华．我国 3G 及其演进技术 TD－LTE 的迅速发展 [J]．电子技术，2011(12)．

[30] 李高广，陈会永．移动搜索推动互联网与移动通信产业的融合 [J]．移动通信，2008 (15)．

[31] 魏巍，郭宝，张阳．TD－LTE 系统干扰测试定位及优化分析 [J]．移动通信，2013(19)．

[32] 郭宝．GSM/TD－SCDMA/TD－LTE/WLAN 网络协同优化 [J]．移动通信，2012(7)．

[33] 熊宙实，王群勇，岑曙炜，等．TD－LTED 频段和 F 频段对比测试分析 [J]．电信技术，2012(7)．

[34] 潘淑敏，陶磊．排除 F 频段组网障碍提升 LTE 整体性能 [J]．通信世界，2013(11)．

[35] 朱士栋，张建奎，郭宝．TD－LTE 网络随机接入前导码规划．分析 [J]．电信工程技术与标准化，2014(1)．

[36] 郭宝．四网协同背景下的 TDS/TDL 建设分析 [J]．移动通信，2012(21)．

[37] 吕良，郭宝龙，石磊．LTE 下行信道估计方法的优化 [J]．计算机工程与应用，2011(26)．

[38] 杨兴丽．对移动搜索发展的思考［J］．通信世界，2007(28)．
[39] 汪永捷．对中国移动搜索市场的分析［J］．中国新通信，2007(4)．
[40] 袁琦．移动搜索技术与业务发展研究［J］．电信网技术，2007(4)．
[41] 武峰，郭宝．邻区自配置优化简化 TD－LTE 网络运营［J］．通信世界，2013(30)．
[42] 姬自英，李小文．LTE 网络中 ESM 协议分析与设计［J］．电视技术，2010(12)．
[43] 钱蔓藜，李永会，黄伊，等．LTE 系统自适应软频率复用技术研究［J］．计算机研究与发展，2013(5)．
[44] 饶毓，陈巍，曹志刚．认知无线电系统对 TD－LTE 主用户系统上下行配置类型的识别［J］．电子与信息学报，2013(11)．
[45] 刘俊，张博，谭盛彪，等．LTE 中一种基于负载均衡的自优化切换算法［J］．电子学报，2013(11)．
[46] 徐晓，戎璐，王平，等．基于业务自适应的 LTE 切换优化机制［J］．计算机应用研究，2009(11)．
[47] 袁居成，蔡卫红．基于多要素的 LTE 系统切换算法与仿真［J］．长沙通信职业技术学院学报，2013(3)．
[48] 董伟杰，王超．TD－LTE 发展中的关键问题［J］．通信技术，2010(5)．
[49] 魏珍珍，徐晓，张健，等．LTE 中基于移动特性的切换优化［J］．通信技术，2010(11)．
[50] 许宁，李明菊，张平．一种 3GPP LTE 系统快速上行切换方案［J］．科学技术与工程，2007(16)．
[51] 张力，贺志强，牛凯．单小区 MBMS 的吞吐量优化与频域调度［J］．北京邮电大学学报，2012，33(1)．
[52] 张天魁，蒋傲雪，冯春燕．LTE 中适用于 MBSFN 的自适应资源分配机制［J］．西安电子科技大学学报：自然科学版，2012，39(5)．
[53] 张高山，刘海洋，李楠，等．LTE 中 eMBMS 技术探讨［J］．电信工程技术与标准化，2011 年(1)．
[54] 郎为民，李建军，胡东华，等．LTE 中的 SC－FDMA 技术研究［J］．电信工程技术与标准化，2010(8)．
[55] 卢宪祺，周文安，何炜文，等．LTE－A 系统 CoMP 技术对随机接入过程的影响［J］．电信工程技术与标准化，2011 年 (3)．
[56] 刘思杨．LTE－Advanced 系统中的协作多点传输技术［J］．电信网技术，2009 年 (9)．
[57] 王竞，刘光毅．LTE－Advanced 系统中的 Relay 技术研究和标准化［J］．电信科学，2010 年 (12)．
[58] 沈嘉．3GPP LTE 核心技术及标准化进展［J］．移动通信．2006(4)．
[59] 隗合建，张欣，曹亘，等．LTE－A 增强型小区间干扰协调技术标准化研究［J］．现代电信科技．2011(8)．
[60] 吕婷，盛煜，吕召彪．3G 网络发展现状及向 LTE 演进策略分析［J］．现代电信科技．2011(6)．
[61] 张智江，廖军．WCDMA 网络与业务发展现状及趋势［J］．信息通信技术．2010(1)．
[62] 胡乐明．CDMA 运营商 EV－DO 与 LTE 共存发展的网络演进策略［J］．电信科学，2010(02)．
[63] 何红，张树才．LTE 与 2G/3G 网络的互操作分析［J］．移动通信，2013(12)．
[64] 章海峰，李梭平．LTE 与 2G/3G 网络融合部署策略探究［J］．邮电设计技术，2012(2)．
[65] 陈崴嵬，耿玉波．HSPA＋与 LTE 关键技术对标分析［J］．邮电设计技术．2011(5)．
[66] 王立荣，胡恒杰．LTE 系统空中接口开销分析［J］．自动化技术与应用，2011(1)．
[67] 张建国．TD－LTE 系统覆盖距离分析［J］．移动通信，2011(10)．
[68] 肖清华，朱东照．TD－LTE 室内分布设计改造分析［J］．移动通信，2011(10)．
[69] 肖清华，朱东照．共建共享模式下 TD－LTE 与其他系统的干扰协调［J］．移动通信，2011(06)．
[70] 强成慷．TD－LTE 室内分布系统四网协同组网研究［J］．电信工程技术与标准化，2012(8)．
[71] 汪颖，程日涛，张海涛．TD－LTE 室内分布系统规划设计思路和方法解析［J］．电信工程技术与标准化，2010(11)．
[72] 汪颖，汤利民，马向辰，等．上海世博会 WLAN 与其他通信系统共用室外资源建设研究［J］．电信工程技术与标准经，2010(05)．
[73] 肖寒春，宋海龙．TD－LTE 室内分布系统建设研究［J］．数字技术与应用，2013(10)．
[74] 付威，谭展．TD－LTE 室内覆盖建设解决方案研究［J］．移动通信，2012(16)．
[75] 赵经纬．锁定 70% 业务区专家解析 3G 室内覆盖策略［J］．通信世界，2008(37)．
[76] 梁晋仲．TD－LTE 室内多天线模式探讨［J］．电信技术，2010(12)．